中央高校基本科研业务费专项资金资助项目
Fundamental Research Funds for the Central Universities
本书是2010年国家社会科学基金项目“非良基集、余代数与模态逻辑研究”（批准号10CZX034）成果

非良基集、余代数与模态逻辑研究

史 璟 著

中国财经出版传媒集团
经济科学出版社
Economic Science Press

图书在版编目（CIP）数据

非良基集、余代数与模态逻辑研究/史璟著.—北京：经济科学出版社，2019.6
ISBN 978-7-5218-0664-9

Ⅰ.①非…　Ⅱ.①史…　Ⅲ.①模态逻辑-研究
Ⅳ.①B815.1

中国版本图书馆CIP数据核字（2019）第127549号

责任编辑：王　娟　张立莉
责任校对：王肖楠
责任印制：邱　天

非良基集、余代数与模态逻辑研究
史　璟　著
经济科学出版社出版、发行　新华书店经销
社址：北京市海淀区阜成路甲28号　邮编：100142
总编部电话：010-88191217　发行部电话：010-88191522
网址：www.esp.com.cn
电子邮件：esp@esp.com.cn
天猫网店：经济科学出版社旗舰店
网址：http://jjkxcbs.tmall.com
北京季蜂印刷有限公司印装
710×1000　16开　15.75印张　300000字
2019年6月第1版　2019年6月第1次印刷
ISBN 978-7-5218-0664-9　定价：78.00元
（图书出现印装问题，本社负责调换。电话：010-88191510）

目　录

第 1 章

模态逻辑基础

本章主要介绍模态逻辑的基本内容，包括模态逻辑的句法和语义、模型和框架的构造、互模拟、模态语言与一阶语言、模态可定义性、有穷模型性质（有穷框架性质）、完全性和可判定性等各方面的内容，以便为后面的章节使用非良基集合解释模态语言提供一些基本概念、技术和方法。①

1.1 模态逻辑的句法和语义

模态逻辑的基本模态语言 ML 由命题变元的集合 Φ（命题变元一般用 p、q、r 等表示）和一元模态算子 $\Diamond$ 构成。ML 的公式集合 $Form(\Phi, \Diamond)$ 用下列规则给出：

$$\phi ::= p \mid \bot \mid \neg \phi \mid \phi \vee \psi \mid \Diamond \phi$$

这里的 $p \in \Phi$。该定义说明了公式的几种可能的形式。定义一元模态算子 $\Diamond$ 的对偶算子 $\Box$ 为：$\Box\phi := \neg \Diamond \neg \phi$。其余联结词 $\wedge$、$\rightarrow$、$\top$ 等定义为：

（1）$\phi \wedge \psi := \neg (\neg \phi \vee \neg \psi)$；

（2）$\phi \rightarrow \psi := \neg \phi \vee \psi$；

（3）$\top := \bot$。

若用广义析取（或广义合取）作为初始联结词，可构造无穷模态语言，记为 $ML_\infty(\Phi, \Diamond)$。$ML_\infty(\Phi, \Diamond)$ 是基于基本模态语言，将二元析取（合取）算子 $\vee(\wedge)$ 变为对任意公式集 Γ 的一元析取（合取）运算 $\bigvee(\bigwedge)$。无穷模态语言的公式集 $Form_\infty(\Phi, \Diamond)$ 用下列规则给出：

$$\phi ::= p \mid \bot \mid \neg \phi \mid \bigwedge\Gamma \mid \Diamond \phi$$

这里的 $p \in \Phi$，Γ 为任意公式集。很明显，$Form(\Phi, \Diamond) \cup Form_\infty(\Phi, \Diamond)$。

① 本章主要内容参见 P. Blackburn, M. de Rijke and Yde Venema, *Modal Logic*. Cambridge University Press, 2001.

如果公式集 Γ 是有穷的，则 $\bigwedge\Gamma=\bigwedge\langle\gamma:\gamma\in\Gamma\rangle$，令 $\Gamma=\{\gamma_i: i<n\}$，令 $\bigwedge\Gamma:=\bigwedge_{i<n}\gamma_i$，用二元合取算子 $\wedge$ 递归地定义 $\bigwedge\Gamma$：

$$\bigwedge_{i<0}\gamma_i:=\top;$$

$$\bigwedge_{i<1}\gamma_i:=\gamma_0;$$

$$\bigwedge_{i<2}\gamma_i:=\gamma_0\wedge\gamma_1;$$

$$\bigwedge_{i<n+1}\gamma_i:=(\bigwedge_{i<n}\gamma_i)\wedge\gamma_n。$$

如果 Γ 是无穷的公式集，那么 $\bigwedge\Gamma$ 就不能通过二元算子 $\wedge$ 来定义。除此之外，将无穷模态逻辑中的 $\bigvee\Gamma$ 定义为 $\neg\bigwedge\{\neg\phi: \phi\in\Gamma\}$。另外，还有两个特殊的定义：$\top\leftrightarrow\bigwedge\varnothing$；$\bot\leftrightarrow\bigvee\varnothing$。

以上分别是给出的基本模态语言 ML(Φ，$\Diamond$）和无穷模态语言 $ML_\infty(\Phi, \Diamond)$ 的句法。这两种语言的不同之处是：基本模态语言中的析取（合取）可在无穷模态语言中定义为有穷公式集的析取（合取），而无穷模态语言 $ML_\infty(\Phi, \Diamond)$ 中无穷公式集的析取（合取）在基本模态语言中则不能表达。

在基本模态语言中，代入 σ 是从命题变元的集合 Φ 到公式集合 $Form(\Phi, \Diamond)$ 的函数。任意给出代入 σ，递归定义的映射 $(\cdot)^\sigma$：$Form(\Phi, \Diamond)\rightarrow Form(\Phi, \Diamond)$：

$$p^\sigma=\sigma(p)$$

$$(\neg\phi)^\sigma=\neg\phi^\sigma$$

$$(\phi\wedge\psi)^\sigma=\phi^\sigma\wedge\psi^\sigma$$

$$(\Diamond\phi)^\sigma=\Diamond\phi^\sigma$$

公式 ϕ 在 σ 下代入的结果记为 ϕ^σ。无穷模态语言的公式 $\bigwedge\Gamma$ 的代入可表示为：

$$(\bigwedge\Gamma)^\sigma=\bigwedge\{\gamma^\sigma: \gamma\in\Gamma\}$$

模态语言可被认为是谈论关系结构的语言。关系结构是由一个非空集合和该集合上的关系组成。在数学中常见的关系结构是偏序和线性序。一个集合 A 上的偏序 R 是满足如下条件的二元关系：

（1）（禁自返性）$\forall x\neg Rxx$。

（2）（传递性）$\forall xyz(Rxy\wedge Ryz\rightarrow Rxz)$。

一个线性序是偏序并且满足下面的可比较性质。

（3）$\forall xy(Rxy\vee x=y\vee Ryx)$。

自然数上的小于等于关系就是线性序。令 W 是非空集合。R 是 W 上的二元关系。定义一个关系序列如下：

$$R_0=\{(w, w): w\in W\};\ R_{n+1}=R\circ R_n$$

那么定义：

（1）R 的传递闭包 $R^{+} = \bigcup_{n>0} R_n$；

（2）R 的自返传递闭包 $R^{*} = \bigcup_{n\geqslant 0} R_n = R^{+} \cup R_0$。

这里 R^{+} 是包含 R 的最小传递关系；而 R^{*} 是包含 R 的最小自返传递关系。任给两个状态 u、v，$R^{+}uv$ 当且仅当存在从 u 到 v 的有穷长度的 R－序列，所谓 R 的传递闭包的作用就是使 R 中在有穷步之内可及的状态一步可及。

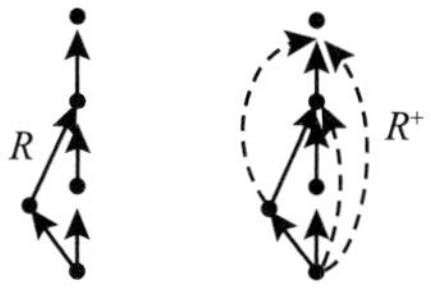

图 1.1

模态语言是基于模型的状态来解释的，一个模型以框架为基础。如下定义基本模态逻辑的关系语义，先来定义一些基本的概念，包括框架、模型、满足关系、有效性等。

定义 1.1　（1）对于基本模态语言，框架 $\mathfrak{F} = (W, R)$ 是一个关系结构，W 是一个非空集合，R 是 W 上的二元关系。W 中的元素称为可能世界、结点、状态等，R 称为状态之间的可及关系。

（2）对于基本模态语言，一个模型 $\mathfrak{M} = (\mathfrak{F}, V)$，其中，$\mathfrak{F}$ 是基本模态语言的框架，V 是一个赋值函数，给每个命题变元 p 指派 W 的子集 $V(p)$。模型 $\mathfrak{M}$ 称作基于框架 $\mathfrak{F}$ 的模型。

在该定义中，模型中的赋值 V 给每个命题变元指定一个可能世界的集合，在这些可能世界中 p 是真的。除此之外，对于无穷模态语言，这些模型和框架的定义也同样适用，只是增加了无穷合取和无穷析取，模态概念也相同。

下面定义一个公式在一个模型的状态上为真的概念，即定义满足关系。

定义 1.2　（满足关系）假设 w 是模型 $\mathfrak{M} = (W, R, V)$ 的一个状态。递归定义一个公式 ϕ 在模型 $\mathfrak{M}$ 中状态 w 上真或满足如下：

（1）$\mathfrak{M}, w \vDash p$ 当且仅当 $w \in V(p)$，对每个命题变元 $p \in \Phi$；

（2）$\mathfrak{M}, w \vDash \neg\phi$ 当且仅当 $\mathfrak{M}, w \nvDash \phi$；

（3）$\mathfrak{M}, w \vDash \phi \vee \psi$ 当且仅当 $\mathfrak{M}, w \vee \phi$ 或 $\mathfrak{M}, w \vDash \psi$；

（4）$\mathfrak{M}, w \vDash \Diamond\phi$ 当且仅当存在 v 使得 Rwv 并且 $\mathfrak{M}, w \vDash \phi$。

称一个公式 ϕ 在模型 $\mathfrak{M}$ 上全局真（记号：$\mathfrak{M} \vDash \phi$），如果对 $\mathfrak{M}$ 中每个状态 w 有 $\mathfrak{M}, w \vDash \phi$。称 ϕ 在 $\mathfrak{M}$ 中可满足，如果存在 $\mathfrak{M}$ 中的状态 w 使 $\mathfrak{M}, w \vDash \phi$。

根据必然算子$\Box$的定义，显然有 $\mathfrak{M}, w \vDash \Box\phi$ 当且仅当对所有 $v \in W$，如果

Rwv，那么 $\mathfrak{M}, w \models \phi$。任给公式集 Γ，定义 $\mathfrak{M}, w \models \Gamma$（公式集 Γ 在模型 $\mathfrak{M}$ 中状态 w 上可满足）当且仅当对每个公式 $\gamma \in \Gamma$ 都有 $\mathfrak{M}, w \models \gamma$。对于无穷模态语言的公式 $\bigwedge\Gamma$，$\mathfrak{M}, w \models \bigwedge\Gamma$ 当且仅当 $\mathfrak{M}, w \models \Gamma$。

根据上面的定义，在模型 $\mathfrak{M} = (W, R, V)$ 中，对每个公式 ϕ，可以计算使它真的可能世界或状态的集合 $V(\phi) := \{w \in W : \mathfrak{M}, w \models \phi\}$。

定义 1.3 令 $\mathfrak{F} = (W, R)$ 是一个框架，$\mathfrak{M} = (W, R, V)$ 是一个模型，$\mathfrak{C}$ 是一个框架类。对任意一个公式 ϕ，定义有效性概念：

（1）如果对 $\mathfrak{F}$ 上的每一个赋值 V，$\mathfrak{F}, V, w \models \phi$，那么称 ϕ 在框架 $\mathfrak{F}$ 中的状态 w 上是有效的（记作 $\mathfrak{F}, w \models \phi$）。

（2）如果对 $\mathfrak{F}$ 上每个状态 w，$\mathfrak{F}, w \models \phi$，那么称公式 ϕ 在框架 $\mathfrak{F}$ 上是有效的（记作 $\mathfrak{F} \models \phi$）。

（3）如果对每个框架 $\mathfrak{F} \in \mathfrak{C}$，$\mathfrak{F} \models \phi$，那么称公式 ϕ 在框架类 $\mathfrak{C}$ 上是有效的（记作 $\mathfrak{C} \models \phi$）。

例 1.1 （1）公式 $\Box(p \to q) \to (\Box p \to \Box q)$ 在所有框架上是有效的。任给模型 $\mathfrak{M} = (W, R, V)$ 和该模型中的状态 w，假设 $\mathfrak{M}, w \models \Box(p \to q)$ 且 $\mathfrak{M}, w \models \Box p$。要证 $\mathfrak{M}, w \models \Box q$。假设 Rwv，那么 $\mathfrak{M}, w \models p \to q$ 且 $\mathfrak{M}, w \models p$，所以 $\mathfrak{M}, w \models q$。所以 $\mathfrak{M}, w \models \Box q$。

（2）令 $\mathfrak{F} = (W, R)$ 是自返框架，即 W 中每个状态 w 都是自返的（Rww）。那么 $\mathfrak{F} \models \Box p \to p$。任给框架 $\mathfrak{F}$ 上的模型 $\mathfrak{M}$ 和任意状态 w，要证 $\mathfrak{M}, w \models \Box p \to p$。假设 $\mathfrak{M}, w \models \Box p$。因为 Rww，所以 $\mathfrak{M}, w \models p$。所以 $\mathfrak{M}, w \models \Box p \to p$。

（3）令 $\mathfrak{F} = (W, R)$ 是对称框架，即任给 W 中状态 w 和 v，如果 Rwv，那么 Rvw。证明 $\mathfrak{F} \models p \to \Box\Diamond p$。任给框架 $\mathfrak{F}$ 上的模型 $\mathfrak{M}$ 和任意状态 w，要证 $\mathfrak{M}, w \models p \to \Box\Diamond p$。假设 $\mathfrak{M}, w \models p$。假设 Rwv，只需证 $\mathfrak{M}, v \models \Diamond p$。由对称性得 Rvw，又因为 $\mathfrak{M}, w \models p$，所以 $\mathfrak{M}, v \models \Diamond p$。

（4）令 $\mathfrak{F} = (W, R)$ 是传递的，即任给状态 w、u 和 v，如果 Rwu 且 Ruv，那么 Rwv。证明 $\mathfrak{F} \models \Box p \to \Box\Box p$。任给框架 $\mathfrak{F}$ 上模型 $\mathfrak{M}$ 和状态 w，要证 $\mathfrak{M}, w \models \Box p \to \Box\Box p$。假设 $\mathfrak{M}, w \models \Box p$。假设 Rwu，只需证 $\mathfrak{M}, u \models \Box p$。再设 Ruv，只需证 $\mathfrak{M}, v \models p$。由传递性得 Rwv，由 $\mathfrak{M}, w \models \Box p$ 得 $\mathfrak{M}, v \models p$。

上面定义了基本（无穷）模态语言的句法和语义。下面将在基本模态语言中引入常见的正规模态逻辑系统。一个模态逻辑系统是含有全部命题重言式的代入个例、并在分离规则和代入规则下封闭的公式集合。

定义 1.4 在基本模态语言中，极小正规模态系统 K 包含下面的公理和推理规则：

（1）所有命题重言式的个例；

（2） $\Box(p\to q)\to(\Box p\to\Box q)$；

（3） $\Diamond p\leftrightarrow\neg\Box\neg p$；

（4） MP：从 ϕ 和 $\phi\to\psi$ 推出 ψ；

（5） Gen：从 ϕ 推出 $\Box\phi$；

（6） Sub：对于任意的代入 σ，从 ϕ 推出 ϕ^{σ}。

对任意的框架类（或模型类）C，任给推理规则 $IR:=\{\phi_1, \cdots, \phi_n\}/\phi$，若 $\{\phi_1, \cdots, \phi_n\}$ 中的每一个公式在 C 上是有效的蕴涵 ϕ，在 C 上也有效，则称 IR 保持 C－有效性。

定义 1.5 若存在有穷的公式序列 $\phi_1, \cdots, \phi_n$，使得 $\phi_n=\phi$，且每一个 ϕ_i 要么是 K 系统的公理，要么是从前面的公式运用推理规则 MP、Gen 或 Sub 得到的，则公式 ϕ 称为系统 K 的定理，记作：$\vdash_K\phi$。用 Thm(K) 来表示系统 K 的定理集合，$\text{Thm(K)}=\{\phi: \vdash_K\phi\}$。有时也可以把 Thm(K) 称作正规模态逻辑 K。

定义 1.6 基本模态语言中的正规模态逻辑，是一个公式集 L 使得 $\text{ThmK}\subseteq \text{L}$，且 L 在 MP 规则、Gen 规则和 Sub 规则下封闭。每一个正规模态逻辑都能表示为：$\text{L}=\text{K}\oplus\Gamma$，其中 Γ 是公式集，$\oplus$表示 L 在 MP、Gen 和 Sub 下封闭。

例 1.2 在 K 中证明，若 $\phi\to\psi$ 是 K－定理，则 $\Box\phi\to\Box\psi$ 是 K－定理。

证明：假设 $\phi\to\psi$ 是 K－定理。根据 Gen 规则可得：$\Box(\phi\to\psi)$。根据 K－公理代换和 MP 规则可得：$\Box\phi\to\Box\psi$ 是 K－定理。

例 1.3 在 K 系统中证明定理：$\Box(p\wedge q)\to\Box p\wedge\Box q$。

证明：［1］ $p\wedge q\to p$ 命题重言式

［2］ $p\wedge q\to q$ 命题重言式

［3］ $\Box(p\wedge q)\to\Box p$ 根据例 1.1：［1］

［4］ $\Box(p\wedge q)\to\Box q$ 根据例 1.1：［2］

［5］ $\Box(p\wedge q)\to\Box p\wedge\Box q$ 后件合取：［3］，［4］

例 1.4 令 $\text{KL}=\text{K}\Box\oplus(\Box p\to p)\to\Box p$（称为 Löb 公理）。那么在 KL 中可以如下推导定理：$\Box p\to\Box\Box p$。

证明：［1］ $p\to((\Box p\wedge\Box\Box p)\to(p\wedge\Box p))$ 命题重言式

［2］ $\Box p\to\Box((\Box p\wedge\Box\Box p)\to(p\wedge\Box p))$ 根据例 1.2：［1］

［3］ $\Box((\Box p\wedge\Box\Box p)\to(p\wedge\Box p))\to\Box(p\wedge\Box p)$ Löb 公理代换

［4］ $\Box p\to\Box(p\wedge\Box p)$ 蕴涵传递律：［3］，［4］

［5］ $\Box(p\wedge\Box p)\to\Box p\wedge\Box\Box p$ 例 1.3：代换

［6］ $\Box p\to\Box p\wedge\Box\Box p$ 蕴涵传递律：［4］，［5］

［7］ $\Box p\wedge\Box\Box p\to\Box\Box p$ 合取消去律

[8] $\Box p \to \Box\Box p$　　　　蕴涵传递律：[6]，[7]

通常还可在系统 K 中定义从前提集推导的概念：$\Gamma \vdash_K \phi$，若存在有穷公式序列 ϕ_1，…，ϕ_n，使得 $\phi_n = \phi$，并且每一个 ϕ_i，要么是公理，要么 $\phi_i \in \Gamma$，要么是从前面的公式运用推理规则 MP、Gen 或 Sub 得到的。但在该定义下，通常的演绎定理不成立。有如下反例：根据推导的定义，可得 $p \vdash_K \Box p$。但是，$p \to \Box p$ 不是 K 的定理。一般来说，模态逻辑的演绎定理如下：令 ϕ_1，…，ϕ_n 是从前提集的推导。若 $k = i$ 或者 ϕ_k 是从至少一次依赖于 ϕ_i 的公式通过 MP 或 Gen 推出来的，则称公式 ϕ_k 在这个推导中依赖于公式 ϕ_i。因此，下面的定理成立。

定理 1.1 （模态逻辑 K 的演绎定理）假设 $\Gamma, \psi \vdash_K \phi$，并且存在 ϕ 从前提集 $\Gamma \cup \{\psi\}$ 的推导，使得推理规则 Gen 只用于 $m \geqslant 0$ 次依赖 ψ 的公式。则 $\Gamma \vdash_K \Box^0\psi \wedge \cdots \wedge \Box^m\psi \to \phi$，这里的 $\Box^i$ 表示 i 个$\Box$，对于每一个 $0 \leqslant i \leqslant m$。

此外，给定框架类 C，称 $\mathrm{LogC} = \{\phi: \mathrm{C} \vDash \phi\}$ 为框架类 C 的逻辑。这是另一种引入正规模态逻辑的方式，把一个框架类上的所有有效公式集称为一个正规模态逻辑。

定理 1.2　$\mathrm{ThmK} \subseteq \mathrm{LogC}$ 对任意非空框架类 C 成立，即每个 LogC 是一个正规模态逻辑。

证明：只需验证公理$\Box(p \to q) \to (\Box p \to \Box q)$ 和 $\Diamond p \leftrightarrow \neg\Box\neg p$ 在任何框架上均有效，并且推理规则 MP、Gen 和 Sub 均保持框架类有效性，即对任何框架类 C，它们都保持 C－有效性。这里只证明 Sub 规则保持有效性。首先对公式的构造归纳，可以证明下面的命题（＊）：

（＊）给定模型 $\mathfrak{M} = (W, R, V)$ 和公式 ϕ，令 ϕ'是使用 ψ_i 分别代入 ϕ 中命题变元 p_i 得到的结果。$\mathfrak{M}' = (W, R, V')$ 是一个模型，其中对每个 $w \in W$，$w \in V'(p_i)$ 当且仅当 $\mathfrak{M}, w \vDash \psi_i$。那么 $\mathfrak{M}, w \vDash \phi'$当且仅当 $\mathfrak{M}', w \vDash \phi$。

那么对任何框架 $\mathfrak{F}$，假设 $\mathfrak{F} \vDash \phi$。对任意代入 σ，显然可以得到公式 $\phi' = \phi^\sigma$。再假设 $\mathfrak{F} \nvDash \phi'$，那么存在 $\mathfrak{F}$ 上的模型 $\mathfrak{M}$ 和状态 w 使得 $\mathfrak{M}, w \nvDash \phi'$。对于（＊）定义的模型 $\mathfrak{M}'$，显然有 $\mathfrak{M}', w \nvDash \phi$，因此，$\mathfrak{F} \nvDash \phi$，矛盾。

与推导的概念相对应，可以定义逻辑后承关系（$\sum \vDash \phi$）。在模态逻辑中，逻辑后承关系有不同的意义，分为局部逻辑后承关系和全局逻辑后承关系①。

定义 1.7　给定一个结构类 S（框架类或模型类），令 $\sum$ 是公式集合，ϕ 是公式。

① Kracht，M.，Modal Consequence Relations. In：*Handbook of Modal Logic*，ed. by Blackburn P.，van Benthem J. and Wolter F. Elsevier，2007. 491－548.

（1）如果对 S 上的所有模型 $\mathfrak{M}$ 和 $\mathfrak{M}$ 中的所有状态 w，$\mathfrak{M}$，$w \Vdash \sum$ 蕴涵 $\mathfrak{M}$，$w \Vdash \phi$，那么称 ϕ 为 $\sum$ 相对于 S 的局部逻辑后承。

（2）如果对 S 中的每个元素 S，$S \Vdash \sum$ 蕴涵 $S \Vdash \phi$，那么称 ϕ 为 $\sum$ 相对于 S 的全局逻辑后承。

局部逻辑后承关系与全局逻辑后承关系不同。考虑公式 p 和$\Box p$。显然，在所有模型组成的模型类上，$\Box p$ 不是 p 的局部逻辑后承。任给模型 $\mathfrak{M} = (W, R, V)$，其中 $W = \{x, y\}$，$R = \{(x, y)\}$，$V(p) = \{x\}$。显然$\Box p$ 在 x 上是假的，所以$\Box p$ 不是 p 的局部逻辑后承。但$\Box p$ 是 p 的全局逻辑后承，因为若 $\mathfrak{M} \Vdash \phi$ 则 $\mathfrak{M} \Vdash \Box \phi$。但局部逻辑后承的概念与全局逻辑后承的概念之间有一定联系，从模型类上看，可用局部后承关系表示全局后承关系。

命题 1.1　令 Γ 为公式的集合，ϕ 是一个基本模态公式，$\mathfrak{M}$ 是一个由所有模型组成的模型类。ϕ 是 Γ 相对于 $\mathfrak{M}$ 的全局逻辑后承当且仅当 ϕ 是 $\{\Box^n \gamma$：$\gamma \in \Gamma$ 并且 $n \in \omega\}$ 相对于 $\mathfrak{M}$ 的局部逻辑后承。

证明：假设 ϕ 是 $\{\Box^n \gamma$：$\gamma \in \Gamma$ 并且 $n \in \omega\}$ 相对于 $\mathfrak{M}$ 的局部逻辑后承。令 $\mathfrak{M}$ 是一个模型，使得 $\mathfrak{M} \Vdash \Gamma$，则对于每一个 $\gamma \in \Gamma$ 和 $n \in \omega$，$\mathfrak{M} \Vdash \Box^n \gamma$，因此，$M \Vdash \phi$。反之，假设 ϕ 是 Γ 相对于 $\mathfrak{M}$ 的全局逻辑后承。任给模型 $\mathfrak{M}$ 和 $\mathfrak{M}$ 中的状态 x，设 $\mathfrak{M}$，$x \Vdash \{\Box^n \gamma$：$\gamma \in \Gamma$ 且 $n \in \omega\}$。由 x 生成 $\mathfrak{M}$ 的子模型 $\mathfrak{N}$（参见定义 3.28），根据命题 3.29，基本模态公式在生成子模型下是不变的，因此，$\mathfrak{N} \Vdash \Gamma$，所以，$\mathfrak{N} \Vdash \phi$。因此，$\mathfrak{N}$，$x \Vdash \phi$，所以 $\mathfrak{M}$，$x \Vdash \phi$。

在极小正规模态逻辑系统 K 的基础上增加不能在 K 中推导出来的公理，就可以生成新的正规模态逻辑。任给公式集 Γ，令 $K \oplus \Gamma$ 是以 Γ 中的公式为公理加到 K 上而得到的正规模态逻辑系统。先看如下几个系统之间的关系，如图 1.2 所示。

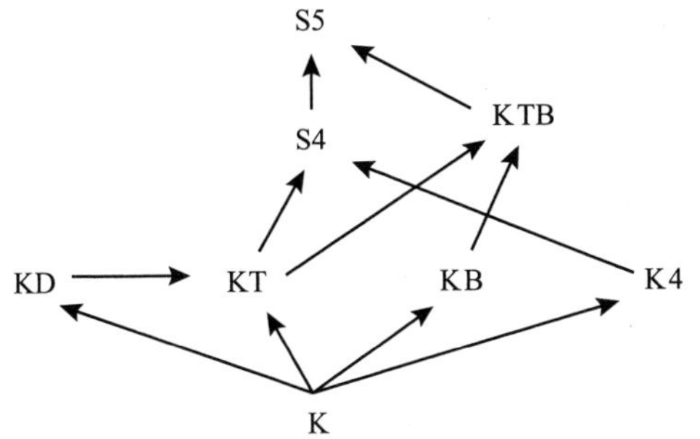

图 1.2　系统之间的关系

其中公理 D、T、B、4、5 定义如下：

D：$= \Diamond\top$

T：$= \Box p \to p$

4：$= \Box p \to \Box\Box p$

5：$= \Diamond p \to \Box\Diamond p$

B：$= p \to \Box\Diamond p$

在图 1.2 中，$S4 = K \oplus T \oplus 4$ 并且 $S5 = K \oplus T \oplus 5 = K \oplus T \oplus B \oplus 4$。

称一个逻辑 $L \subseteq L'$（L 包含于 L′，或者称 L′是 L 的扩张），如果所有 L－定理都是 L′－定理；如果 $L \subseteq L'$并且 $L \neq L'$，那么称 L′是 L 的真扩张。图 1.2 中的箭头方向都是真扩张。我们只证明 S4 是 K4 的真扩张。显然由于 S4 = K. T. 4，所以 S4 是 K4 的扩张。只需要证明 $S4 \neq K4$，即只需要证明 S4 的某个定理不是 K4 的定理。如证明 T 不是 K4－的定理。使用如下引理证明。

引理 1.1 对任意框架 $\mathfrak{F} = (W, R)$，$\mathfrak{F} \vDash \Box p \to \Box\Box p$ 当且仅当 R 是传递的。

证明：假设 R 是传递的，证明 $\mathfrak{F} \vDash \Box p \to \Box\Box p$。任给 $\mathfrak{F}$ 上的赋值 V 和状态 x，假设 $\mathfrak{F}, V, x \vDash \Box p$。要证明 $\mathfrak{F}, V, x \vDash \Box\Box p$。任给状态 y、z，使得 Rxy 并且 Ryz，显然 $\mathfrak{F}, V, z \vDash p$，因为根据 R 的传递性有 Rxz。所以 $\mathfrak{F}, V, x \vDash \Box\Box p$。

反之，假设 $\mathfrak{F} \vDash \Box p \to \Box\Box p$。要证明 R 是传递的，任给状态 x、y、z，假设 Rxy 并且 Ryz，要证明 Rxz。令 $V(p) = \{u: Rxu\}$。所以 $\mathfrak{F}, V, x \vDash \Box p$。根据假设可得：$\mathfrak{F}, V, x \vDash \Box p \to \Box\Box p$。所以 $\mathfrak{F}, V, x \vDash \Box\Box p$。因为 Rxy 并且 Ryz，所以 $\mathfrak{F}, V, z \vDash p$。所以 $z \in V(p)$，即 Rxz。

因此，K4 的所有定理在传递框架上是有效的。所以，要证明 T 不是 K4－的定理，只需要构造一个传递框架，使得 T 在该框架上不是有效的。满足该条件的最简单的框架为单死点框架，即

$$\cdot \quad x$$

首先，这个框架是传递的，它空洞地满足传递性的条件。其次，令所有命题变元在 x 上是真的。那么 $x \vDash p$，但是 $x \nvDash \Diamond p$，因为 x 没有后继状态，所以 T 在 x 上不是有效的。一般来说，对于公理 D、T、B、5 都存在类似于引理 3.15 的结果。

命题 1.2 对任意框架 $\mathfrak{F} = (W, R)$，

（1）$\mathfrak{F} \vDash \Diamond\top$当且仅当 R 是持续的（$\forall x \exists y Rxy$）。

（2）$\mathfrak{F} \vDash p \to \Diamond p$ 当且仅当 R 是自返的（$\forall x Rxx$）。

（3）$\mathfrak{F} \vDash p \to \Box\Diamond p$ 当且仅当 R 是对称的（$\forall xy(Rxy \to Ryx)$）。

（4）$\mathfrak{F} \vDash \Diamond p \to \Box\Diamond p$ 当且仅当 R 是欧性的（$\forall xyz(Rxy \wedge Rxz \to Ryz)$）。

证明：

（1）假设 R 是持续的。任给 $\mathfrak{F}$ 上的赋值 V 和状态 x，因为存在 y 使得 Rxy 并且 $y\models\top$，所以 $x\models\Diamond\top$。反之，假设 $\mathfrak{F}\models\Diamond\top$。任给状态 x，给定赋值使得所有命题变元在 x 上假。那么 $x\models\Diamond\top$，因此，存在 y 使得 Rxy。

（2）假设 R 是自返的，证明 $\mathfrak{F}\models p\to\Diamond p$。任给 $\mathfrak{F}$ 上的赋值 V 和状态 x，假设 $\mathfrak{F}, V, x\models p$，显然有 $\mathfrak{F}, V, x\models\Diamond p$。反之假设 $\mathfrak{F}\models p\to\Diamond p$。要证明 R 是自返的，任给状态 x，令 $V(p)=\{x\}$。所以 $\mathfrak{F}, V, x\models p$。根据假设可得：$\mathfrak{F}, V, x\models p\to\Diamond p$，所以 $\mathfrak{F}, V, x\models\Diamond p$。存在 y 使得 Rxy 并且 $\mathfrak{F}, V, y\models p$。所以 $y\in V(p)$，即 $y=x$，所以 Rxx。

（3）假设 R 是对称的，证明 $\mathfrak{F}\models p\to\Box\Diamond p$。任给 $\mathfrak{F}$ 上赋值 V 和状态 x，设 $\mathfrak{F}, V, x\models p$。任给状态 y，设 Rxy。由对称性得 Ryx，所以 $y\models\Diamond p$。所以 $x\models\Box\Diamond p$。反之，设 $\mathfrak{F}\models p\to\Box\Diamond p$。要证 R 对称，任给状态 x，假设 Rxy。令 $V(p)=\{x\}$。所以 $\mathfrak{F}, V, x\models p$。由假设得 $\mathfrak{F}, V, x\models p\to\Box\Diamond p$。所以 $\mathfrak{F}, V, x\models\Box\Diamond p$。因为 Rxy，所以 $\mathfrak{F}, V, y\models\Diamond p$。所以有 z 使 Ryz 且 $z\in V(p)$，即 Ryx。

（4）假设 R 是欧性的，证明 $\mathfrak{F}\models\Diamond p\to\Box\Diamond p$。任给 $\mathfrak{F}$ 上的赋值 V 和状态 x，假设 $\mathfrak{F}, V, x\models\Diamond p$。存在 y 使得 Rxy 并且 $y\models p$。任给状态 z，假设 Rxz。根据欧性得 Rzy，所以 $z\models\Diamond p$。所以 $x\models\Box\Diamond p$。反之，假设 $\mathfrak{F}\models\Diamond p\to\Box\Diamond p$。要证明 R 是欧性的，任给状态 x、y、z，假设 Rxy 并且 Rxz。令 $V(p)=\{z\}$。所以 $\mathfrak{F}, V, x\models\Diamond p$。由假设得 $\mathfrak{F}, V, x\models\Diamond p\to\Box\Diamond p$。所以 $\mathfrak{F}, V, x\models\Diamond p$。因为 Rxy，所以 $\mathfrak{F}, V, y\models\Diamond p$。所以存在 u 使 Ryu 且 $u\in V(p)$，即 Ryz。

表 1.1 列出了一些常见的正规模态逻辑，在这些逻辑中，除了 S4.1 的特征模态公理 $\Box\Diamond p\to\Diamond\Box p$（称为 Mckinsey 公理）、GL 的特征模态公理 $\Box(\Box p\to p)\to\Box p$ 和 Grz 的特征模态公理 $\Box(\Box(p\to\Box p)\to p)\to p$ 在框架上没有一阶对应条件，其他公式都有一阶对应条件。下一节我们在模态对应理论的背景下证明其中一些问题。

D	=	$K\oplus\Diamond\top$
T	=	$K\oplus p\to\Diamond p$
KB	=	$K\oplus p\to\Box\Diamond p$
K4	=	$K\oplus\Box p\to\Box\Box p$
K5	=	$K\oplus\Diamond\Box p\to\Box p$
Alt_n	=	$K\oplus\Box p_1\vee\Box(p_1\to p_2)\vee\cdots\vee\Box(p_1\wedge\cdots\wedge p_n\to p_{n+1})$
S4	=	$K4\oplus p\to\Diamond p$
GL	=	$K4\oplus\Box(\Box p\to p)\to\Box p$

For	=	$K4 \oplus p$
Grz	=	$K \oplus \Box(\Box(p \to \Box p) \to p) \to p$
S4.1	=	$S4 \oplus \Box\Diamond p \to \Diamond\Box p$
S4.2	=	$S4 \oplus \Diamond\Box p \to \Box\Diamond p$
S4.3	=	$S4 \oplus \Box(\Box p \to q) \vee \Box(\Box q \to p)$
Triv	=	$K4 \oplus \Box p \leftrightarrow p$
Ver	=	$K4 \oplus \Box p$
S5	=	$S4 \oplus p \to \Box\Diamond p$

图 1.3　常见的正规模态逻辑

1.2　模态对应理论

模态语言的公式在框架上对应着一些条件，其中有一些模态公式对应的条件是一阶可定义的。如 T 公理对应自返性，4 千米对应传递性，5 千米对应欧性等，这些框架性质都可使用一阶公式来定义。由此引入模态语言与一阶语言之间的对应问题。

在模态逻辑的模型论研究中，约翰·范·本特姆（J. van Benthem）创立了对应理论，他用一阶逻辑或二阶逻辑等经典逻辑理论来研究模态逻辑。该研究思路是把模态语言看作谈论关系结构的一种语言，而把模态词看作是特殊的量词。给定一个模型 $\mathfrak{M}=(W, R, V)$ 和 $\mathfrak{M}$ 中的状态 w，若在 w 的后继状态集合中存在一个元素 v，使得公式 ϕ 在 v 上真，则公式 $\Diamond\phi$ 在 w 上真。根据对可能算子 $\Diamond$ 的这种语义解释，$\Diamond$ 相当于是给定状态的后继状态集合上的存在量词，相应的，必然算子 $\Box$ 相当于是给定状态的后继状态集合上的全称量词。因此，可给出一种经典（一阶或二阶）逻辑的语言，把模态语言翻译到该语言。对于基本模态语言 $ML(\Phi, \Diamond)$，如下定义一阶语言 $L_1(\Phi)$ 和二阶语言 $L_2(\Phi)$。

定义 1.8　一阶语言 $L_1(\Phi)$ 含如下初始符号：

（a）个体变元：v_0，v_1，…（用 x、y、z 等表示）；

（b）一元谓词符号：P_0，P_1，…（用 P、Q 等表示），这里每个一元谓词符号 P_i 对应于基本模态语言 $ML(\Phi, \Diamond)$ 的命题变元 p_i；

（c）二元关系符号：R；

（d）逻辑符号：$\forall$、$\exists$（量词），$\neg$、$\wedge$、$\vee$、$\to$（命题联结词）。

一阶语言 $L_1(\Phi)$ 的公式按如下规则形成：

$$\phi ::= Px \mid Rxy \mid \neg\phi \mid \phi\wedge\psi \mid \forall x\phi$$

定义 1.9　二阶语言 $L_2(\Phi)$ 是在一阶语言 $L_1(\Phi)$ 基础上允许量词约束一元谓词变元得到的。它的公式按如下规则形成：

$$\phi ::= Px \mid Rxy \mid \neg\phi \mid \phi\wedge\psi \mid \forall x\phi \mid \forall P\phi$$

按一阶语言的观点，模态逻辑的模型 $M=(W, R, V)$ 可看作一个一阶结构，这里 W 是一个个体域，R 是 W 上的一个二元关系，用来解释相应的二元关系符号 R。对每一个 $p\in\Phi$，用集合 $V(p)$ 解释一元谓词符号 P。这样可得到一阶结构，因此，就能使用一阶语言谈论关系结构。

按二阶语言的观点，可把一个模态框架 $\mathfrak{F}=(W, R)$ 看作一个二阶结构，对于每一个一元谓词变元 P 指派 W 的子集。考虑框架有效这一概念，若对框架 F 上的每一个赋值 V，在模型（$\mathfrak{F}$，V）中的每一个状态上，ϕ 都真，则 ϕ 在框架 F 上有效。这里，需要量词和变元来说明每个赋值的意义，即需要二阶量词。

在模型层次上，真和有效的概念是一阶概念，其中所需使用的量词是一阶的。这样，从而可把模态语言翻译到一阶语言，并建立模态语义概念和一阶语义的概念之间的对应关系。但框架上的有效性是二阶概念。下面定义一阶标准翻译把所有模态公式翻译到一阶语言 $L_1(\Phi)$ 的公式。

定义 1.10　对每个模态公式 ϕ 和变元 x、y，下面递归定义标准翻译 $\pi(\phi, x)$：

对每一个 $p\in\Phi$，$\pi(p, x)=Px$ 对每一个 $p\in\Phi$，$\pi(p, y)=Py$

$\pi(\neg\phi, x)=\neg\pi(\phi, x)$　　$\pi(\neg\phi, y)=\neg\pi(\phi, y)$

$\pi(\phi\vee\psi, x)=\pi(\phi, x)\vee\pi(\psi, x)$　　$\pi(\phi\vee\psi, y)=\pi(\phi, y)\vee\pi(\psi, y)$

$\pi(\Diamond\phi, x)=\exists y(Rxy\wedge\pi(\phi, y))$　　$\pi(\Diamond\phi, y)=\exists x(Ryx\wedge\pi(\phi, x))$

用该标准的翻译可交替使用变元 x 和 y，把每一个模态公式翻译为一阶逻辑的两变元片段 FO^2，也就是只使用两个变元的一阶逻辑片段。该翻译过程中的重要问题是，在一个公式中出现多个叠置模态词时，由于不同的量词约束不同的变元，只需使用两个变元，下面的例子说明这一点。

例 1.5　模态公式 $\Diamond\Diamond\Diamond p$ 和 $\Box\Box\Box p$ 的一阶翻译：

$$\begin{aligned}\pi(\Diamond\Diamond\Diamond p, x) &= \exists y(Rxy\wedge\pi(\Diamond\Diamond p, y))\\ &= \exists y(Rxy\wedge\exists x(Ryx\wedge\pi(\Diamond p, x)))\\ &= \exists y(Rxy\wedge\exists x(Ryx\wedge\exists y(Rxy\wedge Py)))\end{aligned}$$

$$\begin{aligned}\pi(\Box\Box\Box p, x) &= \forall y(Rxy\rightarrow\pi(\Box\Box p, y))\\ &= \forall y(Rxy\rightarrow\forall x(Ryx\rightarrow\pi(\Box p, x)))\\ &= \forall y(Rxy\rightarrow\forall x(Ryx\rightarrow\forall y(Rxy\rightarrow Py)))\end{aligned}$$

还可以定义一个模态公式的二阶翻译。任给公式 $\phi(p_1, \cdots, p_n)$，上面定义的二阶对应语言的翻译定义为$\forall P_1\cdots P_n\pi(\phi, x)$。称一个一阶公式$\alpha$与模态公式$\phi$在框架上对应，如果对任何框架$\mathfrak{F}$，$\mathfrak{F}\models\alpha$当且仅当$\mathfrak{F}\models\phi$。更一般的概念是框架类的可定义性。

定义 1.11 称一个框架类 C 是一阶可定义的，如果存在一阶公式集$\sum$使得对任何框架$\mathfrak{F}$，$\mathfrak{F}\in C$当且仅当$\mathfrak{F}\models\sum$。称 C 是模态可定义的，如果存在模态公式集Γ，使得对任何框架$\mathfrak{F}$，$\mathfrak{F}\in K$当且仅当$\mathfrak{F}\models\Gamma$。

一阶公式α与模态公式ϕ在框架上对应当且仅当α定义框架类$\{\mathfrak{F}: \mathfrak{F}\models\phi\}$，当且仅当$\phi$定义框架类$\{\mathfrak{F}: \mathfrak{F}\models\alpha\}$。在模态逻辑中，著名的Sahlqvist对应定理就是从句法上定义模态公式，使这些模态公式的一阶对应条件存在，并且可以按照特定的算法计算这些对应条件。这是对应理论的主要结论之一。

称一个模态公式ϕ与带一个自由变元的一阶公式$\alpha(x)$局部框架对应，如果对任何框架$\mathfrak{F}$和状态w，$\mathfrak{F}, w\models\phi$当且仅当$\mathfrak{F}\models\alpha(x)$。

称一个模态公式ϕ是肯定（否定）公式，如果ϕ中出现的所有命题变元都是在偶数（奇数）个否定符号的范围中。

称形如$\Box^n p$的公式为必然原子。一个 Sahlqvist 前件是从$\bot$、$\top$、必然原子、否定公式使用$\wedge$、$\vee$、$\Diamond$构造的公式。一个 Sahlqvist 蕴涵式是$\phi\to\psi$，其中ψ是正公式，ϕ是一个 Sahlqvist 前件。

引理 1.2 令ϕ和ψ是模态公式。

（1）如果ϕ局部对应于一阶公式$\alpha(x)$，那么$\Box^n\phi$局部对应于一阶公式$\forall y(R^n xy\to\alpha[y/x])$。

（2）如果ϕ（局部）对应于一阶公式α并且ψ（局部）对应于一阶公式β，那么$\phi\wedge\psi$（局部）对应于一阶公式$\alpha\wedge\beta$。

（3）如果ϕ局部对应于一阶公式α，ψ局部对应于一阶公式β，ϕ与ψ没有共同的命题变元，那么$\phi\vee\psi$（局部）对应于一阶公式$\alpha\vee\beta$。

定理 1.3 令ξ是一个 Sahlqvist 公式。那么ξ局部对应于某个一阶公式$\alpha_\xi(x)$，并且这个一阶公式可以自动计算出来。

证明：根据引理 1.22，不妨假设$\xi := \phi\to\psi$为 Sahlqvist 的蕴涵式。如下计算它的局部一阶对应公式：

第一步：提出可能算子。首先，应用等值式：

$$((\alpha\vee\beta)\to\gamma)\leftrightarrow(\alpha\to\gamma)\wedge(\beta\to\gamma)$$

$$\forall x_1, \cdots, x_n(\alpha\wedge\beta)\leftrightarrow(\forall x_1, \cdots, x_n\alpha\wedge\forall x_1, \cdots, x_n\beta)$$

把$\phi\to\psi$的标准二阶翻译整理为如下形式：

$$\forall P_1\cdots P_n\forall x_1\cdots x_m(\mathrm{REL}\wedge\mathrm{BOX-AT}\wedge\mathrm{NEG}\to\pi(\psi, x))$$

其中 REL 是形如 $Rx_1\cdots x_n$ 的公式的合取，它们分别对应于可能算子；BOX - AT 是必然原子的合取，NEG 是否定公式的翻译的合取。只需要证明：

$$(\alpha\wedge \mathrm{NEG}\rightarrow\beta)\leftrightarrow(\alpha\rightarrow\beta\vee\neg\ \mathrm{NEG})$$

其中¬ NEG 是正公式。因此，可有如下形式的公式：

$$\forall P_1\cdots P_n\forall x_1\cdots x_m(\mathrm{REL}\wedge\mathrm{BOX-AT}\rightarrow\pi(\psi,\ x))$$

第二步：读取二阶谓词变元的特例。令 P 是一元谓词变元，令 $\tau_1(y_1)$，…，$\tau_k(y_k)$ 是出现谓词 P 的必然原子的翻译。注意每个 $\tau_j(y_j)$ 都是形如 $\forall z(Ry_jz\rightarrow Pz)$ 的公式。定义谓词：

$$\sigma(P)=\lambda u.\ (Ry_1u\vee\cdots\vee Ry_ku)$$

这个谓词使得每个必然原子都是真的。

例 1.6 考虑 Sahlqvist 公式 $(p\wedge\Diamond\neg\ p)\rightarrow\Diamond p$。它的二阶翻译如下：

$$\forall P(Px\wedge\exists y(Rxy\wedge\neg\ Py)\rightarrow\exists z(Rxz\wedge Pz))$$

提出可能算子得到：

$$\forall P\forall y(Px\wedge Rxy\wedge\neg\ Py\rightarrow\exists z(Rxz\wedge Pz))$$

将前件中否定公式¬ Py 移入后件得到：

$$\forall P\forall y(Px\wedge Rxy\rightarrow Py\vee\exists z(Rxz\wedge Pz))$$

读取使 Px 真的极小谓词 $\lambda u.\ u=x$。然后代入得到：

$$\forall y(Rxy\rightarrow y=x\vee\exists z(Rxz\wedge z=x))$$

化简后得到：$\forall y(Rxy\wedge x\neq y\rightarrow Rxx)$。

但是，有一些条件是不能使用一阶公式来定义的。在这里仅仅举几个例子。考虑下面三条公理：

（1）Löb 公理：$\Box(\Box p\rightarrow p)\rightarrow\Box p$

（2）Grz 公理：$\Box(\Box(p\rightarrow\Box p)\rightarrow p)\rightarrow p$

（3）4：$\Box p\rightarrow\Box\Box p$

命题 1.3 任给框架 $\mathfrak{F}=(W,\ R)$，使得 $\mathfrak{F}\models\Box(\Box p\rightarrow p)\rightarrow\Box p$ 当且仅当 $\mathfrak{F}$ 是传递的并对每个状态 $w\in W$，不存在从 w 出发的无穷长 R - 链。

证明：假设 $\mathfrak{F}$ 是传递的并对每一个状态 $w\in W$，不存在从 w 出发的无穷长 R - 链。任给 $\mathfrak{F}$ 上的一个赋值 V 和一个状态 w，假设 $w\models\Box(\Box p\rightarrow p)$。要证明 $w\models\Box p$。假设 Rwu_0，则 $u_0\models\Box p\rightarrow p$。假设 $u_0\not\models p$，则 $u_0\not\models\Box p$，因此，存在 u_1，使得 Ruu_1 且 $u_1\not\models p$。由传递性，可得 Rwu_1，因此，$u_1\models\Box p\rightarrow p$。所以 $u_0\not\models\Box p$，则存在无穷长的 R - 链 $Rwu_0u_1\cdots$，矛盾。

反之，假设 $\mathfrak{F}\models\Box(\Box p\rightarrow p)\rightarrow\Box p$。要证明 $\mathfrak{F}$ 是传递的并且对每个状态 $w\in W$，不存在从 w 出发的无穷长 R - 链。假设 $\mathfrak{F}$ 是传递的，但是存在状态 w_0 以及从 w_0 出发的无穷长 R - 链。构造 $\mathfrak{F}$ 上的一个赋值 V 使得：

$$V(p)=W\backslash\{w\text{：存在从 }w\text{ 出发的无穷长链}\}$$

那么可以验证 $\mathfrak{F}$，$V\models\Box p\to p$，$w_0\not\models\Box p$。但是，还可以验证 $\mathfrak{F}$，V，$w_0\models\Box(\Box p\to p)$，那么 $w_0\models\Box p$，矛盾。

命题 1.4 任给一个框架 $\mathfrak{F}=(W, R)$，$\mathfrak{F}\models\Box(\Box(p\to\Box p)\to p)\to p$ 当且仅当 $\mathfrak{F}$ 是偏序关系（自返、传递、反对称）框架，并且对每个状态 $w\in W$，不存在从 w 出发的无穷长 R－链。

证明：假设 $\mathfrak{F}$ 是偏序关系框架，并且对每个状态 $w\in W$，不存在从 w 出发的无穷长 R－链。任给 $\mathfrak{F}$ 上的赋值 V 和状态 w，假设 $w\models\Box(\Box(p\to\Box p)\to p)$。要证明 $w\models p$，假设 $w\not\models p$，因为 w 自返，所以 $w\not\models\Box(p\to\Box p)$。所以存在 u_0 使得 Rwu_0，并且 $u_0\models p$，但是 $u_0\not\models\Box p$。所以存在 u_1 使得 Ru_0u_1，并且 $u_1\not\models p$。根据传递性，Rwu_1，所以 $u_1\not\models\Box(p\to\Box p)$。由此可以得到从 w 出发的无穷长的 R－链，矛盾。

反之，假设 $\mathfrak{F}\models\Box(\Box(p\to\Box p)\to p)\to p$。要证明 $\mathfrak{F}$ 是偏序关系框架，并且对每个状态 $w\in W$，不存在从 w 出发的无穷长 R－链。假设 $\mathfrak{F}$ 是偏序关系框架，但是存在状态 w_0 以及从 w_0 出发的无穷长 R－链。构造 $\mathfrak{F}$ 上的一个赋值 V 使得 $V(p)=W\backslash\{w_i: i=2n\}$。那么 $w_0\not\models p$。但 $\mathfrak{F}$，V，$w_0\models\Box(\Box(p\to\Box p)\to p)$，因为对 w_0 的任何后继状态 u，如果 $u\in V(p)$，那么 $u\models\Box(p\to\Box p)\to p$。如果 $u\notin V(p)$，那么 $u=w_{2n}$ 对某个自然数 n。那么 $u\not\models\Box(p\to\Box p)$。因为 $w_{2n+1}\models p\wedge\neg\Box p$。所以 $u\models\Box(p\to\Box p)\to p$。所以 $\mathfrak{F}$，V，$w_0\models\Box(\Box(p\to\Box p)\to p)$。所以 $w_0\models p$，矛盾。

令 $\mathrm{GL}=\mathrm{K}\oplus\Box(\Box p\to p)\to\Box p$ 和 $\mathrm{Grz}=\mathrm{K}\oplus\Box(\Box(p\to\Box p)\to p)\to p$。从语义上看，使 Löb 公理和 Grz 公理有效的框架都是传递的。那么从逻辑系统的角度看，可以从句法上推出传递性公理 $\Box p\to\Box\Box p$。只证如下命题。

命题 1.5 $\vdash_{\mathrm{GL}}\Box p\to\Box\Box p$

证明：

[1]	$p\to((\Box p\wedge\Box\Box p)\to(p\wedge\Box p))$	命题重言式
[2]	$p\to(\Box(p\wedge\Box p)\to(p\wedge\Box p))$	等值替换
[3]	$\Box p\to\Box(\Box(p\wedge\Box p)\to(p\wedge\Box p))$	□单调性
[4]	$\Box(\Box(p\wedge\Box p)\to(p\wedge\Box p))\to\Box(p\wedge\Box p)$	Löb 公理
[5]	$\Box p\to\Box(p\wedge\Box p)$	[3]，[4]→传递
[6]	$\Box p\to\Box p\wedge\Box\Box p$	[5]，等值替换
[7]	$\Box p\to\Box\Box p$	[6]

命题 1.6 Löb 公理 $\Box(\Box p\to p)\to\Box p$ 的框架类不是一阶可定义的。

证明：一个框架 $\mathfrak{F}\models\Box(\Box p\to p)\to\Box p$ 当且仅当 $\mathfrak{F}$ 是传递的并且对每个状态 $w\in W$，不存在从 w 出发的无穷长 R－链。要证明这个对应条件不是一阶可定义的，可以使用紧致性定理进行证明。假设一阶公式 λ 定义 $\Box(\Box p\to p)\to\Box p$ 的框架类。令公式 $\sigma_n(x_0, \cdots, x_n) = \bigwedge_{0\leq i\leq n} Rx_i x_{i+1}$。考虑如下公式集：

$$\sum = \{\lambda\} \cup \{\forall xyz(Rxy \wedge Ryz \rightarrow Rxz)\} \cup \{\sigma_n : n \in \omega\}$$

那么该公式集是有穷可满足的，根据紧致性，它本身是可满足的。但是在任何没有无穷长链的模型中它不是可满足的。

另一个经典例子是 Mckinsey 公理：(M) $\Box\Diamond p\rightarrow\Diamond\Box p$。它的框架类也不是一阶可定义的，因为它违反了 Löwenheim - Skolem 定理。

命题 1.7 Mckinsey 公理 $\Box\Diamond p\rightarrow\Diamond\Box p$ 的框架类也不是一阶可定义的。

证明：考虑如下框架 $\mathfrak{F}=(W, R)$：

$$W = \{w\} \cup \{v_n, v_{n+1}: n\in\omega, i\in\{0, 1\}\} \cup \{z_f: f: \mathbb{N}\rightarrow\{0, 1\}\}$$

$$R = \{(w, v_n), (v_n, v_{(n,i)}), (v_{(n,i)}, v_{(n,i)}): n\in\omega, i\in\{0, 1\}\} \cup \{(w, z_f), (z_f, v_{(n,f(n))}): f: \mathbb{N}\rightarrow\{0, 1\}, n\in\omega\}$$

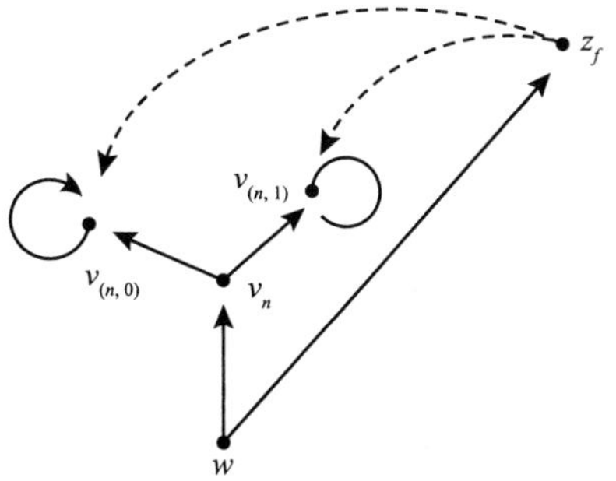

图 1.4

可以证明 $\mathfrak{F}\models\Box\Diamond p\rightarrow\Diamond\Box p$。对于与 w 不同的点 u 来说，$\mathfrak{F}, u\models\Box\Diamond p\rightarrow\Diamond\Box p$。对任意赋值 V，假设 $w\models\Box\Diamond p$。那么 $v_n\models\Diamond p$。所以 $v_{(n,0)}\models p$，或者 $v_{(n,1)}\models p$。选择一个函数 f: $\mathbb{N}\rightarrow\{0, 1\}$，使得 $v_{(n,f(n))}\models p$。那么 $z_f\models\Box p$。所以 $w\models\Diamond\Box p$。

要证明 Mckinsey 公理 $\Box\Diamond p\rightarrow\Diamond\Box p$ 的框架类也不是一阶可定义的，根据 Löwenheim - Skolem 定理，存在 $\mathfrak{F}$ 的可数初等子模型 $\mathfrak{F}'$，使得它的域 W' 包括 w、v_n 和 $v_{(n,0)}$、$v_{(n,1)}$。因为 W 不可数，而 W' 可数，所以存在函数 f: $\mathbb{N}\rightarrow\{0, 1\}$，使得 z_f 不属于 W'。如果 Mckinsey 公理 $\Box\Diamond p\rightarrow\Diamond\Box p$ 等价于某个一阶公式，那么它在 $\mathfrak{F}'$ 上是有效的。下面证明 $\Box\Diamond p\rightarrow\Diamond\Box p$ 在 $\mathfrak{F}'$ 上不是有效的。

令 V' 是赋值，使得 $V'(p)=\{v_{(n,f(n))}: n\in\omega\}$，其中，$f$ 是使得 z_f 不在 W' 中的函数。下面证明 $w\models\Box\Diamond p$ 但 $w\not\models\Diamond\Box p$。容易证明 $w\not\models\Diamond\Box p$。$p$ 只在 $v_{(n,0)}$ 和 $v_{(n,1)}$ 中一个点上是真的，所以 $\Box p$ 在 v_n 上是假的。考虑 W' 中任意状态 z_g，g 不等于 f，所以存在自然数 n 使 $f(n)\neq g(n)$。所以 p 在 $v_{(n,f(n))}$ 上是真的，而在 $v_{(n,g(n))}$

上是假的。所以 $z_g \nvDash \Box p$，$w \nvDash \Diamond \Box p$。

下面证明 $w \vDash \Box \Diamond p$。首先，$v_n \vDash \Diamond p$。考虑 W' 中任意状态 z_g，称 $\mathfrak{F}$ 中状态 z_h 和 z_k 互补，如果对所有 n，$h(n)=1-k(n)$。互补关系在一阶逻辑中可定义。假设 z_g 与 z_f 互补，由于互补状态唯一，所以 z_f 也在 $\mathfrak{F}'$ 中，矛盾。所以 z_g 与 z_f 不是互补的。因此，存在自然数 n 使得 $g(n)=f(n)$。因此，$z_g \vDash \Diamond p$，所以 $w \vDash \Box \Diamond p$。

以上两个例子说明并非所有模态公式都表达一阶可定义的框架性质，但注意所有 Sahlqvist 公式都表达一阶可定义的框架性质。

1.3 模型和框架构造

模态逻辑的模型论主要研究模态语言的表达力和可定义性问题。一个模态语言的表达力是指它表达结构性质的能力；而可定义性是指所给定的结构性质和结构类在该模态语言中是否是可定义的。这些问题的研究以模型的构造为基础，如在经典一阶逻辑的模型论中，子模型、同态、同构、嵌入、初等扩张、初等链、超滤扩张、直积、超积等是基本概念。有了这些基本概念，就可以分析所给定的理论或公式的模型和模型类；定义结构等价的概念，研究保持现象，如各种模型构造是否蕴涵模型等价。从经典模型论的观点看，一阶逻辑和二阶逻辑在研究模态逻辑的模型论的过程中都是有意义的。这是因为模态逻辑的语义本质上有不同层次：模型和框架；局部和全局。最基本的语义概念是"一个公式在模型的状态上的真"，这概念是局部语义概念，而且它本质上是一阶的。框架层次上的有效性概念本质上是二阶的。"在所有状态上真"这个语义概念是全局的。

在该部分，首先定义四种基本的模型构造：不相交并、生成子模型、有界态射和树展开，并证明任何基本模态公式在这四种运算下不变。

定义 1.12 （1）任给结构 S_1 和 S_2，定义一个运算 f：$S_1 \to S_2$，给定结构的性质 P，若 P(S_1) 蕴涵 P(S_2)，则称 P 在该运算 f 下保持；若 P(S_1) 当且仅当 P(S_2)，则称 P 在运算 f 下不变。

（2）任给一个结构运算 f：$S_1 \to S_2$，对任给模态公式 ϕ，若 $S_1 \vDash \phi$ 蕴涵 $S_2 \vDash \phi$，则称 f 保持 ϕ。若 $S_1 \vDash \phi$ 当且仅当 $S_2 \vDash \phi$，则称 ϕ 在 f 下不变。

（3）任给一个框架 $\mathfrak{F}=(W, R)$ 和一个模型 $\mathfrak{M}=(W, R, V)$，令 $w \in W$。则 ($\mathfrak{M}$, w) 被称为点模型，($\mathfrak{F}$, w) 被称为点框架。

定义点模型（$\mathfrak{M}$, w）的（基本模态语言或无穷模态语言）模态理论为 $\mathrm{Th}_{\mathrm{ML}}(\mathfrak{M}, w)=\{\phi: \mathfrak{M}, w \vDash \phi\}$。如果 $\mathrm{Th}_{\mathrm{ML}}(\mathfrak{M}, w)=\mathrm{Th}_{\mathrm{ML}}(\mathfrak{M}, u)$，那么称 w 和 u 是模态等价的（记号：$\mathfrak{M}, w \leftrightsquigarrow \mathfrak{M}, u$）。模型 $\mathfrak{M}$ 的理论 $\mathrm{Th}_{\mathrm{ML}}(\mathfrak{M})=\{\phi$:

$M \models \phi\}$。框架 F 的理论 $Th_{ML}(\mathfrak{F}) = \{\phi: \mathfrak{F} \models \phi\}$。

1. 不相交并。

这种模型构造方法十分简单，把两个不相交的模型放在一起就得到一个新的模型。如下面两个模型：

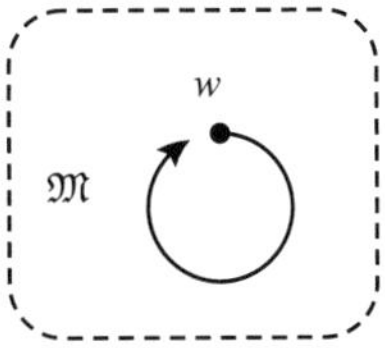

图 1.5

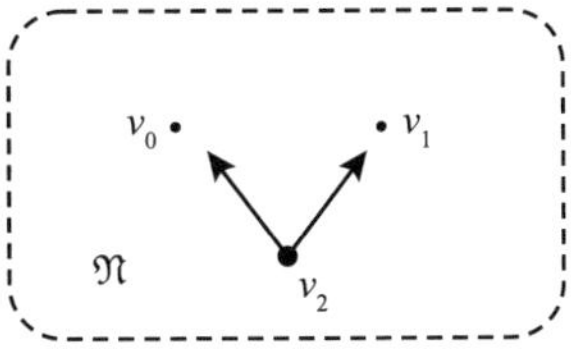

图 1.6

不改变原来的框架和模型中的赋值，把这两个模型并起来就得到下面的模型：

图 1.7

定义 1.13 令 $\{\mathfrak{M}_i\}_{i \in I}$是模型族，每个 $\mathfrak{M}_i = (W_i, R_i, V_i)$ 都是不交的模型，即对 $i \neq j$ 都有 $W_i \cap W_j = \varnothing$。它们的不交并$\uplus_i \mathfrak{M}_i = (W, R, V)$ 如下定义：(1) $W = \cup_{i \in I} W_i$；(2) $R = \cup_{i \in I} R_i$；(3) $V(p) = \cup_{i \in I} V_i(p)$。对于相交的模型来说，取每个模型的不交复制模型就能定义不相交并。

定理 1.4 令 $\{\mathfrak{M}_i\}_{i \in I}$是模型族，对每个 $i \in I$，令 w 是 W_i 中的元素。那么对每个模态公式 ϕ，$\mathfrak{M}_i, w \models \phi$ 当且仅当$\uplus_i \mathfrak{M}_i, w \models \phi$。

证明：对 ϕ 的构造归纳证明。只证 $\phi := \Diamond\psi$ 的情况。首先假设 $\mathfrak{M}_i, w \models \Diamond\psi$。

那么 W_i 中存在 v 使得 R_iwv 并且 $\mathfrak{M}_i$，$v\Vdash\psi$。根据归纳假设，$\biguplus_i\mathfrak{M}_i$，$v\Vdash\psi$。根据 R 定义可得，Rwv，所以$\biguplus_i\mathfrak{M}_i$，$w\Vdash\Diamond\psi$。反之假设$\biguplus_i\mathfrak{M}_i$，$w\Vdash\Diamond\psi$。那么 W 中存在 v 使得 Rwv 并且$\biguplus_i\mathfrak{M}_i$，$v\Vdash\psi$。因为 $w\in W_i$，所以 $v\in W_i$，所以 R_iwv。根据归纳假设，$\mathfrak{M}_i$，$v\Vdash\psi$。所以 $\mathfrak{M}_i$，$w\Vdash\Diamond\psi$。

2. 生成子模型。

这种模型构造方法是从原有的模型和给定的状态按照可及关系生成的子模型。在生成子模型上，保持原来的关系和赋值不变。如对于下面的模型：

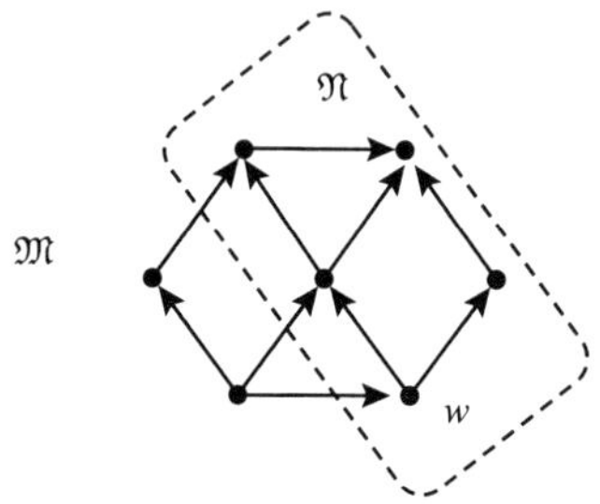

图 1.8

模型 $\mathfrak{M}$ 从点 w 生成的子模型就是 $\mathfrak{N}$。

定义 1.14 令 $\mathfrak{M}=(W, R, V)$ 和 $\mathfrak{M}'=(W', R', V')$ 是两个模型。称 $\mathfrak{M}'$ 是 $\mathfrak{M}$ 的子模型，如果 $W'\subseteq W$；$R'=R\cap(W'\times W')$；$V'(p)=V(p)\cap W'$。

称 $\mathfrak{M}'$是 $\mathfrak{M}$ 的生成子模型（记号：$\mathfrak{M}'\rightarrowtail\mathfrak{M}$），如果 $\mathfrak{M}'$是 $\mathfrak{M}$ 的子模型并且下面的封闭条件成立：

$$\text{如果 } w\in W' \text{并且 } Rwu \text{ 那么 } u\in W'$$

一个点生成子模型是由一个单元集 $\{w\}$ 生成子模型。

命题 1.8 令 $\mathfrak{M}'\rightarrowtail\mathfrak{M}$。那么对 $\mathfrak{M}'$中每个状态 w，对每个模态公式 ϕ，$\mathfrak{M}$，$w\Vdash\phi$ 当且仅当 $\mathfrak{M}'$，$w\Vdash\phi$。

证明：对 ϕ 的构造归纳证明。只证 $\phi:=\Diamond\psi$ 的情况。首先假设 $\mathfrak{M}$，$w\Vdash\Diamond\psi$。那么 W 中存在 v 使得 Rwv 并且 $\mathfrak{M}$，$v\Vdash\psi$。根据归纳假设，$\mathfrak{M}'$，$v\Vdash\psi$。根据 R'定义可得 $R'wv$，所以 $\mathfrak{M}'$，$w\Vdash\Diamond\psi$。反之假设 $\mathfrak{M}'$，$w\Vdash\Diamond\psi$。那么 W'中存在 v，使得 $R'wv$ 并且 $\mathfrak{M}'$，$v\Vdash\psi$。因为 $v\in W'$，所以 $v\in W$，所以 Rwv。根据归纳假设，$\mathfrak{M}$，$v\Vdash\psi$，所以 $\mathfrak{M}$，$w\Vdash\Diamond\psi$。

3. 有界态射。

这种运算是两个模型之间的运算，最初始的概念是在数学中常见的同态概念。任给两个模型 $\mathfrak{M}=(W, R, V)$ 和 $\mathfrak{M}'=(W', R', V')$，一个函数 $f: W\to W'$ 称为从 $\mathfrak{M}$ 到 $\mathfrak{M}'$的同态，如果它满足下面的条件：

（1）如果 Rwu，那么 $R'f(w)f(u)$；

（2）对每个 $w \in W$，如果 $w \in V(p)$，那么 $f(w) \in V'(p)$。

但是存在模态公式在同态运算下不保持。如考虑模态公式 $\Box p$ 和下面模型及其同态 f:

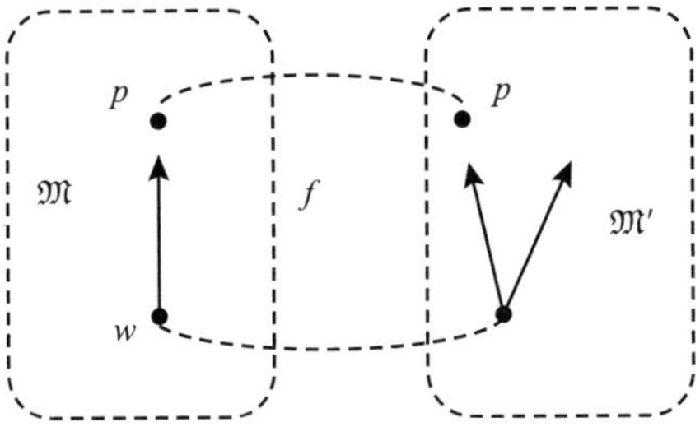

图 1.9

显然图中的函数 f 是同态，$\mathfrak{M}$，$w \vDash \Box p$，但 $\mathfrak{M}'$，$f(w) \nvDash \Box p$。但在下面定义的有界态射下所有模态公式是不变的。

定义 1.15　令 $\mathfrak{M} = (W, R, V)$ 和 $\mathfrak{M}' = (W', R', V')$ 是两个模型。一个映射 f: $W \to W'$ 称为从 $\mathfrak{M}$ 到 $\mathfrak{M}'$ 的有界态射，如果它满足以下条件：

（1）w 和 $f(w)$ 满足相同的命题变元；

（2）如果 Rwu，那么 $R'f(w)f(u)$；

（3）如果 $R'f(w)v$，那么存在 $u \in W$，使得 Rwu 并且 $f(u) = v$。

如果 f 还是满射，那么称 $\mathfrak{M}'$ 是 $\mathfrak{M}$ 的有界态射象（记号：$\mathfrak{M} \twoheadrightarrow \mathfrak{M}'$）。

例 1.7　考虑如下两个模型 $\mathfrak{N}$ 和 $\mathfrak{M}$ 之间的映射 f，它是一个满有界态射，因此 $\mathfrak{M}$ 是 $\mathfrak{N}$ 的有界态射象：

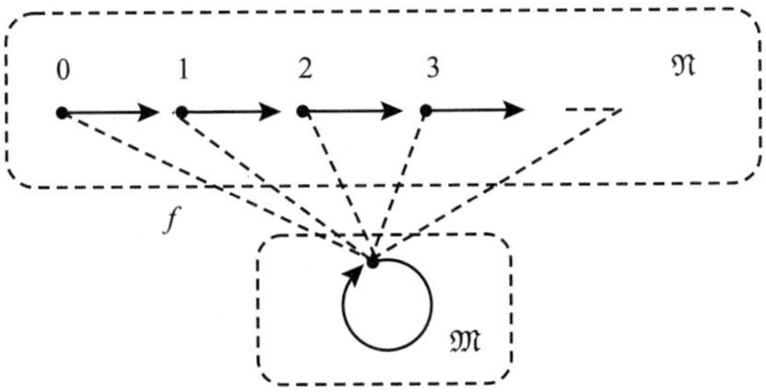

图 1.10

定理 1.5　令 $\mathfrak{M} = (W, R, V)$ 和 $\mathfrak{M}' = (W', R', V')$ 是两个模型。函数 f:

$W \to W'$是从 $\mathfrak{M}$ 到 $\mathfrak{M}'$的有界态射。那么对每个模态公式 ϕ 和 $w \in W$，都有 $\mathfrak{M}$，$w \vDash \phi$ 当且仅当 $\mathfrak{M}'$，$f(w) \vDash \phi$。

证明：对 ϕ 的构造归纳证明。只证 $\phi := \Diamond\psi$ 情况。先设 $\mathfrak{M}$，$w \vDash \Diamond\psi$，则 W 中存在 u 使 Rwu 且 $\mathfrak{M}$，$u \vDash \psi$。由归纳假设，$\mathfrak{M}'$，$f(u) \vDash \psi$。由 Rwu 得 $R'f(w)f(u)$，所以 $\mathfrak{M}'$，$f(w) \vDash \Diamond\psi$。反之，假设 $\mathfrak{M}'$，$f(w) \vDash \Diamond\psi$。那么 W'中存在 v 使 $R'f(w)v$ 且 $\mathfrak{M}'$，$v \vDash \psi$。那么存在 $u \in W$ 使 Rwu 且 $f(u) = v$。由归纳假设，$\mathfrak{M}$，$u \vDash \psi$，所以 $\mathfrak{M}$，$w \vDash \Diamond\psi$。

4. 树展开。

这种构造是从由点生成的模型出发，把所有自返和对称的结点展开，从而得到一个禁自返的、反对称的模型。在这样的运算下，也有相应的保持结果。

定义 1.16 令模型 $\mathfrak{M} = (W, R, V)$ 是从点 w 生成的模型。那么 $\mathfrak{M}$ 从 w 的树展开模型 $unr(\mathfrak{M}, w) = (\overline{W}, \overline{R}, \overline{V})$ 如下定义：

（1）$\overline{W} = \{(w, w_1, \cdots, w_n): wRw_1 \cdots w_{n-1}Rw_n\}$；

（2）令 s、$t \in \overline{W}$，$\overline{R}st$ 当且仅当存在 $u \in W$ 使得 $sw = t$；

（3）$\overline{V}(p) = \{(w, w_1, \cdots, w_n) \in \overline{W}: w_n \in V(p)\}$。

定理 1.6 令 $unr(\mathfrak{M}, w)$ 是模型 $\mathfrak{M} = (W, R, V)$ 是从点 w 的树展开模型。那么 $(\mathfrak{M}, w)$ 是 $unr(\mathfrak{M}, w)$ 的有界态射象。

证明：定义函数 f：$\overline{W} \to W$ 如下：$f(w, w_1, \cdots, w_n) = w_n$。容易验证 f 是有界态射并且 f 是满射。

因此，对定理 1.39 的证明中定义的有界态射 f，可以证明所有模态公式在树展开运算下的不变性，即对任何模态公式 ϕ：

$$unr(\mathfrak{M}, w), s \vDash \phi \text{ 当且仅当 } unr(\mathfrak{M}, w), f(s) \vDash \phi$$

由此可见，树展开实际上是满有界态射的特殊情况。

前面定义的三种主要模型构造：不相交并、生成子模型和有界态射，在这一节我们都划归为互模拟的特殊情况。两个模型之间的互模拟乃是一种二元关系，它使所有模态公式是不变的。

定义 1.17 令 $\mathfrak{M} = (W, R, V)$ 和 $\mathfrak{M}' = (W', R', V')$ 是模型。非空二元关系 $Z \subseteq W \times W'$称为 $\mathfrak{M}$ 和 $\mathfrak{M}'$的互模拟关系，如果满足以下条件：若 Zww'，则：

（1）（原子条件）w 和 w'满足相同的命题变元；

（2）（前进条件）如果 Rwu，那么存在 $v \in W'$使得 $R'w'v$ 并且 Zuv；

（3）（后退条件）如果 $R'w'v$，那么存在 $u \in W$ 使得 Rwu 并且 Zuv。

令 Z 是 $\mathfrak{M}$ 和 $\mathfrak{M}'$之间的互模拟关系，使得 Zww'，那么称 w 和 w'是互模拟的，记为：Z：$\mathfrak{M}$，$w \leftrightarrows \mathfrak{M}'$，$w'$（也可以简写为：$w \leftrightarrows w'$）。

互模拟的概念在模态逻辑和计算机科学中都有起源。在模态逻辑中，（约翰·范·本特姆，1976）所定义的 Zigzag 关系就是互模拟关系。使用下面的图表示：

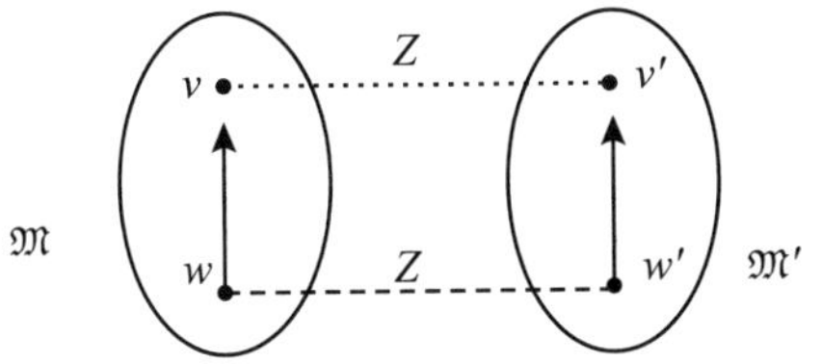

图 1.11

互模拟这个概念具有一般性，前面定义的几种基本运算：不相交并、生成子模型和有界态射象等，都是互模拟的特殊情况。

定理 1.7　令 $\mathfrak{M}$、$\mathfrak{M}'$和 $\mathfrak{M}_i(i\in I)$ 是模型。那么：

（1）对每个 $i\in I$ 和 $\mathfrak{M}_i$ 中的状态 w，$\mathfrak{M}_i$，$w \leftrightarrows \biguplus_i \mathfrak{M}_i$，$w$；

（2）如果 $\mathfrak{M}'\rightarrowtail\mathfrak{M}$，那么对 $\mathfrak{M}'$中所有状态 w，$\mathfrak{M}'$，$w\leftrightarrows\mathfrak{M}$，$w$；

（3）如果 f：$\mathfrak{M}\twoheadrightarrow\mathfrak{M}'$，那么对 $\mathfrak{M}$ 中所有状态 w，$\mathfrak{M}$，$w\leftrightarrows\mathfrak{M}'$，$f(w)$。

证明：要证（1）和（2），只需取恒等关系，即为互模拟关系。要证（3），取关系 $Z=\{(w, f(w))$：w 在 $\mathfrak{M}$ 中$\}$ 是互模拟关系。

定理 1.8　令 $\mathfrak{M}=(W, R, V)$ 和 $\mathfrak{M}'=(W', R', V')$ 是两个模型。如果 Z：$\mathfrak{M}$，$w\leftrightarrows M'$，w'，使得 Zww'，那么 $\mathrm{Th}_{ML}(\mathfrak{M}, w)=\mathrm{Th}_{ML}(\mathfrak{M}', w')$。

证明：对公式 ϕ 的构造归纳证明。只证 $\phi:=\Diamond\psi$ 情况。先假设 $\mathfrak{M}$，$w\vDash\Diamond\psi$，那么 W 中存在 u 使 Rwu 且 $\mathfrak{M}$，$u\vDash\psi$。由归纳假设，$\mathfrak{M}'$，$w'\vDash\psi$。由 Rwu 得：存在 $v\in W'$使得 Zuv 并且 $R'w'v$，$\mathfrak{M}'$，$w'\vDash\Diamond\psi$。反之，假设 $\mathfrak{M}'$，$w'\vDash\Diamond\psi$。那么 W'中存在 v 使 $R'w'v$ 且 $\mathfrak{M}'$，$v\vDash\psi$。那么存在 $u\in W$ 使 Rwu 且 Zuv。由归纳假设，$\mathfrak{M}$，$u\vDash\psi$，所以 $\mathfrak{M}$，$w\vDash\Diamond\psi$。

这条定理说明互模拟蕴涵模态等价。但是反过来，模态等价不一定蕴涵互模拟。但在特殊模型类上，模态等价蕴含互模拟，也就是说，模态等价与互模拟相同。我们引入下面 Hennessy – Milner 类的概念。

定义 1.18　令 C 是点模型类。若 C 中任何两个点模型（$\mathfrak{M}$，w）和（$\mathfrak{M}'$，w'）模态等价蕴含它们互模拟，则称 C 是 *Hennessy – Milner* 类或有 *Hennessy – Milner* 性质。

例 1.8　下面两个等价模型不是互模拟的。对每个 $n>0$，（$\mathfrak{M}$，w）和（$\mathfrak{M}'$，w'）含长度为 n 的有穷分支，但（$\mathfrak{M}'$，w'）含一个无穷长分支。如下图：

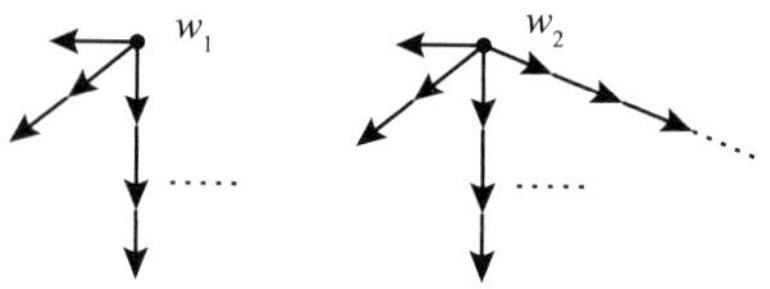

图 1.12

对于基本模态语言的任意公式 ϕ，$\mathfrak{M}$，$w\vDash\phi$ 当且仅当 $\mathfrak{M}'$，$w'\vDash\phi$。可对基本模态公式 ϕ 的构造施归纳证明，之前先需要下面的定义和命题。

定义 1.19 令 $\mathfrak{M}=(W, R, V)$ 和 $\mathfrak{M}'=(W', R', V')$ 是两个模型。令 w 和 w'分别是 $\mathfrak{M}$ 和 $\mathfrak{M}'$的元素。称 w 和 w'是 n 互模拟的，如果存在二元关系序列 $Z_n\subseteq\cdots\subseteq Z_0$，使得下面的条件成立（对 $i+1\leqslant n$）：

（1）wZ_nw'；

（2）如果 xZ_0y，那么 x 和 y 满足相同的命题变元；

（3）如果 $xZ_{i+1}y$ 并且 Rxu，那么存在 v，使得 $R'yv$ 并且 uZ_iv；

（4）如果 $xZ_{i+1}y$ 并且 $R'yv$，那么存在 u，使得 Rxu 并且 uZ_iv。

命题 1.9 令 Φ 是一个有穷的命题变元集合。令 $\mathfrak{M}=(W, R, V)$ 和 $\mathfrak{M}'=(W', R', V')$ 是用 Φ 构造的基本模态语言的模型。令 w 和 w'分别是 $\mathfrak{M}$ 和 $\mathfrak{M}'$的元素。则 w 和 w'是 n 互模拟的当且仅当它们满足相同的模态度至多为 n 的公式 ϕ。

对基本模态语言来说，以上给出的两个模型中的 w 和 w'是等价的。但这两个加标图之间没有互模拟关系：假设存在互模拟关系 Z。由于 wZw'，存在 w 的后继结点 u_0。在 $\mathfrak{M}'$中存在 v_0，v_0 在 w'出发的无穷通路上，u_0 和 v_0 相互联系。假设 n 是从 w 出发经过 u_0 的最长通路的长度，令 w，u_0，…，u_{n-1}是这条通路的结点。运用互模拟的条件 $n-1$ 次，找到 $\mathfrak{M}'$中起始于 w'的无穷通路上的点 v_1，…，v_{n-1}使得 $v_0R_2v_1\cdots R_2v_{n-1}$，并且 u_iZv_i，v_{n-1}有后继结点，但 u_{n-1}没有后继结点。因此这两点不是互模拟的。

但在无穷模态语言中，等价蕴涵互模拟，使用等价的点组成的关系就是互模拟关系。从模型论的角度看，基本模态语言的表达能力小于无穷模态语言。在基本模态语言中，具有模态等价关系的状态不一定是互模拟的；而在无穷模态语言中具有模态等价关系的状态一定是互模拟的，即互模拟关系等于模态等价关系。

除此，还有一些类，其中模态等价蕴涵互模拟关系。如在基本模态语言中，可证明象有穷的模型类具有 *Hennessy-Milner* 性质。如果模型 $\mathfrak{M}$ 中的每一个状态只有有穷多个后继状态，那么称 $\mathfrak{M}$ 是象有穷的。如果对于每一个 $w\in\mathfrak{M}$，w 的子结点的集合是有穷的，那么称模型 $\mathfrak{M}$ 是有穷分支的。

命题 1.10　令 $(\mathfrak{M}, w)$ 和 $(\mathfrak{M}', w')$ 是两个点模型，则：

（1）w 和 w' 是互模拟的当且仅当 w 和 w' 满足相同 $ML_{\infty}(\Phi, \Diamond)$ －公式；

（2）如果 $\mathfrak{M}$ 和 $\mathfrak{M}'$ 是有穷分支模型，那么它们有 Hennessy－Milner 性质。

定理 1.9　在基本模态语言中，令 $\mathfrak{M}=(W, R, V)$ 和 $\mathfrak{M}'=(W', R', V')$ 分别是象有穷模型。则对于每一个 $w\in W$ 和 $w'\in W'$，$w \leftrightarrows w'$ 当且仅当 w 与 w' 是模态等价的。

证明：只需要证明关系 $Z=\{(x, y):(\mathfrak{M}, x)\leftrightsquigarrow(\mathfrak{M}', y)\}$ 构成互模拟关系。对任意的 $p\in A$，根据互模拟关系的定义，$w\leftrightsquigarrow w'$，因此 $\mathfrak{M}, w\vDash p$ 当且仅当 $\mathfrak{M}', w'\vDash p$。假设 x 与 y 模态等价且 Rxu。假设在 $\mathfrak{M}'$ 中不存在 v，使得 $R'yv$ 和 u 模态等价于 v。令 $Q=\{z: R'yz\}$。Q 非空【若不然，$Q=\varnothing$，则 y 没有子结点，$\mathfrak{M}', y\vDash\Box\bot$。因为 $\mathfrak{M}, x\vDash\Box\bot$，这与 x 模态等价于 y 并且 Rxu 矛盾。】因为 $\mathfrak{M}'$ 象有穷，所以 Q 有穷，令 $Q=\{v_1, \cdots, v_n\}$。由假设，对于每一个 $v_i\in Q$ 都存在公式 ϕ_i，使得 $\mathfrak{M}', v\vDash\phi_i$，但是 $\mathfrak{M}, w\nvDash\phi_i$。那么 $\mathfrak{M}, w\vDash\Diamond(\phi_1\wedge\cdots\wedge_n)$ 并且 $\mathfrak{M}', w'\nvDash\Diamond(\phi_1\wedge\cdots\wedge_n)$，与 $w\leftrightsquigarrow w'$ 矛盾。也可类似地证明另一个条件。

定义 1.20　令 $\mathfrak{M}=(W, R, V)$ 是模型，$X\subseteq W$，$\sum$ 是模态公式集合。称 $\sum$ 在 X 中可满足，如果存在 $x\in X$ 使得对所有公式 $\phi\in\sum$ 都有 $\mathfrak{M}, x\vDash\phi$。称 $\sum$ 在 X 中有穷可满足，如果 $\sum$ 的每个有穷子集在 X 中可满足。模型 $\mathfrak{M}$ 称为模态饱和的，如果它满足下面的条件：对每个状态 $w\in W$ 和每个模态公式集合 $\sum$，如果 $\sum$ 在 w 的后继状态集合上有穷可满足，那么 $\sum$ 在 w 的后继状态集合上可满足。

命题 1.11　模态饱和模型类具有 Hennessy－Milner 性质。

证明：令 $\mathfrak{M}=(W, R, V)$ 和 $\mathfrak{M}'=(W', R', V')$ 是两个模态饱和模型。只需要证明两个模型的状态之间的模态等价关系就是这两个模型之间的互模拟关系。原子条件显然成立。只证前进条件，后退条件类似地证明。假设 $w\in W$，$w'\in W'$，Rwu，$w\leftrightsquigarrow w'$。令 $\sum=\mathrm{Th}_{\mathrm{ML}}(\mathfrak{M}, u)$。对于 $\sum$ 的每个有穷子集 Δ，显然 $\mathfrak{M}, u\vDash\bigwedge\Delta$，所以 $\mathfrak{M}, w\vDash\Diamond\bigwedge\Delta$，所以 $\mathfrak{M}', w'\vDash\Diamond\bigwedge\Delta$。所以存在 v，使得 $R'w'v$ 并且 $\mathfrak{M}', v\vDash\bigwedge\Delta$。所以 $\sum$ 在 w' 的后继状态集上有穷可满足，由模态饱和性质，$\sum$ 在 w' 的后继状态集合上有穷可满足。于是存在 u' 使 $R'w'u'$ 且 u' 满足 $\sum$，有 $u\leftrightsquigarrow u'$。

1.4 典范模型和完全性

在本节我们介绍使用典范模型证明模态逻辑的完全性的方法。首先我们回顾一些基本的概念，包括模态逻辑、一致性、可靠性和完全性等。

一个模态公式集合 Λ 称为一个模态逻辑，如果它含有所有命题重言式并且在 MP 和 Sub 规则下封闭。如果 $\phi\in\Lambda$，那么称 ϕ 是 Λ－定理，记号：$\vdash_{\Lambda}\phi$；否则记为 $\nvdash_{\Lambda}\phi$。给定任何框架类 C，那么在 C 上有效的模态公式集合是一个模态逻辑。但是在一个模型类 M 上真的模态公式的集合不是一个模态逻辑，因为它不在 Sub 规则下封闭，如 p 在某个模型上真，而 q 在该模型中每个状态上都是假的，那么经过代换得到的 q 在该模型上不是有效的。称一个模态逻辑 Λ 是正规的，如果它含有公理 $\Box(p\to q)\to(\Box p\to\Box q)$ 和 $\Diamond p\leftrightarrow\neg\Box\neg p$。

定义 1.21　令 ϕ，ψ_1，…，ψ_n 是模态公式。称 ϕ 从前提 ψ_1，…，ψ_n 中可推导，如果 $\psi_1\wedge\cdots\wedge\psi_n\to\phi$ 是重言式。令 $\Gamma\cup\{\phi\}$ 是公式集，称 ϕ 在模态逻辑 Λ 中可从前提 Γ 推导（记号：$\Gamma\vdash_{\Lambda}\phi$），如果 $\vdash_{\Lambda}\phi$ 或存在公式 ψ_1，…，$\psi_n\in\Gamma$，使 $\vdash_{\Lambda}\psi_1\wedge\cdots\wedge\psi_n\to\phi$。一个公式集 Γ 称为 Λ－一致的，如果 $\Gamma\nvdash_{\Lambda}\bot$。否则称 Γ 不是 Λ－一致的。

命题 1.12　一个逻辑 Λ 是正规的当且仅当它含有 $\Diamond\bot\leftrightarrow\bot$ 和 $\Diamond(p\vee q)\leftrightarrow\Diamond p\vee\Diamond q$，并且在如下规则下封闭：从 $\phi\to\psi$ 推出 $\Diamond\phi\to\Diamond\psi$。

定义 1.22　令 C 是框架类（或模型类）。一个正规模态逻辑 Λ 相对于 C 是可靠的，如果对每个 Λ－定理 ϕ，$C\models\phi$，即 C 中每个框架（模型）都使 ϕ 是有效的。

称 Λ 相对于 C 是强完全的，如果对任何公式集 $\Gamma\cup\{\phi\}$，$\Gamma\models_{K}\phi$ 蕴涵 $\Gamma\vdash_{\Lambda}\phi$。其中 $\Gamma\models_{K}\phi$ 意思是对 C 中每个框架（模型）上的每个模型中的每个点 w，如果 Γ 中所有公式在 w 上真，那么 ϕ 也在 w 上是真的。称 Λ 相对于 C 是弱完全的，如果 $C\models\phi$，那么 $\vdash_{\Lambda}\phi$。

命题 1.13　一个逻辑 Λ 相对于结构类 K 是强完全的当且仅当每个 Λ－一致公式集在 K 中某个结构上可满足。一个逻辑 Λ 相对于结构类 K 是强完全的当且仅当每个 Λ－一致公式在 K 中某个结构上可满足。

下面我们开始定义典范模型的概念。典范模型是从极大一致集公式集构造的模型，利用公式集中的属于关系定义真。

定义 1.23　一个公式集 Γ 称为极大 Λ－一致的，如果它是 Λ－一致的并且没有一致的真扩张，也就是说，Γ 的任何真扩张都是不一致的。

命题 1.14 如果 Λ 是正规模态逻辑并且 Γ 是极大 Λ –一致公式集，那么：

(1) Γ 在 MP 下封闭，即如果 $\phi \in \Gamma$ 并且 $\phi \to \psi \in \Gamma$，那么 $\psi \in \Gamma$；

(2) $\Lambda \subseteq \Gamma$；

(3) 对所有公式 ϕ，$\phi \in \Gamma$ 当且仅当 $\neg \phi \notin \Gamma$；

(4) 对所有公式 ϕ 和 ψ，$\phi \vee \psi \in \Gamma$ 当且仅当 $\phi \in \Gamma$ 或 $\psi \in \Gamma$。

引理 1.3 如果 $\sum$ 是 Λ –一致公式集，那么它可以扩张为极大 Λ –一致公式集 $\sum^+$。

定义 1.24 一个正规模态逻辑 Λ 的典范模型 $\mathfrak{M}^\Lambda = (W^\Lambda, R^\Lambda, V^\Lambda)$ 如下定义：

(1) $W^\Lambda = \{u: u$ 是极大 Λ –一致公式集$\}$；

(2) $uR^\Lambda v$ 当且仅当对每个公式 $\phi \in v$，$\Diamond \phi \in u$；

(3) $V^\Lambda(p) = \{u: p \in u\}$。

框架 $\mathfrak{F}^\Lambda = (W^\Lambda, R^\Lambda)$ 称为 Λ 的典范框架。

命题 1.15 对于正规模态逻辑 Λ 的典范模型 $\mathfrak{M}^\Lambda = (W^\Lambda, R^\Lambda, V^\Lambda)$，$uR^\Lambda v$ 当且仅当对每个公式 ϕ，如果 $\Box\phi \in u$ 那么 $\phi \in v$。

引理 1.4 对任何正规模态逻辑 Λ 和任何极大 Λ –一致公式集 u，如果 $\Diamond\phi \in u$，那么存在 $v \in W^\Lambda$ 使得 Ruv 并且 $\phi \in v$。

证明：假设 $\Diamond\phi \in u$。令 $\sum = \{\phi\} \cup \{\psi: \Box\psi \in u\}$。只需证 $\sum$ 与 Λ –一致，然后扩充为极大 Λ –一致集 v，那么 Ruv 并且 $\phi \in v$。假设 $\sum$ 不与 Λ –一致，那么存在 $\psi_1, \cdots, \psi_n \in \sum$，使 $\vdash_\Lambda \psi_1 \wedge \cdots \wedge \psi_n \to \neg \phi$。那么 $\vdash_\Lambda \Box(\psi_1 \wedge \cdots \wedge \psi_n) \to \Box \neg \phi$，$\vdash_\Lambda \Box\psi_1 \wedge \cdots \wedge \Box\psi_n \to \neg \Diamond\phi$。因为 $\Box\psi_1 \cdots \Box\psi_n \in u$，所以 $\neg \Diamond\phi \in u$，矛盾。

引理 1.5 对任何正规模态逻辑 Λ 和公式 ϕ，$\mathfrak{M}^\Lambda, w \vDash \phi$ 当且仅当 $\phi \in w$。

证明：对公式 ϕ 的构造归纳证明：

(1) 对原子公式 p，$\mathfrak{M}^\Lambda, w \vDash p \Leftrightarrow p \in w$；

(2) 对 $\phi := \neg \psi$，$\mathfrak{M}^\Lambda, w \vDash \neg \psi \Leftrightarrow \mathfrak{M}^\Lambda, w \nvDash \psi \Leftrightarrow \psi \notin w \Leftrightarrow \neg \psi \in w$；

(3) 对 $\phi := \psi \vee \zeta$，$\mathfrak{M}^\Lambda, w \vDash \psi \vee \zeta \Leftrightarrow \mathfrak{M}^\Lambda, w \vDash \psi$ 或 $\mathfrak{M}^\Lambda, w \vDash \zeta$

$\Leftrightarrow \psi \in w$ 或 $\zeta \in w$

$\Leftrightarrow \psi \vee \zeta \in w$；

(4) 对 $\phi := \Diamond\psi$。假设 $\mathfrak{M}^\Lambda, w \vDash \Diamond\psi$。那么存在 u，使得 $wR^\Lambda u$ 并且 $\mathfrak{M}^\Lambda, u \vDash \psi$。根据归纳假设，$\psi \in u$，所以 $\Diamond\psi \in w$。反之假设 $\Diamond\psi \in w$，那么存在 u 使得 $wR^\Lambda u$ 并且 $\psi \in u$。所以 $\mathfrak{M}^\Lambda, w \vDash \Diamond\psi$。

定理 1.10 （1）任何正规模态逻辑 Λ 相对于它的典范模型是强完全的。

（2）极小正规模态逻辑 K 相对于所有框架组成的类是完全的。

证明：（1）任给 Λ - 一致公式集 $\sum$，将它扩充为极大一致集 w，那么 $\sum \subseteq w$，所以 $\mathfrak{M}^{\Lambda}$，$w \vDash \sum$，即 $\sum$ 是可满足的。

（2）假设 $\Gamma \nvDash_K \phi$，则 $\Gamma \cup \{\neg \phi\}$ 一致。将它扩张为极大一致集 w，那么 $\mathfrak{M}^K$，$w \vDash \Gamma$，但是 $\mathfrak{M}^K$，$w \nvDash \phi$。因为 K 的典范框架（W^K，R^K）是 K - 框架。

定理 1.11 逻辑 K4 相对于传递框架类是完全的。

证明：只需证 K4 的典范框架（W，R）传递。假设 Rwu 并且 Ruv。要证 Rwv，假设 $\Box\phi \in w$，只需证 $\phi \in v$。因为 $\Box\phi \to \Box\Box\phi \in w$，所以 $\Box\Box\phi \in w$。因为 Rwu，所以 $\Box\phi \in u$。因为 Ruv，所以 $\phi \in v$。从 $\Box\phi \in w$ 得 $\phi \in v$，所以 Rwv。

定理 1.12 正规模态逻辑 T、KB、KD、S4、S5 都是强完全的。

对于典范模型略作变形，还可以证明许多完全性结果。例如：

定理 1.13 S4 相对于偏序框架类是强完全的。

证明：任给 S4 - 一致公式集 $\sum$，只需要证明 $\sum$ 在某个偏序框架中可满足。对于 S4 典范模型 $\mathfrak{M} = (W, R, V)$，将 $\sum$ 扩张为极大 S4 - 一致公式集 u，那么 $\mathfrak{M}$，$u \vDash \sum$。首先从 u 生成 $\mathfrak{M}$ 的子模型 $\mathfrak{M}_u$。所以 $\mathfrak{M}_u$，$u \vDash \sum$。再将 $\mathfrak{M}_u$ 从 u 展开得到模型 $\mathfrak{M}_u^*$，所以 $\mathfrak{M}_u^*$，$(u) \vDash \sum$，$\mathfrak{M}_u^*$ 是一个偏序模型。

1.5 有穷模型性质

在本节我们介绍模态逻辑的一种重要性质：有穷模型性质。称一个模态语言相对于一个模型类 M 具有有穷模型性质，如果任何在 M 中可满足的公式 ϕ 也在 M 中某个有穷模型上可满足。称一个正规模态逻辑 Λ 具有有穷模型性质，如果对任何公式 $\phi \notin \Lambda$，都存在有穷框架 $\mathfrak{F} \vDash \Lambda$，使得 $\mathfrak{F} \nvDash \phi$。要证明 Λ 有有穷模型性质，只需要证明任何 Λ - 一致的公式在 Λ 的某个有穷框架上可满足。

这里介绍一种常规的过滤方法证明有穷模型性质。一个公式集 $\sum$ 称为子公式封闭集，如果对任何 $\phi \in \sum$，ϕ 的所有子公式都在 $\sum$ 中。令 $\mathfrak{M} = (W, R, V)$ 是模型且 $\sum$ 是子公式封闭集。如下定义 W 上的二元关系 $\leftrightsquigarrow_{\Sigma}$ 如下：

$w \leftrightsquigarrow_{\Sigma} v$ 当且仅当对所有公式 $\phi \in \sum$，$\mathfrak{M}$，$w \vDash \phi$ 当且仅当 $\mathfrak{M}$，$v \vDash \phi$。

令 $|w|_{\Sigma}$ 是 w 的等价类，有时省略下标 $\sum$。映射 f: $w \mapsto |w|$ 称为自然映射。

定义 1.25 令 $\mathfrak{M}=(W, R, V)$ 是模型并且 $\sum$ 是子公式封闭集。令 $W_{\Sigma}=\{|w|_{\Sigma}: w \in W\}$。模型 $\mathfrak{M}$ 通过 $\sum$ 过滤得到的模型 $\mathfrak{M}_{\Sigma}^{f}=(W^{f}, R^{f}, V^{f})$ 定义如下：

(1) $W^{f}=W_{\Sigma}$;

(2) 若 Rwv，则 $R^{f}|w||v|$;

(3) 若 $R_{f}|w||v|$，则对所有公式 $\Diamond\phi \in \sum$，$\mathfrak{M}, v \models \phi$ 蕴涵 $\mathfrak{M}, w \models \Diamond\phi$;

(4) 对所有命题变元 $p \in \sum$，$V^{f}(p)=\{|w|: \mathfrak{M}, w \models p\}$。

命题 1.16 令 $\sum$ 是子公式封闭集。对任何模型 $\mathfrak{M}$，令 $\mathfrak{M}_{\Sigma}^{f}$ 是 $\mathfrak{M}$ 通过 $\sum$ 过滤得到的模型。那么 $\mathfrak{M}_{\Sigma}^{f}$ 至多含有 $2^{|\Sigma|}$ 个点。

定理 1.14 令 $\mathfrak{M}_{\Sigma}^{f}=(W_{\Sigma}, R^{f}, V^{f})$ 是 $\mathfrak{M}$ 通过 $\sum$ 过滤得到的模型。那么对所有模态公式 $\phi \in \sum$ 和 $\mathfrak{M}$ 中所有状态 w，$\mathfrak{M}, w \models \phi$ 当且仅当 $\mathfrak{M}_{\Sigma}^{f}, |w| \models \phi$。

对于过滤模型定义中的关系条件，如下定义 R_{s} 和 R_{l} 如下：

(1) $R_{s}|w||v|$ 当且仅当存在 $w' \in |w|$ 和 $v' \in |v|$ 使得 $Rw'v'$;

(2) $R_{l}|w||v|$ 当且仅当对所有 $\Diamond\phi \in \sum$，$\mathfrak{M}, v \models \phi$ 蕴涵 $\mathfrak{M}, w \models \Diamond\phi$。

那么可以证明 R_{s} 是最小的过滤关系，R_{l} 是最大的过滤关系。这也就是说，对任何过滤关系 R，$R_{s} \subseteq R \subseteq R_{l}$。

定理 1.15 如果公式 ϕ 可满足，那么它在某个有穷模型上可满足。

证明：假设 ϕ 可满足，令 $\mathfrak{M}=(W, R, V)$ 和 $w \in W$ 使得 $\mathfrak{M}, w \models \phi$。令 $\sum$ 是 ϕ 的子公式集合。令 $\mathfrak{M}_{\Sigma}^{f}$ 是 $\mathfrak{M}$ 通过 $\sum$ 过滤得到的模型。那么根据定理 3.62，$\mathfrak{M}_{\Sigma}^{f}, |w| \models \phi$。这个过滤模型是有穷模型，至多含有 $2^{|\Sigma|}$ 个点。

过滤模型可能失去原来的模型所满足的性质，如传递性。但是，在最大过滤关系和最小过滤关系之间选择恰当的定义，还是能够保持这样的性质。比如，令 $\mathfrak{M}=(W, R, V)$ 是模型并且 $\sum$ 是子公式封闭集。如下定义过滤关系 R_{t}:

$R_{t}|w||v| \Leftrightarrow$ 对所有公式 $\Diamond\phi \in \sum$，如果 $\mathfrak{M}, v \models \phi \vee \Diamond\phi$，则 $\mathfrak{M}, w \models \Diamond\phi$。如果 R 是传递的，那么 R_{t} 也是传递的。

在过滤模型中，如果它 $\sum$ 是有穷的，那么 $\mathfrak{M}_{\Sigma}^{f}$ 必定是有穷的。但即使 $\sum$ 无穷，$\mathfrak{M}_{\Sigma}^{f}$ 也可能是有穷的。称 $\sum$ 在模型 $\mathfrak{M}$ 上存在有穷等价公式集，如果存在

公式集 Δ 使得对每个 $\phi \in \sum$ 存在 $\psi \in \Delta$，使得 $\mathfrak{M} \models \phi \leftrightsquigarrow \psi$。

命题 1.17 令 $\mathfrak{M}_{\Sigma}^{f}$ 是 $\mathfrak{M}$ 通过 $\sum$ 过滤得到的模型，$\sum$ 在模型 $\mathfrak{M}$ 上存在有穷等价公式集 Δ。那么 $\mathfrak{M}_{\Sigma}^{f}$ 至多含有 $2^{|\Delta|}$ 个点。

推论 1.1 对任何正规模态逻辑 Λ，如果对每个 $\phi \notin \Lambda$，存在模型 $\mathfrak{M}$ 使得 $\mathfrak{M} \models \phi$ 并且存在 $\mathfrak{M}$ 通过某个有穷等价公式集的公式集 $\sum$ 过滤得到的模型 $\mathfrak{N}$ 使得 $\mathfrak{N} \models \Lambda$，那么 Λ 具有有穷模型性质。

推论 1.2 正规模态逻辑 K、D、T、KB、K4、D4、S4、S5 有有穷模型性质。

通过有穷模型性质可以使用如下定理证明可判定性质。

定理 1.16 假设一个正规模态逻辑 Λ 有有穷模型性质。如果 Λ 是有穷可公理化的，即存在有穷公式集 Δ 使得 $\Lambda = K \oplus \Delta$，那么 Λ 是可判定的。

第 2 章

非良基集合论基础

2.1 集合论的基础知识

在康托尔的集合论中，把满足一定性质的全部元素收集到一起，便形成集合。集合不是现实世界的对象，它们是人们通过心灵创造出来的东西。如星星的集合不是星星，平面上所有正方形的集合不是正方形等。

集合有两种表示方法：列举法和描述法。列举法是列出集合中的所有元素，例如，集合 $\{6, 7\}$。描述法是用集合中元素的性质表示集合，例如，$\{x: x$ 是正整数并且 $x > 6\}$。对于有限集合，可通过列举法定义该集合。但是对于无穷集合来说，只能使用描述法给出集合，即通过某种性质确定集合。如由“大于 7 的素数”这种性质确定的集合，使用列举法则无法穷尽该集合中的元素。

在前言中指出，性质能够用来确定集合，但并非任意性质都能确定一个集合，概括原理是不成立的。如罗素悖论中用到的性质 $\phi(x) := x \notin x$ 便不能确定一个集合。给出下面的分离公理：

（分离公理）对任意一个集合 x 和性质 ϕ，存在一个集合 y 使得 $y = \{z \in x: \phi(z)\}$。以分离公理为基础，可证明由所有集合组成的类不是集合。

令 $V = \{x: x = x\}$，则 V 是由所有集合组成的类。假设 V 是集合。根据分离公理，存在一个集合 $X = \{x \in V: x \notin x\}$。问：$X \in X$? 如果 $X \in X$，那么根据 X 的定义得到，$X \notin X$。反之，如果 $X \notin X$，因为 $X = X$，所以 $X \in M$。因此 $X \in X$。这样总能得到矛盾。因此，V 不是集合。

由罗素悖论得到的结论是：并非任何性质都能确定一个集合。因此，为避免悖论，一些逻辑学家考虑使用公理化方法，确定一些构造集合的原理。但仅有分离公理远远不够，如仅使用分离公理无法证明两个集合的并集存在。逻辑学家采取的方法是，首先规定一些集合存在，如规定空集存在或无穷集存在，然后再加上一些构造新集合的公理，从而得到集合论的公理系统。1908 年，策梅罗（E. Zermelo）使用回避真类的方法建立了集合论的公理系统 Z。弗兰克尔（A. Fraenkel）等人对策梅罗的系统进行了补充，从而得到系统 ZF。在 ZF 上增加选择公理得到 ZFC 系统。人们相信，该公理系统是数学家处理集合时所运用的正确原理。

2.1.1 集合论的公理

首先引入集合论的公理，接着介绍一阶集合论的语言，并进一步讨论这些公理的意义。在集合论的公理系统 ZF 中，非逻辑公理包括配对公理、并集公理、幂集公理和无穷公理，这些公理用来刻画集合存在。除此之外，ZF 的非逻辑公理还包括外延公理、分离公理模式、替换公理模式和基础公理，这些公理用来刻画集合的性质。在 ZF 的基础上增加选择公理得到 ZFC 系统。下面表述 ZFC 的九条非逻辑公理。

（1）外延公理：对任意集合 x 和 y，若 x 和 y 有相同的元素，则 $x=y$。

（2）配对公理：对任意集合 x 和 y，存在由这两个元素组成的集合 $\{x, y\}$。

（3）分离公理：若 ϕ 是一种性质，则对任意集合 x，存在一个集合 $y=\{u\in x: \phi(u)\}$，即由 x 中具有性质 ϕ 的元素组成的集合。

（4）并集公理：对任意集合 x，存在集合 $y=\cup x$，即 x 中所有元素的并集。

（5）幂集公理：对任意集合 x，存在集合 $y=\wp(x)$，即由 x 的所有子集组成的集合。

（6）无穷公理：存在无穷集。

（7）替换公理：如果一个类 F 是函数，那么对每个集合 X，存在集合 $Y=F(X)=\{F(u): u\in X\}$。

（8）正则公理：每个非空集合有 $\in$ - 极小元。

（9）选择公理：每个由非空集合组成的集合族有选择函数。

公理（1）~公理（8）称为 ZF 公理系统，加上选择公理就得到 ZFC 公理系统。

在上面对分离公理的表述中，需要表达关于集合的性质 ϕ，因此，从逻辑的观点看，公理集合论的发展需要引入一种集合论语言，用于谈论集合的性质。这种语言实际上是一阶语言，它含有以下初始符号。

（1）集合变元：$x, y, z, \cdots, X, Y, Z, \cdots, a, b, c, \cdots, A, B, C, \cdots$（带下标）；

（2）联结词：$\neg$，$\wedge$，$\vee$，$\rightarrow$，$\leftrightarrow$；

（3）量词：$\forall$，$\exists$；

（4）等词：$=$；

（5）括号：)，(；

（6）属于符号：$\in$。

其中，集合变元代表集合。该语言是含有唯一的二元关系符号 $\in$ 的一阶语言，它的表达式定义如下。

（1）$x \in y$ 和 $x = y$ 是表达式，称为原子表达式。

（2）若 ϕ 和 ψ 是表达式，则 $\neg\phi$，$\phi \wedge \psi$，$\phi \vee \psi$，$\phi \rightarrow \psi$，$\phi \leftrightarrow \psi$ 是表达式。

（3）若 ϕ 是表达式并且 x 是变元，那么 $\forall x\phi$ 和 $\exists x\phi$ 是表达式。

（4）只有按照以上三条规则形成的符号串才是表达式。

有了集合论语言和表达式，我们可以定义“类”的概念，即类是“由满足特定性质 ϕ 的集合组成的全体”。如果 $\phi(x)$ 是一个公式，那么称 $C = \{x: \phi(x)\}$ 是一个类，它是由满足性质 $\phi(x)$ 的集合组成的。因此，对任意集合 x，$x \in C$ 当且仅当 $\phi(x)$。任给两个类 $C = \{x: \phi(x)\}$ 和 $D = \{x: \psi(x)\}$，那么 $C = D$ 当且仅当对所有 x，$\phi(x) \leftrightarrow \psi(x)$ 成立。

由类的定义可知，罗素悖论中使用的性质“$x \notin x$”可以确定一个类 $\{x: x \notin x\}$，但这个类不是集合，如果它是集合，就会导致罗素悖论。同样，“$x = x$”这条对所有集合都成立的性质，也可以确定一类，即由所有集合组成的类，这个类也不是集合。

我们还可以定义类上的包含关系：

$C \subseteq D$ 当且仅当对所有 x，如果 $x \in C$ 那么 $x \in D$。

还可以定义类上的一些运算，比如：

$C \cup D = \{x: x \in C$ 且 $x \in D\}$；

$C \cup D = \{x: x \in C$ 或 $x \in D\}$；

$C - D = \{x: x \in C$ 且 $x \notin D\}$；

$\cup C = \{x:$ 存在 $y \in C$ 使得 $x \in y\}$。

每个集合都可以看作一个类，但并非每个类都是集合，前面提到的由所有集合组成的类 $V = \{x: x = x\}$ 就不是集合。我们把不是集合的类称为真类。

接下来依次讨论集合论的公理，首先考虑外延公理、配对公理、分离公理、并集公理、幂集公理、无穷公理和替换公理模式。对于正则公理和选择公理，我们放在后面讨论。

1. 外延公理。

如果集合 x 和 y 有相同的元素，那么 $x = y$。使用集合论形式语言的表达式，它可以表达为：

$$\forall x \forall y(\forall z(z \in x \leftrightarrow z \in y) \to x = y)$$

反之，如果 $x = y$，那么对任意元素 z，都有 $z \in x \to z \in y$。所以如下成立：

$$x = y \leftrightarrow \forall z(z \in x \to z \in y)$$

这条公理说明了两个集合相等的条件，即它们有相同的元素。

2. 配对公理。

对任何集合 x 和 y，存在由这两个元素组成的集合 $\{x, y\}$。使用集合论语言的表达式，它可以表达为：

$$\forall x \forall y \exists z \forall u(u \in z \leftrightarrow u = x \vee u = y)$$

根据外延公理，对任何集合 x 和 y，集合 $\{x, y\}$ 唯一存在。因为由两个元素 x 和 y 组成的集合是唯一的。因此，$\{x, y\}$ 可以定义为满足性质的唯一集合：

$$\forall u(u \in z \leftrightarrow u = x \vee u = y)$$

下面利用配对公理来定义有序对的概念。在集合 $\{a, b\}$ 中，元素 a 和 b 是没有次序的。但有时需要考虑有序对的概念，一个有序对是由两个有次序的元素组成的。例如，实数平面上的点就可使用实数的有序对来表示，平面上的线是由一些点组成的，也就是一个由有序对组成的集合。

首先定义有序对 $(a, b) = \{\{a\}, \{a, b\}\}$。该定义的关键是确定第一分量 a 和第二分量 b 的次序。有序对的定义以 $\{a\}$ 确定第一分量，也就确定了两个分量的次序。

以上有序对的定义满足条件：两个有序对 $(a_1, b_1) = (a_2, b_2)$ 当且仅当 $a_1 = a_2$ 并且 $b_1 = b_2$。如下证明这一点：首先假设 $a_1 = a_2$ 并且 $b_1 = b_2$。由定义得：$(a_1, b_1) = \{\{a_1\}, \{a_1, b_1\}\} = \{\{a_2\}, \{a_2, b_2\}\} = (a_2, b_2)$。反之，假设 $(a_1, b_1) = (a_2, b_2)$。根据定义，$\{\{a_1\}, \{a_1, b_1\}\} = \{\{a_2\}, \{a_2, b_2\}\}$。如果 $a_1 = b_1$，那么显然有 $\{\{a_1\}, \{a_1, b_1\}\} = \{\{a_1\}\} = \{\{a_2\}, \{a_2, b_2\}\}$，所以 $\{a_1\} = \{a_2\} = \{a_2, b_2\}$，$a_1 = a_2 = b_2$。因此，$b_1 = b_2$。如果 $a_1 \neq b_1$，那么 $\{a_1\} = \{a_2\}$，$\{a_1, b_1\} = \{a_2, b_2\}$，所以 $a_1 = a_2$ 并且 $b_1 = b_2$。

3. 分离公理。

如果 ϕ 是一种性质，那么对任何集合 x，存在集合 $y = \{u \in x: \phi(x)\}$，即由 x 中具有性质 ϕ 的元素组成的集合。使用集合论语言的表达式，它可以表达如下：

$$\forall x \exists y \forall u(u \in y \leftrightarrow u \in x \wedge \phi(u))$$

根据外延公理，这个存在的集合 y 是唯一的。使用类的概念可以重新表述分离公理。令 $C = \{x: \phi(x)\}$，那么分离公理可以表示为：$\forall x \exists y(y = C \cap x)$。如下定义集合的交和差：

$$x \cap y = \{u \in x: u \notin y\}$$
$$x - y = \{u \in x: u \notin y\}$$

根据分离公理可以证明两个集合的交和差均是集合。这两个定义都符合分离公理的格式，因此，$x \cap y$ 和 $x - y$ 都存在。

如果两个集合 x 和 y 没有共同的元素，那么 x 和 y 称为不交。引入一个特殊的集合，即不含任何元素的集合，称为空集（记号：$\varnothing$）。两个集合 x 和 y 不交当且仅当 $x \cap y = \varnothing$。根据分离公理，可以证明空集存在：因为后面要说明的无穷公理保证存在一个集合 x，那么使用性质 $u \neq u$ 从 x 分离出来的集合就是不含任何元素的集合。

如果 C 是非空集合类。令 $\cap C = \cap \{X: X \in C\} = \{u:$ 对每个 $X \in C$，$u \in X\}$。这里 $\cap C$ 是集合，它是 C 中任何集合的子集。此外，$X \cap Y = \cap \{X, Y\}$。

4. 并集公理。

对任何集合 x，存在集合 $y = \cup x$，即 x 中所有元素的并集。使用集合论语言的表达式，它可以表达如下：

$$\forall x \exists y \forall z (z \in y \leftrightarrow \exists u \in x (z \in u))$$

因此，集合 $y = \{u: \exists z \in x (u \in z)\} = \cup x$。有了集合的并这个概念我们就可以定义两个集合的并。定义 $x \cup y = \cup \{x, y\}$。相应地，三个集合的并集 $x \cup y \cup z = (x \cup y) \cup z$。还可以定义两个集合 x 和 y 的对称差 $x \Delta y = (x - y) \cup (y - x)$。

5. 幂集公理。

对任何集合 x，存在集合 $y = \wp(x) = \{u: u \subseteq x\}$，即：

$$\forall x \exists y \forall u (u \in y \leftrightarrow u \subseteq x)$$

一个集合 y 是 x 的子集（记号：$y \subseteq x$），如果 $\forall u (u \in y \rightarrow u \in x)$。如果 $y \subseteq x$ 并且 $y \neq x$，那么 y 称为 x 的真子集。一个集合 x 的所有子集组成的集合称为 x 的幂集，记为 $\wp(x) = \{u: u \subseteq x\}$。

运用幂集可以定义一些十分重要的集合论概念。首先考虑两个集合 X 和 Y 的卡式积 $X \times Y = \{(u, v): u \in X$ 且 $v \in Y\}$。由于 $X \times Y \subseteq \wp(\wp(X \cup Y))$，所以它是一个集合。一般地，对于 n 个集合 X_1，…，X_n，它们的卡式积 $X_1 \times \cdots \times X_n = \{(u_1, \cdots, u_n): u_1 \in X_1 \wedge \cdots \wedge u_n \in X_n\}$。令 $X^n = X \times \cdots \times X$（$n$ 个 X 的乘积）。

一个 n 元关系 R 是 n 元组的集合。称一个 n 元关系 R 是 X 上的 n 元关系，如果 $R \subseteq X^n$。对于二元关系来说，也可使用记号 Rxy 或 xRy 表示 $(x, y) \in R$。如果 R 是二元关系，还可以定义 R 的定义域 $dom(R) = \{u: \exists vRuv\}$ 和 R 的值域 $rang(R) = \{v: \exists uRuv\}$。显然有 $dom(R) \subseteq \cup \cup R$，$rang(R) \subseteq \cup \cup R$，因此，它们都是集合。

一个二元关系f是一个函数，如果（x，y）$\in f$并且（x，z）$\in f$蕴含$y=z$。这个唯一的y就称为x在函数f下的函数值，记为$y=f(x)$。如果f是从X到Y的函数，那么记为f：$X\to Y$，$dom(f)=X$并且$rang(f)\subseteq Y$。从集合X到Y的所有函数的集合记为Y^X。容易证明$Y^X\subseteq\wp(X\times Y)$，因此，$Y^X$是集合。

称一个函数f：$X\to Y$是单射，如果$f(x)=f(y)$蕴含$x=y$。称f是满射，如果$rang(f)=Y$。称f是双射，如果f既是单射又是满射。一个函数f在定义域$dom(f)$的一个子集X上的限制定义为函数：

$$f\mid X=\{(x,\ y)\in f:\ x\in X\}$$

函数f和g的复合是一个函数$f\circ g$使得$dom(f\circ g)=dom(g)$，并且对每个$x\in dom(g)$都有$(f\circ g)(x)=f(g(x))$。

一个集合X在函数f下的象集记为$f(X)=\{y:\ \exists x\in X(y=f(x))\}$。集合$X$在$f$下的逆象集定义为$f^{-1}(X)=\{x:\ f(x)\in X\}$。如果$f$是单射，那么$f^{-1}$称为$f$的逆函数，即$f^{-1}(x)=y$当且仅当$x=f(y)$。

关于函数和关系的定义也适用于类。一个类F是函数，如果它是一个关系，使得（x，y）$\in R$并且（x，z）$\in R$蕴涵$y=z$。

二元关系$I_A=\{(x,\ x):\ x\in A\}$称为A上的恒等关系。令$B\subseteq A$，R是A上的n元关系。R在B上的限制定义为$R\cap B^n$，记为：$R\mid_B$。如果R是A上的二元关系，即$R\subseteq A\times A$，那么R在B上的限制为$R\mid_B=R\cap(A\times A)$。

令$B\subseteq A$，R是A上的n元关系，R_B是R在B上的限制，任给B中n个元素x_1，…，x_n，那么（x_1，…，x_n）$\in R_B$当且仅当（x_1，…，x_n）$\in R$。

令R是二元关系，R的逆关系定义为$R^{-1}=\{(x,\ y)\mid(y,\ x)\in R\}$。因此，$xR^{-1}y$当且仅当$yRx$。令$<$是$\mathbb{N}$上的小于关系，那么$<$的逆关系$<^{-1}$就是N上的大于关系，也就是说，$x>y$当且仅当$y<x$。令$R$和$Q$是二元关系，它们的复合定义为$Q\circ R=\{(x,\ y)\mid$存在$z$使得$(x,\ z)\in R\&(z,\ y)\in Q\}$。因此，$(x,\ y)\in Q\circ R$当且仅当存在$z$使得$(x,\ z)\in R\&(z,\ y)\in Q$。令$R$、$S$、$Q$是二元关系。那么$(R^{-1})^{-1}=R$并且$S\circ(Q\circ R)=(S\circ Q)\circ R$，即关系的复合满足结合律。

一个集合X上的一个等价关系R是一个二元关系使得R是自返的、传递的和对称的，即对每个元素x、y和$z\in X$，

（1）（自返性）Rxx；

（2）（对称性）如果Rxy，那么Ryx；

（3）（传递性）如果Rxy并且Ryz，那么Rxz。

一个集合族是不交的，如果它的任何两个元素都是不交的。一个集合X的划分P是不交的非空集合族，使得$X=\cup P$。

令 R 是 X 上的等价关系。那么对每个 $x \in X$，它的等价类定义为 $[x] = \{y \in X: Rxy\}$。那么集合族 $X/R = \{[x]: x \in X\}$ 是对 X 的一个划分，称为 X 在 R 下的商集。相反，任给集合 X 上的一个划分 P，如下定义 X 上的关系 R：

$$Rxy \text{ 当且仅当 } \exists X \in P(x \in X \wedge y \in X)$$

那么这个关系 R 是 X 上的等价关系。

6. 无穷公理。

存在无穷集。这条公理断定特殊的集合存在。因此，可以得出：存在一个集合，即 $\exists x(x = x)$。由此可以证明：不含任何元素的集合，即空集 $\varnothing$ 存在。定义一个集合 x 的后继 $S(x) = x \cup \{x\}$。一个集合 I 称为归纳集，如果它满足以下条件：

（1）$\varnothing \in I$;

（2）如果 $x \in I$ 那么 $S(x) = x \cup \{x\} \in I$。

把自然数 0 定义为空集 $\varnothing$，任何自然数 $n > 0$ 定义为所有小于 n 的自然数的集合 $n = \{0, \cdots, n-1\}$。由此可以把全体自然数的集合定义为最小的归纳集，即所有自然数的集合 $\mathbb{N} = \{x \mid x \text{ 属于每个归纳集 } I\}$。无穷公理也可以表述为：归纳集存在。

7. 替换公理模式。

如果一个类 F 是函数，那么对每个集合 X，存在集合 $Y = F(X) = \{F(u): u \in X\}$。使用集合论语言的表达式，它可以表示为：对任意公式 $\phi(x, y)$：

$$\forall x \forall y \forall z(\phi(x, y) \wedge \phi(x, z) \rightarrow y = z) \rightarrow \forall X \exists Y \forall u(u \in Y \leftrightarrow \exists x \in X \phi(x, u))$$

如果一个类函数 F 的定义域 $dom(F)$ 是集合，那么它的值域 $ran(F)$ 也是集合，并且对任意集合 X 存在函数 $f = F \mid X$。

2.1.2　序数

在这一节我们介绍序数的概念。首先定义两类关系：偏序和线性序。

定义 2.1　一个集合 A 上的二元关系 $<$ 是偏序，如果它满足下面的两个条件：

（1）（禁自返）对任何 $x \in A$，$x \not< x$。

（2）（传递）对任何 x、y、$z \in A$，如果 $x < y$ 并且 $y < z$，那么 $x < z$。

那么称 $(A, <)$ 为偏序集。

A 的一个偏序 $<$ 是线性序，如果它还满足条件：

（3）（可比较）对任何 x、$y \in A$，$x < y$ 或 $y < x$ 或 $x = y$。

定义 $x \leqslant y$ 当且仅当 $x < y$ 或 $x = y$。

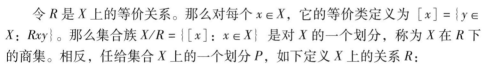

定义 2.2 令 $(A, <)$ 为偏序集，X 是 A 的非空子集，$a\in A$。那么：

(1) a 是 X 的极大元，如果 $a\in X$ 并且 $\forall x\in X(x\leqslant a)$；

(2) a 是 X 的极小元，如果 $a\in X$ 并且 $\forall x\in X(a\leqslant x)$；

(3) a 是 X 的最大元，如果 $a\in X$ 并且 $\forall x\in X(x<a)$；

(4) a 是 X 的最小元，如果 $a\in X$ 并且 $\forall x\in X(a<x)$；

(5) a 是 X 的上界，如果 $\forall x\in X(x\leqslant a)$；

(6) a 是 X 的下界，如果 $\forall x\in X(a\leqslant x)$；

(7) a 是 X 的上确界，如果 a 是 X 的最小上界；

(8) a 是 X 的下确界，如果 a 是 X 的最大下界。

集合 X 的上确界用 $sup(X)$ 表示，X 的下确界用 $inf(X)$ 表示。如果 $<$ 是 X 上的线性序，那么 X 的极大元就是它的最大元，极小元就是它的最小元。

定义 2.3 令 $(A, <)$ 和 $(B, <)$ 是两个偏序集，函数 $f: A\to B$ 称为保序的，如果对 A 中每个元素 x 和 y 都有 $x<y$ 蕴含 $f(x)<f(y)$。如果 A 和 B 是线性有序集，那么保序函数也称为上升函数。

一个双射 $f: A\to B$ 称为 A 和 B 的同构映射，如果 f 和 f^{-1} 是保序的。从 A 到自身的同构映射称为 $(A, <)$ 的自同构。

定义 2.4 一个集合 A 的线性序 $<$ 是良序，如果 A 的每个非空子集有极小元。

良序这个概念的重要意义在于：根据它我们可以引入序数的概念。由于良序集可以比较长度，因此，可以把序数作为良序集的序型引入。

引理 2.1 如果 $(W, <)$ 是良序集并且 $f: W\to W$ 是上升函数，那么对每个 $x\in W$ 都有 $x\leqslant f(x)$。

证明：假设存在 $x\in W$ 使得 $f(x)<x$。那么集合 $X=\{x\in W: f(x)<x\}$ 非空，因此有极小元 z 使得 $f(z)<z$。令 $w=f(z)$，那么 $f(w)<f(z)$，即 $f(w)<w$，与 f 保序矛盾。

推论 2.1 (1) 一个良序集的唯一自同构就是恒等映射。

(2) 如果两个良序集 W_1 和 W_2 同构，那么该同构是唯一的。

证明：(1) 对所有 x，因为 f 是上升函数，那么 $x\leqslant f(x)$。又因为 f^{-1} 是上升函数，那么 $x\leqslant f^{-1}(x)$，所以 $f(x)\leqslant x$，$f(x)=x$，即 f 是恒等映射。

(2) 假设 f 和 g 是良序集 W_1 和 W_2 的同构映射。只需要证明 $f(x)=g(x)$。由于 W_2 是良序集，那么 $f(x)$ 与 $g(x)$ 可比较。不妨设 $f(x)<g(x)$。那么 $g^{-1}(f(x))<x$，由 $x\leqslant f(x)$ 得：$g^{-1}(f(x))<f(x)$ 与 $f(x)\leqslant g^{-1}(f(x))$ 矛盾。对于情况 $f(x)>g(x)$，同样可得矛盾。所以 $f(x)=g(x)$。

如果 W 是良序集并且 $u\in W$，那么 $\{x\in W: x<u\}$ 是 W 的一个初始段。

引理 2.2　没有良序集同构于它的一个初始段。

证明：假设良序集 W 通过 f 同构于它的初始段 $W_u=\{x\in W: x<u\}$。那么 $f(u)<u$，这与引理 1.1 矛盾。

定理 2.1　如果 W_1 和 W_2 是良序集，那么下面三种情况恰有一种成立：

（1）W_1 同构于 W_2；

（2）W_1 同构于 W_2 的初始段；

（3）W_2 同构于 W_1 的初始段。

证明：令 $W(u)$ 表示良序集 W 由 u 确定的初始段。令 $f=\{(x, y)\in W_1\times W_2: W_1(x)$ 同构于 $W_2(y)\}$。下面证明 f 是单射，并且 f 是保序映射。

（a）f 是单射。假设 $f(x)=y$ 且 $f(z)=y$。令 g 是从 $W_1(x)$ 到 $W_2(y)$ 的同构映射，g 是从 $W_1(z)$ 到 $W_2(y)$ 的同构映射。那么 $h=g^{-1}\circ f$ 是从 $W_1(x)$ 到 $W_1(z)$ 的同构映射，所以如果 $x<z$，$W_1(z)$ 同构于自己的初始段，与引理 2.2 矛盾；若 $z<x$，则 $W_1(x)$ 同构于自身的初始段，与引理 2.2 矛盾。所以 $x=z$。

（b）f 是保序的。假设 $z<x$。令 $y=f(x)$，h 是从 $W_1(x)$ 到 $W_2(y)$ 的同构映射，所以 $W_1(z)$ 与 $W_2(h(z))$ 同构。因此 $f(z)<y$。故：

如果 $dom(f)=W_1$，$rang(f)=W_2$，那么情况（1）成立。

如果 $y_1<y_2\in rang(f)$，那么 $y_1\in rang(f)$。如果 $rang(f)\neq W_2$，y_0 是 $W_2-rang(f)$ 的极小元，那么 $rang(f)=W_2(y_0)$。必有 $dom(f)=W_1$，否则有 $(x_0, y_0)\in f$，其中 x_0 是 $W_1-dom(f)$ 的极小元，因此，情况（2）成立。

如果 $dom(f)\neq W_1$，那么情况（3）成立。

如果两个良序集同构，那么称它们具有相同的序型。一个序数就是一个良序集的序型。因为良序集可以比较大小，因此序数也可以比较大小。下面使用集合的概念严格定义序数的概念。前面曾指出每个自然数都定义为比它小的自然数的集合，在定义序数时，也要满足类似的条件，即一个序数：

$$\alpha=\{\beta: \beta<\alpha\}\text{，即 }\beta<\alpha\text{ 当且仅当 }\beta\in\alpha$$

定义 2.5　一个集合 X 是传递的，如果 X 的每个元素都是 X 的子集，这等价于 $\cup X\subseteq X$，或者等价于 $X\subseteq\wp(X)$。

定义 2.6　一个集合 X 是序数当且仅当它是传递的并且 $\in$ 是 X 上的良序。全体序数的类记作 Ord。

引理 2.3　（1）0 是序数。

（2）如果 α 是序数并且 $\beta\in\alpha$，那么 β 是序数。

（3）如果 $\alpha\neq\beta$ 是序数并且 $\alpha\subseteq\beta$，那么 $\alpha\in\beta$。

（4）如果 α、β 是序数，那么 $\alpha\subseteq\beta$ 或 $\beta\subseteq\alpha$。

证明：以上命题（1）和命题（2）根据定义可证。对于命题（3），假设 $\alpha \neq \beta$ 是序数且 $\alpha \subseteq \beta$。不妨令 γ 是集合 $\beta - \alpha$ 的极小元。因为 α 传递，所以 α 是 β 由 γ 给出的初始段。因此，$\alpha = \{\xi \in \beta: \xi < \gamma\} = \gamma$，所以 $\alpha \in \beta$。命题（4）令 α、β 是序数，则 $\gamma = \alpha \cap \beta$ 是序数。所以 $\gamma = \alpha$ 或 $\gamma = \beta$，否则 $\gamma \in \alpha$ 和 $\gamma \in \beta$，那么 $\gamma \in \gamma$，矛盾。

根据引理，我们可以得到如下结论：

（1）$<$ 是序数类 Ord 上的线性序；

（2）每个序数 $\alpha = \{\beta: \beta < \alpha\}$；

（3）若 C 是非空序数类，则 $\cap C$ 是序数，$\cap C \in C$ 并且 $\cap C = inf(C)$；

（4）若 X 是非空序数集合，则 $\cup X$ 是序数，$\cup X = sup(X)$；

（5）对每个序数 α，$\alpha \cup \{\alpha\}$ 是序数并且 $\alpha \cup \{\alpha\} = inf(\{\beta: \beta > \alpha\})$。

定义 $\alpha + 1 = \alpha \cup \{\alpha\}$（序数 α 的后继）。Ord 是一个真类，否则考虑序数 $Ord + 1$，那么 $Ord + 1 < Ord$，因而，得到 $Ord < Ord$，这是不可能的。

定理 2.2 每个良序集同构于唯一的序数。

证明：给定良序集 W，找出一个与之同构的序数。如果 α 同构于 W 的初始段 $W(x)$，定义 $F(x) = \alpha$。如果这样的序数 α 存在，那么它是唯一的。根据替换公理，$F(W)$ 是集合。对 W 的每个元素 x，这样的序数存在（否则，考虑使得这样的序数不存在的最小元素 x）。如果 γ 是最小序数，使得 $\gamma \notin F(W)$，那么 $F(W) = \gamma$，并且 W 与 γ 同构。

如果一个序数 $\alpha = \beta + 1$，那么 α 称为后继续数。如果 α 不是后继续数，那么 $\alpha = sup(\{\beta: \beta < \alpha\}) = \cup \alpha$ 称为极限序数。一般把 0 也看作极限序数，定义 $sup(\varnothing) = 0$。

定义 2.7 最小的非零极限序数记为 ω。所有小于 ω 的序数都称为有限序数，或者称为自然数。

如果 X 与某个自然数 n 有双射，则集合 X 是有限的。如果 X 不是有限的，则集合 X 是无限的。正如自然数上的归纳法，现在我们也可以定义序数上的归纳法，称为超限归纳。

定理 2.3 令 C 是一个序数类，使得：

（1）$0 \in C$；

（2）如果 $\alpha \in C$，那么 $\alpha + 1 \in C$；

（3）如果 α 是非零极限序数并且对所有 $\beta < \alpha$ 都有 $\beta \in C$，那么 $\alpha \in C$。

则 $C = Ord$。

证明：假设 $C \neq Ord$。令 α 是不在 C 中的最小序数。根据以上（1）、（2）和（3）三种情况下都得矛盾。

一个以自然数集合 ω 为定义域的函数称为一个序列。集合 X 上的序列是函数 $f: \omega \to X$。序列的标准记法是：$(a_n: n<\omega)$。一个有限序列是以某个自然数 n 为定义域的，这个函数称为长度为 n 的序列。一个超限序列是定义域为序数的函数 $(a_\xi: \xi<\alpha)$，它也称为 α－序列或长度为 α 的序列。

超限递归定义通常采取下面格式：给定一个定义在超穷序列类上的计算函数 G，对每个 θ 存在唯一的 θ－序列 $(a_\alpha: \alpha<\theta)$ 使得对每个 $\alpha<\theta$，都有 $a_\alpha = G((a_\xi: \xi<\alpha))$。

定理 2.4　令 G 是论域 V 上的函数。可以定义序数类 Ord 上的函数 F 使得对每个序数 α 都有 $F(\alpha)=G(F\mid\alpha)$。也就是说，令 $a_\alpha=F(\alpha)$，那么对每个序数 α 都有 $a_\alpha=G((a_\xi: \xi<\alpha))$。

推论 2.2　令 X 是集合，θ 是序数。令 S 是由 X 中所有长度小于 θ 的超限序列组成的集合，对每个定义在 S 上的函数 G 使得 $rang(G)\subseteq X$，对每个序数 $\alpha<\theta$，存在唯一的 θ－序列 $(a_\xi: \xi<\alpha)$ 使得 $a_\alpha=G((a_\xi: \xi<\alpha))$。

证明：令 $F(\alpha)=x$ 当且仅当存在唯一序列 $(a_\xi: \xi<\alpha)$ 使得：

(1) $(\forall\xi<\alpha)a_\xi=G((a_\eta: \eta<\xi))$；

(2) $x=G((a_\xi: \xi<\alpha))$。

对每个序数 α，如果存在 α－序列满足 (1)，那么这个序列是唯一的：如果 $(a_\xi: \xi<\alpha)$ 和 $(b_\xi: \xi<\alpha)$ 是满足 (1) 的两个不同的 α－序列，对 ξ 可以归纳证明 $a_\xi=b_\xi$。因此 $F(\alpha)$ 是由 (2) 唯一决定的，F 是函数。还可以归纳证明，存在满足条件 (1) 的 α－序列。因此 F 对每个序数都有定义。显然 $F(\alpha)=G(F\mid\alpha)$。如果 F_1 是 Ord 上的函数，使得 $F_1(\alpha)=G(F_1\mid\alpha)$，可以归纳证明对所有序数 α 都有 $F(\alpha)=F_1(\alpha)$。

定义 2.8　令 α 是非零极限序数，$(\gamma_\xi: \xi<\alpha)$ 是非降序列（即 $\xi<\eta$ 蕴含 $\gamma_\xi\leqslant\gamma_\eta$）。定义该序列的极限 $lim_{\xi\to\alpha}\gamma_\xi=sup(\{\gamma_\xi: \xi<\alpha\})$。一个序数序列 $(\gamma_\alpha: \alpha\in Ord)$ 称为正规的，如果它是上升和连续的，即对每个极限序数 α，$\gamma_\alpha=lim_{\xi\to\alpha}\gamma_\xi$。

正如在自然数上定义加法、乘法和乘方等运算一样，在序数上也可以定义一些运算。下面使用超限递归定义方法依次定义序数的加法、乘法和乘方。

定义 2.9　对任何序数 α，超限递归定义序数的加法如下：

(1) $\alpha+0=\alpha$；

(2) $\alpha+(\beta+1)=(\alpha+\beta)+1$ 对所有序数 β；

(3) $\alpha+\beta=lim_{\xi\to\beta}(\alpha+\xi)$ 对所有极限序数 $\beta>0$。

定义 2.10　对任何序数 α，超限递归定义序数的乘法如下：

(1) $\alpha\cdot 0=\alpha$；

（2）$\alpha \cdot (\beta+1)=\alpha \cdot \beta+\alpha$，对所有序数 β；

（3）$\alpha \cdot \beta = lim_{\xi \to \beta} \alpha \cdot \xi$，对所有极限序数 $\beta > 0$。

定义 2.11 对任何序数 α，超限递归定义序数的乘方如下：

（1）$\alpha^0 = 1$；

（2）$\alpha^{\beta+1} = \alpha^{\beta} \cdot \alpha$，对所有序数 β；

（3）$\alpha^{\beta} = lim_{\xi \to \beta} \alpha^{\xi}$，对所有极限序数 $\beta > 0$。

对于序数的加法和乘法，还可以使用超限归纳法证明一些重要的性质。

引理 2.4 对于所有序数 α、β 和 γ，如下成立：

（1）$\alpha+(\beta+\gamma)=(\alpha+\beta)+\gamma$；

（2）$\alpha \cdot (\beta \cdot \gamma)=(\alpha \cdot \beta) \cdot \gamma$。

定义 2.12 令（A，$<_A$）和（B，$<_B$）是不交的线性有序集。这两个线性序之和为线性有序集（$A \cup B$，$<$），使得 $x<y$ 当且仅当下面三种情况之一成立：

（1）x、$y \in A$ 并且 $x <_A y$；

（2）x、$y \in B$ 并且 $x <_B y$；

（3）$x \in A$ 并且 $y \in B$。

定义 2.13 令（A，$<$）和（B，$<$）是线性有序集。这两个线性序之积是线性有序集（$A \times B$，$<$），使得（a_1，b_1）$<$（a_2，b_2）当且仅当 $b_1 < b_2$ 或（$b_1 = b_2$ 且 $a_1 < a_2$）。

引理 2.5 对所有序数 α 和 β，$\alpha+\beta$ 和 $\alpha \cdot \beta$ 分别同构于 α 和 β 的和与积。

引理 2.6

（1）如果 $\beta<\gamma$，那么 $\alpha+\beta<\alpha+\gamma$。

（2）如果 $\alpha<\beta$，那么存在唯一序数 δ，使得 $\alpha+\delta=\beta$。

（3）如果 $\beta<\gamma$ 且 $\alpha>0$，那么 $\alpha \cdot \beta<\alpha \cdot \gamma$。

（4）如果 $\alpha>0$ 且 γ 是序数，那么存在唯一序数 β 和 $\rho<\alpha$，使得 $\gamma=\alpha \cdot \beta+\rho$。

（5）如果 $\beta<\gamma$ 且 $\alpha>1$，$\alpha^{\beta}<\alpha^{\gamma}$。

定理 2.5 每个序数 $\alpha>0$ 可以唯一表示为如下形式：

$$\alpha = \omega^{\beta_1} \cdot k_1 + \cdots + \omega^{\beta_n} \cdot k_n$$

其中 $n>0$，$\alpha \geqslant \beta_1 > \cdots > \beta_n$，$k_1$，…，$k_n$ 是非零自然数。

证明：对序数 α 归纳证明。对 $\alpha=1$，$1=\omega^0 \cdot 1$。对任意 $\alpha>0$，令 β 是最大极限序数，使得 $\omega^{\beta} \leqslant \alpha$。根据引理 1.25（4），存在唯一序数 δ 和唯一 $\rho<\omega^{\beta}$，使得 $\alpha=\omega^{\beta} \cdot \delta+\rho$；这个 δ 是有穷的。唯一性通过超限归纳来证明。

前面介绍了良序集的基本概念，引入了序数和运算。下面对良序集进行推广。令 R 是集合 A 上的一个二元关系。如果 A 的每个非空子集 X 都有 R－极小元，即 $a \in X$，使得不存在 $x \in X$ 使得 Rxa，则 R 称为良基关系。

显然，一个集合 A 上的良序是良基关系。任给集合 A 上的良基关系 R，可定义 R 的高度，也就是最长的 R－链的长度；并且对 A 中的每一个元素 x 指派一个序数，作为 x 在 R 中的秩。

定理 2.6　如果 R 是 A 上的良基关系，那么存在唯一函数 ρ：$A \to Ord$，使得对所有 $x \in A$ 都有 $\rho(x) = sup(\{\rho(y)+1: Ryx\})$。值域 $rang(\rho)$ 是序数的初始段，因此是一个序数，这个序数就是 R 的高度。

证明：首先超限归纳定义集合序列：

$A_0 = \varnothing$；

$A_{\alpha+1} = \{x \in A: \forall y(Ryx \to y \in A_\alpha)\}$；

$A_\alpha = \cup_{\xi<\alpha} A_\xi$，如果 α 是极限序数。

令 θ 是最小序数，使得 $A_{\theta+1} = A_\theta$（根据替换公理，存在这样的序数 θ）。首先通过归纳证明 $A_\alpha \subseteq A_{\alpha+1}$。因此 $A_0 \subseteq \cdots \subseteq A_\theta$。断言 $A_\theta = A$。若不然，令 a 是 $A - A_\theta$ 的 R－极小元。那么每个 x 使得 Rxa 都在 A_θ 中，$x \in A_{\theta+1}$。显然，如果 Rxy，那么 $\rho(x) < \rho(y)$。序数 θ 是 R 的高度。函数 ρ 的唯一性如下证明：令 ρ_1 是满足条件的另一函数，考虑集合 $\{x \in A: \rho(x) \neq \rho_1(x)\}$ 的极小元即得。

2.1.3　基数

两个集合 X 和 Y 有相同的基数（记号：$|X| = |Y|$），如果存在从 X 到 Y 的双射。一个集合 X 是有限集，如果存在某个自然数 n 使得 $|X| = |n|$（称集合 X 有 n 个元素）。显然 $|m| = |n|$ 当且仅当 $m = n$。因此，把有限基数定义为自然数。一般来说，如下定义集合的基数“大小”关系：

$|X| \leqslant |Y|$ 当且仅当存在从 X 到 Y 的单射。

定义 $|X| < |Y|$ 当且仅当 $|X| \leqslant |Y|$ 但 $|X| \neq |Y|$。显然，关系 $\leqslant$ 是自返的和传递的。基数的概念对于研究无穷集合来说是十分重要的。康托尔就证明了一个集合的基数小于它的幂集的基数。

定理 2.7　对任何集合 X，$|X| < |\wp(X)|$。

证明：令 f 是从 X 到 $\wp(X)$ 的函数。先证 f 不是满射。考虑集合 $Y = \{x \in X: x \notin f(x)\}$，显然 $Y \notin \wp(X)$。因为若存在 $z \in X$，使 $f(z) = Y$，则 $z \in Y$ 当且仅当 $z \notin Y$，矛盾。所以 f 不是满射。因此，$|X| \neq |\wp(X)|$。再令 $f(x) = \{x\}$，那么 f 是单射。所以，$|X| \leqslant |\wp(X)|$。因此 $|X| < |\wp(X)|$。

定理 2.8　如果 $|A| \leqslant |B|$ 并且 $|B| \leqslant |A|$，那么 $|A| = |B|$。

证明：假设 f_1：$A \to B$ 并且 f_2：$B \to A$ 是单射。令 $C = f_2(B)$，$A_1 = f_2(f_1(A))$，

因此$A_1 \subseteq C \subseteq A$并且$|A_1| = |A|$。假设$A_1 \subseteq B \subseteq A$并且$f$是从$A$到$A_1$的双射。要证明$|A| = |B|$。归纳定义$A_0 = A$，$A_{n+1} = f(A_n)$；$B_0 = B$，$B_{n+1} = f(B_n)$。如下定义$A$上的函数$g$：

$$g(x) = f(x)，如果 x \in A_n - B_n；$$
$$= x，否则。$$

那么g是从A到B的满射。因此$|A| = |B|$。

基数上的运算定义如下：

(1) $\kappa + \lambda = |A \cup B|$，其中$|A| = \kappa$，$|B| = \lambda$，$A$和$B$是不交的。

(2) $\kappa \cdot \lambda = |A \times B|$，其中$|A| = \kappa$，$|B| = \lambda$。

(3) $\kappa^{\lambda} = |A^B|$，其中$|A| = \kappa$，$|B| = \lambda$。

引理 2.7 如果$|A| = \kappa$，那么$|\wp(A)| = 2^{\kappa}$。

证明：对每个子集$X \subseteq A$，令χ_X是如下定义的函数：

$$\chi_X(x) = 1，如果 x \in X；$$
$$= 0，如果 x \in A - X。$$

映射f：$X \mapsto \chi_X$是从$\wp(A)$到$\{0, 1\}^A$的双射。

因此，对每个基数κ，$\kappa < 2^{\kappa}$。关于基数的指数运算还有下面的规律成立：

(1) $(\kappa \cdot \lambda)^{\mu} = \kappa^{\mu} \cdot \lambda^{\mu}$。

(2) $\kappa^{\lambda + \mu} = \kappa^{\lambda} \cdot \kappa^{\mu}$。

(3) $(\kappa^{\lambda})^{\mu} = \kappa^{\lambda \cdot \mu}$。

(4) 如果$\kappa \leqslant \lambda$，那么$\kappa^{\mu} \leqslant \lambda^{\mu}$。

(5) 如果$0 < \lambda \leqslant \mu$，那么$\kappa^{\mu} \leqslant \kappa^{\lambda}$。

(6) $\kappa^0 = 1$；$1^{\kappa} = 1$；如果$\kappa > 0$，那么$0^{\kappa} = 0$。

一个序数α是基数，如果对所有$\beta < \alpha$都有$|\alpha| \neq |\beta|$。如果W是良序集，那么存在序数α使得$|W| = |\alpha|$。那么令$|W|$ = 最小序数α使$|W| = |\alpha|$。显然，$|W|$是基数。每个自然数是基数（有限基数）；如果S是有限集合，则存在自然数n有$|S| = n$。序数ω是最小无限基数，所有无限基数是极限序数。

引理 2.8 (1) 对每个序数α，存在大于α的基数。(对每个序数α，令α^+是大于α的最小基数，即α的后继基数)

(2) 如果X是基数集合，那么$sup(X)$是基数。

证明：(1) 对每个集合X，令$h(X)$ = 最小序数α使得不存在从α到X的单射。X的子集的良序集是唯一的，因此，存在到X的单射的序数的集合也是唯一的。因此，$h(X)$存在。对于序数α，显然根据$h(X)$的定义，$\alpha < |h(\alpha)|$。

（2）令 $\alpha = sup(X)$。如果 f 是从 α 到某个 $\beta<\alpha$ 的双射，那么令 $\kappa \in X$，使得 $\beta<\kappa\leqslant\alpha$。那么 $|\kappa| = |\{f(\xi): \xi<\kappa\}| \leqslant \beta$，矛盾。因此 α 是基数。

根据这条引理，我们可以定义无限基数的序列如下：

$\aleph_0 = \omega_0 = \omega$；

$\aleph_{\alpha+1} = \omega_{\alpha+1} = \aleph_\alpha^+$；

$\aleph_\alpha = \omega_\alpha = sup(\{\omega_\beta: \beta<\alpha\})$，如果 α 是极限序数。

基数为 $\aleph_0$ 的集合称为可数集合。如果一个集合是有限的或可数的，则这个集合是至多可数的。不是可数的无限集合称为不可数集合。

无穷基数的加法和乘法比较简单。首先定义空间 $\alpha\times\alpha$ 的典范良序。为此，我们定义 $Ord\times Ord$ 的典范良序。那么 $\alpha\times\alpha$ 的典范良序就是 $Ord\times Ord$ 的初始段。良序类 $Ord\times Ord$ 同构于 Ord。对于无穷基数 α 来说，$\alpha\times\alpha$ 的序型就是 α。定义：

$$(\alpha,\beta)<(\gamma,\delta)\leftrightarrow max\{\alpha,\beta\}<max\{\gamma,\delta\}$$
$$\text{或 } max\{\alpha,\beta\}=max\{\gamma,\delta\}\&\alpha<\gamma$$
$$\text{或 } max\{\alpha,\beta\}=max\{\gamma,\delta\}\&\alpha<\gamma\&\beta<\delta$$

上面定义的关系是 $Ord\times Ord$ 的线性序。如果 $X\subseteq Ord\times Ord$ 是非空的，那么 X 有极小元。对每个序数 α，$\alpha\times\alpha$ 是由（0，α）确定的初始段。令：

$$\Gamma(\alpha,\beta)=\text{集合}\{(\xi,\eta):(\xi,\eta)<(\alpha,\beta)\}$$

那么 Γ 是从 $Ord\times Ord$ 到 Ord 的满射，并且（α，β）$<$（γ，δ）当且仅当 $\Gamma(\alpha,\beta)<\Gamma(\gamma,\delta)$。注意：$\Gamma(\omega\times\omega)=\omega$。由于 $\gamma(\alpha)=\Gamma(\alpha\times\alpha)$ 是关于 α 的上升函数，所以对每个 α 都有 $\alpha\leqslant\gamma(\alpha)$。然而，$\gamma(\alpha)$ 也是连续的，所以对任意大的序数 α 都有 $\Gamma(\alpha\times\alpha)=\alpha$。

定理 2.9　$\aleph_\alpha\cdot\aleph_\alpha=\aleph_\alpha$

证明：考虑从 $Ord\times Ord$ 到 Ord 的典范满射，证明 $\Gamma(\omega_\alpha\times\omega_\alpha)=\omega_\alpha$。对于 $\alpha=0$ 显然成立。令 α 是最小的序数使得 $\Gamma(\omega_\alpha\times\omega_\alpha)\neq\omega_\alpha$。令 β、$\gamma<\omega_\alpha$ 为序数，使得 $\Gamma(\beta\times\gamma)=\omega_\alpha$。选择 $\delta<\omega_\alpha$，使得 $\delta>\beta$ 并且 $\delta>\gamma$。因为 $\delta\times\delta$ 是 $Ord\times Ord$ 的初始段，并且（β，γ）$\in\delta\times\delta$，所以 $\omega_\alpha\subseteq\Gamma(\delta\times\delta)$，因此 $|\delta\times\delta|\geqslant\aleph_\alpha$。但是 $|\delta\times\delta|=|\delta|\cdot|\delta|$，根据 α 的极小性，$|\delta|\cdot|\delta|=|\delta|<\aleph_\alpha$，矛盾。

由此可得，$\aleph_\alpha\cdot\aleph_\beta=\aleph_\alpha+\aleph_\beta=max\{\aleph_\alpha,\aleph_\beta\}$。令 α 是非零极限序数。对于极限序数 β，如果 $lim_{\xi\to\beta}\alpha_\xi=\alpha$，称一个上升的 β - 序列（α_ξ：$\xi<\beta$）共尾于 α。如果 $sup(A)=\alpha$，称序数子集 $A\subseteq\alpha$ 共尾于 α。对无穷极限序数 α，定义 α 的共尾数 $cf\alpha$ = 最小的极限序数 β，使得存在上升的 β - 序列（α_ξ：$\xi<\beta$），使 $lim_{\xi\to\beta}\alpha_\xi=\alpha$。由此可见，$cf\alpha$ 是极限序数且 $cf\alpha\leqslant\alpha$。例如，$cf(\omega+\omega)=cf\,\aleph_\omega=\omega$。

引理 2.9　$cf(cf\alpha)=cf\alpha$

证明：如果（α_ξ：$\xi<\beta$）共尾于 α 并且（$\xi(\upsilon)$：$\upsilon<\gamma$）共尾于 β，那么

（$\alpha_\xi(\upsilon)$：$\upsilon<\gamma$）共尾于 α。

引理 2.10 令 α 是非零极限序数。

（1）如果 $A\subseteq\alpha$ 并且 $sup(A)=\alpha$，那么 A 的序型至少是 $cf\alpha$。

（2）如果 $\beta_0\leqslant\cdots\leqslant\beta_\xi\leqslant\cdots(\xi<\gamma)$ 是 α 中非降 γ－序列且 $lim_{\xi\to\gamma}\beta_\xi=\alpha$，那么 $cf\gamma=cf\alpha$。

证明：（1）假设 $A\subseteq\alpha$ 并且 $sup(A)=\alpha$。A 的序型是对 A 的元素上升枚举的长度，它的极限是 α。

（2）假设 $\beta_0\leqslant\cdots\leqslant\beta_\xi\leqslant\cdots(\xi<\gamma)$ 是 α 中非降 γ－序列且 $lim_{\xi\to\gamma}\beta_\xi=\alpha$。

如果 $\gamma=lim_{\nu\to cf\gamma}\xi(\nu)$，那么 $\alpha=lim_{\nu\to cf\gamma}\beta_{\xi(\nu)}$，非降序列（$\beta_{\xi(\nu)}$：$\nu<cf\gamma$）有长度小于等于 $cf\gamma$ 的上升子序列，该子序列有相同的极限。所以 $cf\alpha\leqslant cf\gamma$。要证 $cf\gamma\leqslant cf\alpha$，令 $\alpha=lim_{\nu\to cf\alpha}\alpha_\nu$。对每个 $\nu<cf\alpha$，令 $\xi(\nu)$ 是大于所有 $\xi(\iota)(\iota<\nu)$ 的最小序数 ξ，使 $\beta_\xi>\alpha_\nu$。因为 $\alpha=lim_{\nu\to cf\alpha}\beta_{\xi(\nu)}$，所以 $lim_{\nu\to cf\alpha}\xi(\nu)=\gamma$。所以 $cf\gamma\leqslant cf\alpha$。

如果 $cf\omega_\alpha=\omega_\alpha$，则一个无限基数 $\aleph_\alpha$ 称为正则基数。如果 $cf\omega_\alpha<\omega_\alpha$，那么这个无限基数 $\aleph_\alpha$ 称为奇异基数。

引理 2.11 对每个极限序数 α，$cf\alpha$ 是正则基数。

令 κ 是极限序数。称一个子集 $X\subseteq\kappa$ 是有界的，如果 $sup(X)<\kappa$；称 X 是无界的，如果 $sup(X)=\kappa$。

引理 2.12 令 κ 是无穷基数。如果 $X\subseteq\kappa$ 并且 $|X|<cf\kappa$，那么 X 是有界的。如果 $\lambda<cf\kappa$ 并且 f：$\lambda\to\kappa$，那么 f 的值域是有界的。

存在任意大的奇异基数。对每个序数 α，$\aleph_{\alpha+\omega}$ 是共尾数为 ω 的奇异基数。利用后面的选择公理还可以证明每个 $\aleph_{\alpha+1}$ 是奇异基数。

引理 2.13 一个无限基数 κ 是奇异基数当且仅当存在基数 $\lambda<\kappa$ 和 κ 的子集族 $\{S_\xi$：$\xi<\lambda\}$，使得对每个 $\xi<\lambda$ 都有 $|S_\xi|<\kappa$ 并且 $\kappa=\bigcup_{\xi<\lambda}S_\xi$。满足该条件的最小基数 λ 是 $cf\kappa$。

定理 2.10 如果 κ 是无限基数，那么 $\kappa<\kappa^{cf\kappa}$。

证明：令 F 是从 $cf\kappa$ 到 κ 的函数类，即 $F=\{f_\alpha$：$\alpha<\kappa\}$。存在不同于所有 f_α 的函数 f：$cf\kappa\to\kappa$。令 $\kappa=lim_{\xi\to cf\kappa}\alpha_\xi$。对于 $\xi<cf\kappa$，令 $f(\xi)=$ 最小的 γ 使得对所有 $\alpha<\alpha_\xi$，都有 $\gamma\neq f_\alpha(\xi)$。这样的序数 γ 存在，因为 $|\{f_\alpha(\xi)$：$\alpha<\alpha_\xi\}|=|\alpha_\xi|<\kappa$。显然，对所有 $\alpha<\kappa$，$f\neq f_\alpha$。

2.1.4 正则公理

正则公理如下：任何集合族上的属于关系是良基关系。也就是说，每个非空集合族有 $\in$－极小元。使用集合论语言的表达式，可以表达如下：

$$\forall S(S \neq \varnothing \rightarrow (\exists x \in S) S \cap x = \varnothing)$$

由这条公理得到，不存在无穷下降的序列 $x_0 \ni x_1 \ni x_2 \ni \cdots$。特别地，没有集合 x 使得 $x \in x$，也没有循环 $x_0 \in x_1 \in \cdots \in x_n \in x_0$。因此，正则公理假定特殊类型的集合是不存在的。

这条公理与 ZF 的其他公理是一致的，而且在定义数学基础概念的过程中，如定义自然数、有理数、实数、基数和序数等概念，不需要使用这条公理。但是，在构造集合论的模型过程中这条公理是十分有用的，因为它保证任何集合都属于聚合分层中的某一个层次。

当我们考虑非良基集合时，就要去掉这条公理，把它所排除的集合引入论域，这些集合就是非良基集合。因此，这条公理对于我们所研究的问题来说是有重要意义的。

引理 2.14　对每个集合 S，存在一个包含 S 的传递集合 X。

证明：递归定义一个集合序列：$S_0 = S$；$S_{n+1} = \cup S_n$。令 $X = \cup_{n \geqslant 0} S_n$。显然 X 是传递的，并且 $S \subseteq X$。

该引理中定义的传递集合 X 是包含 S 的最小传递集合，称为 S 的传递闭包 $TC(S)$。定义 $TC(S) = \cap \{X: S \subseteq X \& X \text{ 是传递的}\}$。

引理 2.15　每个非空类有 $\in$ - 极小元。

证明：对每个 $S \in C$，如果 $S \cap C = \varnothing$，那么 S 是 C 的极小元；如果 $S \cap C \neq \varnothing$，令 $X = TC(S) \cap C$。X 是非空集合，根据正则公理，X 有极小元 x 使得 $x \cap X = \varnothing$。由此可以得出，$x \cap C = \varnothing$；否则，如果 $y \in x$ 并且 $y \in C$，因为 $TC(S)$ 传递，所以 $y \in TC(S)$，那么 $y \in x \cap TC(S) \cap C = x \cap X$。因此 x 是 C 的极小元。

使用超限归纳定义集合的聚合分层：

$V_0 = \varnothing$；

$V_{\alpha+1} = \wp(V_\alpha)$；

$V_\alpha = \cup_{\beta < \alpha} V_\beta$，如果 α 是极限序数。

集合 V_α 有如下性质：

（1）每个 V_α 是传递的。

（2）如果 $\alpha < \beta$，那么 $V_\alpha \subseteq V_\beta$。

（3）$\alpha \subseteq V_\alpha$。

正则公理蕴涵每个集合都位于某个 V_α 之中。

引理 2.16　对每个 x 存在 α 使得 $x \in V_\alpha$。因此 $\cup_{\alpha \in Ord} V_\alpha = V$。

证明：令 C 是所有不在任何 V_α 中的元素 x 组成的类。如果 C 非空，那么 C 有极小元 x。因此 $x \in C$ 并且对每个 $z \in x$ 有 $z \in \cup_\alpha V_\alpha$。所以 $x \subseteq \cup_{\alpha \in Ord} V_\alpha$。根据替换公理，存在序数 γ 使得 $x \subseteq \cup_{\alpha < \gamma} V_\alpha$。因此 $x \subseteq V_\gamma$ 并且 $x \in V_{\gamma+1}$。所以 C 是空集。

利用引理，可以定义 x 的秩 $rank(x)$ = 最小的序数 α 使得 $x \in V_{\alpha+1}$。因此每个 V_α 是所有秩小于 α 的集合组成的类。关于秩还有下面的性质：

（1）如果 $x \in y$，那么 $rank(x) < rank(y)$；

（2）$rank(\alpha) = \alpha$。

下面把超限归纳法推广到任意传递类上的 $\in$ - 归纳法，还有把超限递归定理推广到任意传递类的 $\in$ - 递归定理。

定理 2.11 （$\in$ - 归纳法）令 T 是传递类，ϕ 是性质。假定：

（1）$\phi(\varnothing)$；

（2）如果 $x \in T$ 并且对每个 $z \in x$ 都有 $\phi(z)$，那么 $\phi(x)$。

则对每个 $x \in T$，都有 $\phi(x)$。

定理 2.12 （$\in$ - 递归）令 T 是传递类，G 是对所有 x 有定义的函数。那么存在 T 上的函数 F，使得对每个 $x \in T$，都有 $F(x) = G(F \mid x)$ 并且 F 是唯一的。

证明：（1）对每个 $x \in T$，定义 $F(x) = y$ 当且仅当存在函数 f，使得 $dom(f)$ 是 T 的传递子集并且（1）$(\forall z \in dom(f)) f(z) = G(f \mid z)$；

（2）$f(x) = y$。根据 $\in$ - 归纳法证明 F 是 T 上唯一的函数，使得 $F(x) = G(F \mid x)$。

推论 2.3 令 A 是一个类。存在唯一的类 B 使得 $B = \{x \in A: x \subseteq B\}$。

证明：定义函数 F 如下：

令 $F(x) = 1$，如果 $x \in A$ 并且对所有 $z \in x$ 都有 $F(z) = 1$

$= 0$，否则。

令 $B = \{x: F(x) = 1\}$。B 的唯一性由 $\in$ - 归纳来证明。

定理 2.13 令 T_1 和 T_2 是传递类，π 是同构映射。那么 $T_1 = T_2$ 并且对所有 $u \in T_1$ 都有 $\pi(u) = u$。

证明：通过 $\in$ - 归纳法证明。假设对每个 $z \in u$ 都有 $\pi(z) = z$，令 $y = \pi(u)$。显然 $u \subseteq y$，因为如果 $v \in u$，那么 $v = \pi(v) \in \pi(u) = y$。还可以得到 $y \subseteq u$。令 $t \in y$，由于 $y \subseteq T_2$，所以存在 $v \in T_1$，使得 $\pi(v) = t$。因为 $\pi(v) \in y$，所以 $v \in u$，故 $t = \pi(v) = v$。所以 $t \in u$。因此对所有 $u \in T_1$，都有 $\pi(u) = u$。

前面引入的良基关系也可以推广到类上。令 R 是一个类 A 上的二元关系。对每个 $x \in A$ 定义 $Ext_R(x) = \{y \in A: Ryx\}$，这称为 x 的外延。

定义 2.14 一个类 A 上的二元关系 R 是良基的，如果：（1）A 的每个非空子集有 R - 极小元；（2）对每个 $x \in A$ 都有 $Ext_R(x)$ 是集合。

引理 2.17 如果 R 是 A 上的良基关系，那么 A 的每个非空子类 C 有 R - 极小元。

证明：只需要找到 $x \in C$ 使得 $Ext_R(x) \cap C = \varnothing$。令 $S \in C$ 是任意的，假定 $Ext_R(S) \cap C$ 非空。令 $S_0 = Ext_R(S)$，$S_{n+1} = \cup \{Ext_R(z): z \in S_n\}$，$T = \cup_{n=0} S_n$，

令 $X = T \cap C$。然后证明 X 的极小元就是 C 的极小元。

定理 2.14 （良基归纳法）令 R 是 A 上的良基关系，ϕ 是性质。假定：

（1）每个 R－极小元 x 有性质 ϕ；

（2）如果 $x \in A$ 并且对每个 y 使得 Ryx 都有 $\phi(y)$，那么 $\phi(x)$。

则对每个 $x \in A$，都有 $\phi(x)$。

定理 2.15 （良基递归）令 R 是 A 上的良基关系。令 G 是 $V \times V$ 上的函数，则存在 A 上唯一的函数 F，使得对每个 $x \in A$ 都有 $F(x) = G(x, F \mid Ext_R(x))$。

对每个 $x \in A$ 归纳定义 $\rho(x) = sup(\{\rho(z) = 1: Rzx\})$。函数 ρ 称为秩函数，它的值域是序数或 Ord。对所有 x、$y \in A$，$Rxy \rightarrow \rho(x) < \rho(y)$。使用归纳法对每个 $x \in A$ 定义 $\pi(x) = \{\pi(z): Rzx\}$。函数 π 的值域是传递类。对所有 x、$y \in A$，$Rxy \rightarrow \pi(x) \in \pi(y)$。

定义 2.15 一个类 A 上的良基关系 R 是外延的，如果对 A 中所有元素 $X \neq Y$ 都有 $Ext_R(X) \neq Ext_R(Y)$。一个类 M 是外延的，如果 M 上的属于关系 $\in$ 是外延的，即对 M 中的任何两个不同的元素 X 和 Y，$X \cap M \neq Y \cap M$。

定理 2.16 （Mostowski 坍塌定理）

（1）如果 R 是一个类 A 上的良基外延关系，那么存在传递类 M 和（A，R）与（M，$\in$）之间的同构映射 π。传递类 M 和同构映射 π 都是唯一的。

（2）每个外延类 P 同构于一个传递类 M。传递类 M 和同构映射 π 是唯一的。

（3）在情况（2）下，如果 $T \subseteq P$ 是传递的，那么对每个 $x \in T$，$\pi(x) = x$。

证明：由于（2）是（1）的特殊情况，因此只需证明同构映射存在。因为 R 是良基关系，因此用良基归纳法定义映射 π，即通过满足 Rzx 的 $\pi(z)$ 来定义 $\pi(x)$。对每个 $x \in A$，令 $\pi(x) = \{\pi(z): Rzx\}$。对于 R 是属于关系的情况，$\pi(x) = \{\pi(z): z \in x \cap A\}$。函数 π 是从 A 到 $M = \pi(A)$ 的满射。显然 M 是传递的。

下面用 R 的外延性证明 π 是单射。令 $z \in M$ 具有最小秩，使得 $z = \pi(x) = \pi(y)$，对某个 $x \neq y$。那么 $Ext_R(x) \neq Ext_R(y)$，存在某个 $u \in Ext_R(x)$，使得 $u \notin Ext_R(x)$。令 $t = \pi(u)$。因为 $t \in z = \pi(y)$，存在 $v \in Ext_R(y)$ 使得 $t = \pi(v)$。因此 $t = \pi(u) = \pi(v)$，$u \neq v$，因为 $t \in z$，所以 t 的秩小于 z 的秩，矛盾。

容易证明 $Rxy \leftrightarrow \pi(x) \in \pi(y)$。如果 Rxy，由定义可得，$\pi(x) \in \pi(y)$。如果 $\pi(x) \in \pi(y)$，那么存在 z，使得 Rzy 并且 $\pi(x) = \pi(z)$。因为 π 是单射，所以 $x = z$ 并且 Rxy。同构映射 π 和传递类 M 是具有唯一性的。

只需要证明（3）。如果 $T \subseteq A$ 是传递的，那么由于对每个 $x \in T$ 都有 $x \subseteq A$，所以 $x \cap A = x$。因此，对每个 $x \in T$ 都有 $\pi(x) = \{\pi(z): z \in x\}$。使用 $\in$－归纳法证明对每个 $x \in T$ 都有 $\pi(x) = x$。

2.1.5 选择公理

选择公理是说每个由非空集合组成的集合族有选择函数。如果 S 是集合族并且 $\varnothing \notin S$，那么 S 的一个选择函数是 S 上的函数 f 使得对每个 $X \in S$ 都有 $f(X) \in X$。选择公理与 ZF 中其他公理不同。可以证明选择公理独立于集合论 ZF 的其他公理，即不能从 $ZF - \{$选择公理$\}$ 中推出选择公理。但是许多数学定理的证明离不开选择公理。在许多情况下，选择函数的存在性可以直接从 ZF 证明。比如：

（1）S 中的每个 $X = \{x\}$ 为单元集。

（2）若 S 是有限集，则选择函数的存在性可通过对 S 的基数归纳证明。

（3）若 S 中的每个元素 X 是有限实数集，则令 $f(X)$ 为 X 的最小元。

另一方面，不能仅从 S 中的集合是有限的这个假设来证明选择函数存在，即使每个 X 只含有两个元素，也不能证明 S 有选择函数。使用选择公理还可以证明每个集合都可良序化，因此每个无限集的基数等于某个 $\aleph_\alpha$。任何两个集合都有可比较的基数，二元关系 $|X| \leqslant |Y|$ 是所有基数的类上的良序。

定理 2.17 每个集合可以良序化。

证明：令 A 是集合，要使 A 良序化，只需构造超限单射序列 $(a_\alpha: \alpha < \theta)$ 来列举 A 的元素。对 A 的所有非空子集组成的集合族 S 上的选择函数 f，归纳构造这样的序列。对每个序数 α，令 $a_\alpha = f(A - \{a_\xi: \xi < \alpha\})$，如果 $A - \{a_\xi: \xi < \alpha\}$ 非空。令 θ 是最小序数，使 $A = \{a_\xi: \xi < \theta\}$。显然 $(a_\alpha: \alpha < \theta)$ 列举 A。

定理 1.39 等价于选择公理。如果每个集合可以良序化，那么每个由非空集合组成的集合族上有一个选择函数：对每个 $X \in S$，令 $f(X)$ 是 X 的极小元。

有了选择公理就更容易处理集合的基数。例如，如果 f 是从 A 到 B 的满射，那么 $|B| \leqslant |A|$。要证明这一点，必须找到从 B 到 A 的单射：对 B 中的每个元素 b，从 $f^{-1}(b)$ 选择一个元素。

选择公理的另一个推论是：可数多个可数集合的并集是可数的。对每个自然数 n，令 A_n 是可数集合。选择对 A_n 的列举 $(a_{n,k}: k \in \omega)$。那么映射 $(n, k) \mapsto a_{n,k}$ 是从 $\omega \times \omega$ 到 ω 的满射。因此 $\bigcup_{n \geqslant 0} A_n$ 是可数的。

引理 2.18 $|\bigcup S| \leqslant S \cdot sup\{|X|: X \in S\}$

证明：令 $\kappa = |S|$ 并且 $\lambda = sup(\{|X|: X \in S\})$。因此 $S = \{X_\alpha: \alpha < \kappa\}$，对每个 $\alpha < \kappa$，选择枚举 $X_\alpha = \{a_{\alpha,\beta}: \beta < \lambda_\alpha\}$，其中 $\lambda_\alpha \leqslant \lambda$。映射 $(\alpha, \beta) \mapsto a_{\alpha,\beta}$ 是从 $\kappa \times \lambda$ 到 $\bigcup S$ 的满射，所以 $|\bigcup S| \leqslant \kappa \cdot \lambda$。

推论 2.4 每个无限基数 $\aleph_{\alpha+1}$ 是正则基数。

证明：若不然，$\omega_{\alpha+1}$ 是至多 $\aleph_\alpha$ 多个基数至多 $\aleph_\alpha$ 的集合的并集。

选择公理还有一个重要的等价命题，即 *Zorn* 引理，这是在代数和点集拓扑中常用的选择公理。称非空集合 X 是 A 中的链，如果 X 是 $<$ -线性序集合。

定理 2.18　如果 $(A, <)$ 是非空偏序集，使得 A 中每个链有上界，那么 A 有最大元。

证明：归纳定义 $a_\alpha = A$ 中使得对每个 $\xi < \alpha$ 都有 $a_\alpha > a_\xi$ 的元素（如果存在）。显然，如果 $\alpha > 0$ 是极限序数，那么 $C_\alpha = \{a_\xi: \xi < \alpha\}$ 是 A 中的链，根据假设 a_α 存在。最后，存在 θ 使得不存在 $a_{\theta+1} \in A$，$a_{\theta+1} > a_\theta$。因此，a_θ 是 A 的极大元。

2.2　良基集合与非良基集合

2.1 节介绍了公理集合论的相关概念，根据 *ZFC* 的正则公理，它的论域中的集合是良基集合。若去掉正则公理，允许无穷下降的属于关系链，便可引入非良基集合。本节首先介绍非良基集合的基本概念，梳理非良基集合研究的历史和现状，并介绍非良基集合在哲学、语言学、计算机科学、经济学等众多领域中的应用。另外，介绍了非良基集合的基本理论，主要问题是如何引入反基础公理，即违反正则公理而承认非良基集合存在的公理。从集合与图的关系和方程组的解这两个角度分别说明如何引入反基础公理。前一种方法是阿克采尔采用的方法，它把 *ZFC* 中的 Mostowski 坍塌定理推广到所有图。后一种方法是在巴维斯和莫斯的著作中用到的方法，他们把非良基集合看作方程组的解，规定方程组的解唯一，如方程 $x = \{x\}$ 的解唯一，即非良基集 Ω。本章最后引入集合上的互模拟概念。

在 *ZFC* 公理系统中，正则（基础）公理是把集合论的论域限制到良基集合。使用正则公理，可以证明下列结论。

定理 2.19　对于任何集合 x，都有 $x \notin x$ 成立。

证明：假设存在集合 x，使得 $x \in x$。显然，集合 $\{x\} \neq \varnothing$，根据基础公理，$x \cap \{x\} = \varnothing$，但由于 $x \in x$，因此 $x \cap \{x\} = \{x\} \neq \varnothing$，矛盾。

定理 2.20　不存在集合的序列 x_0，x_1，…，x_n，…，使得 $\cdots x_n \in x_{n-1} \in \cdots \in x_1 \in x_0$。

证明：假定存在集合的序列 x_0，x_1，…，x_n，…，使得 $\cdots x_n \in x_{n-1} \in \cdots \in x_1 \in x_0$。令集合 $S = \{x_0, x_1, \in, x_n, \cdots\}$。显然，对任何自然数 i，$x_i \in S$。由正则公理，S 有 $\in$ 极小元 x_m，但 $x_{m+1} \in x_m$，与 x_m 的极小性矛盾。

定义 2.16　如果集合 S 中有元素 x_0，x_1，…，x_n，…，使得 $\cdots \in x_n \in x_{n-1} \in \cdots \in x_1 \in x_0$，那么把 x_0，x_1，…，x_n，…称作 S 的无穷 $\in$ -降链。

定理 2.21　如果 $S \neq \varnothing$，并且 S 中不存在无穷 $\in$ -降链，那么在 S 中有

$\in$ -极小元。

证明：假设 S 中不存在 $\in$ -极小元。那么对于每一个 $x \in S$，存在 $y \in S \cap x$。任取 $x_0 \in S$，那么存在无穷 $\in$ -降链$\cdots \in x_2 \in x_1 \in x_0$。

令性质 $\phi(x)$ 表示“存在从 x 出发的无穷下降的 $\in$ -链”。把这个性质与否定结合可得性质“$\neg\phi(x)$”，上面提到的几种性质都满足$\neg\phi(x)$。若任一非空集合都不存在无穷 $\in$ -降链，则基础公理成立。所以，基础公理等价于任一非空集合都不存在无穷 $\in$ -降链。故在 *ZFC* 公理系统中，基础公理排除了满足下列条件的集合 x，y，z，x_0，…，x_n，…：

（1）$x \in x$；

（2）$x \in y \wedge y \in x$；

（3）$x \in y \wedge y \in z \wedge z \in x$；

（4）$x_0 \in x_1 \in x_2 \cdots \in x_n \in x_0$；

（5）$\cdots x_{n+1} \in x_n \in x_{n-1} \cdots \in x_1 \in x_0$。

满足上述条件之一的集合被称为奇异集合①，也称非良基集合。因此，一个集合 x 是非良基集合，如果它满足 $\phi(x)$。基础公理预设所有集合都是良基的，因此非良基集合不是 *ZFC* 的研究对象，也就是说，*ZFC* 的任意论域（如 *ZFC* 的基础模型 V、可构成模型 L 和布尔值模型）中的集合都是良基集合。

非良基集合所满足的性质 $\phi(x)$ 与否定相结合就会产生罗素悖论。考虑类 $X = \{x: \neg\phi(x)\}$。在集合论 *ZFC* 中，所有集合都满足$\neg\phi(x)$，因此 X 等于 *ZFC* 的论域 V，即所有集合组成的类，因此它不是集合，而是一个真类。

基础公理是有意义的，因为在集合的聚合分层中，可以证明一个集合 x 是良基的当且仅当它属于某个分层 V_α。这说明位于聚合分层中的所有集合都是良基集。然而所有聚合分层的并 $\cup_{\alpha \in Ord} V_\alpha$ 等于全体集合所组成的类 V，也就是集合论 *ZFC* 的论域。因此，在公理集合论 *ZFC* 中，把所有集合都是良基的作为公理确定下来，这是关于论域中的集合的一条重要性质。而且在研究集合论的模型时，基础公理就显得很重要。

创立公理集合论最初的起因是研究数学的基础问题，集合论的发展一直是为了研究数学的基础。在集合论中所关心的数学概念，如自然数、整数、有理数、实数、基数和序数、函数等，它们的定义及关于其性质的证明不需使用基础公理，那么是否存在非良基集合则显得并不重要。因此，引入非良基集合不会损害数学基础的研究。

此外，由于非良基集合自身涉及循环现象，它可用来模拟循环，所以它在一

---

① 张锦文．公理集合论导引．科学出版社，1991，pp. 21－23.

些领域的许多问题上都有很好的应用价值。例如，模态逻辑的框架和模型是有向图，而在这些有向图中都存在循环现象。由于非良基集合能够处理含有循环结点的图，因此它可被用来研究模态逻辑。除此之外，非良基集合还在语言学、经济学、哲学、理论计算机科学中有广泛的应用。比如，哲学中的很多悖论都属于循环现象。

2.3　非良基集与循环现象

在现实世界，循环现象随处可见。比如，人体的血液循环现象；一年 365 天、一天 24 小时周而复始的时间循环现象；春、夏、秋、冬四季轮回气候变化的循环现象；宏观经济运行中的生产、交换、分配、消费四个环节有序的循环现象等。循环现象直接或间接涉及自身，它与 *ZFC* 公理集合论中的基础公理 *FA* 相冲突，不能够用经典的 *ZFC* 集合论为其构造模型。非良基集合也被称作超集或奇异集合，它研究有循环性质的集合，比如，满足性质 $x \in x$ 或 $x \in x_n \in \cdots \in x_2 \in x_1 \in x$ 的集合，使用非良基集合能够为循环现象构造模型。在 20 世纪 80 年代，非良基集合的研究取得了较显著的发展，它在哲学、经济学、模态逻辑、情境语义学以及理论计算机科学等众多领域都发挥着重要作用。

哲学中存在大量的循环问题，这些循环在一定程度上都涉及“自身”。比如，笛卡尔认为，人们不可否认的思维的前提是我们正在思维，即人们可以怀疑一切可以怀疑的，但是唯独不能怀疑自己在思考，因为对自身思想行为的怀疑也要进行思维，而该思维活动也牵涉怀疑。正是思考的循环帮他作出了他的著名论断：我思故我是（I think，therefore I am）。

这种涉及自返性的论证是否有道理呢？假定坚持集合论的基础公理，那么自返性是没有道理的，因为任意良基集合都不自返，属于关系不是自返关系，自返关系的展开是一个无穷下降的链。但若我们认为可以有自返关系，那么怀疑这种思维本身也就可以被怀疑了。所以，笛卡尔的论证似乎需要一个较强的假定：所有集合都是良基的或者所有关系都是良基的。关于该问题，若考虑使用非良基集合，则可帮我们重新认识笛卡尔的论题。

哲学中最令人注目的循环现象出现在悖论中，包括一些逻辑悖论和语义悖论，如谎言悖论、罗素悖论、康威悖论、指称悖论。所有这些悖论都可用非 n 次循环类的类（n 是任意的自然数），甚至使用所有非循环类的类来刻画，由此产生的集合都是非良基集合。0 次循环类指具有自属性的类；对于非零自然数 n，一个类 X 是 n 次循环的，仅当有 n 个类 X_1，X_2，…，X_n（不一定都不相同），使

得 $X\in X_n\in\cdots\in X_1\in X$ 成立[①]。若一个类 X 对于某一个自然数 n 是 n 次循环的，则称 X 为循环的，由此产生的集合便是非良基集合。循环与否定结合会产生悖论，罗素悖论中的集合便是 0 次循环类与否定相结合产生的非良基集合。所以，要排除这类悖论，就要排除所有非 n 次循环类的类，甚至排除所有非循环类的类所产生的非良基集合。所以，我们需要研究以非良基方式使个体域含有其他模型的模型，尤其是自返模型，即自身也是其个体域中元素的模型，使用它探讨自指的语义悖论。这里的目的不是解决悖论，而是要构造说明悖论产生的框架[②]。

康威悖论也导致循环，这种悖论有众多形式：从“不忠实的配偶”到“泥孩子”，再到“参与者”等。非良基集合理论除了用于悖论的研究外，近年来哲学家们还将它们用于真和指称理论的研究。使用非良基集合来模拟多种循环，这是一种重要的新型数学工具，具有越来越广阔的应用前景。

刘易斯（D. Lewis，1969）1969 年最先提出了公共知识的概念[③]，后来克拉克和马歇尔（H. Clark and C. Marshall，1981）在刘易斯研究成果的基础上进行推广[④]。对任意命题 p，如果这个群体中的每一个成员都知道 p，并且每一个成员都知道 p，此外，每一个成员都知道每个成员知道每一个成员知道 p，…，等，那么该命题 p 称为这个群体的公共知识。一个群体与另一个群体的不同在于这两个群体有不同的公共知识。令 a 和 b 两人组成一个群体，a 和 b 均知道命题 p，这时，p 是 a 的知识，p 也是 b 的知识，但 p 不是 a 和 b 的公共知识；若 a 知道 b、知道 p，反之 b 也知道 a、知道 p，并且双方各自知道对方、知道自己知道 p，……，则 p 是 a 与 b 这一群体的公共知识。这里便存在循环现象，若使用常规方法构造模型，则必须形成以自身为元素的集合。若采用 *AFA* 提供的工具，则较容易构造出严格的模型，深入研究模型的性质。

除此之外，内涵现象中的事物在本质上也是循环的。下面以信念为例来说明这一点。假设用一阶结构 M 来模拟可能世界，令命题 p 是某个可能世界的集合，即使得 p 为真的可能世界的集合。我们可把信念表达为主体 a 和命题 p 之间的二元关系 $B_a p$。若 $M\models B_a p$，则 $M\in p$ 蕴涵 a 的信念在 M 中是真的。证明：如果 $M\models B_a p$ 且 a 的信念在 M 中是真的，则 M 是非良基结构。一阶结构必须“包含”所谈论的事物，即如果 $M\models B_a p$，则 p 属于 $TC(M)$。若在 M 中 a 有一个真信念 p，则 $M\in p$。最终可得到 $M\in p\in TC(M)$，$p\in\cdots\in M\in p$，因此 M 和 p 都是非良基的。

---

① 张清宇．所有非 Z－类的类的悖论．哲学研究，1993（10）：43－44.

② 张清宇．循环并不可恶－<恶性循环：非良基现象的数学>评介．哲学动态，2005（4）：59－62.

③ D. Lewis，*Convention*：*A Philosophical Study*. Cambridge，MA：Harvard University Press，1969.

④ H. Clark. and C. Marshall，Definite Reference and Mutual Knowledge. In：*Elements of Discourse Understanding*，ed. by A. Joshi. Cambridge MA：Cambridge University Press，1981.

在博弈论和经济学领域，经济学家用博弈论来模拟人们在不确定情形下的决策行为。令 I 是主体集合，W 是认知可能世界的集合。对于每一个世界 $w \in W$，w 与可能世界的某一个状态 $S(w)$ 相关，这些状态包括博弈论的支付函数及对象 $t_i(w)$。在世界 w 中，$t_i(w)$ 可以模拟每一个参与人 $i \in I$ 的信念或概率。在博弈论中有一个隐含的假定，即假定参与人知道其他参与人的信息结构。要使该假定成为模型明确的成分，则在世界 w 中必然存在循环现象，这样黑弗采（Heifetz）采用非良基集合作为工具，为博弈论建立了模型①。

非良基集合在逻辑学中的主要应用领域之一是模态逻辑。我们在这里简单地说明如何使用非良基集合研究模态逻辑。对于研究关系结构来说，模态语言是一种具有很强表达作用的语言。一个关系结构就是一个非空集以及这个集合上的二元关系。实际上，所谓的关系结构是数学图论中的有向图。对于有穷的有向树图来说，可以与某个自然数 n 和这个集合上的属于关系之间建立同构关系。对于任何良基图，根据 Mostowski-坍塌定理，存在唯一的与它同构的传递模型。

那么，非良基图的情况如何呢？如果假定非良基集合存在，也可以使非良基图与非良基集合联系起来。例如，单自返点图“↻”使用一个属于自身的单点集 Ω 与之对应。根据这种联系，可以使用模态语言来谈论集合。这样，从模型论的角度看，可以在新的集合论语义下研究模态逻辑。

1988 年，阿克采尔最先表述了无穷模态逻辑和非良基集合之间存在的联系。随后莫斯等人发现，用反基础公理可通过典范克里普克结构发展模态逻辑。1989 年，巴威斯在非良基集合论的背景下，定义了不动点模型；1993 年，里斯蒙特（L. Lismont）在多模态认知逻辑中采用邻域语义学分析无穷迭代法；1995 年，他分别使用无穷迭代和循环（或不动点）定义公共知识的共存性②。特吉斯特（T. Tsujishita，1999）把认知模态公式解释为阿克采尔的非良基集论域中的一个泛模态世界，这种做法消除了通常情况下在良基全域的模态世界中解释认知公式的局限性。此后，莫塞（L. Mosszai）证明了群体宣告逻辑的非良基集合语义和克里普克模型语义是等价的。之后，鲁瑞构造非良基集理论，建立了“可允许集合上的非良基集”与模态语言 L_∞ 的片段 L_A 之间的关系。

巴塔格（A. Baltag，1999）证明，任何非良基集合都可以采用一个无穷模态语言的公式来刻画。若限制到使用有穷命题变元的集合构造的模态语言，该刻画不再成立。但一个非良基集可被使用有穷命题变元集合构造的模态语言的某个公

① J. Barwise. and L. Moss，*Vicious Circles*：*On the Mathematics of Non-well-founded Phenomena*. CSLI Lecture Notes，Number 60. Stanford：CSLI Publications，1996，pp. 47 – 54.

② L. Lismont，Common Knowledge：Relating Anti-founded Situation Semantics to Modal Logic Neighborhood Semantics. *Journal of Logic*，*Language*，*and Information*，1995（3）：285 – 302.

式所刻画的充分必要条件是：该集合是良基的，并且它的传递闭包是有穷的①。因此，使用模态公式对集合的刻画依赖于所使用的模态语言。特别地，若一个有穷传递闭包的集合不是良基的，那么它只能使用无穷模态语言的公式来刻画。但是，利用模态 μ - 演算还可以证明，一个非良基集合可使用模态 μ - 演算的某个公式来刻画当且仅当它的传递闭包是有穷的。阿尔布鲁西和萨利潘特（L. Alberucci and V. Salipante，2004）利用模态 μ - 演算的最大不动点规则，证明了任何带有穷传递闭包的非良基集都可通过使用有穷命题变元集合构造的模态语言的某个公式来刻画，这对巴塔格证明的结果进行了推广，并在自动机理论和非良基集合之间建立了一种新的联系②。

在语言学中，非良基集合和反基础公理 *AFA* 的应用领域之一是情境语义学。情境语义学是研究自然语言的语义学的模型论方法。一个情境可被看作由事实组成的世界的一部分。每一个事实由一个关系、具有该关系的对象序列和一种极性组成，它表达这个对象序列根据极性具有或不具有这种关系。由于情境自身也是对象，它们也能成为事实的组成部分。因此，一个情境可成为处于一个情境中的事实的成分，很自然会产生循环的情境，它们包含一些关于自身的事实。处理该情境的方法是把情境表示为事实的集合，把事实表示为一个三元组（R，a，σ）。其中 R 是关系，a 是具有关系 R 的序列，σ 是极性 0 或 1③。

在巴威斯和佩里（1983）的著作④中，没有使用非良基集合，但在巴威斯和艾奇门迪（1987）的著作中使用了循环情境和循环命题的概念讨论说谎者悖论，用非良基集合表示这种抽象对象。情境语义学以非良基集合论为元理论刻画情境，用非良基集合论作为工具刻画不同时空的事物是否具有某种性质和事物之间是否具有某种关系。由于集合悖论的存在，巴威斯等人发现，若用标准集合论刻画情境，则集合论中已建立起来的公理在解释情境过程中会产生很多困难。其中的一个问题是与集合论模型中“集合不能属于自身”的公理相冲突。后来，他们将情境看作基本实体，并对其进行数学分析，继而创立了情境语义学的元理论。但在日常交流中，话语所涉及的情境完全可与自我相关。于是 1990 年阿克采尔以非良基集合论为工具研究结构对象，提出了情境理论的研究思路：可以从结构对象理论到结构命题理论再到数学。可用非良基集合论的模型刻画循环情境，有效地解决了循环或自我指涉现象。

此外，非良基集合也可以用于语言学前指指代法中的循环现象。除此之外，

---

① A. Baltag，STS：A Structural Theory of Sets. *Logic Journal of IGPL*. 1999（7）：481 - 515.

② L. Alberucci. and V. Salipante，On Modal μ - Calculus and Non-well-founded Set Theory. *Journal of Philosophical Logic*，2004（33）：343 - 360.

③ P. Aczel. *Non-well-founded Sets*. Stanford CSLI Publications，1988，p. 112.

④ J. Barwise and J. Perry. *Situations and Attitudes*. Cambridge，MA and London：MIT Press，1983.

在理论计算机科学中，加标转换系统是研究运算语义学的一种常用工具。在计算模型中，较典型的结构就是加标转换系统。在这种系统中有很多循环现象，如可任意有穷多次执行同一个程序，也可在不同的计算状态之间来来回地执行某些程序。如图2.1是一个不确定的加标转换系统。

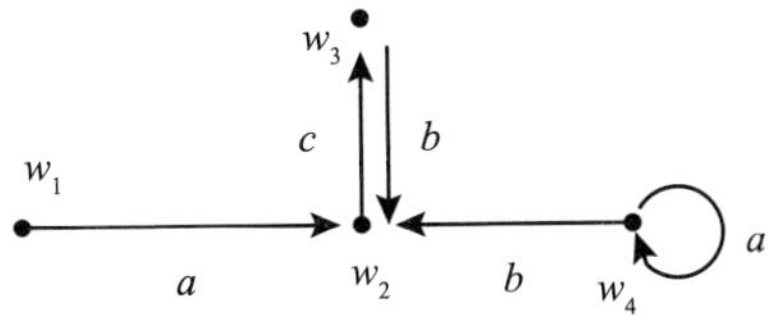

图2.1

其中 a 是一个不确定的程序。在状态 w_4 上运行有穷多次程序 a 达到状态 w_4。在状态 w_4 上涉及循环。而在 w_2 和 w_3 之间也存在某种循环，若在 w_3 上运行程序，则计算状态只能在 w_2 和 w_3 之间来来回回地出现。

非良基集合理论与加标转换系统密切相关。拉齐克与罗斯科（L. Lazic and A. Roscoe，1996）用加标转换系统构造典范转换系统和相伴映射谱系，给出了转换系统的强外延理论，可以识别出任意两个具有等价行为的点[①]。

在非良基集合理论基础上建立起来的终余代数语义学是表述结构运算语义学的数学理论，在此基础上还建立了域理论和指称语义学。这些理论都以归纳法原则和非标准"余归纳原则"之间的相互作用为基础。在分类层和非良基集、偏序以及度量空间的范畴中研究了余代数的余归纳性质，证明了终余代数的基本范畴概念是余归纳原则的基础。此外，勒尼撒（Lenisa，1999）基于非良基集合的余代数理论，作为阿克采尔工作的继续，将它们应用在进程代数、高阶并发进程设计语言、μ-演算等语义的研究[②]。

为了判定带"弱幂集"构造的非量化公式的有穷可满足性，皮萨与阿尔贝托（C. Piazza and A. Policriti，2000）提出了一个非良基的语义图状的判定过程，这个结果可被应用于众多非良基集合理论。他们所定义的这个程序可以用来判定不含基础公理的集合论的公式类[③]。伯格（2006）用非良基树刻画循环和非停机现象，可被用于进程理论和余归纳类型程序语言的语义研究，为非良基集与非停机

① A. Lazic. and A. Roscoe，On Transition Systems and Non-well-founded Sets. *Annals of the New York Academy of Sciences*，1996（806）：238－264.

② M. Lenisa. *From Set-theoretic Coinduction to Coalgebraic Coinduction：Some Results，Some Problems. Electronic Notes in Theoretical Computer Science*，1999（19）.

③ C. Piazza. and A. Policriti，*Towards Tableau-based Decision Procedures for Non-well-founded Fragments of Set Theory. Lecture Notes In Computer Science*，2000（1847）：368－382.

进程或无穷数据结构建立了模型，并在各种 *Topos* 理论构造中证明了加标的非良基树范畴的稳定性①。

2.4 本　　元

经典集合论 *ZF* 的论域是由所有集合组成的真类，这个论域中的每一个元素都是集合，而且每一个非空集合的元素依然是集合。但在现实中，比如考虑 16 个世界杯足球队组成的集合，它的元素不是集合也不是类，我们称这样的元素为本元，可以用本元构成集合，但本元自身不是集合也不是类。引入本元的目的是要更好地使用非良基集合模拟循环现象。

定义 2.17　令 $\boldsymbol{U}=\{p: p$ 不是集合，p 也不是类$\}$，即 U 是由所有本元组成的类。

U 中的元素不是集合也不是类，但可作为集合或类的元素出现。下列是集合和本元的一些相关概念。

定义 2.18　对于任何集合 a，如果它的每一个元素的任意元素都是 a 自身的元素，即 $\forall x \forall y(x \in y \wedge y \in a \rightarrow x \in a)$，那么称集合 a 是传递的。

显然，一个不含本元的集合 a 是传递的当且仅当 $\cup a \subseteq a$，当且仅当 $a \subseteq \wp(a)$，这里 $\wp(a)$ 表示 a 的幂集。对于含本元的集合，例如：$a=\{p, \{q\}\}$，它的传递闭包 $TC(a)=\{p, \{q\}, q\}$。

定义 2.19　对于任意集合 a，它的传递闭包 $TC(a)$ 被定义为：$TC(a)=\cap\{b: a \subseteq b$ 并且 b 是传递的$\}$，即 $TC(a)$ 是包含集合 a 的最小传递集合（这里的 $TC(a)$ 中可以含有本元）。

定义 2.20　对于每一个集合 a，令 $support(a)=TC(a) \cap U$。如果 $support(a)=\varnothing$，那么把集合 a 称为纯集合。

集合 $support(a)$ 是和集合 a 相关的本元的集合，纯集合是不含本元的集合。经典集合论的论域中的集合都是纯集合。

定义 2.21　对于任意一个子集 $A \subseteq U$，定义 $V_{afa}[A]=\{a: a$ 是集合并且 $support(a) \subseteq A\}$。

给定一个子集 $A \subseteq U$，可用 A 中的本元构造集合类 $V_{afa}[A]$，从而使一些集合含有本元。注意：$V_{afa}[A]$ 是一个集合类，它不含有本元：对于每一个 $A \subseteq U$，

① B. van den Berg and F. De Marchi，Non-well-founded Trees in Categories. *Annals of Pure and Applied Logic*. 2006（146）：40－59.

$A \cap V_{afa}[A] = \varnothing$。若 $A = \varnothing$，则把 $V_{afa}[\varnothing]$ 写成 V_{afa}，它是由所有纯集合组成的类，即经典集合论的论域 V。$V_{afa}[U]$ 是由所有集合组成的类，它不含本元，但是任意本元属于 $V_{afa}[U]$ 和 U 的并集。此外，还可把 U 看作一元关系符号，如："x 是集合"可表示为：$\neg U(x)$，或者表示为：$x \notin U$。

经典集合论 ZF 的外延公理可用来判定两个集合相等，它说的是具有相同元素的两个集合 a 和 b 相等：$\forall a \forall b[\forall c(c \in a \leftrightarrow c \in b) \to a = b]$。因为本元的引入，外延公理可以变为下面的形式：

对于所有的 a、$b \notin U$ 和 p，如果 $p \in a \leftrightarrow p \in b$，那么 $a = b$。

其中 p 可以是本元也可以是集合。

下面是关于本元的公理，它可以保证总是存在新的本元。

公理 2.1　（充足性公理）对于每一个集合 a，存在单射 $f: a \to U$，使得 $f[a] \cap a = \varnothing$。

对于每一个集合，充足性公理保证存在着不属于该集合的本元。但如果考虑集合的类，使用大量的本元，就必须保证所引入的本元是存在的。所以下面给出关于本元的更强的公理：

公理 2.2　（强充足性公理）存在二元运算 $new(a, b)$，使得：

（1）对于所有集合 a 和所有 $b \subseteq U$，$new(a, b) \in U \setminus b$；

（2）对于所有集合 $a \neq c$ 和所有 $b \subseteq U$，$new(a, b) \neq new(c, b)$。

任给 $b \subseteq U$，运算 $new(a, b)$ 是单射且 $new(a, b) \notin b$。用这个运算可给出新的本元，此外还可证明充足性公理相对于 ZF 公理系统是一致的。

上面引入了本元的一些概念，下面介绍非良基集合的相关概念。

定义 2.22　任给一个集合 a，令 R 是 a 上的一个二元关系。若 a 的每一个非空子集 X 有 R－极小元，即存在 $b \in X$，使得不存在 $c \in X$ 使 Rcb，则 R 被称为集合 a 上的良基关系。如果属于关系 $\in$ 是集合 a 上的良基关系，那么称集合 a 为良基集合。

任给集合 a 上的一个二元关系 R，若 a 中存在无穷序列 $b_0, b_1, b_2, \cdots$，使得 $Rb_{n+1}b_n$，对于每一个 $n = 0, 1, 2, \cdots$，则 a 的子集 $\{b_0, b_1, b_2, \cdots\}$ 没有 R－极小元，所以 R 不是 a 上的良基关系，则称 R 是非良基的。若属于关系 $\in$ 是一个集合 a 上的非良基关系，则称 a 为非良基集合。

例 2.1　令 $a = \{b\}$，$b = \{\varnothing, a\}$。由于存在无穷序列 $\cdots \in a \in b \in a \in b \in a$，所以，集合 a 与 b 都是非良基集合。

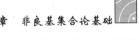

上述充分表明，非良基集合的引入有一定的意义。集合论 ZF 的基础公理可确保所有集合都是良基集合，所以排除了非良基集合。但为了处理循环现象，需要假定非良基集合存在。在本章接下来的部分，将从集合图的关系以及方程组的解两个角度引入反基础公理，说明非良基集合存在。2.5 根据阿克采尔的思想，集合与图之间存在着对应关系，由此引入反基础公理：每一个图都有唯一的装饰。把本元引入图的装饰，从而得到加标图。2.6 根据巴威斯和莫斯等人的观点，每一个集合都可以被看作某一个含有未知元的方程组的解，引入反基础公理的另一种表述：每一个方程组都有唯一的解。最后在 2.7，首先给出集合上的互模拟，它可用于判定两个非良基集合相等。其次给出加标图之间的互模拟概念以及方程组之间的互模拟概念，最后说明强外延原则。

2.5 集合与图

集合可以用（向下生长的）树作为图像表示出来。例如，如果我们对自然数采用标准的集合论表示，其中自然数 n 被表示成小于 n 的自然数的集合，那么，我们得到前几个自然数的图像如下：

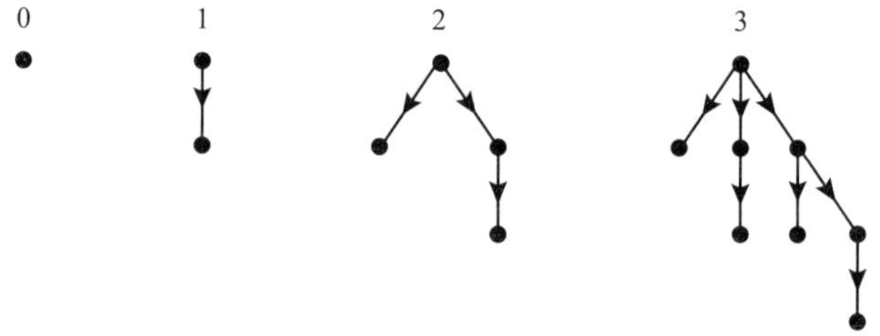

图 2.2

在更一般的情形中，带点图形可以用作集合的图像。例如，我们把以上 2 和 3 的图像分别替换成下列图像：

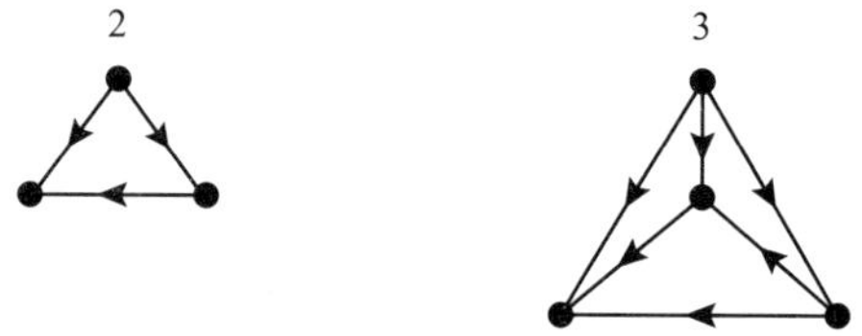

图 2.3

那么，一个集合的图像确切地来讲是什么？我们需要一些术语。这里，一个图将由一个节点集和一个边集组成，每一条边都是一个由节点组成的序对（n，

n')。如果 (n, n') 是一条边，那么我们将写成 $n \to n'$ 并且说 n' 是 n 的后继。一条路经是一个由边 (n_0, n_1)(n_1, n_2)，…连接的、由节点 n_0，n_1，n_2，…组成的有穷或无穷序列：

$$n_0 \to n_1 \to n_2 \to \cdots$$

一个点图是一个带一可区分节点的图，这一可区分节点称为该图的始点。一个点图是可达的仅当对于每个节点 n 都有一个从该图的始点 n_0 到节点 n 的路径 $n_0 \to n_1 \to \cdots \to n$。如果这一路径总是唯一的，那么这一点图就是一个树，而它的始点则称为该树的根。我们将使用可达点图作为我们的图像。在图形当中，始点总是居于顶端。一个图的装饰是一个按照如下方式把该图的每一个节点都与一个集合联系起来的指派：指派给一个节点的集合其元素就是那些指派给该节点的后继的集合。一个集合的图像就是一个带装饰的可达点图，其中该集合被指派给图的始点。

注意，在我们的例子当中，只有一种方式来装饰可达点图。例如，此前最后一个图形必须以如下方式装饰：

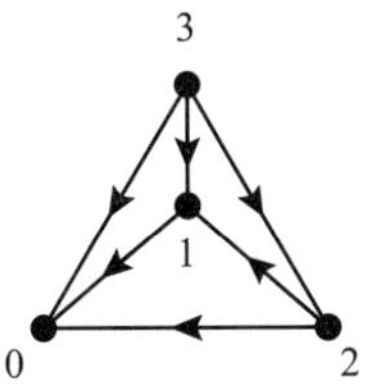

图 2.4

此图中，标记为 0 的节点没有任何后继，并且也由此在任何装饰中必须为其指派空集，即 0。中心的节点仅有标记为 0 的节点作为唯一的后继。因此，在任意的装饰中中心的节点必须指派集合 {0}，即 1。如此继续下去，我们最后一定得到如上的装饰，而这一装饰显示我们得到的是 3 的图像。对装饰形成的反思我们可以叙述集合论的一个重要结论。一个图是良基的仅当它没有无穷路径。

莫斯托夫斯基坍塌引理。

每一个良基图都有唯一的装饰。

这一结论可以如下证明。简单应用良基关系的递归定义，以得到如下定义的一个唯一的函数 d：对于图中的每一个节点 n：

$$dn = \{dn' \mid n \to n'\}$$

装饰 d 把集合 dn 指派给节点 n。注意以下明显的推论。

推论 2.5　每一个良基的可达点图都是唯一一个集合的图像。

哪些集合有图像？对这一问题可以简单回答如下。

命题 2.1 每一个集合都有一个图像。

为了明白这一点，我们将把每一个集合 a 和其典范图像联系起来。按照如下方式构造一个图：其节点是序列 a_0，a_1，a_2，…中的集合，并且：

$$\cdots \in a_2 \in a_1 \in a_0 = a$$

其边是具有性质 $y \in x$ 的节点序对（x，y）。如果 a 被选为始点，我们就得到一个可达点图。很明显，这一可达点图是 a 的一个图像，把集合 x 指派给节点 x 的这一指派则组成其装饰。注意，这一构造并没有要求 x 是良基的。

集合的图像都可以展开成相同集合的树图。给定一个可达点图，我们按照如下方式构造该树：树图的节点都由可达点图中的有穷路径组成，每一路经都从原来图像中的始点开始；树图的边则是形如（$a_0 \to \cdots \to a$，$a_0 \to \cdots \to a \to a'$）的路径的序对。该树的根是长度为 0 的路径 a_0。此树是可达点图的展开。可达点图的装饰都可以导出其展开的装饰：指派给树的节点 $a_0 \to \cdots \to a$ 的集合就是由原来可达点图的装饰指派给可达点图节点 a 的集合。因此，一个可达点图的展开将图示任何由可达点图示的集合。一个集合的典范图像的展开将称为是该集合的典范树图像。我们至此为止的讨论都是为了引出如下公理：

反基础公理（AFA）。

每一个图都有唯一的装饰。

注意如下的推论：

每一个可达点图都是唯一一个集合的图像。

非良基集存在。

事实上，任意非良基的可达点图都将是一个非良基集的图像。

根据阿克采尔的观点，集合可以用图来表示，因为每个集合都已按照属于关系的逆关系展开，把集合的元素看作子结点而得到图，下面例子说明这一点。

例 2.2 下面两个图都可以表示自然数 3。

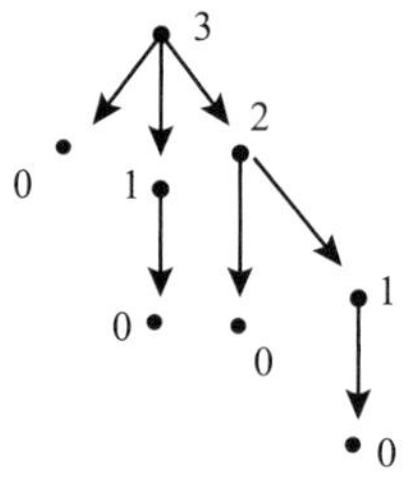

图 2.5

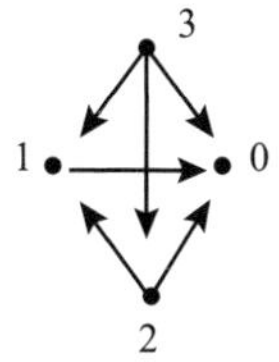

图 2.6

这里 0：= ∅，1：= {∅}，2：= {∅，{∅}}，3：= {∅，{∅}，{∅，{∅}}}，箭头的方向表示逆属于关系。

集合可以转化为图，同样图也可以转化为集合。这是集合论 ZFC 的 Mostowski 坍塌定理告诉我们的。

定理 2.22　Mostowski 坍塌定理

（1）如果 E 是一个类 P 上的良基外延关系，那么存在唯一的传递类 M 和 (P, E) 与 $(M, \in)$ 之间唯一的同构映射 π。

（2）每个外延类 P 同构于唯一的传递类 M 使得该同构映射是唯一的。

（3）在情况（2）下，若 $T \subseteq P$ 是传递的，则对每个 $x \in T$，$\pi(x) = x$。

这条定理把每个良基关系的图与唯一的集合联系起来，它表明一个外延的良基关系的传递坍塌映射是单射，每个外延类 $\in$ - 同构于一个传递类。由类 P 和 P 上良基关系 E 所组成的关系结构与集合之间存在一一对应关系。下面我们引入一些基本概念说明集合与图之间的关系。

定义 2.23　一个图 $\mathfrak{G}$ 是一个有序对 (G, R)，其中 G 是一个结点集，R 是 G 上的一个二元关系。如果 $(m, n) \in R$（记作：Rmn，或者 mRn），那么称从 m 到 n 存在一条边。如果 Rmn，那么称 n 是 m 的一个子结点。图 $\mathfrak{G}$ 中的一条通路是一个有穷或无穷的结点序列 $n_0Rn_1R\cdots$。

一个结点的子结点仍可以有子结点，一个结点的子结点的子结点也可有子结点等。子结点也被称为后继结点，一个结点可以是它自己的子结点或它自己的后继结点。

定义 2.24　一个点图是一个三元组 $\mathfrak{G} = (G, R, r)$，这里 (G, R) 是一个图，$r \in G$ 称作 $\mathfrak{G}$ 的顶点。如果对每一个结点 n，存在一条从顶点 r 到结点 n 的通路 $rRn_1R\cdots Rn$，那么称这个点图为可及点图。如果每一个结点只有唯一的从顶点出发的通路，那么称该点图是树图，顶点称为该树图的根。

每一个可及点图都可按机械方法展开为树图。

定义 2.25　对可及点图 $\mathfrak{G} = (G, R, r)$，定义树展开图 $\mathfrak{G}^* = (G^*, R^*, r^*)$：

（1）$G^* = \{(r, u_1, \cdots, u_n)$：有穷序列 $r, u_1, \cdots, u_n$ 是一条 R – 通路$\}$；

（2）$R^* = \{((r, u_1, \cdots, u_n), (r, u_1, \cdots, u_n, u_{n+1}))$：$Ru_n u_{n+1}\}$；

（3）$r^* = (r)$。

这里，$\mathfrak{G}^* = (G^*, R^*, r^*)$ 是由原来的可及点图 $\mathfrak{G}$ 中的有穷通路组成的；任给 $\mathfrak{G}$ 中的一个结点 u，任给一个有穷通路 s，令 v 是 s 的最后一个结点，若 Rvu，则序列 s 和 su 在新的树图中有可及关系，树图 $\mathfrak{G}^*$ 的树根是 r^*。

定义 2.26 图 $\mathfrak{G} = (G, R)$ 的装饰是一个函数 d：$G \to V_{afa}$，使得 $d(a) = \{d(b): Rab\}$。如果 $b = \{d(a): a \in G\}$，那么称 $\mathfrak{G}$ 是 b 的一个图示。

对于每一个结点都指派唯一的集合，这个集合恰好是指派给它的子结点的集合组成的集合。任给一个结点 a，指派给 a 这个结点的集合正是指派给 a 的子结点的集合所组成的集合。如果 a 没有子结点，那么 a 的装饰是空集。这里的 V_{afa} 是所有纯集合的类，它要求所有的集合都是纯集合，不含本元。

定义 2.27 任给一个图 $\mathfrak{G} = (G, R)$，如果 R 是 G 上的良基关系，则称 $\mathfrak{G}$ 是良基图。

使用良基图的概念，则可把 Mostowski 定理表述为下面的引理。

引理 2.19 （Mostowski 坍塌引理）每一个良基图都有唯一的装饰。

证明：根据 Mostowski 坍塌定理可得。

所以，每一个良基图是唯一集合的图示，该集合是由它的结点的装饰所组成的集合。

例 2.3 （1）令图 $\mathfrak{G}$ 是由两个结点 1 与 0 和从 1 到 0 的边组成：

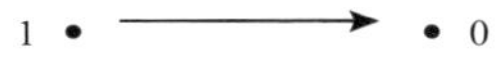

图 2.7

根据图的定义，$\mathfrak{G} = (\{1, 0\}, \{(1, 0)\})$，有序对（1, 0）表示从 1 到 0 的边。再看 G 的装饰，结点 0 没有后继结点，所以 $d(0) = \varnothing$。结点 1 只有一个后继结点 0，所以 $d(1) = \{\varnothing\}$。$\mathfrak{G}$ 的装饰集合是 $2 = \{\varnothing, \{\varnothing\}\}$，所以图 $\mathfrak{G}$ 是集合 $2 = \{\varnothing, \{\varnothing\}\}$ 的一个图示。

（2）如下是自然数 $2 = \{0, 1\}$ 的展开图：

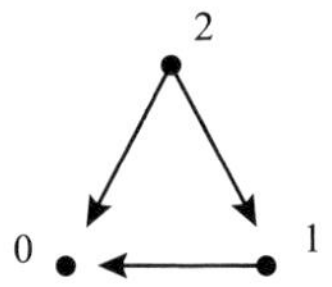

图 2.8

图中所有结点的装饰的集合是：$3=\{\varnothing,\ \{\varnothing\},\ \{\varnothing,\ \{\varnothing\}\}\}$。

定义 2.28　给定一个集合 a，令 $\mathfrak{G}_a=(G,\ R)$ 是一个图，其中 $G=TC(\{a\})$，边关系 R 被定义为：Rbc 当且仅当 $c\in b$，即边关系是属于关系的逆。若一个图 $\mathfrak{G}$ 的结点集是一个纯传递集合且它的边关系是属于关系的逆，则称 $\mathfrak{G}$ 是典范图。

在典范图中，可把集合中元素之间的逆属于关系看作图中的箭头，很自然地就诱导出典范图的装饰集合。反之每一个集合也可以展开为一个典范图，这个典范图一定是可及点图。由于每个可及点图可以展开为树图，所以，每一个集合也可以展开为一个树图。

例 2.4　考虑例 2.2 中的两个图 2.9 和图 2.10。可以把图 2.10 展开得到图 2.11。

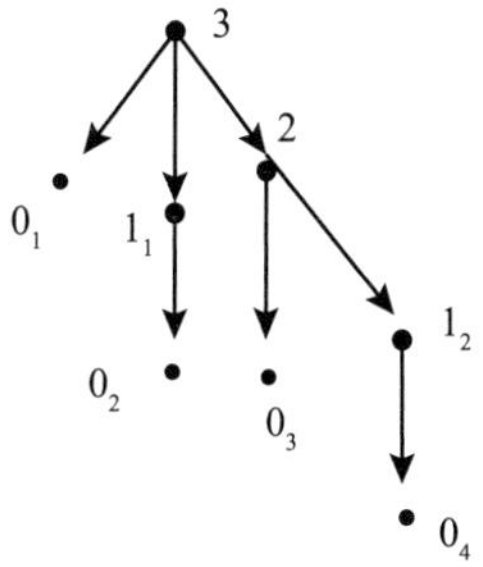

图 2.9

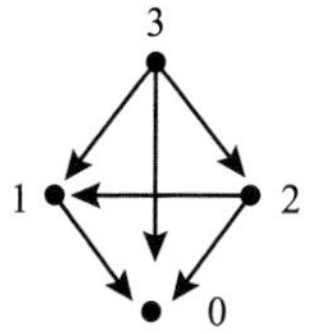

图 2.10

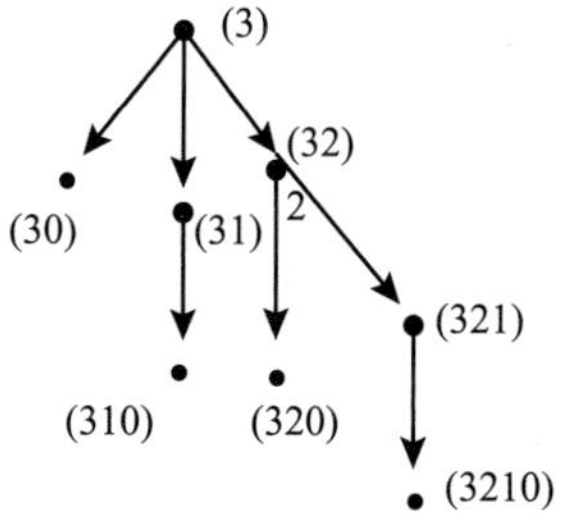

图 2.11

下面定义映射f，把图2.9中的点映射到树展开图2.11：

$$f(3)=(3)$$
$$f(0_1)=(30)$$
$$f(0_2)=(310)$$
$$f(0_3)=(320)$$
$$f(0_4)=(3210)$$
$$f(1_1)=(31)$$
$$f(1_2)=(321)$$
$$f(2)=(32)$$

该映射是图2.9和图2.11的同构映射。所以，图2.11中结点的装饰直接可由图2.9得到。

任意可及点图的装饰诱导出它的树展开图的装饰，一个集合的典范图的展开图称为该集合的典范树图。

命题2.2 若$\mathfrak{G}$是一个典范图，则$\mathfrak{G}$上的恒等函数是$\mathfrak{G}$的一个装饰函数。

证明：假设$\mathfrak{G}=(G, R)$是一个典范图。令Id是G上的恒等函数。只需要证明对所有的$b\in G$，$Id(b)=\{Id(c): Rbc\}$，因为Id是恒等函数，因此只需要证明对于所有的$b\in G$，$b=\{c: Rbc\}$。由$\mathfrak{G}$是典范图，则$\mathfrak{G}$的结点集G是纯传递集合。对任意结点b的装饰$d(b)=\{d(c): c\in b\}$。显然$Id(b)=b=\{c: c\in b\}=\{Id(c): c\in b\}$，因为$b$的每一个元素都是$G$中的结点，因此$Id$是$\mathfrak{G}$的装饰。

例2.5 自然数3的展开图是典范图，3的典范图上的恒等函数是3的装饰。

解：由自然数的定义可得，$3=\{0, 1, 2\}$，即$(\{0, 1, 2\}, \{(1, 0), (2, 0), (3, 0), (2, 1), (3, 1), (3, 2)\})$。该典范图上的装饰函数$d$定义为：$d(0)=\varnothing$；$d(1)=\{d(0)\}=\{\varnothing\}$；$d(2)=\{d(0), d(1)\}=\{\varnothing, \{\varnothing\}\}$。

因此$d(0)=0$，$d(1)=1$，$d(2)=2$，$d(3)=3$。所以，该典范图上的恒等函数是它的一个装饰。

在上面这些概念的基础上，考虑非良基图及其装饰。对于每一个良基图，坍塌引理保证它有唯一的装饰。把一个类P上的良基关系E看作一个良基图，重新定义映射π，使得每一个结点的函数值都是它的子结点的函数值的类。该函数被称作良基图的“装饰”，它对良基图的每一个结点指派一个良基集合。

下面讨论非良基图的情况。前面关于装饰的定义可推广到任意图，包括非良基图。在非良基图上，存在一些结点，它们的装饰是非良基的。比如，看下面这几个图就是非良基图。

图2.12是$G=(\{x\}, \{(x, x)\})$，它的唯一结点x的装饰是：$d(x)=\{d(x)\}$，该集合是非良基的，指派给该点的集合是含自身作为唯一元素的集合，把这个集

合记为 Ω，它是满足条件 $u=\{u\}$ 的唯一集合。不难看出，该图也是非良基集合 Ω 的图示。图 2. 13 中结点 z 的装饰是：$d(z)=\Omega$，结点 y 的装饰是：$d(y)=\{d(z)\}=\{\{\Omega\}\}$①，该图也是集合 Ω 的图示。图 2. 14 可被看作通过树展开从图 2. 12 或图 2. 13 得到的图。集合 Ω 的展开式也是它自身 $\Omega=\{x, \{x, \{x, \cdots\}\}\}$，该图也是集合 Ω 的图示。这三个例子表明，同一个非良基集合 Ω 可用图示表示。

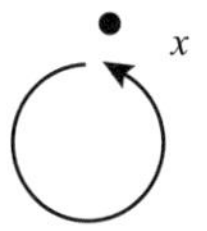

图 2. 12

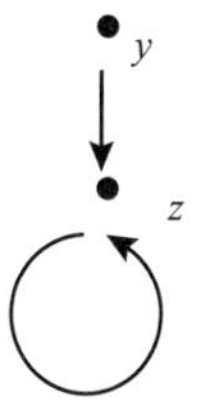

图 2. 13

图 2. 14

在经典集合论 ZF 中，由于不存在非良基集合，以上非良基图没有装饰。Mostowski 坍塌引理仅说明每一个良基图的装饰的唯一性，那么若放弃基础公理，非良基图是否有唯一的装饰呢？把非良基图的装饰的唯一性作为公理确定下来，便可保证非良基集合的存在性。1988 年，阿克采尔借助集合与图的联系给出了反基础公理的最初表述。

① 使用本章第五节定义的集合上的互模拟概念，可以判定集合 $\{\{\Omega\}\}=\Omega=\{\Omega\}$。所以，$d(x)=d(y)=d(z)$ 成立。

公理 2.3 （$AFA-1$）每一个图有唯一的装饰。

根据每一个图的装饰集合的存在性，可知非良基集合是存在的。下面把本元与图的装饰相结合，引入加标图探讨集合与加标图之间的联系。进而推广前面提出的典范图的概念，得到典范加标图。

加标图是在图的基础上对结点加标签得到的，最初它是一个源自理论计算机科学的概念观点。从计算过程看，使用图和图中结点上的原子信息可描述计算过程，而本元的作用恰是给图的结点赋予原子信息，这便是计算机科学中常用的简单关系结构：加标转换系统。一个加标转换系统是一个二元组 $T=(S, \{R_a\}_{a\in A})$，这里 S 是非空状态集合；A 是非空标签集合；对于每一个 $a\in A$，R_a 是 S 上的二元关系。加标转换系统可被看作计算模型，一个标签相当于一个程序，而执行一个程序可被看作计算状态之间的转换。

可把图的结点看作加标的结点，用某一个非空的本元集合作为标签集合，便可得加标图。该标签可根据实际需要选取，除了集合或类的东西，都可作为标签使用。在巴威斯和艾奇门迪他们的著作中采用该方法，把命题变元集看作标签集，重新研究了模态逻辑的语义①。

定义 2.29 令 $A\subseteq U$。A 上的加标图 $\mathfrak{G}=(G, R, l)$ 是一个三元组，其中 (G, R) 是一个图，l 是从 G 到幂集 $\wp(A)$ 的函数，即对每个结点 g 指派的标签 $l(g)$ 是 A 的子集。在 A 上图 G 的装饰定义为函数 $d: G\rightarrow V_{afa}[A]$，使得对所有结点 $g\in G$，$d(g)=\{d(h): Rgh\}\cup l(g)$。

在加标图的定义中，把本元引入了装饰。可以这样来理解加标图中的装饰：一个结点的装饰可以通过它所含有的原子信息和它可能发生的转换决定。一个结点的标签是该结点所含有的原子信息，而该结点的装饰反映了所有它可能发生的转换的情况。下面给出一个加标图的例子。

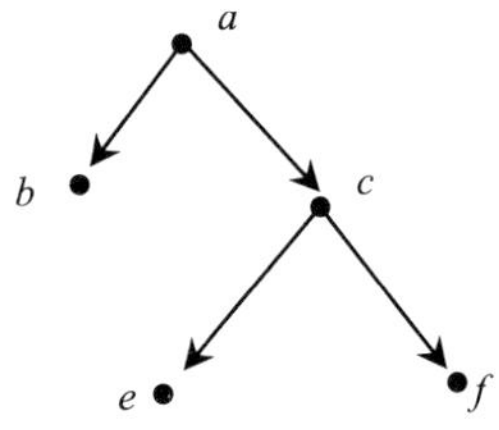

图 2.15

① J. Barwise and Etchemendy. *The Lair: An Essay in Truth and Circularity*. London: Oxford University Press, 1987.

例 2.6　该图有穷图，它的结点集是 $G=\{a, b, c, e, f\}$，它的边关系 $R=\{(a, b), (a, c), (c, e), (c, f)\}$。令 $l(a)=\{x\}$，$l(b)=\varnothing$，$l(c)=\{x, y\}$，$l(e)=\{x, p\}$，$l(f)=\{x, q\}$。该加标图中结点的装饰如下。

$$d(a)=\{d(b), d(c)\}\cup l(a)=\{d(b), d(c), x\};$$
$$d(b)=\varnothing;$$
$$d(c)=\{d(e), d(f)\}\cup l(c)=\{d(e), d(f), x, y\};$$
$$d(e)=\varnothing\cup\{x, p\}=\{x, p\};$$
$$d(f)=\varnothing\cup\{x, q\}=\{x, q\}。$$

以上定义了典范图的概念，下面定义典范加标图。

定义 2.30　令 $\mathfrak{G}=(G, R, l)$ 是图，G 是由集合组成的，并且 G 在集合上是传递的，即对任意集合 $b\in a\in G$，$b\in G$；R 是 G 上的二元关系：Rab 当且仅当 b 是一个集合且 $b\in a$；$l(a)=a\cap U$。则称该图 $\mathfrak{G}$ 是典范加标图。

命题 2.3　如果 $\mathfrak{G}$ 是一个典范加标图，那么它的装饰 d 是恒等函数。

证明：令 $\mathfrak{G}=(G, R, l)$ 是典范加标图。任给一个结点 $a\in \mathrm{G}$，$d(a)=\{d(b): b\in a$ 并且 b 是集合$\}\cup l(a)=a$。

假定反基础公理成立，每一个图都可被称作由该图中所有结点的装饰组成的集合的图示。反之，任给一个集合 a，按照逆属于关系展开这个集合，可得该集合的典范图。

例 2.7　如下这个图的装饰是 $\{\Omega\}$。

图 2.16

定义这个图上的加标函数，使得它的唯一结点的标签是 $\{p\}$，所得到的加标图上唯一结点的装饰是 $\{\Omega, p\}$。集合 Ω 可按逆属于关系展开后得到下面的图。

图 2.17

这里引入加标图的意义是：模态逻辑中的一个克里普克模型 $M=(W, R, V)$ 是一个三元组，W 是非空集合，R 是 W 上的一个二元关系，V 是从命题变元集到 W 的幂集的赋值函数。一个加标图被看作一个模型，它与模型的唯一区别是：加标函数给每一个结点指派一个命题变元的集合，即在这个结点上真的命题变元的集合；而赋值函数则是给每一个命题变元指派一个状态子集，即使这个命题变元真的状态的集合。这两个函数在本质上等价。所以，由于任意一个加标图的每一个结点都有唯一的装饰，就把模态逻辑中在模型的状态上真的概念与集合上真的概念联系起来①。

2.6 平坦方程组

本部分引入另一种说明非良基集合存在的方法，即巴威斯等人采用的方法：把集合看作方程组的解。例如：等式 $x=\{p, x\}$，把该等式看作一个方程，它的一个解 $x=\{p, \{p, \{p, \cdots,\}\}\}$ 是一个非良基集合。由此表明，若允许这样的方程组有解，则必须允许非良基集合存在。

在数学中的一个方程，若对于某个论域，这个方程在该论域中无解，则可通过扩大论域使得此方程有解。例如，论域可从自然数扩充到整数，从整数扩充到有理数，从有理数扩充到实数，从欧几里得平面扩充到射影平面，从拓扑空间扩充到不同的紧拓扑空间等，这是数学常用的思路。把数学的这种思路应用于方程组，同样可以扩充经典集合论的论域，使得形如 $x=\{p, x\}$ 的方程有解，这样的解必然是非良基集合。如满足条件 $x=\{x\}$ 的集合是否存在？就等于把这个等式看作一个方程，问这个方程是否有解。若此方程有解，则方程的解一定不是良基集合。

若把集合作为方程组的解，则存在解的个数问题，方程组的解是否唯一，以及使用怎样的标准来判定两个集合相等。显然，在非良基集合存在的情况下，不能使用外延公理判定两个集合相等。

命题 2.4　在判定两个非良基集合相等时，*ZF* 中的外延公理失效。

证明：若集合 a 与 b 分别满足条件 $a=\{a\}$ 和 $b=\{b\}$，它们的解是只含自身作为唯一元素的集合 Ω，但用外延公理不能证明 $a=b$。因为根据外延公理，若给定集合 a 与集合 b 具有相同的元素，则 $a=b$。但为了表明集合 a 和 b 具有相同的元素，则必须证明 a 的每一个元素（即 a）等于 b 的某一个元素（只能是 b）。因

① 参见关于模态逻辑的集合论语义的讨论。

此在应用外延公理之前必须已知 $a=b$，所以得证明 $a=b$，假设已证明了 $a=b$，这不可能，所以外延公理在判定两个非良基集合相等时失效。

外延公理在 ZF 系统中用于判定两个集合是否相等，但它在非良基集中判定两个非良基集合相等时失效。巴威斯等人引入解引理来说明每一个方程组有唯一的解，如此便可得到反基础公理的另一种表述，说明非良基集合的存在性。为了给出此公理，先要定义平坦方程组的一些基本概念。

定义 2.31

（1）一个平坦方程组是一个三元组 $\varepsilon=(X, A, e)$，这里 $X\subseteq U$，$X\cap A=\varnothing$，e 是函数 e：$X\to\wp(X\cup A)$。对任意的 $v\in X$，把 $e(v)$ 记作 e_v。

（2）把 X 称作 ε 中未知元的集合，把 A 称作 ε 中原子的集合。对于每一个未知元 $v\in X$，把集合 $b_v=e_v\cap X$ 称作 v 所直接依赖的未知元的集合。把集合 $c_v=e_v\cap A$ 称作 v 所直接依赖的原子的集合。

（3）方程组 ε 的解是一个函数 s，它的定义域 $dom(s)=X$，并且对于每一个 $x\in X$，$s_x=\{s_y: y\in b_x\}\cup c_x$。

每一个方程组可能只有单一的方程，也可能 $e_x=\varnothing$。当 $X=\varnothing$ 时，平坦方程组的解是空函数。在以上概念的基础上，由巴威斯等人提出了下面的反基础公理。

公理 2.4　（$AFA-2$）每一个平坦方程组都有唯一的解。

该形式的反基础公理又称作平坦解引理。基础公理断言只有良基的平坦方程组 ε 有解，而 AFA 保证每一个方程组都有唯一的解，所以非良基集合可以作为方程组的解。根据反基础公理，任意平坦方程组 ε 的解集 $s(\varepsilon)$ 是唯一的。令 $s(\varepsilon)=\{s_v: v\in X\}=s[X]$，$s$ 是平坦方程组 ε 的解，v 取遍 ε 的所有未知元。除此之外，定义 $V_{afa}[A]:=\cup\{s(\varepsilon)$：$\varepsilon$ 是以 A 为原子集合的平坦方程组$\}$。其中使用 A 中的本元构造的所有集合组成的类恰是所有以 A 为原子集合的平坦方程组的解集组成的类。

例 2.8　用解引理证明存在唯一的集合 Ω，使得 $\Omega=\{\Omega\}$。

只需要证明方程组 $x=\{x\}$ 是一个平坦方程组。令未知元的集合 $X=\{x\}$，$A=\varnothing$，$e_x=\{x\}$，则此方程组的解是 X 上的一个函数 s，使得 $s_x=\{s_x\}$，s_x 就是 Ω。令 a 是一个集合，$a=\{a\}$，则方程组 $x=\{x\}$ 有解 t，使得 $t_x=a$。由方程组解的唯一性可以得到：$t_x=s_x$。因此 $a=\Omega$。由此证明了存在唯一的集合 $\Omega=\{\Omega\}$。

一般地，把平坦方程组的一个条件 $X\subseteq U$ 去掉，可以得到广义平坦方程组。用反基础公理可证明每一个广义平坦方程组都有唯一的解。

定义 2.32　对于一个三元组 $\varepsilon=(X, A, e)$，若 X 和 A 是两个不相交的集

合，e：$X\to\wp(X\cup A)$ 是一个函数，则称 ε 是一个广义平坦方程组。

定理 2.23 每一个广义平坦方程组 $\varepsilon=(X, A, e)$ 有唯一的解 s，并且存在平坦方程组 $\varepsilon'=(Y, A, e')$，使得 $s(\varepsilon)=s(\varepsilon')$。

证明：用与 A 不相交的本元集合来代替 X。所以，不能用原有本元。根据强充足性公理，对于每一个 $x\in X$，令 $y_x=\text{new}(x, A)$，令 $Y=\{y_x: x\in X\}$。则 $Y\subseteq U$，$Y\cap A=\varnothing$。令 ε'是平坦方程组（Y，A，e'），使得 $e'(y_x)=\{y_z: z\in e_x\cap X\}\cup(e_x\cap A)$。令 s'是 ε'的解，可得到原来的方程组 ε 的解 $s_x=s'(y_x)$。由此证明了存在性。对于唯一性的证明，只需要 ε 的每一个解都可以诱导出 s'为 ε'的解。由于 s'唯一，因此 s 唯一。

定义 2.33 任给集合 a，考虑广义平坦方程组 $\varepsilon=(X, A, e)$：$A=support(a)$；$X=TC(\{a\})\backslash A$；对于所有的 $x\in X$，$e_x=x$，称这样的方程组为 a 的典范平坦方程组。

任意集合 a 的典范方程组可转换为 $support(a)$ 上的典范加标图 G_a：G_a 的结点集合是 $TC(\{a\})\backslash A$，边关系可被定义为结点之间的逆属于关系；加标函数 l 可被定义为，对所有的结点 b，$l(b)=b\cap support(a)$。

除此之外，X 上的恒等函数是 a 的典范方程组的解：对任意 $x\in X$，由于 X 是传递的，并且 $support(x)\subseteq A$，因此 $x=(x\cap X)\cup(x\cap A)$。据此可得如下定理。

定理 2.24 若 a 是一个集合，并且 $support(a)\subseteq A$，则存在平坦方程组 $\varepsilon=(X, A, e)$，使得 $a\in s(\varepsilon)$。

证明：令 ε_a 是集合 a 的典范方程组，ε_a 的解是 X 上的恒等函数。由于 $a\in X$，因此 $a=s_a\in s(\varepsilon)$。由定理 2.37，有平坦方程组 $\varepsilon'=(Y, A, e')$，使得 $s(\varepsilon)=s(\varepsilon')$。因此 $a\in s(\varepsilon')$。

上面分别是从图和方程组的解两个不同的角度介绍了反基础公理。下面的两个命题表明：这两种不同的表述是等价的。

命题 2.5 在 ZFC^-（集合论 ZFC 去掉基础公理）中，如下等价：

（1）每一个无原子的平坦方程组 $\varepsilon=(X, \varnothing, e)$ 有唯一的解，e：$X\to\wp(X)$。

（2）每一个图 $\mathfrak{G}$ 有唯一的装饰。

证明：假设（1）成立。令 $\mathfrak{G}=(G, R)$ 是一个图。令 X 是对应于 G 的本元的一个集合，令 x_a 是对应于 a 的本元，令 $e_{xa}=\{x_a: Rab\}$。根据定义，ε_G 的解 s 给出 G 的一个装饰：$d(a)=s(x_a)$。反之，若 d 是 G 的一个装饰，则令 $s(x_a)=d(a)$，这是 ε_G 的解。图的装饰和方程组的解之间的关系是一个双射，根据（1）的假设，ε_G 有唯一解，所以 $\mathfrak{G}$ 有唯一装饰。

反之，假设（2）成立。要给出一个无原子的平坦方程组 ε，使得存在一个

图 $\mathfrak{G}=(G, R)$，$\mathfrak{G}$ 的装饰与 ε 的解相同。令 G 是 ε 的未知元，令 Rxy 当且仅当 $y\in e_x$。$\mathfrak{G}$ 的装饰给出 ε 的解 s，使得 $d(x)=s(x)$。相反，ε 的解 s 给出 $\mathfrak{G}$ 的装饰 d，使得 $s(x)=d(x)$。由于 $\mathfrak{G}$ 有唯一解，因此 ε 有唯一解。

定理 2.25 令 $A\subseteq U$，在 ZFC^- 中，如下等价：

(1) 每一个平坦方程组 $\varepsilon=(X, A, e)$ 都有唯一解，$e: A\to\wp(X\cup A)$。

(2) A 上的每一个加标图 $\mathfrak{G}$ 有唯一的装饰。

证明：给定 ε，类似地构造 ε_G。令 $l(b)=e_b\cap A$。同样，给定加标图 $\mathfrak{G}=(G, R, l)$，令 $\varepsilon_G=(\mathfrak{G}, e)$，$e_g=\{h: Rgh\}\cup l(g)$。需注意的是，$A$ 上图 $\mathfrak{G}$ 的装饰必须把 $\mathfrak{G}$ 的结点映射到 $V_{afa}[A]$ 的元素，A 上方程组的解也是如此。

反基础公理除了上面的两种表述外，还有众多不同的等价表述，这里不再多说这些反基础公理表述的意义，具体内容请参见1996年巴威斯和莫斯的著作《恶性循环》①。

2.7 集合连续算子

本部分讨论集合连续算子，每一个集合连续算子都将被证明既有最小不动点又有最大不动点。

定义 2.34 令 Φ 是一个类算子，即对于每一个类 X，ΦX 是一个类。Φ 是集合连续的仅当对于每一个类 X：

$$\Phi X=\cup\{\Phi x \mid x\in V\&x\subseteq X\}$$

这等价于如下两个条件的合取。

(1) Φ 是单调的，即：

$$X\subseteq Y\Rightarrow\Phi X\subseteq\Phi Y$$

(2) Φ 是集基的，即：$a\in\Phi X\Rightarrow$对某一个集合 $x\subseteq X$，$a\in\Phi x$。

集合连续性有另外的刻画方法，由如下例子给出。

例 2.9 令 Φ 是一个类算子。证明如下命题是等价的。

(i) Φ 是集合连续的。

(ii) 存在一个类关系 R 使得对于所有的类 X：

$$\Phi X=\{a \mid \exists x\in VaRx\&x\subseteq X\}$$

(iii) 对于某个类 Δ 和映射 τ_δ: $V^{v\delta}\to V$ 的族 $(\tau_\delta)_{\delta\in\Delta}$，存在一个映射 v: $\Delta\to$

① L. Barwise and L. Moss, *Vicious Circles: On the Mathematics of Non-well-founded Phenomena*. CSLI Lecture Notes Number 60. Stanford: CSLI Publications, 1996, Charpter 8.

V，使得对于所有的类 X：

$$\Phi X = \{\tau_\delta f \mid \delta \in \Delta \& f \in X^{v\delta}\}$$

对于每一个类 A，集合连续算子的明显的例子是 pow，Id 和 K_A，其中对于每一个类 X：

$$pow\ X = \{x \in V \mid x \subseteq X\},$$

$$Id\ X = X,$$

$$K_A\ X = A.$$

两个集合连续算子 Φ 和 ψ 的复合 $\Phi \circ \psi$ 明显也是集合连续的。

对于任意的系统 M，我们有如下的集合连续算子的例子，它将用于 M 上的极大互模拟的构造之中。对于每一个类 X，$\Phi_M X$ 是序对（a，b）$\in M \times M$ 的类，使得：

$$\forall x \in a_M \exists y \in b_M (x, y) \in X \& \forall y \in b_M \exists x \in a_M (x, y) \in X$$

下一个例子详述了从给定的集合连续算子构造出新的集合连续算子的一些方法。

例 2.10 令 $(\Phi_i)_{i\in I}$是一个由 I 标记的集合连续算子的族。

（ⅰ）证明 $\sum_{i\in I}\Phi_i$ 是集合连续的，其中对于每一个类 X：

$$(\sum_{i\in I}\Phi_i)X = \sum_{i\in I}\Phi_i X$$

（ⅱ）如果 I 是一个集合，证明 $\prod_{i\in I}\Phi_i$ 是集合连续的，其中对于每一个类 X：

$$(\prod_{i\in I}\Phi_i)X = \prod_{i\in I}(\Phi_i X)$$

（ⅲ）如果 $I = \{1, \cdots, n\}$，证明 $\Phi_1 \times \cdots \times \Phi_n$ 是集合连续的，其中对于每一个类：

$$(\Phi_1 \times \cdots \times \Phi_n)X = (\Phi_1 X) \times \cdots \times (\Phi_n X)。$$

注意，对于集合连续的 Φ_1，…，Φ_n 我们也可以定义集合连续算子 $\Phi_1 + \cdots + \Phi_n$，其中，当 $I = \{1, \cdots, n\}$ 时：

$$\Phi_1 + \cdots + \Phi_n = \sum_{i\in I}\Phi_i$$

同样，如果 Φ 是集合连续的，那么 Φ^I 也是集合连续的，其中对于每一个 $i \in I$ 当 $\Phi_i = \Phi$ 时 $\Phi^I = \prod_{i\in I}\Phi_i$。

运用该例的结论，可以形成集合连续算子一个大的族。随意选择的一个集合连续算子是 $\Phi = (pow((pow\ Id) + Id^I)) \times K_A$，其中 I 是一个集合，A 是一个类。这一算子使得对于每一个类 X：

$$\Phi X = pow(pow\ X + X^I) \times A$$

2.8 不　动　点

现在我们来构造集合连续算子的最小和最大不动点。如果 Φ 是一个集合连续算子，令 $I_\Phi=\{fi \mid (f, <, i) \in B\}$，其中 B 是三元组 $(f, <, i)$ 的类，使得 f 是一个函数，$<$ 是集合 $dom\,f$ 上的一个良基关系，$i \in dom\,f$，并且对于所有 $j \in dom\,f$:

$$fj \in \Phi\{fk \mid k<j\}$$

定理 2.26　如果 Φ 是一个集合连续算子且 $I=I_\Phi$，那么:

(1) $\Phi I \subseteq I$,

(2) 如果 $\Phi X \subseteq X$ 那么 $I \subseteq X$,

(3) I 是 Φ 的最小不动点。

证明:(1) 令 $a \in \Phi I$。那么，由于 Φ 是集基的，存在一个集合 x，使得 $a \in \Phi x$ 且 $x \subseteq I$，使得:

$$\forall y \in x\, \exists (f, <, i) \in B \quad y=fi$$

由公理模式，存在一个集合 $A_0 \subseteq B$ 使得:

$$\forall y \in x\, \exists (f, <, i) \in A_0 \quad y=fi$$

令 $A=A_0 \cup \{*\}$，其中 $* \notin A_0$。令 $\ll$ 是 A 上最小的关系，使得对于所有的 $u \in A_0$，有 $u \ll *$ 且每当 $(f, <, i) \in A_0$ 和 $i<j$ 则都有 $(f, <, i) \ll (f, <, j)$。那么很明显 $\ll$ 是良基的，并且我们可以定义如下定义域为 A 的函数 F:

$$F^*=a,$$

$$F(f, <, i)=fi，其中\ (f, <, i) \in A_0。$$

我们观察到，由于 $a=F^*$，$(F, \ll, *) \in B$，使得 $a \in I$。

(2) 令 $\Phi X \subseteq X$ 且令 $a \in I$。我们必须证明 $a \in X$。有一个 $(f, <, i) \in B$ 使得 $a=fi$。只要证明对于所有的 $j \in domf$ 有 $fj \in X$ 就够了。我们通过施归纳于良基关系 $<$ 上来证明这一点。因此假定对于所有的 $k<j$ 有 $fk \in X$。那么，由于 $fj \in \Phi\{fk \mid k<j\}$，由 $\{fk \mid k<j\} \subseteq X$ 可得 $fj \in \Phi X$。

(3) 由 (1) 和 Φ 的单调性:

$$\Phi(\Phi I) \subseteq \Phi I$$

因此由 (2) 有 $I \subseteq \Phi I$。这一点连同 (1) 蕴涵 I 是 Φ 的一个不动点。由 (2)，它一定是 Φ 的最小不动点。

如果 Φ 是一个集合连续算子，令 $J_\Phi=\cup\{x \in V \mid x \subseteq \Phi x\}$。

定理 2.27　如果 Φ 是一个集合连续算子且 $J=J_\Phi$，那么:

（1）$J \subseteq \Phi J$，

（2）如果 $X \subseteq \Phi X$ 那么 $X \subseteq J$，

（3）J 是 Φ 的最大不动点。

证明：（1）令 $a \in J$。那么对于某个集合 x 有 $a \in x$，使得 $x \subseteq \Phi x$。由于 $x \subseteq J$ 且 Φ 是单调的，可以推出 $a \in \Phi J$。

（2）令 $X \subseteq \Phi X$ 且 $a \in X$。我们必须证明 $a \in J$。我们首先证明对于每一个集合 $x \subseteq X$ 都存在一个集合 $x' \subseteq X$ 使得 $x \subseteq \Phi x'$。因此令 $x \subseteq X$。那么 $x \subseteq \Phi X$ 使得：

$$\forall y \in x \exists u \quad y \in \Phi u \& u \subseteq X。$$

由公理模式，存在一个集合 A 使得：

$$\forall y \in x \exists u \in A \quad y \in \Phi u \& u \subseteq X。$$

如果我们令 $x' = \cup \{u \in A \mid u \subseteq X\}$，那么 x' 是 X 的一个子集且 $x \subseteq \Phi x'$，如其所需。

现在我们可以运用 dependent 选择公理来寻找 X 的子集的一个无穷序列 x_0，x_1，……使得 $x_0 = \{a\}$ 且对于所有的 n，$x_n = \Phi x_{n+1}$。令 $x = \cup_n x_n$。那么 x 是一个集合且如果 $y \in x$ 那么对于某个 n 有 $y \in x_n$，使得 $y \in x_n \subseteq \Phi x_{n+1} \subseteq \Phi x$。这样，$x \subseteq \Phi x$。由于 $a \in x_0 \subseteq x$，可以推出 $a \in J$。

（3）证明 J 是 Φ 的最大不动点的讨论只是对偶于前一个定理的最后证明部分中证明 I 是最小不动点的讨论。□

在某些情形之中一个集合连续算子 Φ 的不动点 I_Φ 和 J_Φ 是相等的。在这些情形之中，I_Φ 是 Φ 唯一的不动点。例如，如果我们假定了基础公理，那么 V 是 pow 唯一的不动点，而 $\varnothing$ 是 Φ 唯一的不动点，其中对于所有的类 X，$\Phi X = A \times X$。当然，如果假定的是 AFA，那么 pow 和 Φ 具有许多的不动点。回忆一下，$I_{pow} = V_{wf}$ 而 $J_{pow} = V$。同时，$I_\Phi = \varnothing$，而 J_Φ 是 A 的元素 a_0，a_1，a_2，……构成的所有的流 $(a_0, (a_1, (a_2, \cdots)))$ 组成的类。

下列结果给出了一个集合连续算子具有唯一的不动点的充分条件。

例 2.11 令 Φ 是一个集合连续算子，使得存在一个良基的类关系 $<$ 使得对于所有的类 X 和所有的 $a \in \Phi X$：

$$a \in \Phi\{x \in X \mid x < a\}$$

证明：

$$I_\Phi = J_\Phi$$

通过运用超穷递归来定义算子的迭代，有一个标准的方法来寻找算子的不动点。但是，类的超穷序列的由超穷递归方法而所作的定义需要定义类的强非直谓的概括原则。由于 ZFC^- 并没有这些内容，我们也就没有运用它们来定义 I_Φ 和 J_Φ。不过一旦这些类有了定义，Φ 的叠置可以如下述练习中所述的那样在 ZFC^-

中得到。

例 2.12　令 Φ 是一个集合连续算子。在 ZFC^- 中证明对于 $\alpha \in On$ 存在类 I^α 和 J^α，使得：

$$I^\alpha = \Phi(\bigcup_{\beta<\alpha} I^\beta)$$

$$J^\alpha = \Phi(\bigcap_{\beta<\alpha} J^\beta)$$

还证明：

$$I_\Phi = \bigcup_{\alpha \in On} I^\alpha$$

$$J_\Phi = \bigcap_{\alpha \in On} J^\alpha$$

集合连续算子经常具有如下性质。

定义 2.35　类算子 Φ 保持交仅当对于每一个类的族 $(X_i)_{i\in I}$：

$$\Phi(\bigcap_{i\in I} X_i) = \bigcap_{i\in I} \Phi X_i$$

如果集合连续算子 Φ 不保持交，那么：

$$\Phi(\bigcap\nolimits_{n<\omega} J^n) = \bigcap\nolimits_{n<\omega} \Phi J^n = \bigcap\nolimits_{n<\omega} J^n$$

可以推出这是 J_Φ 的最大不动点。

例 2.13　证明：

（i）如果 Φ 是如练习 2.1（ii）所定义的那样并且对于所有的 a，x，y：

$$aRx \& aRy \Rightarrow x = y$$

那么 Φ 保持交。

（ii）如果 Φ 是如练习 2.2（iii）所定义的那样，并且对于所有的 δ_1，$\delta_2 \in \Delta$ 和所有的 f_1：$v\delta_1 \to V$，f_2：$v\delta_2 \to V$：

$$\tau\delta_1 f_1 = \tau\delta_2 f_2 \Rightarrow ranf_1 = ranf_2$$

那么 Φ 保持交。

我们以 AFA 的一个有用的应用来结束本章。我们用到第一章中的替换和解引理这些术语。因此令 X 是一个原子类且令 Φ 是一个其最大不动点为 J 的集合连续算子。我们称一个 X－集合 a 是一个 Φ－局部的集合仅当对于纯集合的每一个类 B 以及每一个 τ：$X \to B$：

$$\hat{\tau} a \in \Phi B$$

定理 2.28（假定 AFA）对于 X 中的每一个原子 x，令 a_x 是一个 Φ－局部的 X－集合。令 $\pi = (b_x)_{x\in X}$ 是方程组 $x = a_x (x \in X)$ 的那个唯一解（由解引理，这个解存在），那么对于所有的 $x \in X$，$b_x \in J$。

证明：令 $B = \{b_x \mid x \in X\}$。如果 $b \in B$，那么对于某个 $x \in X$，由于 a_x 是 Φ－局部的，有 $b = b_x = \hat{\pi} a_x$，使得 $b \in \Phi B$。这样，$B \subseteq \Phi B$ 使得 $B \subseteq J$。□

作为运用这一结论的例子，对于每一个类 X，令 $\Phi X = A \times X$，其中 A 是某个固定的类。令 a_0，a_1，$\cdots \in A$ 且令 $(b_n)_{n=0,1,\cdots}$ 是方程组 $x_n = (a_n, x_{n+1})(n=0, 1, \cdots)$ 的解。由于对于每一个 n，(a_n, x_{n+1}) 是 Φ - 局部的，可以推出对于每一个 n 有 $b_n \in J$。

2.9 集合上的互模拟关系

在经典集合论 ZFC 中，可以使用外延公理判定两个集合相等，即若两个集合的元素相同，则这两个集合相等。但外延公理在判定两个非良基集合是否相等时失效。如何判定两个集合相等呢？可用互模拟的概念，本部分主要讨论如何使用互模拟判定两个集合相等。

判定两个非良基集合是否相等可利用集合上的互模拟关系。两个非良基集合 Ω 和 $\{\Omega\}$ 是否相等，经典集合论 ZF 中，对于任意集合 x，$x \neq \{x\}$，否则违反基础公理，但非良基集合 $\Omega = \{\Omega\}$。一般的，可使用下面定义的集合上的互模拟关系作为判定两个非良基集合相等的标准。

定义 2.36 集合上的一个互模拟关系是满足下列条件的二元关系 Z：

如果 aZb，那么：

(1) 对每一个集合 $c \in a$，存在一个集合 $d \in b$，使得 cZd；

(2) 对每一个集合 $d \in b$，存在一个集合 $c \in a$，使得 cZd；

(3) $a \cap U = b \cap U$。

如果存在集合上的互模拟关系 Z，使得 aZb，那么称集合 a 和 b 是互模拟的。

例 2.14 假设 p 是本元，令 $a = \{p, a\}$，$b = \{p, \{p, b\}\}$。在集合 a 与 b 之间存在互模拟关系 Z，使得 aZb。

令 $Z = \{(a, \{p, b\}), (a, b)\}$，可验证 Z 是互模拟关系。如下图所示。

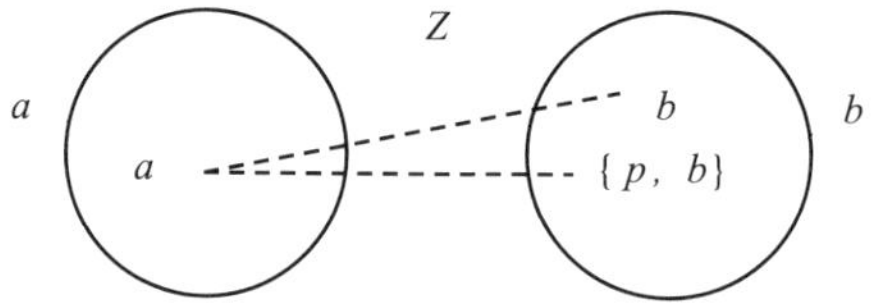

图 2.18

首先考虑 $aZ\{p, b\}$。a 只有一个元素 a 是集合，但存在 $b \in \{p, b\}$，使得 aZb。$\{p, b\}$ 中只有一个元素 b 是集合，但存在 $a \in a$，使得 aZb。最后验证本元的条件：$a \cap U = \{p\} = \{p, b\} \cap U$。$Z$ 中另一个有序对 (a, b) 可以用类似的方

法验证。

定义 2.36 说明如何使用互模拟判定两个集合相等。为了证明该定义，还需要方程组之间的互模拟概念，下面先使用加标图之间的互模拟表示集合上的互模拟概念。

另一种说明集合上的互模拟关系的方法是使用加标图之间的互模拟关系。前面通过装饰函数可把加标图和集合相联系，通过加标图之间的互模拟关系表示集合上的互模拟关系。此外，加标图之间的互模拟关系，对于处理模态逻辑的语义也发挥着重要作用。

定义 2.37　令 $\mathfrak{G}=(G, R, l)$ 和 $\mathfrak{G}'=(G', R', l')$ 是 U 上的加标图，$\mathfrak{G}$ 和 $\mathfrak{G}'$ 之间的互模拟关系是非空子集 $Z \subseteq G \times G'$，使得：

（1）如果 gZg' 并且 Rgh，那么存在 h'，使得 hZh'，并且 $R'g'h'$。

（1′）如果 gZg' 并且 $R'g'h'$，那么存在 h，使得 hZh'，并且 Rgh。

（2）如果 gZg'，那么 $l(g)=l'(g')$。

若互模拟关系 Z 还满足以下条件：

（3）对于每一个 $g \in G$，存在 $g' \in G'$，使得 gZg'；

（3′）对于每一个 $g' \in G'$，存在 $g \in G$，使得 gZg'。

那么把 Z 称为 $\mathfrak{G}$ 和 $\mathfrak{G}'$ 之间的一个全互模拟关系。如果加标图 $\mathfrak{G}$ 和 $\mathfrak{G}'$ 之间存在一个全互模拟关系，那么 $\mathfrak{G}$ 和 $\mathfrak{G}'$ 称为互模拟的。

从计算的观点看，如果 Z 是加标图 $\mathfrak{G}$ 和 $\mathfrak{G}'$ 之间的互模拟，使得 wZw'，那么在这两个加标图中，分别从两个互模拟的状态 w 和 w' 出发的计算过程等价，即在 w 和 w' 上输入相同的信息，输出的结果相同。

下面的命题表明，如果两个加标图 $\mathfrak{G}$ 和 $\mathfrak{G}'$ 是互模拟的，那么这两个加标图的装饰是互模拟的，所以这两个加标图的装饰相等。反之，如果两个加标图的装饰相等，那么它们之间一定也是互模拟的。

命题 2.6　令 g 和 g' 是 U 上加标图 $\mathfrak{G}$ 和 $\mathfrak{G}'$ 的结点，$\mathfrak{G}$ 和 $\mathfrak{G}'$ 之间存在互模拟关系 Z，使得 gZg' 当且仅当 $d(g)=d'(g')$，d 和 d' 分别是 $\mathfrak{G}$ 和 $\mathfrak{G}'$ 的装饰。所以，$\mathfrak{G}$ 和 $\mathfrak{G}'$ 是互模拟的，当且仅当 $d[G]=d'[G']$。

证明：假设 Z 是 $\mathfrak{G}$ 和 $\mathfrak{G}'$ 之间的互模拟关系。定义集合上的关系 Z'：$aZ'b$ 当且仅当存在 $\mathfrak{G}$ 和 $\mathfrak{G}'$ 的结点 g 和 g'，使得 gZg'，$a=d(g)$，$b=d'(g')$。容易验证 Z' 是集合上的互模拟关系。反之，定义 gZg' 当且仅当 $d(g)=d'(g')$，容易验证 Z 是加标图之间的互模拟关系。

此外，根据前面典范加标图的定义和命题 2.6，可得如下的结论。

推论 2.6　每一个加标图与唯一典范加标图互模拟。

证明：任意一个给加标图 $\mathfrak{G}$，令 $\mathfrak{G}$ 中的结点的装饰组成的集合是 $d[G]$，加标图（$d[G]$，R，l）定义为：Rxy 当且仅当 $y \in x$；对于每一个结点 x，$l(x)=x$。这是唯一的典范加标图。

如下方程组的解，引入非良基集合上的互模拟。每一个非良基集合都可以看作某一个方程组的解，根据方程组之间的互模拟关系可定义集合上的互模拟关系。

定义 2.38 令 $A \subseteq U$，$\varepsilon=(X, A, e)$ 和 $\varepsilon'=(X', A, e')$ 是以 A 为原子集合的两个广义平坦方程组。方程组 ε 和 ε'之间的一个互模拟关系是满足如下条件的二元关系 $Z \subseteq X \times X'$：

（1）如果 xZx'，那么对于每一个未知元 $y \in e_x \cap X$，有未知元 $y' \in e'_{x'} \cap X'$，使得 yZy'；

（2）如果 xZx'，那么对于每一个未知元 $y' \in e'_{x'} \cap X'$，有未知元 $y \in e_x \cap X$，使得 yZy'；

（3）如果 xZx'，那么 e_x 和 $e'_{x'}$含有相同的原子，即 $e_x \cap A = e'_{x'} \cap A$。

如果在 ε 和 ε'之间存在具有下面性质的互模拟关系：

（4）对于每一个 $x \in X$，存在 $x' \in X'$，使得 xZx'；

（5）对于每一个 $x' \in X'$，存在 $x \in X$，使得 xZx'。

那么称这两个方程组 ε 和 ε'是互模拟的。

例 2.15 考虑下面的两个方程组：

$$\varepsilon_1: x=\{x\} \qquad \varepsilon_2: \begin{aligned} x&=\{y\} \\ y&=\{x, z\} \\ z&=\{x\} \end{aligned}$$

这两个方程组虽不相同，但它们有相同的解集，即集合 Ω。

令 $Z=\{(x, x), (x, y), (x, z)\}$，容易验证 Z 是互模拟关系。首先考虑 xZx，$e_1(x)=\{x\}$。考虑 ε_2 的未知元 x，存在 e_2 的元素 y，使得 xZy。反之，$e_2(x)=\{y\}$，x 属于 $e_1(x)$ 并且 xZy。Z 中的其他有序对也可类似地验证。

例 2.16 令 $\varepsilon=(X, A, e)$ 和 $\varepsilon'=(X', A', e')$ 是具有相同原子集合的两个方程组：

$$\varepsilon: \begin{aligned} x&=\{y, z, w\} \\ y&=\{p, w\} \\ z&=\{w\} \\ w&=\{z, w\} \end{aligned} \qquad \varepsilon': \begin{aligned} x'&=\{y', z'\} \\ y'&=\{p, z'\} \\ z'&=\{z'\} \end{aligned}$$

ε 和 ε'有互模拟关系：$Z=\{(x, x'), (y, y'), (z, z'), (w, z')\}$。

定理 2.29 令 ε 和 ε'是具有相同原子集合 $A \subseteq U$ 的两个平坦方程组。$s(\varepsilon)=s(\varepsilon')$ 当且仅当 ε 和 ε'是互模拟的。

证明：假设 $s(\varepsilon)=s(\varepsilon')$。令 s 和 s'分别是 ε 和 ε'的解。定义 $X\times X'$上的关系 Z，使得 xZx'当且仅当 $s(x)=s'(x')$。由于这两个方程组的解集相同，所以 Z 是互模拟关系。先假设对于 $x\in X$，使得 $s_x\in s(\varepsilon)$。那么存在 $x'\in X'$，使得 $s_x=s'(x')$。因此 xZx'。另一个方向是类似的。假设 xZx'并且 $y\in e_x\cap X$。因为 $s_y\in s_x=s'(x')$，所以存在 $y'\in e'(x')$ 使得 $s_y=s'(y')$。因此 yZy'。同样，另一个方向是类似的。最后，如果 $s_x=s'(x')$，那么这些集合有相同的本元。s_x 中本元的集合是 $e_x\cap A$，因为每个 s_y 是集合。这对于 $s'(x')$ 同样成立。因此，$e_x\cap A=e'_{x'}\cap A$。所以 Z 是互模拟关系。

反之，假设 ε 和 ε'之间存在互模拟关系 Z。只需要证明：如果 xZx'，那么 $s_x=s'(x')$。假设 $a\in s(\varepsilon)$。那么 $a=s_x$，对某个 $x\in X$。根据互模拟的定义，存在某个 $x'\in X'$使得 xZx'。因此，$s_x=s'(x')$。所以，$a=s_x=s'(x')\in s(\varepsilon')$。这样 ε 的解都是 ε'的解。同理可证，ε'的解都是 ε 的解。

下面只需证明：如果 xZx'，那么 $s_x=s'(x')$。需构造新的具有相同原子集 $A\subseteq U$的新广义平坦方程组 ε^*，它的未知元的集合 $X^*=\{(x, x'): x\in X$ 并且 $x'\in X'$并且 $xZx'\}$。比如，例子2.119，两个方程组 ε 和 ε'之间的互模拟关系 Z 如前面所示：$Z=\{(x, x'), (y, y'), (z, z'), (w, z')\}$。方程组 ε^* 的未知元 X^* 表示为：

$$(x, x')=\{(y, y'), (z, z'), (w, z')\}$$
$$(y, y')=\{p, (w, z')\}$$
$$(z, z')=\{(w, z')\}$$
$$(w, z')=\{(z, z'), (w, z')\}$$

一般形式是，对于所有 $(u, u')\in X^*$，令 $e^*_{(u,u')}=\{(v, v')\in X^*: v\in e_v$ 并且 $v'\in e'_{u'}\}\cup(A\cap e_u)$。这样就定义了方程组 ε^*。ε^* 有两个定义在 X^* 上的候选解，分别是 $s^1_{(u,u')}=s_u$，$s^2_{(u,u')}=s'_{u'}$。由于 Z 是互模拟，我们要证明 $s^1_{(u,u')}=s_u$ 和 $s^2_{(u,u')}=s'_{u'}$都是 ε^* 的解。考虑 s^1，假设 (u, u') 是新的未知元，则：

$$(*)s^1_{(u,u')}=\{s^1_{(v,v')}: (v, v')\in(e^*_{(u,u')}\}\cup(A\cap e^*_{(u,u')})。$$

取 $b\in s^1_{(u,u')}=s_u$ 的某个元素 b。因为 s 是 ε 的解，所以 b 要么是 s_w，对某个 $w\in X\cap e_1(u)$，要么是本元 $z\in A\cap e^1_u$。如果 b 是 s_w 对某个 $w\in X\cap e_1(u)$，那么存在某个 $w'\in X'\cap e'_v$ 使得 Rww'，即 $(w, w')\in X^*$。因此 $b=s_w=s^1_{(w,w')}$属于（$*$）的右边。如果 b 是本元时，由 $e^*_{(u,u')}$的定义，$z\in A\cap e^*_{(u,u')}$。

反之，假定（$*$）右边有元素 $s^1_{(v,v')}$，$v\in e_u$ 并且 $v'\in e'_{u'}$。要证 $s^1_{(v,v')}=s^1_{(u,u')}$。但是 $s^1_{(v,v')}=s_v$ 并且 $s_u=s^1_{(u,u')}$。因为 s 是 ε 的解，所以 $s_v\in s_u$。再设 $z\in A\cap e^*_{(u,u')}$。那么由 $e^*_{(u,u')}$的定义 $z\in(A\cap e_u)$。所以 $z\in s^1_u=s^1_{(u,u')}$。由以上证明，s^1 和 s^2 是 ε^*

的两个解，由 AFA 的唯一性条件，$s^1 = s^2$。

推论 2.7 含有原子 A 的广义平坦方程组上的互模拟关系是等价关系。

证明：假设对于任意方程组 $\varepsilon = (X, A, e)$，关系 $Z = \{(x, x): x \in X\}$ 是 ε 和 ε 的互模拟关系。因此互模拟关系是自返关系。假设 Z 是 ε 和 ε' 之间的互模拟关系。令 Z' 是 Z 的逆，则 $Z' = \{(x, y): (y, x) \in Z\}$。所以 Z' 是 ε' 和 ε 之间的互模拟关系。因此互模拟关系有对称性。假设 Z 是 ε_1 和 ε_2 之间的互模拟关系，S 是 ε_2 和 ε_3 之间的互模拟关系。$\varepsilon_1 = (X, A, e_1)$，$\varepsilon_2 = (Y, B, e_2)$，$\varepsilon_3 = (Z, C, e_3)$。令 $T = \{(x, z) \in X \times Z$：对于某一个 $y \in Y$，$(x, y) \in Z$，并且 $(y, z) \in S\}$。则 $Z = \{(x, y) \in X \times Y$：对于每一个 $x \in X$，$y \in Y$，$xZy\}$。$S = \{(y, z) \in Y \times Z$：对于每个 $y \in Y$，$z \in Z$，$ySz\}$。$T = \{(x, z) \in X \times Z$：对于每一个 $x \in X$，$z \in Z$，$xTz\}$。所以互模拟关系有传递性。

最后证明集合上的互模拟关系能够用于判定两个集合相等，该定理一般称为"强外延性"。

定理 2.30 令 I 是集合上的恒等关系，则 I 是集合上的最大互模拟关系。即：

（1）I 是集合上的互模拟关系。

（2）若 Z 是集合上的互模拟关系，则 Z 是恒等关系的子关系。即若 aZb，则 $a = b$。

证明：（1）的证明可根据定义直接证得。假设 aZa，对于每一个集合 $b \in a$，存在集合 $b \in a$，使得 bZb。则 $a \cap U = a \cap U$。因此恒等关系是一个互模拟关系。

（2）假设 aZb，考虑集合 a 的典范广义平坦方程组 $\varepsilon = (X, A, e)$。令 $A = support(a)$；$X = TC(\{a\}) \backslash A$；对于所有的 $x \in X$，$e_x = x$。恒等函数是 ε 的解。同样，也可得 b 的典范方程组 $\varepsilon' = (X', A', e')$。

接着验证在这一点上 $A = A'$。假设 $p \in support(a)$。则存在有穷序列 $a = a_0 \ni a_1 \ni \cdots \ni a_n = a'$。根据互模拟的定义，存在 $b' \in TC(\{b\})$，使得 $a'Zb'$。但 $p \in support(b)$。这就证明了 $A \subseteq A'$，类似地，可证明 $A' \subseteq A$。

令 $Z^* = Z \cap (X \times X')$。用集合上的互模拟 Z 证明 Z^* 是 ε 和 ε' 之间的互模拟，只证一个条件即可。令 $Y = \{x \in X$：存在 $x' \in X'$，使得 $xZ^* x'\}$。证明 $Y = X$，X 的每一个元素都与 X' 的某一个元素相联系。Y 含有 a，如果 $x \in Y$ 并且 $y \in x$，那么 $y \in Y$。由此 Y 是包含 a 的传递集合。因为 $TC(\{a\})$ 是包含 a 的最小传递集合，因此 $X = TC(\{a\}) \subseteq Y$。

反之，假设 $xZ^* y$，$x' \in e_x \cap X$。即集合 $x' \in x \cap X$。因为 Z 是集合上的互模拟关系，因此存在 $y' \in y$，使得 $x'Zy'$。根据 X' 的传递性，$y' \in X'$。所以，$y' \in e'_y \cap X'$ 且 $x'Z^* y'$。

最后验证本元的条件。令 $xZ^{*}y$，因此 $x\cap U=y\cap U$。但 $x\cap U\subseteq support(a)\subseteq A$。因此 $e_x\cap A=x\cap A=x\cap U$，对于 e'_y 也如此。所以 $e_x\cap A=e'_y\cap A$。因此 Z^{*} 是 A 上平坦方程组之间的互模拟关系，由于恒等映射是 ε 和 ε' 的解。由定理 2.29，$a=s_a=s_b=b$。

第 3 章

反基础公理

反基础公理显然等价于下面两个命题的合取：

AFA_1：每一个图至少有一个装饰。

AFA_2：每一个图至多有一个装饰。

本章节将给出这些命题的等价表述。AFA_2 的等价表述将为它可能是一个非良基的集合，表达了一个相等的标准。AFA_1 和 AFA_2 的其他等价表述将得出 AFA 的一个等价表述，是对下面问题的回答：

哪些可达点图同构于典范图像？

考察 AFA_1 一个推论 NSA 来结束本章。

首先考虑集合的相等。对外延标准说明：如果两个集合有相同的元素，那么它们相等。对良基集合来说，只要两集合的元素之间的相等关系一旦确定，外延标准已决定了两集合相等的条件。所以，由属于关系的超穷归纳，良基集合之间的相等关系唯一确定。考虑方程：

$$x = \{x\}$$

是否会有不同的集合满足该方程，外延公理就无法回答这个问题。而 AFA 蕴涵着该方程至多有一个解 Ω，实际上假定有许多个解也是协调的。该例显示，若想表述一个合理的非良基集合的概念，则应加强外延公理。本章增加了一些练习来介绍和理解相关理论。

练习 3.1 证明基础公理蕴涵 AFA_2，以及 AFA_1 的否定。

对于集合 a，b，令 $a \equiv b$ 当且仅当存在一个既是 a 又是 b 的图像的可达点图。

练习 3.2 证明 AFA_2 等价于如果 $a \equiv b$，那么对于所有的集合 a 和 b，$a = b$。

3.1 反基础公理的基本形式

3.1.1 互模拟

$\equiv$是怎样的关系？需要下列基本概念来回答问题。系统 M 上的一个二元关

系 R 是 M 上的一个互模拟仅当 $R\subseteq R_+$，其中对于 a，$b\in M$：

$$aR^+b\Leftrightarrow \forall x\in a_M\ \exists y\in b_M xRy\ \&\ \forall y\in b_M\ \exists x\in a_M xRy$$

由此也可看出，如果 $R_0\subseteq R$，那么 $R_{0+}\subseteq R_+$，即运算 $()_+$是单调的。

练习 3.3 证明关系≡是 V 上的一个互模拟。

一般地，一个系统 M 有许多互模拟。我们将看到≡是系统 M 上的极大互模拟。极大互模拟在任何系统上都存在。

定理 3.1 每一个系统 M 上都存在唯一的极大互模拟 $\equiv M$，即：

（1）$\equiv M$ 是 M 上的一个互模拟

如果 R 是 M 上的一个互模拟，那么对于所有 a，$b\in M$：

（2）$aRb\Rightarrow a\equiv_M b$

实际上，$a\equiv Mb\Leftrightarrow$对于 M 上某一小的互模拟 R，aRb。关系 $\equiv M$ 有时也称为 M 上最弱的互模拟或者最大的互模拟。

证明：令 $\equiv M$ 如上定义。证明（1）和（2）。对于（1），令 $a\equiv Mb$。对于 M 上的某一小的互模拟 R，aRb。则下列叙述成立：

$$xRy\Rightarrow \text{对所有的 } x,\ y\in M,\ x\equiv My,$$

由 $()_+$的单调性：

$$xR+y\Rightarrow \text{对于所有的 } x,\ y\in M,\ x\equiv M+y。$$

由于 aRb 且 $R\subseteq R+$，则 $a\equiv M+b$。对于（2），令 R 是 M 上的一个互模拟且 aRb。对于每一个 $x\in M$，Mx 是一个带点 x 的可达点图，使得对于 u，$v\in Mx$：

$$u\to v \text{ 在 } Mx \text{ 中}\Leftrightarrow u\to v \text{ 在 } M \text{ 中。}$$

验证若：

$$R_0=R\cap((Ma)\times(Mb))$$

则 R_0 是 M 上的一个互模拟使得 aR_0b。此外，由于 Ma 和 Mb 都是小的互模拟，R_0 也是小的互模拟。所以 $a\equiv Mb$。

命题 3.1 对于所有集合 a，b：

$$a\equiv b\Leftrightarrow a\equiv vb。$$

证明：由于≡是 V 上的一个互模拟，$\equiv V$ 是 V 上的极大互模拟，所以从左到右的蕴涵成立。对于逆蕴涵只证明若 R 是 V 上一个互模拟，则对于所有集合 a，b：

$$aRb\Rightarrow a\equiv b。$$

所以令 R 是 V 上的一个互模拟。下面定义一个系统 M_0。M_0 的节点是 R 的元素，即序对 $(a,\ b)$，使得 aRb。M_0 的边定义为：

$$(a,\ b)\to(x,\ y) \text{ 在 } M_0 \text{ 中}\Leftrightarrow x\in a\ \&\ y\in b。$$

由于 d_1 和 d_2 都是 M_0 的装饰，其中对于 $(a,\ b)\in M_0$：

$$d_1(a,\ b)=a,$$

$$d_2(a,\ b)=b。$$

所以，若 aRb，则使用 d_1 和 d_2 到可达点图的限制，可达点图 $M_0(a,\ b)$ 既是 a 的图像又是 b 的图像。因此若 aRb，则 $a\equiv b$。

在证明一个系统上的极大互模拟关系是一个等价关系时，下列练习中所建立的结果是有用的。

练习 3.4 证明若 M 是一个系统，则：

（ⅰ）对于所有的 a，$b\in M$：

$$a=^{+}_{M}b\Leftrightarrow a_M=b_M$$

（ⅱ）若 $R\subseteq M\times M$，则：

$$(R^{-1})^{+}=(R^{+})^{-1}$$

（ⅲ）若 R_1，$R_2\subseteq M\times M$，则：

$$R_1^{+}\mid R_2^{+}\subseteq(R_1\mid R_2)^{+}$$

命题 3.2 对每一个系统 M，关系 $\equiv M$ 是系统上的一个等价关系，使得对于所有 a，$b\in M$：

$$a\equiv^{+}_{M}b\Leftrightarrow a\equiv_{M}b$$

证明：$\equiv M$ 是一个等价关系，这是前一个练习的简单应用。由于 $\equiv M$ 是一个互模拟，因此从右到左的蕴涵成立。由运算（）$_+$ 是单调的可知，$\equiv M_+$ 也是一个互模拟。由于 $\equiv M$ 是极大互模拟，从而得到从左到右的蕴涵。

练习 3.5 如果 M 是一个系统，证明对于所有的 a，$b\in M$：

（ⅰ）$a_M=b_M\Rightarrow a\equiv_M b$，

（ⅱ）$Ma\cong Mb\Rightarrow a\equiv_M b$。

在（ⅱ）中，Ma 是由 M 和 a 决定的可达点图，$\cong$ 是可达点图之间的同构关系。

一个系统 M 被称为是外延的，仅当对于所有的 a，$b\in M$：

$$a_M=b_M\Rightarrow a=b$$

它是强外延的，仅当对于所有的 a，$b\in M$：

$$a\equiv_M b\Rightarrow a=b$$

练习 3.6 证明：

$$AFA_2\Leftrightarrow AFA_2^{ext}$$

其中 AFA_2^{ext} 表示：

每一个外延图都至多有一个装饰。

我们看到，由练习 3.5 的（ⅰ），每一个强外延系统都是外延的。注意，由外延公理可知，系统 V 是外延的。由下一个结论可知，AFA_2 表达的是外延公理的一个加强形式。

命题 3.3 $AFA_2\Leftrightarrow V$ 是强外延的。

证明：我们首先假定 AFA_2 并令 $a\equiv Vb$。那么由练习有 $a\equiv b$ 使得存在一个可

达点图 Gn 和 G 的装饰 d_1 和 d_2，使 $d_1 n = a$ 和 $d_2 n = b$ 成立。由 AFA_2 有 $d_1 = d_2$，因此 $a = b$。所以，V 是强外延的。反之，令 V 是强外延的且令 d_1 和 d_2 是一个图 G 的两个装饰。如果 $x \in G$，那么 $d_1 x \equiv d_2 x$，这是因为 Gx 既是 $d_1 x$ 又是 $d_2 x$ 的图像。因此，由于 V 是强外延的，由于 $d_1 x \equiv V d_2 x$，使得 $d_1 x = d_2 x$。所以，$d_1 = d_2$ 从而我们证明了 AFA_2。

3.1.2　系统映射

从系统 M 到 M' 的一个系统映射是一个映射 π：$M \to M'$，使得对于 $a \in M$：

$$(\pi a)_{M'} = \{\pi b \mid b \in a_M\}$$

如果 π 是双射的，那么它是一个系统同构。

例 3.1　令 G 是一个图，一个系统映射 $G \to V$ 只是该图的一个装饰。

练习 3.7　证明系统和系统映射构成一个（超大的 superlarge）范畴。

在互模拟和系统映射之间存在的紧密联系由下述结论所描述。

命题 3.4　令 π_1，π_2：$M \to M'$ 都是系统映射。

（1）如果 R 是 M 上的一个互模拟，那么：

$$(\pi_1 \times \pi_2) R \overset{\text{def}}{=} \{(\pi_1 a_1,\ \pi_2 a_2) \mid a_1 R a_2\}$$

是 M' 上的一个互模拟。

（2）如果 S 是 M' 上的一个互模拟，那么：

$$(\pi_1 \times \pi_2)^{-1} S \overset{\text{def}}{=} \{(a_1,\ a_2) \in M \times M \mid (\pi_1 a_1) S (\pi_2 a_2)\}$$

是 M 上的一个互模拟。

证明：（1）令 $S = (\pi_1 \times \pi_2) R$，$b_1 S b_2$，$b_1' \in (b_1) M'$。那么存在 a_1，a_2，使得 $a_1 R a_2$ 且 $b_1 = \pi_1 a_1$，$b_2 = \pi_2 a_2$。由于 $b_1' \in (\pi a_1) M'$，那么有一个 $a_1' \in (a_1) M'$ 使得 $b1' = \pi a_1'$。由于 R 是 M 上的一个互模拟，有一个 $a_2' \in (a_2) M$ 使得 $a_1' R a_2'$。现在如果 $b_2' = \pi a_2'$ 那么 $b_1' S b_2'$ 且 $b_2' \in (b_2) M'$。这样，我们就证明了如果 $b_1 S b_2$，那么：

$$\forall b_1' \in (b_1)_{M'} \exists b_2' \in (b_2)_{M'} b_1' S b_2'$$

类似地有，如果 $b_1 S b_2$ 那么：

$$\forall b_2' \in (b_2)_{M'} \exists b_1' \in (b_1)_{M'} b_1' S b_2'$$

因此，S 是 M' 上的一个互模拟。

（2）令 $R = (\pi_1 \times \pi_2)^{-1} S$，$a_1 R a_2$，$a_1' \in aM$。那么有 $(\pi_1 a_1) S (\pi_2 a_2)$ 且 $\pi_1 a_1' \in (\pi_1 a_1) M'$。由于 S 是 M' 上的一个互模拟，那么有一个 $b_2' \in (\pi_2 a_2) M'$ 使得 $(\pi_1 a_1') S b_2'$。因此对某一 $a_2' \in (a_2) M$ 有 $b_2' = \pi_2 a_2'$。因此，对某一 $a_2' \in (a_2) M$ 有 $a_1' R a_2'$。所以如果 $a_1 R a_2$，那么：

$$\forall a_1' \in (a_1)_M \exists a_2' \in (a_2)_M a_1' R a_2'$$

类似地，我们得到：

$$\forall a_2' \in (a_2)_M \exists a_1' \in (a_1)_M a_1' R a_2'$$

练习 3.8 令 R 是 M 上的一个互模拟。M_0 是这样一个系统，它的节点是具有关系 R 的序对，并且：

$(a, b) \rightarrow (a', b')$ 在 M_0 中，当且仅当，$a \rightarrow a'$ 和 $b \rightarrow b'$ 在 M 中。

对于 a，$b \in M$，令 π_1，π_2：$M_0 \rightarrow M$ 如下给出：

$$\pi_1(a, b) = a$$

$$\pi_2(a, b) = b$$

证明 π_1 和 π_2 都是系统映射。

这个练习把命题 3.1 证明中的构造推广到任意的系统 M。

练习 3.9 如果 M 是一个系统，那么证明 $a \equiv Mb$ 当且仅当有一个图 G 和系统映射 d_1，d_2：$G \rightarrow M$ 使得 $a = d_1 n$，$b = d_2 n$，其中 $n \in G$。

这个练习推广了命题 3.1，由 D · 韦斯特斯托尔提出。

令 π：$M \rightarrow M'$ 是类 M 关于 M 上的等价关系 R 的商，即 π 是一个满射，使得对于所有的 a，$b \in M$：

$$aRb \Leftrightarrow \pi a = \pi b$$

现在假定 M 是一个系统，R 是 M 上的一个互模拟。那么 π 是一个系统映射，条件是 M' 是如下构造的系统：M' 的边是所有的序对（πa，πb），其中（a，b）则是 M 的边。我们将称 π：$M \rightarrow M'$（或者有时简称为 M'）是系统 M 关于互模拟等价 R 的商。注意，任意两个这样的商将是同构的系统。

练习 3.10 证明：如果 π：$M \rightarrow M'$ 是系统 M 关于互模拟等价 R 的一个商，那么 M' 是强外延的当且仅当 R 是关系 $\equiv M$。

如果 π：$M \rightarrow M'$ 是系统 M 关于 $\equiv M$ 的一个商，那么我们说它是 M 的强外延商。

引理 3.1 每一个系统都有一个强外延商。

证明：根本的问题在于定义一个定义域为系统 M 的映射 π，使得对于 a_1，$a_2 \in M$：

$$a_1 \equiv_M a_2 \Leftrightarrow \pi a_1 = \pi a_2$$

对于小的 M，关于 π 的等价类的标准定义将发挥作用。一般地，一个强的全局选择形式需从每个等价类中选定一个代表。这里将只给出一个使用选择公理局部形式的论证。对于每一个 $a \in M$，可达点图 Ma 的节点集一一对应一个序数，这个对应导出该序数上的一个可达点图结构。得出的可达点图将在良基集合的论域中并同构于 Ma。对于每一个 $a \in M$，令 Ta 是良基论域中可达点图的类，对于某一个 $a' \in M$，这些可达点图都同构于 Ma'，使得 $a \equiv Ma'$。因此，每一类 Ta 都非空且由此拥有良基论域中极小可能秩的元素。令 πa 是 Ta 的这样一些元素的集合。注意，若 $a_1 \equiv Ma_2$，则 $T_{a_1} = T_{a_2}$，使得 $\pi a_1 = \pi a_2$。反过来，若 a_1，$a_2 \in M$，使得 $\pi a_1 =$

πa_2，则一定有一个可达点图既在 T_{a_1} 中又在 T_{a_2} 中。所以一定有 a_1'，$a_2' \in M$，使得 $a_1 \equiv Ma_1'$，$a_2 \equiv Ma_2'$ 且 $Ma_1' \cong Ma_2'$。由练习 2.8 得到 $a_1' \equiv Ma_2'$，所以 $a_1 \equiv Ma_2$。

练习 3.11 （D·韦斯特斯托尔）证明：

$$AFA_1 \Leftrightarrow AFA_1^{ext}$$

AFA_1^{ext} 表示：每一个外延图都至少有一个装饰。

定理 3.2 以下对于每一个系统 M 都是等价的。

M 是强外延的。

（1）对于每一个（小的）系统 M_0 来说至多有一个系统映射 $M_0 \to M$。

（2）对于每一个系统 M'来说，每一个系统映射 $M \to M'$都是单射。

证明：先证明（1）和（2）等价。假定（1），令 π_1，π_2：$M_0 \to M$ 都是系统映射。$(\pi_1 \times \pi_2)(^{=M_0})$ 是 M 上的一个互模拟 R。如果 $m \in M_0$，则 $(\pi_1 m)R(\pi_2 m)$，使得 $\pi_1 m \equiv M\pi_2 m$，且由于 M 是强外延的，所以 $\pi_1 m = \pi_2 m$。这样，$\pi_1 = \pi_2$，证明了（2）。假定（2），构造系统 M_0 和系统映射 π_1，π_2：$M_0 \to M$，这里 R 是互模拟 $\equiv M$。由（2），$\pi_1 = \pi_2$，所以每当 $a \equiv Mb$，则 $(a, b) \in M_0$，且 $a = \pi_1(a, b) = \pi_2(a, b) = b$。所以 M 是强外延的，即（1）。

接着证明（1）等价于（3）。假定（1），且令 π：$M \to M'$是一个系统映射。$(\pi \times \pi)^{-1}(=M')$ 是 M 上的一个互模拟 R。所以若 $\pi_a = \pi_b$，即 aRb，则 $a \equiv Mb$，由于 M 是强外延的，则 $a = b$。这样，π 是单射的，就证明了（3）。假定（3），且应用前一个引理，令 π：$M \to M'$是 M 的一个强外延的商。由（3），π 一定是单射的，所以是一个同构 $M \cong M'$。由 M'是强外延的，可得 M 也是强外延的。

最后证明，（2）的局部情形只对小系统 M_0 来说蕴涵未限制的情形。令 π_1，π_2：$M_0 \to M$ 都是系统映射，令 $a \in M_0$。那么通过把 π_1 和 π_2 限制到小的带点系统 $M_0 a$，可应用（2）的限制推出 π_1 和 π_2 在 $M_0 a$ 上是相等的，所以 $\pi_1 a = \pi_2 a$。由于 $a \in M$ 是任意的，得到 $\pi_1 = \pi_2$。

命题 3.5 令 M 是一个系统，使得 M 的任意两个结点位于形如 Mc 的共同的可达点图中。M 是强外延的当且仅当对于 M 的每一个点 c，Mc 是强外延的。

证明：Mc 上的恒等映射是一个单射的系统映射 $Mc \to M$。所以两个不同的系统映射 $M_0 \to Mc$ 将得出不同的系统映射 $M_0 \to M$。所以由定理 3.19 的 (1)⇒(2)，证明了从左到右的蕴涵。对于逆蕴涵，假定 Mc 对于 M 的每一个节点 c 都是强外延的，令 π：$M \to M'$是一个系统映射，且假定 a，$b \in M$，使得 $\pi_a = \pi_b$。选定一个 $c \in M$ 使得 a，$b \in Mc$。由于 Mc 是强外延的，定理 3.19 的 (1)⇒(3) 蕴涵了 π 在 Mc 上是单射，所以 $a = b$。因此 π 在 M 上是单射的。由定理 3.19 的 (3)⇒(1) 可知 M 是强外延的。

应把该命题应用到系统 V，可得到如下对 AFA_2 的刻画。

命题 3.6 AFA_2⇔每一个典范图像都是强外延的。

3.1.3 精确图像

一个可达点图被称作精确图像仅当它有一个单射的装饰，即不同的结点由装饰指派不同的集合。此概念还可表达为：可达点图同构于一个典范图像。命题 3.6 重述为：AFA_2⇔每一个精确图像都是强外延的。

命题 3.7 AFA_1⇔每一个强外延的可达点图都是一个精确图像。

证明：假定 AFA_1。令 G 是一个强外延的可达点图。由 AFA_1，G 有一个装饰 d。所以 d：$G \to V$ 是一个系统映射。因为 d 是单射，所以 G 是一个精确图像。反过来，假定命题的右边。证明每一个图 G 有一个装饰。任给图 G，构造一个可达点图 G''：添加一个新的结点 $*$，且对于 G 的每一个结点 a 添加新边（$*$，a）。现在令 π：$G'' \to G''$是 G' 的强外延商。那么 $G''(\pi^*)$ 是强外延的，由假定它是一个精确的图像。所以 G''有一个单射的装饰 d''。现在 d 是 G 的一个装饰，对于 G 的每一个结点 a，$da = d''(\pi a)$。

把 AFA_1 和 AFA_2 的刻画组合起来便得出结论。

定理 3.3 AFA 等价于：一个可达点图是一个精确图像当且仅当它是强外延的。

3.1.4 正规结构公理

这里我们考察的公理是由康格尔于 1957 年在谓词演算的一个变种的完全性证明中给出的。这个变种具有如下形式的原子公式：

$$(s_1,\ \cdots,\ s_n)\varepsilon t$$

其中 $n > 0$，s_1，$\cdots$，s_n，t 都是变元或者个体常元。该变异的逻辑的自然的语义是使用结构 $\mathcal{A} = (A,\ R,\ \cdots,\ c^{\mathcal{A}},\ \cdots)$，其中 A 是一个非空集合，$R \subseteq A + \times A$，对于每一个个体常元 c，$c^{\mathcal{A}} \in A$。此处 $A^+ = U_{n>0}A^n$。我们称这个结构为康格尔结构。使用这一语义，标准的完全性定理可以很自然地得出。康格尔的思想是改变这一语义，在逻辑有效式和逻辑后承中只使用“正规的”康格尔结构。一个正规的康格尔结构是如下的结构：

$$\mathcal{A} = (A,\ R,\ \cdots,\ c^{\mathcal{A}},\ \cdots)$$

其中：

$$R = \{(b,\ a) \in A^+ \times A \mid b \in a\}$$

初一看来，考虑到诸如：

$$\exists x((x,\ x)\varepsilon x)$$

这样的句子的协调性，限制到正规结构似乎要求太高。实际上康格尔仍然成功地证明了这一变异的逻辑相对于正规结构是完全的。为了做到这一点，很明显，他必须援用某些原理，这些原理将蕴涵足够多的非良基集的存在以保证诸如上述句子的正规模型的存在。康格尔阐述了一条集合论原则使其足够蕴涵每一个可数的康格尔结构都同构于正规的康格尔结构。考虑到楼文汉姆—斯寇伦定理，这一推论蕴涵着标准的完全性定理将推出相对于正规结构的完全性定理。

这里我们避开考虑基数而阐明如下的公理：

正规结构公理（NSA）。

每一个康格尔结构都同构于一个正规的康格尔结构。

这一公理当然足够得出康格尔的完全性定理。我们有如下的结论。

定理3.4 $AFA_1 \Rightarrow NSA$。

证明：首先注意只要证明关于康格尔结构（A，R）的结论就可以了，即不带个体常元的情形。为了应用AFA_1，定义一个图G如下。令$\bar{A}$是最小的集合，使得$\{0\} \times A \subseteq \bar{A}$且$\{1\} \times (\bar{A} \times \bar{A}) \subseteq \bar{A}$。选择$\alpha \in On$使得有一个双射$f$：$A \to (\alpha - \{0\})$。当然这需要选择公理。$G$的节点都是集合$\bar{A} \cup (\{2\} \times \alpha)$的元素。$G$具有如下形式的边：

（1）对于$\gamma < \beta < \alpha$，$(2, \beta) \to (2, \gamma)$，

（2）对于x，$y \in \bar{A}$，$u \in \{x, y\}$，$(1, (x, y)) \to u$，

（3）对于$((a_1, \cdots, a_n), a) \in R$，$(0, a) \to \pi_n((0, a_1), \cdots, (0, a_n))$，

（4）对于$a \in A$，$(0, a) \to (2, f)$。

对于$n = 1, 2, \cdots$，为了定义π_n：$\bar{A}^n \to \bar{A}$，令：

$$\pi(x, y) = (1, ((1, (x, x)), (1, (x, y))))$$

现在，对于$x \in A$，令$\pi_1 x = x$，对于$x_1, \cdots, x_n, x_{n+1} \in \bar{A}$，令：

$$\pi_{n+1}(x_1, \cdots, x_n, x_{n+1}) = \pi(\pi_n(x_1, \cdots, x_n), x_{n+1})$$

由AFA_1，G有一个装饰d。注意，G的通过限制到$\{2\} \times \alpha$中的节点的子图是良基的，只有形如（1）的边。从莫斯托夫斯基坍塌引理的唯一性部分可以推出，对于所有的$\beta < \alpha$：

$$d(2, \beta) = \beta$$

还请注意，对于所有的x，$y \in \bar{A}$：

$$d(1, (x, y)) = \{dx, dy\}$$

因此：

$$d(\pi(x, y)) = (dx, dy)$$

可以得出对于所有的$x_1, \cdots, x_n \in \bar{A}$：

$$d(\pi_n(x_1, \cdots, x_n)) = (dx_1, \cdots, dx_n)$$

现在对于$x \in A$，令$\psi a = d(0, a)$。那么通过考虑G的形如（3）和（4）的

边，我们看到对于所有的 $a\in A$：

$$(*)\quad \psi a=\{(\psi a_1,\ \cdots,\ \psi a_n)\mid((a_1,\ \cdots,\ a_n),\ a)\in R\}\cup\{fa\}$$

我们做一系列的观察如下：

（ⅰ）除了 $z=(2,\ 0)$ 之外，对于所有的 $z\in G$，$dz\neq\varnothing$。

（ⅱ）对于所有的 $z\in\bar{A}$，$\varnothing\notin dz$。

（ⅲ）对于所有的 $z\in\bar{A}$，$dz\notin On$。

（ⅳ）对于每一个 $a\in A$，fa 是 ψa 中唯一的序数。

（ⅴ）ψ 是单射的。

由（1）和（ⅴ）可以推出 ψ：$(A,\ R)\cong(B,\ S)$，其中（B，S）是正规的康格尔结构，$B=\{\psi a\mid a\in A\}$。

公理 *NSA* 是在戈迪夫在 1982 年的工作中考查过的“完全性”公理的加强形式。对于任意的集合 c，令 $V\upharpoonright c$ 是这样的图：它把 c 的元素作为节点，每当 $x\in y$ 且 x，$y\in c$ 时，把 $x\to y$ 作为边。称一个形如 $V\upharpoonright c$ 的图是一个正规图。那么戈迪夫公理（*GA*）是：

每一个图都同构于一个正规图。

此外，还可以证明 $NSA\Leftrightarrow GA$。

3.2 反基础公理的模型

就像在前面章节中一样，我们的工作将在公理集合论 ZFC^- 的框架内非形式地进行。本节的目标在于为我们包含了新公理 *AFA* 的集合论构造一类模型。

3.2.1 完备系统

给定一个系统 M，图 G 的一个 M－装饰是一个系统映射 $G\to M$。

例 3.2 G 的一个 V－装饰只是 G 的一个装饰。

M 是一个完备系统仅当每一个图都有唯一的 M－装饰。注意，由定理 2.19 可知，完备系统是强外延的。还要注意如果 M 是强外延的且每一个强外延的图都有一个 M－装饰那么 M 是完备的。最后注意，*AFA* 成立当且仅当系统 V 是完备的。

我们来看完备系统的构造。每一个可达点图都形如 Ga，其中 G 是一个图，a 是 G 的一个节点。可达点图的类构成一个系统 V_0，其中只要 G 是一个图并且 $a\to b$ 在 G 中，那么其边就是（Ga，Gb）。令 π_c：$V_0\to V_c$ 是 V_0 的强外延商。

命题 3.8 每一个系统 M 都有唯一的系统映射 $M \to V_c$。

证明：如果 $a \in M$ 那么 $Ma \in V_0$。此外，指派 Ma 给 $a \in M$ 的映射 $M \to V_0$ 很明显是一个系统映射。与系统映射 π_c：$V_0 \to V_c$ 组合起来我们就得到系统映射 $M \to V_c$。这一系统映射的唯一性由定理 2.19 从 V_c 的外延性可得。

推论 3.1 V_c 是完备的。

证明：把前一个命题应用到小的系统 M。

定理 3.5 对于一个系统 M 来说，下列陈述等价。

（1）对于每一个系统 M' 都有唯一的系统映射 $M' \to M$。

（2）M 是完备的。

（3）$M \cong V_c$。

证明：（3）蕴涵（1）是命题的直接推论。（1）蕴涵（2）不足道。我们现在证明（2）蕴涵（3）。令 M 是一个完备系统。令 π：$M \to V_c$ 是存在的那个唯一的系统映射。由于 M 是强外延的，映射 π 是单射的。如果 $a \in V_c$，那么 $V_c a$ 是一个可达点图，带一个唯一的装饰，比如说是 d。那么 $\pi \circ d$：$V_c a \to V_c$ 是一个系统映射。由于 V_c 是强外延的，$\pi \circ d$ 一定是 $V_c a$ 上的一个恒等映射。特别地，有 $a = \pi(da)$。因此 π 既是满射的又是单射的。所以，π：$M \cong V_c$。

3.2.2 完全系统

系统 M 是一个完全的仅当对于每一个 $x \subseteq M$ 都有唯一的 $a \in M$，使得 $x = a_M$。

例 3.3 （1）V 是完全系统。一般来说，每当 M 是一个类，使得 $M = powM$，那么当 $a \to b$ 在 M 中当且仅当 $b \in a \in M$ 时，M 是一个完全系统。例如，良基集的类 V_{wf} 就是这样的完全系统。实际上 V_{wf} 是最小的类 M，使得 $M = powM$。注意，V 是这种最大的类，基础公理可以由下列方程表示：$V = V_{wf}$。

（2）如果 π：$M \to M$ 是完全系统 M 上任意的双射，那么我们可以得到一个新的完全系统 M_π，它与 M 具有相同的节点，但是，$a \to b$ 在 M_π 中等价于 $\pi a \to b$ 在 M 中。

练习 3.12 证明下列陈述对一个完全系统 M 来说是等价的。

- 对于每一个完全系统 M' 来说都有唯一的系统映射 $M \to M'$。
- M 是良基的。
- $M \cong V_{wf}$。

我们将为下述结论给出两个不同的证明。

命题 3.9 每一个完备系统都是完全的系统。

证明 1：令 $x \subseteq M$ 是一个集合，其中 M 是一个完备系统。构造图 G_0：节点和

边都在 M 中，而且它们都位于从 x 中一个节点开始的路径上。对于每一个 $y\in x$，为 G_0 添加一个新的节点 $*$ 和一些新的边（$*$，y），令这样得到的图为 G。由于 M 是完备的，G 有唯一的 M－装饰 d。把 d 限制到 G_0 的节点，我们得到 G_0 的一个 M－装饰。恒等映射很明显是 G_0 的那个唯一的 M－装饰。因此，对于 $x\in G_0$，$dx=x$。因此，如果 $a=d*$ 那么 $a\in M$ 使得：

$$a_M=\{dy \mid *\to y \text{ 在 } G \text{ 中}\}$$

现在假定 $a'\in M$ 使得 $a'_M=x$。那么我们得到 G 的一个 M－装饰 d'，$d'=a'$ 且对于 $y\in G_0$ 有 $d'y=y$。由于 d 是 G 唯一的 M－装饰，$d=d'$使得：

$$a'=d'*=d*=a$$

这样我们就证明了有唯一的 $a\in M$，使得 $a_M=x$。

证明2：令 M 是一个完备系统。观察到 $powM$ 是一个系统，其中，如果 $x\in powM$ 那么 $x_{powM}=\{y_M \mid y\in x\}$。由于 M 是完备的，由此有唯一的系统映射 h：$powM\to M$。因此对于所有的 $x\in powM$：

$$(*)\quad (hx)_M=\{h(y_M) \mid y\in x\}$$

注意，$(\,)_M$：$M\to powM$ 也是一个系统映射，因此 $h\circ(\,)_M$：$M\to M$ 也是一个系统映射。但是由于 M 是完备的，M 上的恒等映射是唯一的系统映射 $M\to M$。因此，对于所有的 $x\in M$：

$$h(x_M)=x$$

因此，由（$*$），对于所有的 $x\in powM$：

$$\begin{aligned}(hx)_M &= \{hy_M \mid y\in x\}\\ &= \{y \mid y\in x\}\\ &= x.\end{aligned}$$

因此，h：$powM\to M$ 和（$\,)_M$：$M\to powM$ 两者是互逆的，所以（$\,)_M$ 是一个双射，M 是完全的。

3.2.3 AFA 的解释

任意的系统 M 都确定集合论语言的一个解释，其中，变元取值于 M 的节点，谓词符“$\in$”被解释成关系 $\in_M$，而对于 a，$b\in M$：

$$a\in_M b\Leftrightarrow a\in b_M$$

当系统 M 是完全的系统时，这个解释模拟了 ZFC^-的所有公理。这一基本的结论归功于莱格。莱格定理的一个证明可以在附录 A 中找到。

定理 3.6 每一个完备系统都是 ZFC^-+AFA 的一个模型。

证明：令 M 是一个完备系统。那么 M 是完全的并且由于莱格定理是 ZFC^-

的一个模型。剩下的只要证明 M 是 AFA 的模型。如果 x 是 M 的子集，那么令 x^M 是唯一的 $a \in M$ 使得 $x = a_M$。对于 a，$b \in M$，令：

$$(a, b)^{(M)} = \{\{a\}^M, \{a, b\}^M\}^M$$

那么 $(a, b)^{(M)}$ 是 M 的元素，这是有序对 a 和 b 在 M 中标准的集合论表示。这里我们把一个图表示成由一个集合和这个集合上的一个二元关系组成的序对。因此，对于 $c \in M$，$M \vDash$ "c 是一个图" 当且仅当存在 a，$b \in M$ 使得 $c = (a, b)^{(M)}$ 且 $M \vDash$ "b 是 a 上的一个二元关系"，即 $b_M \subseteq \{(x, y)^{(M)} \mid x, y \in a_M\}$。因此，对于这样的一个 $c \in M$，我们可以定义一个图 G，其节点是 a_M 的元素，边是序对 (x, y)，使得 $(x, y)^{(M)} \in b_M$。由于 M 是完备的，G 有唯一的 M - 装饰。这就是唯一的映射 d：$a_M \to M$ 使得对于所有的 $x \in a_M$：

$$dx = \{dy \mid (x, y)^{(M)} \in b_M\}$$

现在令 $f = \{(x, dx)^{(M)} \mid x \in a_M\}^M$。那么 $f \in M$ 且可以例行验证：

$M \vDash$ "f 是图 c 唯一的那个装饰"。

这样我们就证明了在 M 中每一个图都有唯一的装饰，即 M 是 AFA 的模型。

事实 3.1　令 M 是一个完全的系统。证明：

（ⅰ）M 是 FA 的模型当且仅当 M 是良基的。

（ⅱ）M 是 AFA_1 的模型当且仅当每一个图都有一个 M - 装饰。

（ⅲ）M 是 AFA_2 的模型当且仅当 M 是强外延的。

（ⅳ）M 是 AFA 的模型当且仅当 M 是完备的。

由此我们得到如下的结论。

定理 3.7　$ZFC^- + AFA$ 有一个完全的模型，在不计同构的情况下这个模型是唯一的。

3.3　反基础公理的变形

本节将研究公理 AFA 的两个变种 $FAFA$ 和 $SAFA$。可以证明所有三条公理都可以处理成一族公理 $AFA\sim$ 的不同例示，这族公理对每一个正则互模拟 $\sim$ 都有一个对完全系统来说绝对的定义。我们将在下面解释这是什么意思。在给出一般的理论之后，我们将依次考察这两个变种。

回忆一下之前定义的可达点图的系统 V_0，每当 $a \to b$ 在图 G 中时，该系统拥有一条边 (Ga, Gb)。V_0 上的一个互模拟关系 $\sim$ 是一个正则互模拟关系，仅当：

$\sim$ 是 V_0 上的等价关系。

$$Ga \cong G''a' \Rightarrow Ga \sim G''a'。$$

$$aG = a'G \Rightarrow \text{对于 } a,\ a' \in G,\ Ga \sim G''a'。$$

练习 3.13 证明$\equiv_{V_0}$是一个正则互模拟使得对于任意的系统 M：

$$Ma \equiv_{V_0} Mb \Leftrightarrow a \equiv_M b$$

我们稍后将给出正则互模拟两个其他的例子来得出 AFA 的两个变种。直到那时我们才假定给出了一个固定的正则互模拟 ~ 。

一个系统 M 是一个 ~ －外延系统仅当：

$$Ma \sim Mb \Rightarrow a = b$$

练习 3.14 证明如果 M 是 ~ －外延的那么对于任意的系统 M_0 至多有一个单射的系统映射 $M_0 \rightarrow M$。提示：观察到如果 π：$M_1 \rightarrow M_2$ 是一个单射的系统映射，那么对于 $a \in M_1$：

$$(\pi \upharpoonright M_1 a):\ M_1 a \cong M_2(\pi a)$$

3.3.1 ~ －完备系统

一个系统 M 是一个 ~ －完备系统仅当它是 ~ －外延的，并且每一个外延图都有一个 M－装饰。注意，M－装饰必然是唯一的。

例 3.4 如果 ~ 是$\equiv_{V_0}$，那么：

M 是 ~ －外延的当且仅当 M 是强外延的。

M 是 ~ －完备的当且仅当 M 是完备的。

我们第一个目标是构造一个 ~ －完备的系统。令 $V_0\sim$ 是 V_0 的子系统，由 ~ －外延的可达点图以及这些可达点图之间所有的、V_0 的边组成。我们令 $Vc\sim$ 是一个 ~ －外延系统，对于这一系统有一个满射的系统映射 $\pi\sim$：$V_0\sim \rightarrow Vc\sim$ 使得对于所有的 ~ －外延的可达点图 Ga 和 $G'a'$：

$$Ga \sim G'a' \Leftrightarrow \pi(Ga) = \pi(G'a')$$

如下引理为我们保证了 $Vc\sim$ 和 $\pi\sim$ 的存在。

引理 3.2 对于每一个系统 M 都有一个系统 M' 和满射的系统映射 π：$M \rightarrow M'$ 使得对于 $x,\ x' \in M$：

$$Mx \sim Mx' \Leftrightarrow \pi x = \pi x'$$

此外，如果 Mx 对于所有 $x \in M$ 是 ~ －外延的，那么 M'是 ~ －外延的。

证明：第二部分，观察到对于每一个 $a \in M$，π 到 Ma 的限制是一个满射的系统映射：

$$Ma \rightarrow M'(\pi a)$$

现在假定 $x,\ y \in Ma$ 且 $\pi x = \pi y$。那么 $Mx \sim My$，因此由 Ma 的 ~ －外延性可以得出 $x = y$。因此，$\pi \upharpoonright Ma$ 是一个同构 $Ma \cong M'(\pi a)$，使得 $Ma \sim (\pi a)$。

现在我们可以证明 M'是～－外延的。由于 π：$M \to M'$是满射的，只需证明：

$$M'(\pi a) \sim M'(\pi b) \Rightarrow \pi a = \pi b$$

但是假定 $M'(\pi a) \sim M'(\pi b)$ 我们从上面可得：

$$Ma \sim M'(\pi a) \sim M'(\pi b) \sim Mb$$

由此有 $Ma \sim Mb$，所以 $\pi a = \pi b$。

注意，在把这一引理应用到 $M = V_0 \sim$ 时，如果 $x = Ga \in M$ 那么 $Mx \cong Ga$，因此 $Mx \sim Ga$ 且由于 Ga 是～－外延的，M 是～－外延的。

命题 3.10　对于每一个～－外延的系统 M 存在唯一的单射的系统映射 $M \to Vc \sim$。

证明：单射的系统映射的唯一性从 $Vc \sim$ 是～－外延的可以得出。因此只剩下证明系统映射 $M \to Vc \sim$ 的存在性，其中 M 是～－外延的。很清楚，πM：$M \to V_0 \sim$ 是一个系统映射，其中，对于 $a \in M$，$\pi Ma = Ma$。因此通过和 $\pi \sim$：$V_0 \sim \to Vc \sim$ 复合起来我们得到一个系统映射 $\pi \sim \circ \pi M$：$M \to Vc \sim$。现在只剩下证明这个映射是单射的。因此令 a，$y \in M$ 使得 $\pi \sim (Mx) = \pi \sim (My)$。那么 $Mx \sim My$，因此由于 M 是～－外延的，$x = y$。□

推论 3.2　$Vc \sim$ 是～－完备的。

证明：我们已经知道 $Vc \sim$ 是～－外延的。只剩下把命题应用到小的系统 M。

对于系统 M，M'，令 $M \leq M'$仅当存在一个单射的系统映射 $M \to M'$。注意，$\leq$ 既是自返的又是传递的。我们下一个目标是要证明如下结论。

定理 3.8　令 M 是一个～－外延的系统。那么如下各个命题等价。

（1）M 是～－完备的。

（2）对每一个～－外延的系统 M_0，$M_0 \leq M$。

（3）$M \leq M' \Rightarrow$ 对每一个～－外延的系统 M'，$M \cong M'$。

（4）$M \cong Vc \sim$。

证明：对于（1）蕴涵（2），令 M 是～－完备的且 M_0 是～－外延的系统。那么对于 $a \in M_0$，可达点图 $M_0 a$ 一定有一个单射的 M－装饰 da，这一装饰是唯一确定的。定义 d：$M_0 \to M$ 如下：对于 $a \in M_0$，$da = daa$。观察到如果 $a \in M$ 那么对于 $x \in aM$ 有 $dx = daz(M0x)$，使得：

$$(d_a a)_M = \{d_x x \mid x \in a_{M_0}\}$$

且因此 $(da)_M = \{dx \mid x \in a_{M_0}\}$。这样，$d$ 是一个系统映射。为明白 d 是单射的，可以得到 d_x：$M_0 x \cong M(dx)$ 和 d_y：$M_0 y \cong M(dy)$，使得如果 $dx = dy$，那么 $M_0 x \cong M_0 y$。可以推出如果 $dx = dy$，那么 $M_0 x \sim M_0 y$ 且由此由于 M_0 是～－外延的有 $x = y$。

对于（2）蕴涵（3），令 $M \leq M'$，其中 M'是外延的。由（2）有 $M' \leq M$。因

此由单射的系统映射 $M \to M'$ 和 $M' \to M$。它们的复合一定是 M 和 M' 上的那个恒等映射，使得 $M \cong M'$。对于（3）蕴涵（4），运用命题4.5得到 $M \leq V_c^{\sim}$。由于 $V_c^{\sim}$ 是～－外延的我们可以应用（3）得到（4）。

下一个结论推广了命题3.2。

引理3.3 每一个～－完备的系统都是完全的系统。

证明：令 $x \subseteq M$ 是一个集合，其中 M 是一个～－完备的系统。与命题3.7的证明中一样，我们可以构造一个图 G_0：节点和边都在 M 中，而且它们都位于从 x 中一个节点开始的路径上。同样，对于每一个 $y \in x$，为 G_0 添加一个新的节点 $*$ 和一些新的边（$*$，y），令这样得到的图为 G。如果 G 是～－外延的，那么通过取 G 的唯一的 M－装饰我们可以像以前那样论证。但是如果 G 不是～－外延的，那么就像 G_0 那样一定有某个 $a \in G_0$，使 $G* \sim Ga$ 成立。由于～是一个互模拟，可以推出：

$$\forall y \in *_G \exists a' \in a_G Gy \sim Ga' \ \& \ \forall a' \in a_G \exists y \in *_G Gy \sim Ga'。$$

但是 $*_G = x$ 且 $a \in M$ 有 $a_G = a_M$。同时，对于 $y \in x$ 有 $Gy = My$，对于 $a' \in a_G$ 有 $Ga' = Ma'$。由此：

$$\forall y \in x \exists a' \in a_M My \sim Ma' \ \& \ \forall a' \in a_M \exists y \in x My \sim Ma'。$$

因此，由于 M 是～－外延的，$x = a_M$。

a 的唯一性是如下事实的一个推论：M 是～－外延的，因此是外延的。

3.3.2 公理 $AFA^{\sim}$

至此我们还没有对 AFA 进行推广。为达此目的，我们必须假设在集合论语言中给定了正则互模拟～的定义。因此我们假设给定了一个不带任何参数的公式 $\phi(x, y)$ 在 V 中定义了～，其中自由变元至多为 x，y。这意味着对于所有的可达点图 c 和 d：

$$c \sim d \Leftrightarrow V \models \phi(c, d)$$

我们还将假设 $\phi(x, y)$ 是固定的，并且把它作为～的定义。使用～的定义我们可以构造一个句子来表达 V 是～－完备的。我们称这样的句子为 $AFA^{\sim}$。我们对 AFA 的推广正是这一句子。注意，在～是 $\equiv_{V_0}$ 的情形之下：

$$AFA^{\sim} \Leftrightarrow AFA$$

就像在 AFA 的情形中一样，我们可以把 $AFA^{\sim}$ 分成两部分：

- $AFA_1^{\sim}$：每一个～－外延的图都有一个单射的装饰。
- $AFA_2^{\sim}$：V 是～－外延的。

以下命题的证明是直接的。

命题 3.11

（1）$AFA_1^{\sim}$ 当且仅当每一个 ~ -外延图都是精确图。

（2）$AFA_2^{\sim}$ 当且仅当每一个精确图都是 ~ -外延的。

推论 3.3　$AFA^{\sim}$ 等价于：一个可达点图是一个精确图当且仅当它是 ~ -外延的。

每一个完备系统都是 $ZFC^- + AFA$ 的一个完全的模型，该定理还没被推广。为此，需假设 ~ 的定义对于完全系统是绝对的。为了说明这一点，令 M 是一个完全的系统，令 $\sim_M$ 是 M 上的一个关系，~ 的定义 $\phi(x, y)$ 在 M 中定义，即对于 $c, d \in M$：

$$c \sim_M d \Leftrightarrow M \vDash \phi(c, d)$$

对每一个 $c \in M$，使得 $M \vDash$ "c 是一个可达点图" 都有一种自然的方式，从它得到一个可达点图（见下面）。我们称此结果为 $ext_M(c)$。公式 $\phi(x, y)$ 对 M 是一个绝对的公式，仅当对于所有的 $c, d \in M$，使得 $M \vDash$ "c，d 都是可达点图"：

$$c \sim_M d \Leftrightarrow ext_M(c) \sim ext_M(d)$$

下面给出 $ext_M(c)$ 的定义。这里，一个点图将被表示成一个三元序组 $((a, b), u)$，a 是一个集合，b 是 a 上的一个二元关系，u 是 a 的一个元素。所以若 $c \in M$，则 $M \vDash$ "c 是一个点图" 当且仅当对于某一（唯一确定的）a，b，$u \in M$，$c = ((a, b)^{(M)}, u)^{(M)}$，使得：

$$b_M \subseteq \{(x, y)^{(M)} \mid x, y \in a_M\}$$

且 $u \in a_M$。对 M 中 c，可把它和点图 $((a_M, \{(x, y) \mid (x, y)^{(M)} \in b_M\}), u)$ 联系起来。称这个图为 $ext_M(c)$。

定理 3.9　令 ~ 是一个正则互模拟，其定义对完全系统来说是绝对的。那么每一个 ~ -完备的系统 M 都是 $ZFC^- + AFA^{\sim}$ 的一个完全的模型。

练习 3.6 的第（iv）部分也可以推广，因此我们得到最终的一般性结果。

定理 3.10　令 ~ 是一个正则的互模拟，其定义对完全系统来说是绝对的。那么 $ZFC^- + AFA^{\sim}$ 有一个完全的模型，不计同构，这个模型是唯一的。

3.3.3　芬斯勒反基础公理

在本节中我们将把上一节的一般理论运用到芬斯勒在 1926 年工作中提出的一个公理。在那篇论文中，芬斯勒提出了三条公理，其论域由称为集合的对象组成的一个类以及这些对象之间的一个二元关系 $\in$ 构成。他的公理如下：

Ⅰ. $\in$ 是可判定的；

Ⅱ. 同构集合相等；

Ⅲ. 该论域没有真扩张可以满足Ⅰ和Ⅱ。

如果我们把芬斯勒的论域当作我们意义上的一个系统，那么我们可以忽略公理Ⅰ而从他的公理Ⅱ开始。也许可以希望在一个系统 M 中表达芬斯勒同构概念的正确方式是取 a，$b \in M$ 为同构的仅当由它们决定的可达点图 Ma 和 Mb 是同构的可达点图。按照这一观点，M 是公理Ⅱ的模型当且仅当 M 是外延的；即 $Ma \cong Mb \Rightarrow a = b$。但是在考察了芬斯勒的论文之后发现，上面的观点很明显是不对的。实际上芬斯勒把他的公理Ⅱ理解为一种加强的外延公理。不过 $\cong$ - 外延的系统不必是外延的。例如，考虑图 G 的两个元素：

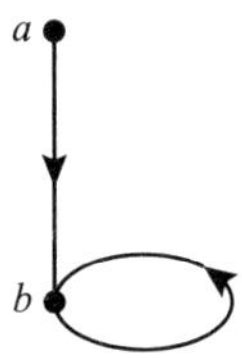

图 3.1

该图有结点 a 和 b，及边（a，b）和（b，b）。显然，$Ga \ncong Gb$，但 $a_G = \{b\} = b_G$。所以 G 是 $\cong$ - 外延的，但不是外延的。

下面的构造给出芬斯勒同构概念。若 $a \in M$，M 是一个系统，令 $(Ma)^*$ 是一个可达点图：由 Ma 中的、位于从 a 的某一个后继出发的路径上的结点和边组成，另外还有一个新的结点 $*$，和（对于 a 的每一个后继 x）一条新的边（$*$，x）。取 $*$ 为 $(Ma)^*$ 的始点。若 a 没位于从 a 的某个后继出发的任何一条路径上，则 $(Ma)^*$ 将经由一个除了把 $*$ 映到 a 之外其余皆相等的同构映射而同构于 Ma。若 a 没位于这样一条路径上，则 $(Ma)^*$ 将由 Ma 的结点和边以及新的结点和新的边组成。

定义 a，$b \in M$ 在芬斯勒意义上是同构的，仅当 $(Ma)^* \cong (Mb)^*$。若 $a_M = b_M$，则 $(Ma)^* = (Mb)^*$，所以 $(Ma)^* \cong (Mb)^*$。

令 $\cong^*$ 是 V_0 上如下定义的关系：

$$Ga \cong^* G'a' \Leftrightarrow (Ga)^* \cong (G'a')^*$$

把一个系统 M 称作是芬斯勒 - 外延的系统，仅当它是 $\cong^*$ - 外延的；即：

$$Ma \cong^* Mb \Rightarrow a = b$$

芬斯勒 - 外延系统作为公理Ⅱ的模型。

练习 3.15 证明：

(1) $\cong^*$ 是一个正则互模拟。

(2) 一个系统 M 是芬斯勒 - 外延的，当且仅当它既是外延的又是 $\cong$ - 外延的。

练习 3.16　令 ~ 是 V_0 上的一个关系：$Ga \sim G'a'$ 当且仅当存在一个双射 ψ：$a_G \cong a'_{G'}$，使得对于 $x \in a_G$，$Gx \cong G'(\psi x)$。

证明：

（ⅰ）$Ga \cong^* G'a' \Rightarrow Ga \sim G'a'$。

（ⅱ）~ 是一个正则互模拟。

（ⅲ）M 是 ~ - 外延的当且仅当 M 是芬斯勒 - 外延的。

下面考察芬斯勒的公理Ⅲ。把一个芬斯勒—外延的系统取为公理Ⅲ的一个模型仅当：任意单射的系统映射 $M \to M'$ 是一个同构仅当 M' 是一个芬斯勒外延系统。由定理：一个系统 M 是芬斯勒公理的一个模型当且仅当 M 是芬斯勒 - 完备的（即 M 是 $\cong^*$ - 完备的）。

练习 3.17　证明 $\cong^*$ 有一个对完全系统来说的绝对的定义。

由这一结论我们可以构造公理 $AFA^{\cong^*}$，我们将称它为芬斯勒反基础公理（*FAFA*）。此前的工作应用后给我们如下的两个结论。

定理 3.11　*FAFA* 等价于：一个可达点图是一个精确图当且仅当它是芬斯勒—外延的。

定理 3.12　$ZFC^- + FAFA$ 有一个完全的模型，不计同构这个模型是唯一的。

3.3.4　斯科特反基础公理

在斯科特的（Scott，1960）研究中，ZFC^- 的一个带非良基集的模型由无赘树构造出来。当一棵树有一个真自同构（即移走某个节点的自同构）时，斯科特把该树定义成冗余树；否则该树就是无赘树。斯科特在（Scott，1960）研究中给出了这一概念的另外一个刻画。我们把它留作一个练习。

练习 3.18　证明一棵树 Tr 是冗余的当且仅当 Tr 有一个节点 c 和不同的 a，$b \in c_T$，使得 $Ta \cong Tb$。

斯科特的想法是运用无赘树来表示集合的结构。回想一下，一个集合的典范树图像通过展开 c 的典范图 Vc 而得。斯科特的模型构造可以描述如下。令 V_0^t 是 V_0 的子系统，由无赘树和 V_0 这些结点之间所有的边组成。一个系统 V_c^t 和一个完全的系统映射 π：$V_0^t \to V_c^t$ 被构造出来，使得对于树 Tr 和 $T'r'$：

$$\pi(Tr) = \pi(T'r') \Leftrightarrow Tr \cong T'r'$$

V_c^t 可以证明是完全的且因此是 ZFC^- 的模型。此外它还是：

- 一棵树同构于一个典范树图像当且仅当它是无赘树

的模型。我们把这称为斯科特反基础公理（*SAFA*）。本质上这就是斯科特 1960 年工作中表述的公理。

在本节的其余部分，我们将证明公理 $SAFA$ 及其完全的模型 V_c^t 事实上对某个恰当选择的正则双方来说分别是公理 $AFA^{\sim}$ 及其模型 $V_c^{\sim}$ 的特殊情况。对于任意的可达点图 Ga，令 $(Ga)^t$ 表示其展开。因此 $(Ga)^t$ 的节点都是 Ga 中从 a 开始的有穷路径。令 $\cong^t$ 是 V_0 上如下给出的关系：

$$Ga\cong^t G'a'\Leftrightarrow (Ga)^t\cong (G'a')^t$$

练习 3.19 证明 $\cong^t$ 是一个正则互模拟，这一互模拟对完全的模型来说有一个绝对的定义。

由这一结论我们可以得到公理 $AFA^{\cong^t}$ 及其模型 $V_c^{\cong^t}$。此后的三个结论将需要用来证明 $AFA^{\cong^t}$ 等价于 $SAFA$。

引理 3.4 一个 $\cong^t$ – 外延的可达点图的展开是一个无赘树。

证明：令 Gn 是一个 $\cong^t$ – 外延的可达点图。令 a，$b\in c_G$，其中 $c\in (Gn)^t$，使得 $(Gn)^t a\cong (Gn)^t b$。那么 $(Ga)^t=(Gn)^t a\cong (Gn)^t b=(Gb)^t$，使得 $Ga\cong^t Gb$，因此由于 G 是 $\cong^t$ – 外延的有 $a=b$。所以 $(Gn)^t$ 是无赘树。

引理 3.5 如果 Tr 是一棵无赘树，那么有一个 $\cong^t$ – 外延的可达点图 Gn 和一个满射的系统映射 π：$Tr\to Gn$ 使得 $Tr\cong (Gn)^t$ 且对于 a，$b\in Tr$：

$$\pi a=\pi b\Leftrightarrow Ta\cong Tb$$

证明：令 Tr 是一棵无赘树。令 ~ 是 Tr 的节点上如下定义的等价关系：对于 a，$b\in Tr$：

$$a\sim b\Leftrightarrow Ta\cong Tb$$

由于 ~ 是一个互模拟关系，对于 $a\in Tr$，通过令：

$$\pi a=\{b\in Tr\mid a\sim b\}$$

并且令 $G=\{\pi a\mid a\in Tr\}$ 和 $n=\pi r$，我们可以构造 Tr 关于 ~ 的一个商 π：$Tr\to Gn$。现在只剩下证明 $Tr\cong (Gn)^t$。因此定义 ψ：$Tr\to (Gn)^t$ 如下：对于 $a\in Tr$：

$$\psi a=(\pi r,\ \cdots,\ \pi a)$$

其中 $r\to\cdots\to a$ 是 Tr 中位于根 r 和结点 a 之间唯一的路径。显然，ψ 是一个满射的系统映射。为了清楚 ψ 是单射，令 a，$b\in Tr$，使得 $\psi a=\psi b=(n,\ \cdots,\ c)$。则 Tr 中有路径 $r\to\cdots\to a$ 和 $r\to\cdots\to b$，使得 $\pi r=n$，$\cdots$，$\pi a=\pi b=c$。假设 $a\neq b$。则在路径 $n\to\cdots\to c$ 中有一个第一的结点 c'，它与分别在路径 $r\to\cdots\to a$ 和 $r\to\cdots\to b$ 中对应的结点 a' 和 b' 不同，即使有 $\pi a'=\pi b'=c'$。因此，$Ta'\cong Tb'$，a' 和 b' 分别是路径 $r\to\cdots\to a'\to\cdots\to a$ 和 $r\to\cdots\to b'\to\cdots\to b$ 中位于它们之前的共同结点的后继。由于 Tr 是无赘的，则 $a'=b'$，这与 a' 和 b' 的选择相矛盾。因此，$a=b$。所以，ψ 是单射，且 ψ：$Tr\cong (Gn)^t$。□

引理 3.6 若 Ga 和 $G'a'$ 是 $\cong^t$ – 外延的可达点图，则：

$$Ga\cong^t G'a'\Rightarrow Ga\cong G'a'$$

证明：令 Ga 和 $G'a'$ 是 $\cong^t$ - 外延的可达点图，使得 $Ga \cong^t G'a'$。由引理可得：$(Ga)^t$ 和 $(G'a')^t$ 是同构的无赘树。令 ψ：$(Ga)^t \cong (G'a')^t$。下面定义 π：$Ga \rightarrow G'a$，若 $b \in Ga$，则令 σ 是 Ga 中从 a 到 b 的路径。所以 $\sigma \in (Ga)^t$，使得 $\psi\sigma = (G'a')^t$。令 πb 是 $G'a'$ 中路径 $\psi\sigma$ 的最后一个结点。解释 πb 是良定义的，令 σ' 也是 Ga 中一条从 a 到 b 的路径，c' 是 $G'a'$ 中 $\psi\sigma'$ 的最后一个结点。$(Ga)^t$ 的由两条路径 σ 和 σ' 决定的子树都同构于树 $(Gb)^t$，所以互相同构。由此可得，相应的 $G'a'$ 的由 $\psi\sigma$ 和 $\psi\sigma'$ 决定的子树也同构。它们都同构于 $(G'c)^t$ 和 $(G'c')^t$，使得 $(G'c)^t \cong (G'c')^t$，所以 $G'c \cong^t G'c'$。由 G' 是 $\cong^t$ - 外延，故 $c = c'$。因此 πb 是良定义的，类似地，也可证明 π 是单射。π 是满射和 π 是一个系统映射也能被验证。□

公理 $SAFA$ 可以分成两个部分：

- $SAFA_1$：每一个无赘树都同构于一个典范树图像。
- $SAFA_2$：每一个典范树图像都是无赘的。

定理 3.13

(1) $SAFA_2 \Leftrightarrow AFA_2^{\cong t}$.

(2) $SAFA \Rightarrow AFA_1^{\cong t} \Rightarrow SAFA_1$.

(3) $SAFA \Leftrightarrow AFA^{\cong t}$.

证明：首先注意（3）是（1）和（2）的直接推论。现在我们来证明组成（1）和（2）的四个蕴涵。

$$\bullet\ SAFA_2 \Rightarrow AFA_2^{\cong t}$$

令 a 和 b 是集合，$c = \{a,\ b\}$。那么由 $SAFA_2$，树 $(Vc)^t$ 是无赘的。由于 a 和 b 决定公共节点、$(Vc)^t$ 中的 c 的后继：

$$(Va)^t \cong (Vb)^t \Rightarrow a = b$$

因此 V 是 $\cong^t$ - 外延的且由此 $AFA_2^{\cong t}$ 得证：

$$\bullet\ AFA^{\cong t} \Rightarrow SAFA_2$$

由 $AFA_2^{\cong t}$，可达点图 Va 是 $\cong^t$ - 外延的，因此由引理可知树 $(Va)^t$ 是无赘的：

$$\bullet\ SAFA \Rightarrow AFA_1^{\cong t}$$

令 Ga 是一个 $\cong^t$ - 外延的可达点图。那么由引理树 $(Ga)^t$ 是无赘的。因此由 $SAFA_1$ 有一个集合 c 使得 $(Ga)^t \cong (Vc)^t$。由（1），可以从 $SAFA_2$ 推出 Vc 是 $\cong^t$ - 外延的。因此由引理有 $Ga \cong Vc$。所以 Ga 是 c 的一个精确图：

$$\bullet\ AFA_1^{\cong t} \Rightarrow SAFA_1$$

令 Tr 是一个无赘树，π：$Tr \rightarrow Gn$ 如引理 4.21 所定义，因此 Gn 是 $\cong^t$ - 外延

的且 $Tr\cong(Gn)^t$。由 $AFA_1^{\cong^t}$，有一个集合 c 使得 $Gn\cong Vc$，因此 $Tr\cong(Ga)^t\cong(Vc)^t$。所以 Tr 同构于一个典范树图像。

定理 3.14 *SAFA* 等价于：

一个可达点图是一个精确图像当且仅当它是斯科特外延的。

定理 3.15 ZFC^-+SAFA 有一个完全的模型，不计同构，这个模型唯一。

3.3.5 $AFA^{\sim}$ 之间的关系

上面已考察了正则互模拟的三个例子，该互模拟对于完全的系统有一个绝对的定义。在每一种情形中都得到一个公理 $AFA^{\sim}$，不计同构，它有唯一的完全的模型。这三种关系分别是 $\equiv_{V0}$、$\cong^*$ 和 $\cong^t$，并分别决定公理 *AFA*、*FAFA* 和 *SAFA*。这些公理之间的关系怎样？如下命题将给予概括。公理 *AFA* 和 *FAFA* 在公理 $AFA^{\sim}$ 的族中居于两个相反的极端。*AFA* 表明：只有强外延的可达点图才是精确图像，而 *FAFA* 表明：任意芬斯勒—外延的可达点图都是一个精确图像。公理 *SAFA* 则居于两个极端之间，本节将给出证明。

命题 3.12 对于完全模型，令 ~ 是一个有绝对定义的正则互模拟。则

（1）每一个强外延的系统都是 ~ －外延的。

（2）每一个 ~ －外延的系统都是芬斯勒—外延的。

（3）$AFA_2\Rightarrow AFA_2^{\sim}\Rightarrow FAFA_2$。

（4）$FAFA_1\Rightarrow AFA_1^{\sim}\Rightarrow AFA_1$。

（5）若（*a*）：有一个不是强外延的 ~ －外延系统，则：

$$\neg(AFA_1^{\sim}\ \&\ AFA_2)$$

（6）若（*b*）：有一个不是 ~ －外延系统的芬斯勒—外延系统，则：

$$\neg(FAFA_1\ \&\ AFA_2^{\sim})$$

（7）若既有（*a*）又有（*b*），则公理 *FAFA*、*AFA* 和 $AFA^{\sim}$ 两两不相容。

定理 3.16 存在一个不是强外延的 $\cong^t$ －外延图。

（1）存在一个不是 $\cong^t$ －外延图的芬斯勒—外延图。

证明：（1）考虑以下拥有不同节点 *a* 和 *b* 的图 *G*：

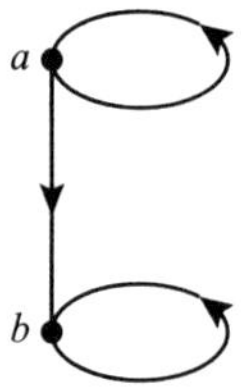

图 3.2

因为 $(Ga)^t \ncong (Gb)^t$，该图是 $\cong^t$ - 外延的。实际上，$(Ga)^t$ 是：

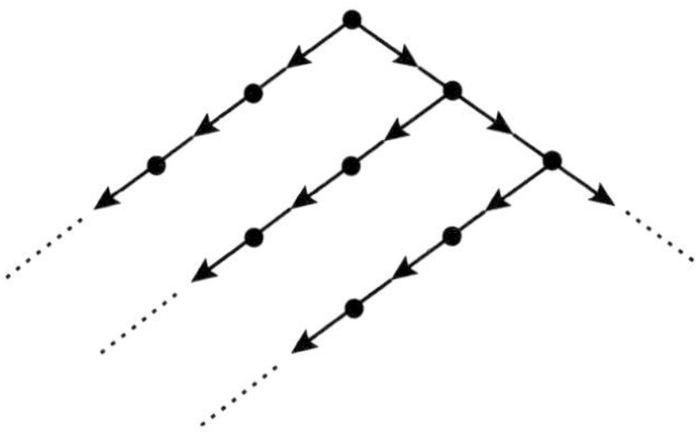

图 3.3

而 $(Gb)^t$ 只是

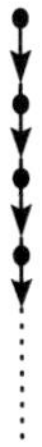

图 3.4

但是 G 很明显不是强外延的。注意，假定了 AFA，Ga 是 Ω 的非精确图像，而 Gb 是 Ω 的一个精确图像。另一方面，如果我们假定 $SAFA$，那么 Gb 仍是 Ω 的一个精确图像，而 Ga 是一个集合 $T \neq \Omega$ 的精确图像使得 $T = \{\Omega, T\}$。

（2）这一次令 G 是拥有三个不同节点 a、b 和 c 的图：

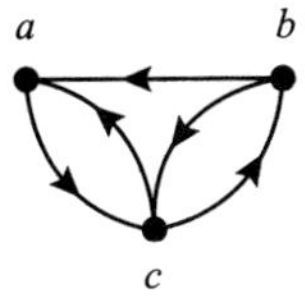

图 3.5

注意，可达点图 Ga 的展开 $(Ga)^t$ 具有如下形状：

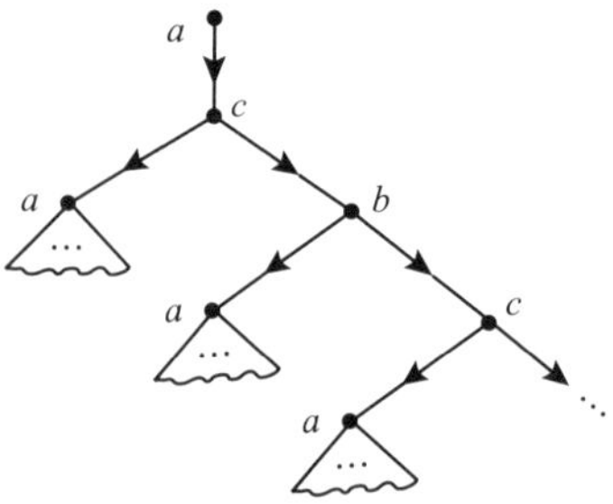

图 3.6

其中树的结点都已标上了与 G 中相对应的结点的名字。从该图形中可看出子树（$Gb)^t$ 和（$Gc)^t$ 同构。证明 G 不是 $\cong^t$－外延的，但明显 G 是外延的。G 只有恒等的自同构，因此它还是严格的。由于每一个结点都可从每一个其他结点可达，可得 G 是芬斯勒－外延的。假定 AFA，则 G 的唯一的装饰将把集合 Ω 指派给每一个结点。但若假定 $SAFA$，则存在 G 的一个装饰，这里的结点 b 和 c 被指派一个集合 X，而结点 a 被指派一个不同的集合 Y，使得 $Y=\{X\}$，且 $X=\{X, Y\}$。最后，若 $FAFA$ 被假定，则存在一个单射的装饰分别指派两两不同的集合 A、B 和 C 给结点 a、b 和 c，使得 $A=\{C\}$，$B=\{A, C\}$ 和 $C=\{B, C\}$。

第一个有穷例子是由 R・窦尔逖给出的。他的图有 9 个节点 26 条边，经过一系列的改进，上面只有 3 个结点 5 条边的简单例子是由 L・莫斯给出的。另外一个具有相同数量结点和边的图是由 S・约翰逊建立的，如下图：

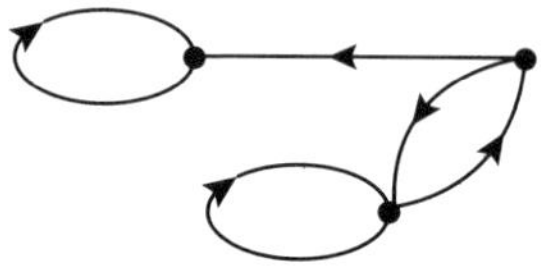

图 3.7

推论 3.4 AFA、$FAFA$ 和 $SAFA$ 是两两不相容的公理。

3.3.6 布法的弱公理

前面，Vza 是系统 V 的子图，含有集合 a 中所有的结点和 V 中这些结点之间所有的边。Vza 不必是外延的，但当 a 是传递集合时，Vza 便是外延的，即当 $x\in a$ 时，蕴涵着 $x\subseteq a$。令 BA_1 是下面的公理：

- 对某个传递集合 a，每一个外延图都同构于 Vza。

该公理和前面戈迪夫公理 GA 之间有相似性。GA 的叙述既包含了对 BA_1 的假设，也包含了其结论的一种弱化。实际上 BA_1 强于 GA。前面给出 $AFA_1 \Rightarrow GA$。下面将表明 BA_1 严格地强于 AFA_1。

把集合 x 称作自返集合仅当 $x = \{x\}$。由于任意两个自返的集合都同构，故可从 $FAFA_2$ 且从任意 $AFA^{\sim}$ 推出至多存在一个自返的集合。这一点与假定 BA_1 形成对比。例如，通过考虑两个元素的外延图：

图 3.8

可得到一个由两个元素组成的、自返的集合。自返集合的任意基数集合也可同样得到，因此有：

命题 3.13　假定 BA_1，自返集合可构成一个真类。

哪些可达点图是精确图像？BA_1 可以被看作答案。

命题 3.14　BA_1 等价于：一个可达点图是精确图像当且仅当它是外延的。

证明：由外延公理，每一个精确图像都是外延的。令 Ga 是外延的可达点图。由 BA_1 一定有一个传递的集合 c，且 $b \in c$，所以 $Ga \cong (Vzc)b \cong Vb$。因此 Ga 是精确图像。反过来，假定每一个外延的可达点图都是精确图像，且令 G 是一个外延图。考虑两种情况：（1）假定对某一个 $a \in G$，$a_G = G$。Ga 是一个外延的可达点图，包含 G 的所有结点。由于 Ga 是外延的，所以它是一个精确图像，使得对于某个集合 c，$Ga \cong Vc$。由于 $a_G = G$，可以得出 c 一定是一个传递的集合且 $c \in c$ 使得 $G \cong Vzc$。（2）假定对于所有 $a \in G$，$a_G \neq G$。通过为 G 添加一个新的结点 $*$，并且对于每一个 $a \in G$ 添加新边（$*$，a），可构造出一个外延的可达点图 $G'*$。由于 $G'*$ 是外延的，所以它是一个精确图像，使得对于某个集合 c，有 $G'* \cong Vc$。又由于 $a \in *_{G'}$ 蕴涵了 $a_G \subseteq *_{G'}$，可推出 c 一定是一个传递的集合，且 $G \cong Vzc$。

推论 3.5　对于任意正则互模拟 ~：

$$BA_1 \Rightarrow AFA_1^{\sim} \ \& \ \neg \ AFA_2^{\sim}$$

练习 3.20　证明每一个图都同构于一个外延图的子图。

前面 $M_0 \leq M$ 仅当存在一个单射的系统映射 $M_0 \rightarrow M$。$G \leq V$ 当且仅当对某个传递集合 c，$G \cong (Vzc)$。一个外延系统 M 被称作局部普遍系统仅当对于每一个外延图 G，$G \leq M$。BA_1 等价于：

- V 是局部普遍的。

下面是 M · 布法的一个非良基集的公理。假定 $V \cong On$，证明这一公理不计同构有唯一的完全的模型。它很像公理 $AFA^{\sim}$，但都被证明不是那些公理。

在阐述 M · 布法对 BA_1 的加强形式时，会用到如下的概念。一个系统 M 是系统 M' 的传递子系统（缩写为 $M \trianglelefteq M'$）仅当 $M \subseteq M'$ 且对于所有 $x \in M$：

$$x_{M'} = x_M$$

练习 3.21 证明：

（i）$M \trianglelefteq M'$ 当且仅当 $M \subseteq M'$，且包含映射 $M \hookrightarrow M'$ 是一个系统映射。

（ii）$G \trianglelefteq V$ 当且仅当对某个传递集 c，$G = (V \upharpoonright c)$。

（iii）对于 $i \in M$，若 $M_i \trianglelefteq M$ 则 $\cup_{i \in I} M_i \trianglelefteq M$，这里 $\cup_{i \in I} M_i$ 是 M 的子系统，拥有 M 的结点和边，而这些结点和边又在某个 M_i 中。

（iv）每一个单射的系统映射 $M \to M'$ 都有唯一的因子分解：

$$M \leftrightarrow M_0 \hookrightarrow M'$$

这里 $M_0 \trianglelefteq M'$。用 $M \leftrightarrow M'$ 表示 M 和 M' 之间的一个同构。

（v）每一个单射的系统映射 $G \to G'$ 有一个因子分解：

$$G \hookrightarrow G_0 \leftrightarrow G'$$

如下被称作布法反基础公理（$BAFA$）：

- 外延图的传递子图的每一个精确装饰都可扩充成整个图的精确装饰。

可运用箭号图表示该公理。

- 用外延系统和单射的系统映射的范畴，图形：

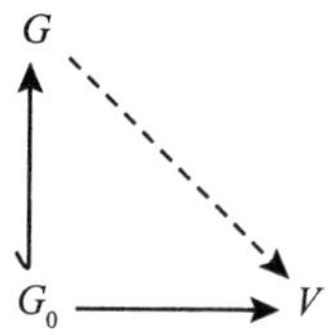

图 3.9

总可以完备。这表示给定外延图 G 和 G_0（$G_0 \trianglelefteq G$）及一个单射的系统映射 $G_0 \to V$，存在单射的系统映射 $G \to V$，使得上图是交换的。

命题 3.15 对于任意外延系统 M，下面等价：

(1) 任意图形：

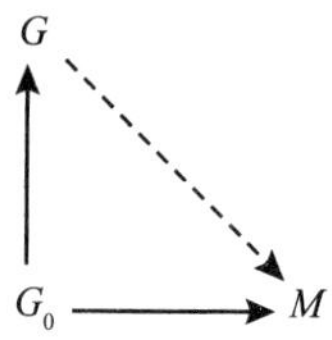

图 3.10

都可以完备。

（2）任意图形：

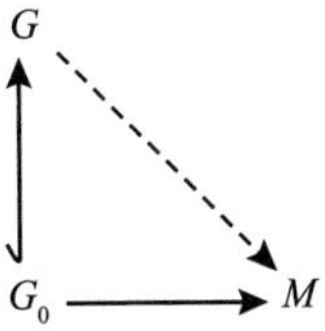

图 3.11

都可以完备。

（3）任意图形：

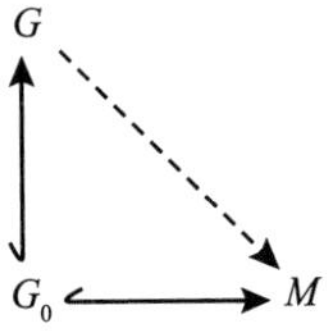

图 3.12

都可以完备。

在以上图形中，G_0 和 G 都是外延图，所有的箭号代表单射的系统映射。

证明：（1）蕴涵（2）和（2）蕴涵（3）都是不足道的。对（3）蕴涵（1），给定映射 $G_0 \to G$ 和 $G_0 \to M$，这些映射都可因子分解而得到：

$$G_0 \leftrightarrow G_0'' \hookrightarrow G \text{ 和 } G_0 \leftrightarrow G_0' \hookrightarrow M$$

复合这两个同构得到一个同构 $G_0'' \leftrightarrow G_0'$，且因此得到一个可以运用因子分解的映射 $G_0' \to G$ 而得到：

$$G_0' \hookrightarrow G' \leftrightarrow G$$

由（3），图形：

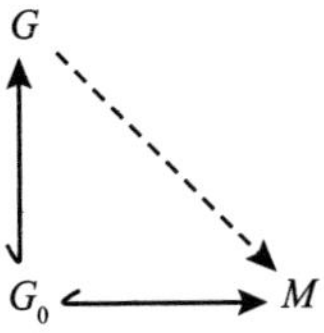

图 3.13

可以完备。故得到如下的交换图形：

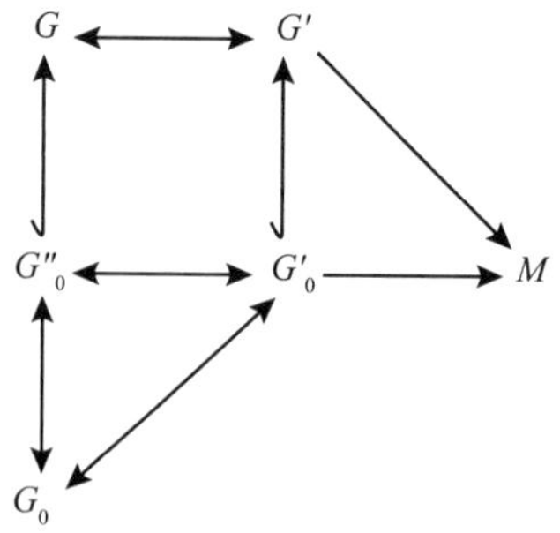

图 3. 14

从该图形可得一个映射 $G \to M$ 完备了图形：

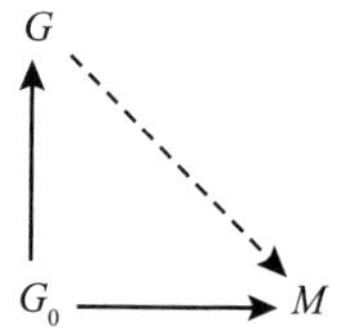

图 3. 15

使（1）得以证明。

若此命题中的条件均成立，则称 M 是一个超普遍系统，$BAFA \Leftrightarrow V$ 是超普遍的。

练习 3. 22 证明一个完全的系统 M 是 $BAFA$ 的一个模型当且仅当它是超普遍的。

定理 3. 17 每一个超普遍的系统都是完全的。

证明：令 M 是一个超普遍系统，$x \subseteq M$ 是一个集合。找到 $a \in M$，使得 $x = a_M$。由于 M 是外延的，因此 a 具有唯一性。令 G_0 是由 M 中位于从元素 x 出发的路径上的结点和边组成的图。令 G 由 G_0 的结点和边及一个新的结点 $*$ 和一些新边（$*$，y）组成，$y \in x$。有两种情况需要考虑。

情况（1）中假定 G 是外延的。则有 M 的超普遍性，图形：

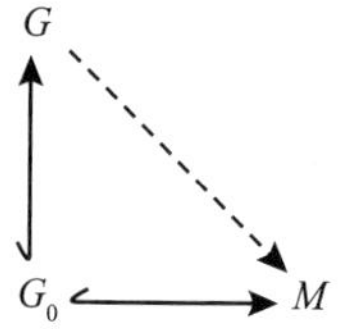

图 3. 16

可用一个单射的系统映射 d：$G \to M$ 来完备。由于 d 是 G_0 上的恒等映射，且 $*_G = x$，若 $a = d*$，则：

$$a_M = \{dy \mid y \in *_G\} = x$$

情况（2）中假定 G 不是外延的。由于 $G_0 \trianglelefteq M$，且 M 是外延的，可推出 G_0 是外延的。所以一定有 $a \in G_0$，使得 $a_G = *_G$。但 $*_G = x$，且 $G_0 \trianglelefteq G$ 和 $G_0 \trianglelefteq M$，所以：

$$a_M = a_{G_0} = a_G = *_G = x$$

接下来证明，不计同构只有唯一的超普遍系统。下一个引理将给出两个超普遍系统之间一个同构的超穷往复（backwards and forwards）构造中的往复步骤。

引理 3.7　假定图形：

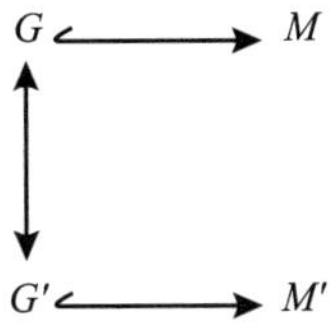

图 3.17

若 M' 是超普遍的，且 $m \in M$，则存在图 $F \trianglelefteq M$ 和 $F' \trianglelefteq M'$，及一个同构 $F \leftrightarrow F'$，使得 $m \in F$，且图形：

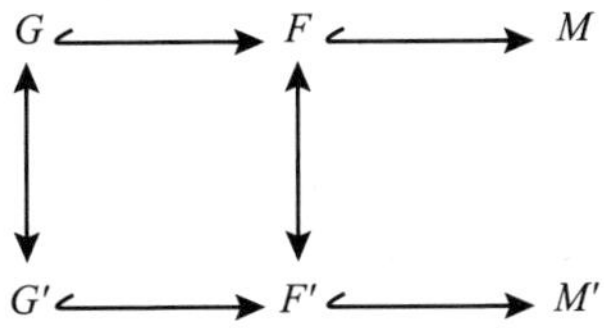

图 3.18

是交换的。此外，若 M 也是超普遍的，且 $m' \in M'$，则 F 和 F' 也有 $m' \in F'$。

证明：由于 $G \trianglelefteq M$，且 $(Mm) \trianglelefteq M$，因此 $G \cup (Mm) \trianglelefteq M$。令 $F = G \cup (Mm)$。则 $m \in F$。由于 M' 是超普遍的，图形：

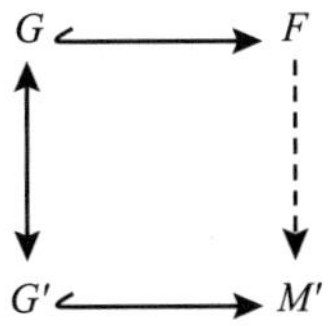

图 3.19

可用单射的系统映射 $F \to M'$ 来完备，这个映射可被因子分解而给出 $F \leftrightarrow F' \hookrightarrow M'$，且因此给出图形：

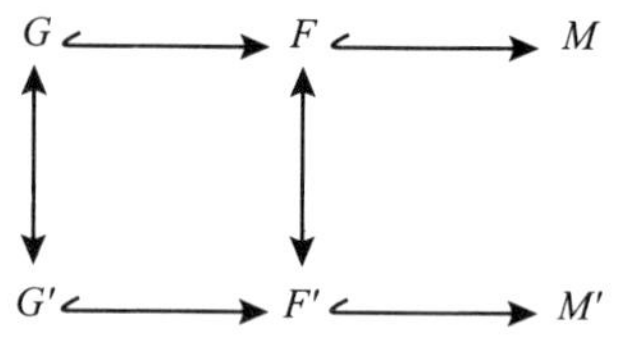

图 3.20

若 M 也是超普遍的，且 $m \in M'$，则可从图形：

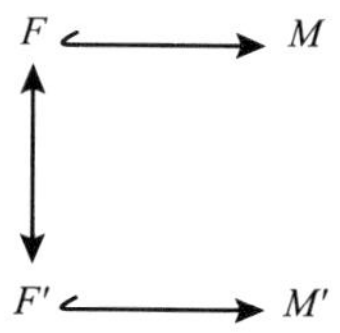

图 3.21

重复该构造，除了互换 M 和 M' 之外。可得到交换图形：

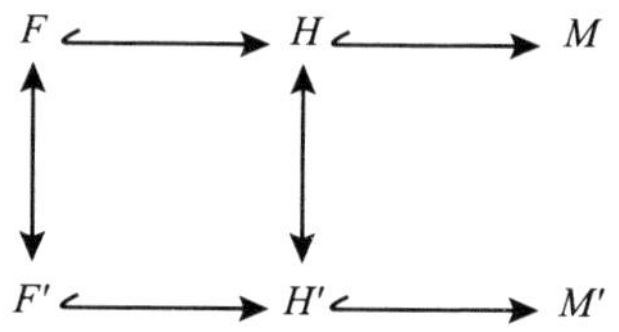

图 3.22

且因此得到交换图形：

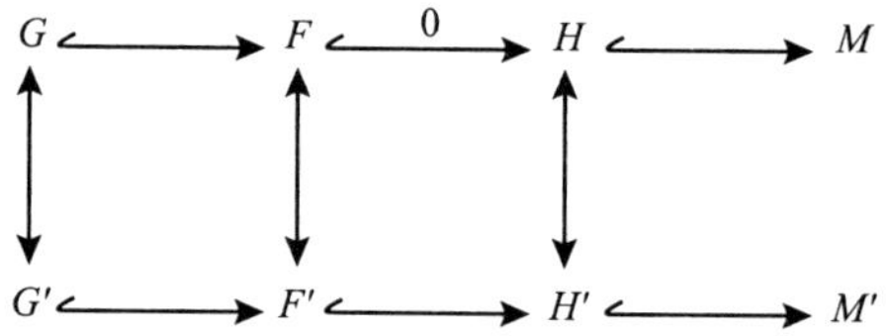

图 3.23

若忽略中间的同构，且把 H 和 H' 分别标成 F 和 F'，则可得所需的结果，m

$\in F$ 且 $m' \in F'$。

定理 3.18　（假定 $V \cong On$）若 M 和 M' 都是超普遍的，则 $M \cong M'$。

证明：由于 $V \cong On$，存在 M 的枚举 $\{m_\alpha\}_{\alpha \in On}$ 和 M' 的枚举 $\{m'_\alpha\}_{\alpha \in On}$。由 $\alpha \in On$ 上的超穷递归，定义 $G_\alpha \trianglelefteq M$，$G'_\alpha \trianglelefteq M'$ 并且 i_α：$G_\alpha \cong G'_\alpha$，使得 $m_\alpha \in G_\alpha$，$m'_\alpha \in G'_\alpha$ 以及每当 $\beta < \gamma$，$G_\beta \trianglelefteq G_\gamma$，$G'_\beta \trianglelefteq G'_\gamma$，且图形：

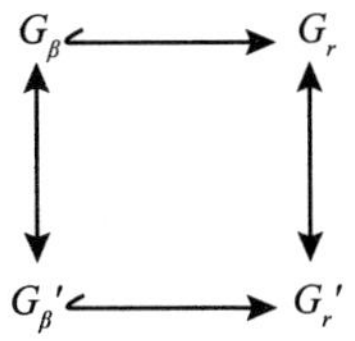

图 3.24

是交换的。

还有：

$$M = \bigcup_{\alpha \in On} G_\alpha,\ M' = \bigcup_{\alpha \in On} G'_\alpha$$

以及：

$$i: M \cong M'$$

这里：

$$i = \bigcup_{\alpha \in On} i_\alpha$$

假定对 $\beta < \alpha$，$G_\beta \trianglelefteq M$，$G'_\beta \trianglelefteq M'$ 且 i_β：$G_\beta \cong G'_\beta$ 已有定义，使得 $m_\beta \in G_\beta$，$m'_\beta \in G'_\beta$，且每当有 $\beta < \gamma$ 时，上述所有条件都成立。则 $G \trianglelefteq M$，$G' \trianglelefteq M'$ 且 i：$G \cong G'$，这里：

$$G = \bigcup_{\beta < \alpha} G_\beta,\ G' = \bigcup_{\beta < \alpha} G'_\beta$$

和

$$i = \bigcup_{\beta < \alpha} i_\beta$$

所以，由引理可选择 $G_\alpha \trianglelefteq M$，$G'_\alpha \trianglelefteq M'$，且 i_α：$G_\alpha \cong G'_\alpha$，使得 $G \trianglelefteq G_\alpha$，$G' \trianglelefteq G'_\alpha$，$m_\alpha \in G_\alpha$，$m'_\alpha \in G'_\alpha$，且图形：

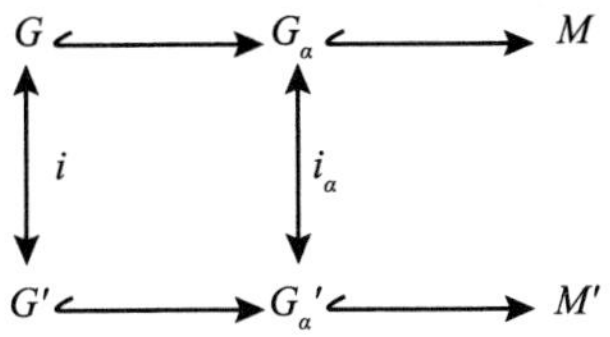

图 3.25

是交换的。对于每一个 $\alpha \in On$，需要选择公理的一个全局形式来选择 G_α，G'_α，i_α。

一个系统 M 被称为全局普遍系统仅当 M 是外延的，且对每一个外延系统 M_0 都有 $M_0 \trianglelefteq M$。每一个全局普遍系统都是局部普遍的。

下面讨论超普遍系统的构造。需用到商构造，该构造总产生一个外延系统。这一构造对偶于运用系统 M 上的极大互模拟 $\equiv_M$ 所作的构造。前面定义，M 上的一个二元关系 R 是 M 上的一个互模拟仅当 $R \subseteq R^+$，而 M 上的极大互模拟 $\equiv_M$ 是一个等价关系。R 被称为一个余－互模拟关系仅当 $R^+ \subseteq R$。如下的练习概括了将用到的 M 上的极小自返互模拟 $\sim_M$ 的性质。

练习 3.23 证明：

（ⅰ）在一个系统 M 上有唯一一个极小的自返余－互模拟 $\sim_M$。

（ⅱ）关系 $\sim_M$ 是 M 上的一个等价关系，也是 M 上的一个互模拟。

（ⅲ）系统 M 是外延的，当且仅当：

$$a \sim_M b \Rightarrow a = b$$

（ⅳ）若 π：$M \to M'$ 是一个单射的系统映射，则对于 a，$b \in M$：

$$a \sim_M b \Leftrightarrow \pi a \sim_{M'} \pi b$$

引理 3.8 （假定 $V \cong On$）

如果 M 是一个系统，则 M 有一个关于 $\sim_M$ 的商 π：$M \to M'$。

证明：由 $V \cong On$，存在一个 M 的枚举 $\{m_\alpha\}_{\alpha \in On}$。对于 $a \in M$，令 $\pi a = m_\alpha$，α 是使得 $m_\alpha \sim_M a$ 的最小序数。对于 a，$b \in M$：

$$(*) \quad a \sim_M b \Leftrightarrow \pi a = \pi b$$

令 M' 是如下系统：对于 $a \in M$，以 πa 为结点；以（πa，πb）为边，$a \to b$ 在 M 中。由于 $\sim_M$ 是一个互模拟，M' 是系统，且 π：$M \to M'$ 是满射的系统映射。接下来证明 M' 是外延的。所以令 $(\pi a)_{M'} = (\pi b)_{M'}$。则 $\{\pi x \mid x \in a_M\} = \{\pi y \mid y \in b_M\}$，使得：

$$\forall x \in a_M \exists y \in b_M (\pi x = \pi y) \quad \& \quad \forall y \in b_M \exists x \in a_M (\pi x = \pi y)$$

由（$*$）和 $\sim_M$ 的定义推出 $a \sim_M b$，且 $\pi a = \pi b$。

把该引理中给出的系统映射 π：$M \to M'$ 称为 M 的一个极小外延商。

练习 3.24 令 M 是一个外延可达点图的系统。令 π：$M \to M'$ 是 M 的一个极小外延商。证明 M' 是全局普遍的。

定理 3.19 （假定 $V \cong On$）存在一个超普遍系统。

证明：给出系统 M 的归纳定义。超普遍系统将作为 M 的一个极小外延商。归纳定义将同时生成 M 的结点，由于 M 的每一个结点已经生成，定义也将刻画此前生成的结点是 a 的后继。在给出 M 的定义前。令 M 是最小的系统，使得若：

$$(*) \quad G_0 \trianglelefteq G \text{ 且 } G_0 \trianglelefteq M$$

则对每一个 $a \in G - G_0$，

- $(G_0, G, a) \in M$
- $((G_0, G, a))_M = (a_G \cap G_0) \cup \{(G_0, G, x) \mid x \in a_G - G_0\}$

练习 3.25　验证 M 的归纳定义可以被 ZFC^- 中的一个显式定义所替换。

每当 G_0 和 G 满足（$*$），π：$G \to M$ 是一个系统映射，这里 π 是 G_0 上的恒等映射的扩张，使得对于 $a = G - G_0$：

$$\pi a = (G_0, G, a)$$

π：$G \to M$ 完备了图形：

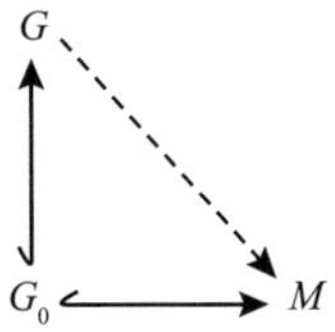

图 3.26

关于 M 的超普遍性，需要 π 是单射，而它是单射仅当对于所有的 $x \in G - G_0$，$(G_0, G, x) \notin G_0$。若基础公理成立，则事实如此。但不能缺少该假设，否则就无法进行下去。对每一个 i，令 σ_i：$V^3 \to V$ 是下面给出的单射：对所有的 x，y，z：

$$\sigma_i(x, y, z) = (i, x, y, z)$$

重新定义 M：令 M 是最小的那个系统，使得若：

$$(*) \quad G_0 \trianglelefteq G \text{ 且 } G_0 \trianglelefteq M$$

则对每一个 $a \in G - G_0$ 和每一个 i：

- $\sigma_i(G_0, G, a) \in M$
- $(\sigma_i(G_0, G, a))_M = (a_G \cap G_0) \cup \{\sigma_i(G_0, G, x) \mid x \in a_G - G_0\}$

若给定了 G_0 和 G 满足（$*$），则对每一个 $i \in I$，映射 π_i：$G \to M$ 是扩充了 G_0 上的恒等映射的系统映射，使得对于 $a \in G - G_0$：

$$\pi_i a = \sigma_i(G_0, G, a)$$

若对于所有的 $x \in G - G_0$，$\sigma_i(G_0, G, x) \notin G_0$，映射 π_i 是单射。由于 G_0 是一个小系统，选择好某个 i 之后势必如此。否则会有一个单射，对于某个 $x_i \in G - G_0$，指派 $\sigma_i(G_0, G, x_i)$ 给任意的 i。可用一个单射的系统映射 π_i：$G \to M$ 来完备图形：

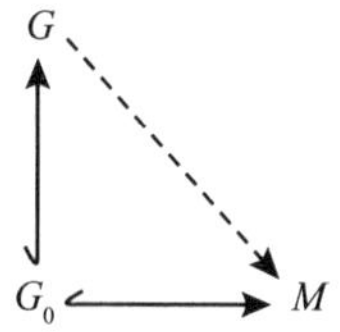

图 3.27

一个超普遍系统必须是外延的，而 M 不是。所以构造 M 的一个极小外延商 π：$M \to M'$。证明 M'是超普遍的。由定义，M'是外延的。令 $G_0' \trianglelefteq M'$ 和 $G_0' \trianglelefteq G'$，G'是一个外延图。必须找到一个扩充了 G_0'上的恒等映射的单射的系统映射 π'：$G' \to M'$。由于 π：$M \to M'$是满射，且 $G_0' \trianglelefteq M'$，可运用选择公理寻找 $G_0 \trianglelefteq M$，使得当 π 被限制到 G_0 时，它是一个满射 ψ_0：$G_0 \to G_0'$。找一个定义在 $G' \to G_0'$上的单射函数 σ，使得对于 $x \in G' - G_0'$，$\sigma x \notin G_0$。令 G 是把 G_0 的结点和 σx 作为结点的图。若 $x \in G_0$，那么令 $x_G = x_{G_0}$，使得 $G_0 \trianglelefteq G$。若 $x \in G' - G_0'$，则令：

$$(\sigma x)_G = \{\sigma y \mid y \in x_{G'} \ \& \ y \notin G_0'\} \cup \{z \in G_0 \mid \psi_0 z \in x_{G'}\}$$

定义 ψ：$G \to G'$，使得它扩充了 ψ_0：$G_0 \to G_0'$，且使得对于 $x \in G' - G_0'$，$\psi(\sigma x) = x$。所以可得如下图形：

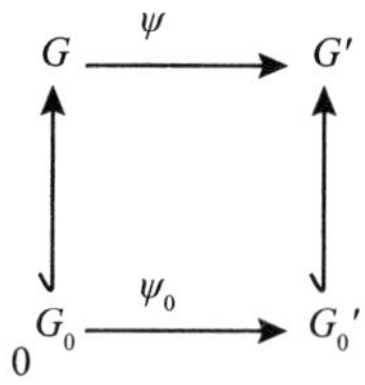

图 3.28

G_0 和 G 满足（ * ），使得可找到一个单射的系统映射 π_i：$G \to M$ 扩充了 G_0 上的恒等映射。如下交换图：

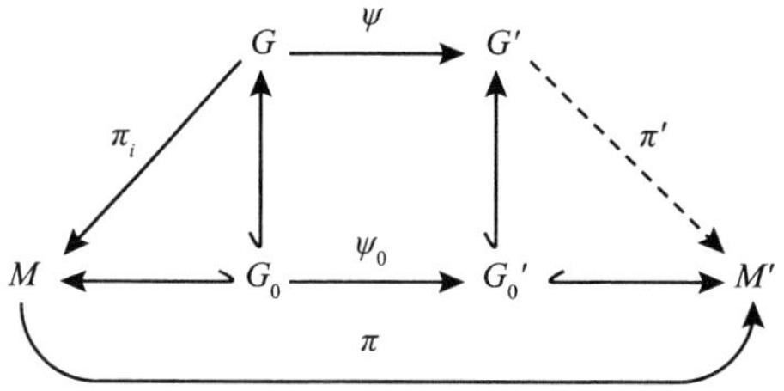

图 3.29

若想用一个扩充了 G'_0上的恒等映射的单射的系统映射 π'：$G'\to M'$来完备该图，需下面的结论。

引理 3.9　对于 x，$y\in G$：

$$\psi x=\psi y\Leftrightarrow\pi(\pi_i x)=\pi(\pi_i y)$$

证明：由前面的练习：

$$\pi(\pi_i x)=\pi(\pi_i y)\Leftrightarrow\pi_i x\sim_M\pi_i y\Leftrightarrow x\sim Gy$$

对于 x，$y\in G$，令：

$$xRy\Leftrightarrow\psi x=\psi y$$

证明 $xRy\Leftrightarrow x\sim_G y$。若 xR^+y，则：

$$\{\psi x'\mid x'\in x_G\}=\{\psi y'\mid y'\in y_G\}$$

使得由于 G'是外延的，$(\psi x)_{G'}=(\psi y)_{G'}$，因此 $\psi x=\psi y$。所以 $R^+\subseteq R$。由于 R 自返，可得 $x\sim_G y\Rightarrow xRy$。对于逆蕴涵，令 xRy，即 $\psi x=\psi y$。若 $\psi x\in G'_0$，则 x，$y\in G_0$，且 $\psi_0 x=\psi_0 y$，使得 $\pi x=\pi y$，因此 $x\sim_M y$。所以 $x\sim_{G_0}y$，且 $x\sim_G y$。若 $\psi x\in G'-G'_0$，则 $x=y$，使得由于 $\sim_G$ 自返，因此 $x\sim_G y$。

由该引理和 ψ：$G\to G'$是满射，存在唯一单射的映射 π'：$G'\to M'$，使得对于 $x\in G$：

$$\pi'(\psi x)=\pi(\pi_i x)$$

较易验证 π 是一个扩充了 G'_0上的恒等映射的系统映射。

3.4　反基础公理与余代数

把 AFA 的完全的模型刻画成那些模型 M，使得对于每一个系统 M'都存在唯一一个系统映射 $M'\to M$。假定 AFA，pow 的最大不动点 V 便是这样一个系统 M。本节要对该结论进行推广。为此需运用范畴论的一些概念，并把 pow 看成是类的（超大的 *superlarge*）范畴和类之间的映射上的一个函子。若 π：$A\to B$ 是一个映射，则对于所有的 $x\in powA$，$pow\pi$：$powA\to powB$ 的定义由：

$$(pow\pi)x=\{\pi a\mid a\in x\}$$

给出。

一个系统可被看作由一个结点类 M 和一个映射（　）$_M$：$M\to powM$ 组成的，对于每一个 $a\in M$，a_M 是 a 的后继的集合。从 M 到另外一个系统 M'的系统映射是一个映射 π：$M\to M'$，使得对于所有的 $a\in M$：

$$(\pi a)_{M'}=(pow\pi)a_M$$

即，使得下面的图形是交换的：

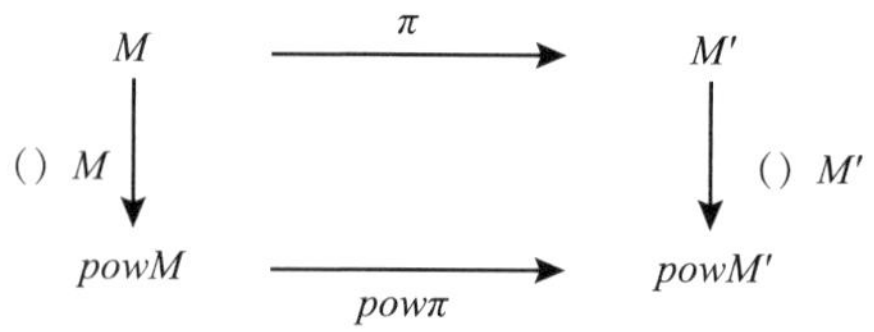

图 3.30

当用这种方式看待系统和系统映射的概念时，所需的推广便很清晰。在如下定义的基础上，系统只是函子 *pow* 的余代数，系统映射则是余代数同态。余代数将被定义为熟悉的代数概念的对偶。

3.4.1 初始代数和终余代数

以将要用到的概念开始，假定一个固定的函子 Φ：$\mathcal{C}\to\mathcal{C}$，其中 $\mathcal{C}$ 是一个范畴。下面的概念是相对于这一函子的。

定义 3.1

(1)（A，α）是一个代数仅当 α：$\Phi A\to A$ 在 $\mathcal{C}$ 中。

当 α 没有歧义时，只用 A 表示该代数。若 α 是双射的，则该代数是一个完全代数。

(2) 给定代数（A，α）和（B，β），π 是从（A，α）到（B，β）的一个同态，记作 π：（A，α）→（B，β），仅当 π：$A\to B$，使得图形：

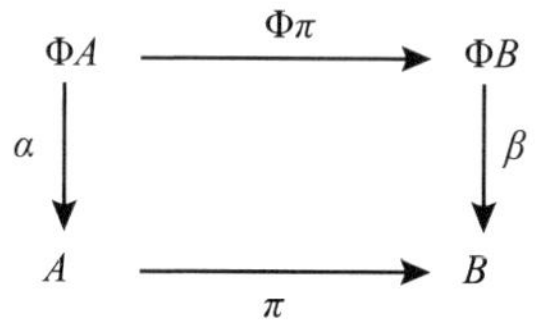

图 3.31

是交换的。

代数和同态构成一个范畴。当把一个初始对象的一般概念应用到代数的范畴时，就为我们给出了：

(3)（A，α）是一个初始代数仅当它是一个代数，使得对于每一个代数（B，β）都有唯一一个同态（A，α）→（B，β）。

练习 3.26 证明：

（i）任意两个初始代数都同构。

（ⅱ）任意的初始代数都是完全的。

函子 Φ 可被看作对偶于 $\mathcal{C}$ 的范畴 $\mathcal{C}^{op}$ 上的函子 Φ^{op}。$\mathcal{C}^{op}$ 与 $\mathcal{C}$ 拥有相同的对象，但是映射 f：$A\to B$ 在 $\mathcal{C}$ 中被看作映射 f：$B\to A$ 在 $\mathcal{C}^{op}$ 中。

称（A，α）是一个余代数仅当它是相对于 Φ^{op} 的一个代数。除此之外，（A，α）是一个（相对于 Φ 的）终余代数仅当它是一个相对于 Φ^{op} 的初始代数。这样，（A，α）是一个终余代数仅当 α：$A\to\Phi A$ 在 $\mathcal{C}$ 中，使得每当 β：$B\to\Phi B$ 在 $\mathcal{C}$ 中，则有唯一的映射 π：$B\to A$ 在 $\mathcal{C}$ 中，使得图形：

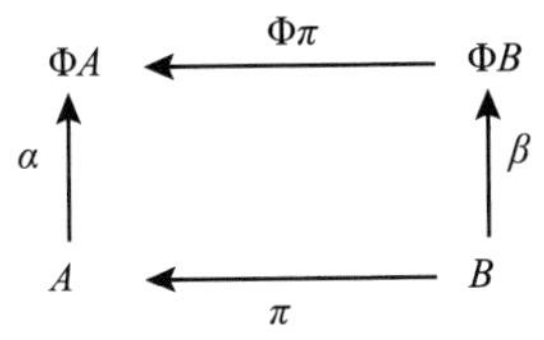

图 3.32

是交换的。

由此，终余代数的概念对偶于初始代数的概念，并且上面的练习为终余代数给出了对偶的结论。

3.4.2　标准函子

令 $\mathcal{C}$ 是超大的 *superlarge* 范畴，它的对象都是类，映射是类之间的类映射。

定义 3.2　一个函子 Φ：$\mathcal{C}\to\mathcal{C}$ 是标准的仅当它作为类算子是集合连续的，且保持包含映射，即若 $X\subseteq Y$，则 $\Phi i_{X,Y}=i_{\Phi X,\Phi Y}$，这里 $i_{X,Y}$：$X\to Y$ 是包含映射。

函子 *pow* 是标准函子的一个例子。恒等函子 *Id* 和对于每一个类 A 的常函子 K_A 都不足道地是标准的。同时，标准函子 Φ 和 ψ 的复合 $\Phi\circ\psi$ 也是一个标准函子。下面的练习给出了另外一种从给定的标准函子构造新标准函子的方法。

练习 3.27　令 $(\Phi_i)_{i\in I}$ 是一个由类 I 标记的标准函子的族。

（ⅰ）证明 $\sum_{i\in I}\Phi_i$ 是一个标准函子 Φ，仅当 X 是一个类：

$$\Phi X=\sum_{i\in I}\Phi_i X$$

并且：

$$(\Phi\pi)(i,\ a)=(i,\ (\Phi_i\pi)a)$$

仅当 π：$X\to Y$，且 $(i,\ a)\in\Phi X$。

（ⅱ）证明若 I 是一个集合，则 $\prod_{i\in I}\Phi_i$ 是一个标准函子 Φ，仅当 X 是一个类：

$$\Phi X = \prod_{i \in I} \Phi_i X$$

并且：

$$((\Phi\pi)f)i = (\Phi_i \pi)(f_i)$$

仅当 π：$X \to Y$，$f \in \Phi X$，且 $i \in I$。

（ⅲ）证明若 $I = \{i, \cdots, n\}$，则 $\Phi_1 \times \cdots \times \Phi_n$ 是一个标准函子 Φ，仅当 X 是一个类：

$$\Phi X = \Phi_1 X \times \cdots \times \Phi_n X$$

并且：

$$(\Phi\pi)(a_1, \cdots, a_n) = ((\Phi_1 \pi) a_1, \cdots, (\Phi_n \pi) a_n)$$

仅当 π：$X \to Y$，且对于 $i = 1, \cdots, n$，$a_i \in \Phi_i X$。

练习 3.28 假定集合连续算子 Φ 用一个族 $(\tau_\delta)_{\delta \in \Delta}$ 来定义，即对于每一个类 X：

$$\Phi X = \{\tau_\delta f \mid \delta \in \Delta \ \&\ f \in X^{v\delta})$$

假定每当 π：$X \to Y$，δ_1，$\delta_2 \in \Delta$，并且 $f_1 \in X^{v\delta 1}$，$f_2 \in X^{v\delta 2}$：

$$\tau_{\delta_1} f_1 = \tau_{\delta_2} f_2 \Rightarrow \tau_{\delta_1}(\pi \circ f_1) = \tau_{b_2}(\pi \circ f_2)$$

证明：每当 π：$X \to Y$，$\delta \in \Delta$，并且 $f \in X^{v\delta}$，通过定义：

$$(\Phi\pi)(\tau_\delta f) = \tau_\delta(\pi \circ f)$$

Φ 可构造成一个标准函子。

需要用到标准函子的如下性质。若 π：$X \to Y$，且 $Z \subseteq X$，则：

$$\Phi(\pi \upharpoonright Z) = (\Phi\pi) \upharpoonright (\Phi Z)$$

由于 $\pi \upharpoonright Z = \pi \circ i_{Z,X}$。

运用恒等映射，一个标准函子任意的不动点都可被看作一个完全代数或完全余代数。可得如下关于最小不动点的结论。

定理 3.20 若 Φ 是一个标准函子，则 I_Φ 是一个初始代数。

证明：令 (A, α) 是一个代数。证明有唯一的从 I_Φ 到 (A, α) 的同态，即，有一个映射 π：$I_\Phi \to A$，使得对于所有 $x \in I_\Phi$：

$$\pi x = \alpha((\Phi\pi)x)$$

前面 $I_\Phi = \cup_{\lambda \in On} I^\lambda$，其中 $I^\lambda = \Phi(\cup_{\mu < \lambda} I^\mu)$。对于 $\mu < \lambda$，$I^\mu \subseteq I^\lambda$。由 $\lambda \in On$ 上的超穷递归来定义 π^λ：$I^\lambda \to A$，使得对于 $\mu < \lambda$：

$$\pi^\mu = \pi^\lambda \upharpoonright I^\mu$$

所需的映射 π 将被定义成 π^λ 的并。

作为归纳假设，假定 π^μ：$I^\mu \to A$ 已经对于所有的 $\mu < \lambda$ 有了定义，使得：

$$\pi^v = \pi^\mu \upharpoonright I^v (v < \mu < \lambda)$$

令 $I^{<\lambda} = \cup_{\mu < \lambda} I^\mu$，且 $\pi^{<\lambda} = \cup_{\mu < \lambda} \pi^\mu$。由归纳假设 $\pi^{<\lambda}$ 是良基定义的映射 $I^{<\lambda} \to$

A，使得对于 $\mu<\lambda$：

$$\pi^{\mu}=\pi^{<\lambda}\upharpoonright I^{\mu}$$

可得 $\Phi\pi^{<\lambda}$：$I^{\lambda}\to\Phi A$，使得可以定义：

$$\pi^{\lambda}=\alpha\circ(\Phi\pi^{<\lambda})$$

假定对于 $\mu<\lambda$，π^{μ} 也已经用那种方式定义了，使得对于 $\mu<\lambda$：

$$\pi^{\mu}=\alpha\circ(\Phi\pi^{<\mu})$$

由于对于 $\mu<\lambda$，$\pi^{<\mu}=\pi^{<\lambda}\upharpoonright I^{<\mu}$，可得：

$$\begin{aligned}\pi^{\mu}&=\alpha\circ(\Phi(\pi^{<\lambda}\upharpoonright I^{<\mu}))\\&=\alpha\circ((\Phi\pi^{<\lambda})\upharpoonright(\Phi I^{<\mu}))\\&=\pi^{\lambda}\upharpoonright I^{\mu}\end{aligned}$$

此即所需。

对于 $\lambda\in On$，π^{λ} 已经有定义，接着可以定义 π：$I_{\Phi}\to A$ 为 π^{λ} 的并。对于 $\lambda\in On$，$\pi^{\lambda}=\pi\upharpoonright I^{\lambda}$，且 $\pi^{<\lambda}=\pi\upharpoonright I^{<\lambda}$。所以，若 $x\in I_{\Phi}$，则对于某个 $\lambda\in On$，$x\in I^{\lambda}$，使得：

$$\begin{aligned}\pi x&=\pi^{\lambda}x\\&=\alpha((\Phi\pi^{<\lambda})x)\\&=\alpha((\Phi(\pi\upharpoonright I^{<\lambda}))x)\\&=\alpha(((\Phi\pi)\upharpoonright I^{\lambda})x)\\&=\alpha((\Phi\pi)x)\end{aligned}$$

以上证明了 π 的存在性。对于唯一性，假定 τ：$I_{\Phi}\to A$，使得对于 $x\in I_{\Phi}$：

$$\tau x=\alpha((\Phi\tau)x)$$

因此对于所有的 $\lambda\in On$，$\tau\upharpoonright I^{\lambda}=\pi^{\lambda}$，使得 $\tau=\pi$。因为若对于所有的 $\mu<\lambda$，$\tau\upharpoonright I^{\mu}=\pi^{\mu}$，则 $\tau\upharpoonright I^{<\lambda}=\pi^{<\lambda}$。因此，若 $x\in I^{\lambda}$，则：

$$\begin{aligned}\tau x&=\alpha((\Phi\tau)x)\\&=\alpha(((\Phi\tau)\upharpoonright I^{\lambda})x)\\&=\alpha((\Phi(\tau\upharpoonright I^{<\lambda}))x)\\&=\alpha((\Phi(\pi^{<\lambda}))x)\\&=\pi^{\lambda}x\end{aligned}$$

因此 $\tau\upharpoonright I^{\lambda}=\pi^{\lambda}$。

3.4.3　终余代数定理

需要考察前一定理的对偶，但得到该定理的对偶有些困难。如果假定基础公理，那么 V 是标准函子 *pow* 的唯一的不动点。但良基集的类没有为 *pow* 给出一个终余代数，因为由 *pow* 的任意终余代数都是反基础公理的一个模型。另外，如果假定了反基础公理，那么 *pow* 的最大不动点 V 确实是一个终余代数。

如下结论给出了终余代数的存在性。一个弱拉回是一个交换方阵：

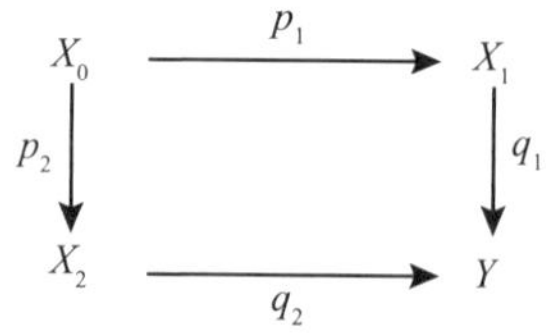

图 3.33

使得对于所有的 $x_1 \in X_1$，$x_2 \in X_2$，使得 $q_1 x_1 = q_2 x_2$，$x \in X_0$，使得：$x_1 = p_1 x$，且 $x_2 = p_2 x$。

任意保持弱拉回的标准函子都有一个终余代数。

概述终余代数定理的证明。一个终余代数的构造将推广第 3 章中 V_c 的构造。假设给定一个固定的标准函子 Φ。一个余代数（X，α）是一个完备的余代数仅当对于每一个小的余代数（Y，β），存在唯一一个同态（Y，β）→（X，α）。不难证明一个余代数是终的仅当它是完备的。从一个可能大的余代数（Y，β）到一个完备的余代数的那个唯一的同态是通过拼凑从（Y，β）的那些小的子余代数到该完备余代数的那些唯一的同态而得。

余代数（X，α）是弱完备的余代数（强外延的余代数）仅当对于每一个小的余代数（Y，β）都有至少一个（至多一个）同态（Y，β）→（X，α）。显然一个余代数是完备的当且仅当它既是弱完备的又是强外延的。构造一个弱完备的余代数（C，γ）。令 C 是带点的小余代数的类，即三元序组（X，α，x），（X，α）是一个小的余代数，$x \in X$。定义 γ：$C \to \Phi C$。首先令 α^*：$X \to C$，对于所有的 $x \in X$：

$$\alpha^* x = (X,\ \alpha,\ x)$$

对于（X，α，x）$\in C$，定义：

$$\gamma(X,\ \alpha,\ x) = (\Phi\alpha^*)(\alpha x)$$

余代数（C，γ）是弱完备的，如果（X，α）是一个小的余代数，那么：

$$\alpha^*:\ (X,\ \alpha) \to (C,\ \gamma)$$

是一个同态。

下面的结论是从一个弱完备余代数到一个完备余代数构造的关键。

引理 3.10 如果 Φ 保持弱拉回，那么对每一个余代数（X，α），都有一个强外延的余代数（$\bar{X}$，$\bar{\alpha}$）和一个满射的同态（X，α）→（$\bar{X}$，$\bar{\alpha}$）。

若把这一引理应用到弱完备的余代数（C，γ），则得到一个强外延的余代数（$\bar{C}$，$\bar{\gamma}$）。由于同态（C，γ）$\rightarrow$（$\bar{C}$，$\bar{\gamma}$），（C，γ）的弱完备性不足道地过渡给了（$\bar{C}$，$\bar{\gamma}$），使得（$\bar{C}$，$\bar{\gamma}$）既是强外延的又是弱完备的，因此，是完备的，所以是终的。

这一引理将不作一般证明，但为特殊情形的函子 Φ 给出证明概要，其中：

$$\Phi = pow \circ (K_A \times Id)$$

A 是某一个固定的类。其中 Φ 的一个余代数具有形式（X，α），X 是一个类，α：$X \rightarrow pow(A \times X)$。这样的一个余代数为每一个 $a \in A$ 确定一个系统（X，α_a），其中，α_a：$X \rightarrow powX$，对于每一个 $x \in X$：

$$\alpha_a x = \{y \in X \mid (a,\ y) \in x\}$$

对于每一个 $a \in A$，如果 $R \subseteq X \times X$ 是（X，α_a）上的一个互模拟，则称 R 是余代数（X，α）上的一个互模拟关系。正如系统上的极大互模拟一样，可以证明每一个余代数都有一个极大互模拟，并且该关系是一个等价关系。下一步是构造类 X 关于这一等价关系的商 π：$X \rightarrow \bar{X}$。通过定义 $\bar{\alpha}$：$\bar{X} \rightarrow \Phi \bar{X}$，可得到一个余代数（$\bar{X}$，$\bar{\alpha}$），使得 π 是一个满射的同态（X，α）$\rightarrow$（$\bar{X}$，$\bar{\alpha}$）。最后，证明（$\bar{X}$，$\bar{\alpha}$）是强外延的。

为了得到初始代数的一个更好的对偶，需假定 AFA，并把保持弱拉回的标准函子上的条件替换成一个看上去不同的条件。为阐述这一新条件，需要使用前面解引理中膨胀的集合论域。对于每一个纯集合 i，该膨胀的论域有一个原子 x_i。如果 x 是这样的一个原子，令 i_x 是纯集合 i，使得 $x = x_i$。给定一个纯集合的类 A，令：

$$X_A = \{x_i \mid i \in A\}$$

并且如果 π：$X_A \rightarrow V$，那么令 π'：$A \rightarrow V$，下面给出：对于所有 $i \in A$：

$$\pi' i = \pi x_i$$

一个标准函子 Φ 被定义为映射上一致，仅当对于每一个纯集合的类 A 都有一族 $(c_u)_{u \in \Phi A}$，其中对于每一个 $u \in \Phi A$，c_u 是一个 X_A－集合，使得对于所有 π：$X_A \rightarrow V$ 和所有 $u \in \Phi A$：

$$(\Phi x')u = \hat{\pi} c_u$$

特殊的终余代数定理（假定 AFA）。

如果 Φ 是一个映射上一致的标准函子，那么 J_Φ 是一个终余代数。

证明：令（A，α）是 Φ 的一个余代数。因此 α：$A \rightarrow \Phi A$。对于每一个 $u \in \Phi A$，令 c_u 是一个 X_A－集合，使得对于所有 π：$X_A \rightarrow V$ 和所有 $u \in \Phi A$：

$$(\Phi \pi')u = \hat{\pi} c_u$$

对于每一个 $x \in X_A$，令 a_x 是 X_A－集合 $c_{\alpha i_x}$。

每一个 X_A－集合 a_x 都是 Φ－局部的。原因在于，如果 B 是一个纯集合类，

且 π：$X_A \to B$，则：

$$\hat{\tau}a_x = \hat{\tau}c_{\alpha i_x} = (\Phi\tau')(\alpha i_x)$$

因此，由于 $\alpha i_x \in \Phi A$，且 $\Phi\tau'$：$\Phi A \to \Phi B$，可得到 $\hat{\tau}a_x \in \Phi B$。

由解引理，方程组：

$$x = a_x (x \in X_A)$$

有唯一解，并且由定理，这个解是一个映射 π：$X_A \to J_\Phi$。因此，可推出 π'：$A \to J_\Phi$，使得对于所有 $i \in A$：

$$\pi' i = \pi x_i = \hat{\pi}a_{x_i} = \hat{\pi}c_{\alpha_i} = (\Phi\pi')(\alpha i)$$

所以，图形：

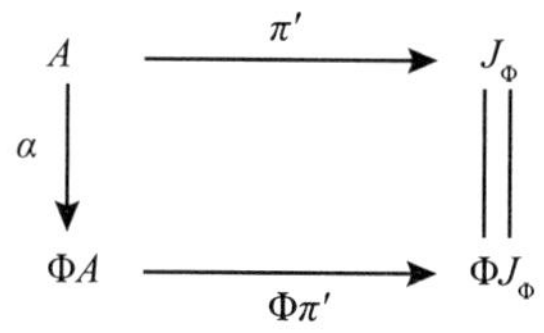

图 3.34

是交换的。π'是从余代数（A，α）到余代数 J_Φ 的同态。由于解 π 是唯一的，可推出同态 π'是唯一的。

在实践中，自然的函子似乎总在映射上是一致的。例如，为了明白 *pow* 是在映射上一致的，对于 $u \in powI$，令 $b_u = \{2\} \times \{x \mid i \in u\}$。同样，自然的标准函子似乎总是保持弱拉回的。注意，虽然 *pow* 保持弱拉回，但它并不保持拉回。“映射上一致”和“保持弱拉回”这两个概念之间的关系很有意义，有待于进一步研究。

第 4 章

模态语言的集合语义

本章首先讨论框架、模型和集合的关系，给出模态逻辑的集合论语义，使用集合之间的属于关系解释模态算子，从而在集合上解释模态公式。在此基础上，主要讨论下面的内容：在 4.1.3 节中，使用翻译把模态语言的公式翻译为集合论语言的公式，然后证明一些语义上的对应结果；在第 4.1.4 节，根据集合论语义定义一些非标准的集合运算，包括集合族的不交并、生成子集合、p－态射、树展开等，并证明了模态公式在这些运算下保持或不变的结果。4.2 节从图和加标图语义方面重新探讨互模拟与模态等价之间的关系。

4.1 模态语言的解释

4.1.1 框架、模型与集合

模态逻辑中的框架可被看作有向图，而模型可被看作加标图。我们用装饰函数，把框架看作由该框架中的每一个状态的装饰组成的集合。对于框架 $\mathfrak{F}=(W, R)$，对于每一个 $w \in W$，它的装饰是：$d(w)=\{d(v): Rwv\}$。例如，若 w 是死点（即对于所有 $v \in W$，$\neg Rwv$），则 $d(w)=\varnothing$；若 w 是自返的（即 Rww），则 $\Omega \in d(w)$，其中 Ω 是满足方程 $x=\{x\}$ 的唯一集合解。这样，我们可以把框架 $\mathfrak{F}=(W, R)$ 看作集合 $\{d(w): w \in W\} \subseteq V_{afa}$。对于框架，不需要使用本元就可以把框架表示为集合。反之，如果把一个集合按照属于关系的逆关系展开，我们就可以得到模态框架。

对于任意给出框架 $F=(W, R)$ 上的赋值 V，可以就得到模型 $M=(W, R, V)$。一个赋值函数 V 是对每一个命题变元 p 指派 W 的子集 $V(p)$，$V(p)$ 可被看

作在模型 M 中使得 p 真的状态的集合，因此，赋值函数可被看作描述模型中每个状态的原子信息的一种方式。除此之外，还有一种描述原子信息的方式是：对于框架 $F=(W, R)$ 中的每一个状态 w，由一个加标函数 l 指派给 w 一个命题变元的集合 $l(p)$，可把 $l(p)$ 看作所有在 w 上真的命题变元的集合。这样就可在加标图上解释模态语言。

定义 4.1 对基本模态语言 ML（Φ，$\Diamond$）的任意公式 ϕ，任给一个加标图 $G=(W, R, l)$，其中 W 是非空的结点集合，R 是 W 上的一个二元关系，l：$W \rightarrow \wp(\Phi)$ 是加标函数。公式 ϕ 在加标图 $G=(W, R, l)$ 上真（记号：$G, w \vDash \phi$）递归定义如下：

（1）对于每一个命题变元 p，$G, w \vDash p$ 当且仅当 $p \in l(w)$；

（2）$G, w \vDash \neg \phi$ 当且仅当 $G, w \nvDash \phi$；

（3）$G, w \vDash \phi \wedge \psi$ 当且仅当 $G, w \vDash \phi$，并且 $G, w \vDash \psi$；

（4）$G, w \vDash \Diamond \phi$ 当且仅当存在 v，使得 Rwv，并且 $G, v \vDash \phi$。

这个定义与定义 3.2 只有原子的情况不同。下面的命题说明了加标图与模型等价。

命题 4.1 任给图 $\mathfrak{F}=(W, R)$，定义 $\mathfrak{F}$ 上的赋值函数 V 和加标函数 l，假设对于每一个状态 w，对于每一个命题变元 p，$w \in V(p)$ 当且仅当 $p \in l(w)$。对任意的一个基本模态公式 ϕ 和任何一个状态 w，$\mathfrak{F}, V, w \vDash \phi$ 当且仅当 $\mathfrak{F}, l, w \vDash \phi$。

证明：对于公式 ϕ 的构造归纳证明。只证 $\phi := \Diamond \psi$ 的情况。$\mathfrak{F}, V, w \vDash \Diamond \psi$ 当且仅当存在 v，使得 Rwv，且 $\mathfrak{F}, V, v \vDash \psi$ 当且仅当存在一个 v，使得 Rwv 且 $F, l, v \vDash \psi$（由归纳假设）当且仅当 $F, l, w \vDash \Diamond \psi$。

例 4.1 （1）给定集合 $\{\{p, q\}, \{q, \{p, q, r\}\}\}$，这里 $p, q, r \in \Phi$，它们是本元。把集合中的元素按照逆属于关系展开，可得如下加标图：

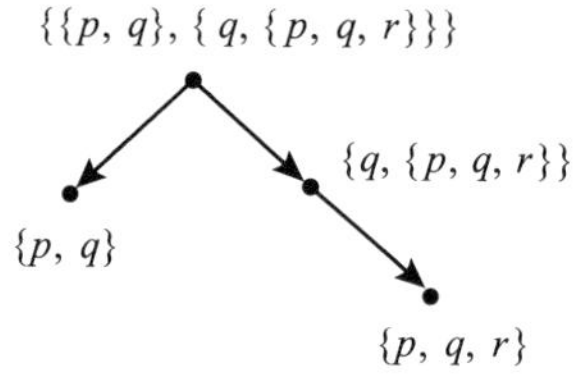

图 4.1

这个图上的每一个结点 x 的标签 $l(x) = x \cap \Phi$。

（2）给定一个加标图 $G=(W, R, l)$：

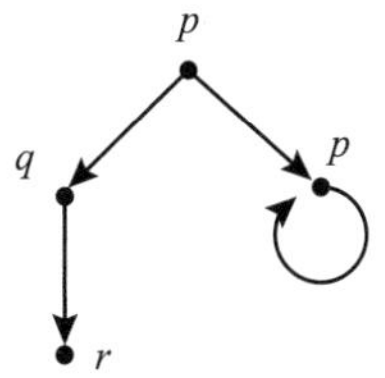

图 4.2

该加标图是集合$\{\{q, \{r\}\}, \{\Omega, p\}, p\}$的图示。

4.1.2　模态公式的集合论解释

上一节例 4.1 中的两个例子表明，模态逻辑的语义与集合之间是存在着某种关系的：每一个集合都可以根据逆属于关系展开为一个图；而每一个加标图（模型）也可通过装饰函数表示为一个集合。这样就可以在集合上解释模态语言，建立模态逻辑的集合论语义。一般地，在递归定义一个集合 a 和一个模态公式 ϕ 之间的满足关系 $a \models \phi$，这也是研究模态逻辑的最基本概念。

定义 4.2　集合 a 满足基本模态语言的公式 ϕ，记作：$a \models \phi$，可递归定义为：

（1）$a \models p$ 当且仅当 $p \in a$，对于所有的 $p \in \Phi$；

（2）$a \models \neg \phi$ 当且仅当 $a \not\models \phi$；

（3）$a \models \phi \wedge \psi$ 当且仅当 $a \models \phi$，并且 $a \models \psi$；

（4）$a \models \Diamond \phi$ 当且仅当存在一个集合 $b \in a$，$b \models \phi$。

对无穷的模态语言，还有下面关于广义合取的语义解释：

（5）$a \models \bigwedge \Gamma$ 当且仅当对于所有的 $\phi \in \Gamma$，都有 $a \models \phi$。

在一个集合 a 上真的模态公式可以看作对集合 a 的描述，根据其定义中的（1），如果 p 在 a 中是真的，那么这说明 a 中含有本元 p；根据（4），如果 $\Diamond \phi$ 在 a 中是真的，那么这说明 a 中有含有某个元素 b 并且 b 具有性质 ϕ。另外，其他联结词和模态词的语义解释如下：

$a \models \Box \phi$ 当且仅当对每个集合 $b \in a$，$b \models \phi$；

$a \models \phi \vee \psi$ 当且仅当 $a \models \phi$ 或 $a \models \psi$；

$a \models \phi \rightarrow \psi$ 当且仅当 $a \not\models \phi$ 或 $a \models \psi$；

$a \models \phi \leftrightarrow \psi$ 当且仅当（$a \models \phi$ 当且仅当 $a \models \psi$）；

$a \models \bigvee \Gamma$ 当且仅当存在 $\phi \in \Gamma$ 使得 $a \models \phi$。

例 4.2　（ⅰ）考虑如下两个方程组（1）和（2）的解：

（1）$x = \{p, x\}$。

(2) $y=\{z, p\}$, $z=\{y, p\}$。

把以上两个方程组的解展开就可以得到如下图①和图②:

图 4.3

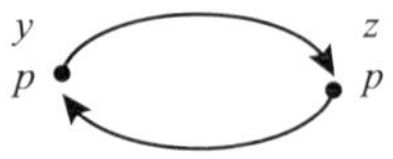

图 4.4

在 x、y、z 三个集合上,对任何自然数 $k>0$ 和 $m>0$,$\Diamond^k p \wedge \Box^m p$ 是真的。

(ii) 给定两个集合 a 和 b,$a=\{p, b\}$,$b=\{q, a\}$。把 a 和 b 都看作状态,如图 4.5 给出了相应的克里普克模型:

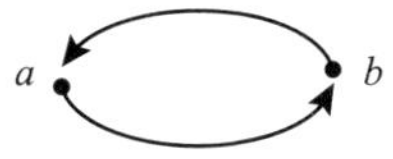

图 4.5

把克里普克模型 $M=(W, R, V)$ 定义为:

(1) $W=\{a, b\}$;

(2) $R=\{(a, b), (b, a)\}$;

(3) $V(p)=\{a\}$, $V(q)=\{b\}$,其他命题变元的赋值任意给定。

这里的 a、b 相当于克里普克模型中的两个状态。a 可及 b,b 也可及 a,但 a 不可及 a,b 不可及 b,也就是说,$a\in b$,$b\in a$,但 $a\notin a$,$b\notin b$。集合中的本元 p 和 q 相当于克里普克模型中的原子命题,$p\in a$,$q\in b$。因为 $W\subseteq V_{afa}[\Phi]$,W 在集合上是传递的,即 $a\in b\in W$,由于 a 是集合,所以 $a\in W$,W 中的元素的元素是传递的。那么,根据模态逻辑的语义,如下满足关系成立:

(1) $a\models\Diamond\Diamond p\wedge\Box\neg p\wedge\Diamond q\wedge\Box\Diamond p$;

(2) $b\models\Diamond\Diamond q\wedge\Box\neg q\wedge\Diamond p\wedge\Box\Diamond q$。

定义 4.3 有效和逻辑后承。

(1) 对于基本模态语言的公式 ϕ,如果对每个集合 $a\in V_{afa}[\Phi]$ 都有 $a\models\phi$,那么称 ϕ 有效(记号:$\models\phi$)。这里 $V_{afa}[\Phi]$ 是使用命题变元集合 Φ 作为本元集合从而得到的集合类。

（2）如果对每个集合 $a \in V_{afa}[\Phi]$、基本模态语言的公式集 $\sum$ 和公式 ϕ 都有 $a \models \sum$ 蕴涵 $a \models \phi$，那么就称公式 ϕ 是公式集 $\sum$ 的逻辑后承（记号：$\sum \models \phi$）。

这里没有区分局部后承关系和全局后承关系，所给出的集合论语义本质上是相对于一个状态计算公式的真值。比如，［例4.2］图4.4中，集合 y 和 z 仅仅相当于克里普克模型中的两个状态。所以，这里定义的逻辑后承关系本质上是局部的。接下来在给出的集合论语义下重新考虑正规模态逻辑。首先在集合论语义下，有部分模态公式是有效的。

命题4.2 如以下模态公式在集合论语义下都是有效的：

（1）$\square(p \rightarrow q) \rightarrow (\square p \rightarrow \square q)$

（2）$\lozenge p \leftrightarrow \neg \square \neg p$

（3）$\square(p \wedge q) \leftrightarrow (\square p \wedge \square q)$

（4）$\lozenge(p \vee q) \leftrightarrow (\lozenge p \vee \lozenge q)$。

证明：只证明（4）。任意集合 a，假设 $a \models \lozenge(p \vee q)$。则存在集合 $b \in a$ 使得 $b \models p \vee q$，即 $b \models p$ 或 $b \models q$。所以 $a \models \lozenge p$ 或 $a \models \lozenge q$，即 $a \models \lozenge p \vee \lozenge q$。反之，假设 $a \models \lozenge p \vee \lozenge q$。那么 $a \models \lozenge p$ 或 $a \models \lozenge q$。分两种情况：

情况1. $a \models \lozenge p$。则有集合 $b \in a$ 使 $b \models p$。所以 $b \models p \vee q$，$a \models \lozenge(p \vee q)$。

情况2. $a \models \lozenge q$。则有集合 $b \in a$ 使 $b \models q$。所以 $b \models p \vee q$，$a \models \lozenge(p \vee q)$。所以 $a \models \lozenge(p \vee q) \leftrightarrow (\lozenge p \vee \lozenge q)$。

进而讨论极小正规模态逻辑 K 的几个推理规则。在第一节，我们可以看到，在模态逻辑中，一个框架类 C 可以确定一个正规模态逻辑 LogC，因为在任何框架上逻辑 K 的所有定理都是有效的，并且 Sub 规则与 Gen 规则在框架（类）上保持有效性。另外，Gen 在模型上也保持有效性，即对任意模型 M，如果 $M \models \phi$，那么 $M \models \square \phi$。但是，一个集合类不能确定一个正规模态逻辑，原因在于 Sub 规则和 Gen 规则在集合类上不保持有效。

● Sub 在集合上不保持有效性。如下给出一个反例：任给集合 a 使得命题变元 $p \in a$ 但 $q \notin a$，q 可以看作 p 的代入结果。上例说明，在集合类上，Sub 规则不保持有效。

● 在一个集合 a 上，Gen 规则也不保持有效。令集合 $a = \{p, \{q\}\}$。$p \in a$，因此 p 在 a 上是真的，但是 $\square p$ 在 a 上是假的。

但在集合论的语义下，关于 Gen 规则保持有效性的问题，可得如下命题4.3。

定义4.4

（1）给定 $W \subseteq V_{afa}[\Phi]$，如果任何集合 $a \in b \in W$ 蕴涵 $a \in W$，那么称 W 是集合传递类。

（2）定义 $W \models \phi$ 如下：对每个 $a \in W$，$a \models \phi$。

（3）对公式集 $\sum$ 和公式 ϕ，定义 $\sum \models_W \phi$：对每个 $a \in W$，$a \models \sum$ 蕴涵 $a \models \phi$。

命题4.3 令 W 为集合传递类。如果 $W \models \phi$，则 $W \models \Box\phi$。

证明：假设 $W \models \phi$。那么对每个 $a \in W$，$a \models \phi$。因此，对每个 $b \in a \in W$，由于 W 是集合传递类，所以 $b \in W$，$b \models \phi$。所以 $a \models \Box\phi$。

定义4.5 令 W 是集合传递类。如果对每个公式集 $\sum$ 和公式 ϕ，$\sum \models_W \phi$ 蕴涵 $\sum \models_W \Box\phi$，则称 W 是模态正规的。

并不是每一个集合传递类都是模态正规的，例如下面的反例：令 W 是所有集合的类。那么 $\Diamond\top \models_W \Diamond\top$，但是 $\Diamond\top \not\models_W \Box\Diamond\top$，因为 $\{\varnothing\} \not\models_W \Diamond\top$，但是 $\{\varnothing\} \not\models_W \Box\Diamond\top$。只有前提集是空集的情况下，根据命题4.3，如果 $\models_W \phi$，则 $\models_W \Box\phi$，即必然化规则在集合传递类上是有效的。关于模态正规性，还有如下一般的刻画定理。

命题4.4 集合传递类 W 是模态正规的当且仅当对任意集合 $b \in W$，要么 $b \subseteq U$，要么存在 $S \subseteq \Phi$，使得 $b = S \cup \{b\}$。

证明：首先假设对任意集合 $b \in W$，要么 $b \subseteq U$，要么存在 $S \subseteq \Phi$ 使得 $b = S \cup \{b\}$。假设 $\sum \models^W \phi$。令 $b \in W$ 使 $b \models \sum$，则 $b \models \phi$。如果 b 中没有集合，那么显然 $b \models \Box\phi$。如果 b 是属于 b 的唯一集合，则 $b \models \Box\phi$。反之，假设 W 是模态正规的。令 $b \in W$，$\phi = \bigwedge_{p \in b} p \wedge \bigwedge_{p \in \Phi - b} \neg p$，$\sum = \{\phi\}$。那么 $\sum \models^W \phi$，$b \models \sum$，所以 $b \models \Box\phi$。每个集合 $a \in b$ 与 b 恰有相同的本元。令 $c = TC(\{b\})$，那么每个集合 $a \in c$ 与 b 恰有相同的本元。由此得出，c 中所有集合是互模拟的。因此要么 $c = \phi$，要么 $c = \{b\}$。这样 $b = S \cup \{b\}$，其中 $S = support(b)$。固定有穷命题变元集合 Φ，那么上面定义的公式 ϕ 就是基本模态语言的公式，证明同样成立。

在模态逻辑中，麦金森（D. Makinson）证明，任何一个正规模态逻辑要么是 $Ver(K \oplus \Box p)$ 的子逻辑，要么是 $Triv(K \oplus \Box p \leftrightarrow p)$ 的子逻辑。因此，任何一致的正规模态逻辑要么在单死点框架 • 上有效，要么在单自返点框架↺上有效。由命题4.4说明，任给集合传递类 W，W 是模态正规的当且仅当 W 中的任何集合 b 要么没有集合作为它的元素，要么只含有 b 自身，这就是在集合论语义下麦金森定理的变形。

集合论语义的一种变形是使用加标图解释模态语言。对于基本模态语言 $ML(\Phi, \Diamond)$ 的加标图 $G = (W, R, l)$，这里 $l: W \to \wp(\Phi)$ 是加标函数，对每个 $w \in W$，$l(w)$ 都可以看作在 w 上真的命题变元的集合。

定义4.6 （1）使用 $G, w \Vdash \phi$ 表示 $d_G(w) \models \phi$，其中 $d_G(w)$ 是 w 在 G 上的装饰。

（2）如果对每个 $w \in G$，G，$w \Vdash \phi$，则称 ϕ 在 G 中有效（记号：$G \Vdash \phi$）。

（3）如果 ϕ 在每个加标图 G 上有效，则称 ϕ 有效（记号：$\Vdash \phi$）。

（4）使用 $\sum \Vdash_G \phi$ 表示：对每个状态 w，如果 G，$w \Vdash \sum$，则 G，$w \Vdash \phi$。使用 $\sum \Vdash \phi$ 表示：对每个 G，$\sum \Vdash_G \phi$。

根据加标图的装饰的定义，$d_G(w) = \{d_G(v): Rwv\}$。由集合论语义，如下命题成立。

命题 4.5 如下成立：

（1）G，$w \Vdash p$ 当且仅当 $p \in l(w)$；

（2）G，$w \Vdash \neg \phi$ 当且仅当 G，$w \nVdash \phi$；

（3）G，$w \Vdash \phi \wedge \psi$ 当且仅当 G，$w \Vdash \phi$ 并且 G，$w \Vdash \psi$；

（4）G，$w \Vdash \Diamond \phi$ 当且仅当存在 v 使得 Rwv 并且 G，$v \Vdash \phi$。

定理 4.1 任意加标图 $G = (G, R, l)$，令 $W = \{d_G(w): w \in G\}$。那么对每个（基本或无穷模态语言）模态公式 ϕ，（1）$W \models \phi$ 当且仅当 $G \Vdash \phi$；（2）$\models \phi$ 当且仅当 $\Vdash \phi$；（3）$\sum \models \phi$ 当且仅当 $\sum \Vdash \phi$。

这条定理说明了加标图语义与集合论语义等价。

4.1.3 模态语言与集合论语言

在集合论语义下，集合上的属于关系恰好可以看作可及关系，而集合本身可以看作状态。因此，很自然地也可以把模态公式翻译为集合论公式。所使用的集合论语言含有如下初始符号：

（1）集合变元：x_0，x_1，…（使用 x、y、z 等表示）；

（2）本元符号（命题变元）：p_0，p_1，…（使用 p、q、r 等等表示本元）；

（3）二元属于关系符号：$\in$；

（4）逻辑符号：$\forall$、$\exists$（量词），$\neg$、$\wedge$、$\vee$、$\rightarrow$（命题联结词）。

该集合论语言的公式是由以下规则形成的：

$$\phi ::= x \in y \mid p \in x \mid \neg \phi \mid \phi \wedge \psi \mid \forall x \phi$$

其他联结词和量词也可以定义出来。

定义 4.7 定义从基本模态语言到集合论语言的标准集合论翻译 $\mathrm{ST}(\phi, x)$：

（1）对每个 $p \in \Phi$，$\mathrm{ST}(p, x) = p \in x$，

（2）$\mathrm{ST}(\neg \phi, x) = \neg \mathrm{ST}(\phi, x)$，

（3）$\mathrm{ST}(\phi \wedge \psi, x) = \mathrm{ST}(\phi, x) \wedge \mathrm{ST}(\psi, x)$，

（4）$\mathrm{ST}(\Diamond \phi, x) = \exists y(y \in x \wedge \mathrm{ST}(\phi, y))$。

值得注意的是这里的变元 x 和 y 都是集合变元。还要特别注意的是子句（1）和（4）。在句子（1）中，翻译使用了本元，注意前面给出的集合论语义：一个命题变元 p 在一个集合 x 上是真的当且仅当 $p \in x$。在子句（4）中，使用属于关系的逆关系和存在量词来翻译模态词◇。同样，对于公式 $\Box\phi$，有如下翻译结果：

$$ST(\Box\phi, x) = \forall y(y \in x \rightarrow ST(\phi, y))。$$

另外，仍然可以仅使用两个集合论变元就足以把所有基本模态公式翻译为集合论公式。有了这里定义的标准集合论翻译，就能证明相应的语义对应结果。

定理 4.2　对每个集合 $a \in V_{afa}[\Phi]$ 和模态公式 ϕ，$a \models \phi$ 当且仅当 $a \models ST(\phi, x)$。

证明：对 ϕ 的构造归纳证明：

（1）$\phi := p$。$a \models p \Leftrightarrow p \in a \Leftrightarrow a \models p \in x \Leftrightarrow a \models ST(p, x)$。

（2）$\phi := \neg\psi$。$a \models \phi \Leftrightarrow a \not\models \psi \Leftrightarrow a \not\models ST(\psi, x)$（归纳假设）

$\Leftrightarrow a \models \neg ST(\psi, x) = ST(\phi, x)$。

（3）$\phi := \psi \wedge \chi$。$a \models \phi \Leftrightarrow a \models \psi$ 且 $a \models \chi$

$\Leftrightarrow a \models ST(\psi, x)$ 且 $a \models ST(\chi, x)$（归纳假设）

$\Leftrightarrow a \models ST(\psi \wedge \chi, x)$。

（4）$\phi := \Diamond\psi$。$a \models \phi \Leftrightarrow$ 存在 $b \in a$ 使 $b \models \psi$

$\Leftrightarrow$ 存在 $b \in a$ 使 $b \models ST(\psi, x)$（归纳假设）

$\Leftrightarrow a \models \exists y(y \in x \wedge ST(\psi, y))$。

一个集合传递类 W 可以看作一个克里普克模型，因为在 W 中，可以把 W 的每个元素看成一个结点，把元素之间的逆属于关系看作可及关系，把每个元素中含有的命题变元集看作在该结点上真的命题变元集。这样，可以得到以下关于标准集合论翻译的定理。

定理 4.3　令 W 是集合传递类。对任何基本模态语言的公式 ϕ，$W \models \phi$ 当且仅当 $W \models \forall x ST(\phi, x)$。

证明：显然，如果 $W \models \phi$，则对每一个 $a \in W$，则 $a \models \phi$，根据定理 4.2，有 $a \models ST(\phi, x)$。反之依然成立。

是否所有集合论语言的公式都等值于某个模态公式的集合论翻译呢？首先，在模态逻辑的关系语义学中，并非每个一阶公式都等值于某个模态公式的标准一阶翻译，一阶公式 Rxx 就不等值于任何模态公式的标准一阶翻译[①]。那么，在前

---

① 详细证明参见 P. Blackburn, et al., *Modal Logic*. Cambridge Universitry Press, 2001, pp. 87 – 88。我们需要使用模型之间互模拟的概念。考虑自然数上的小于关系形成的框架（ℕ，<）和一个单自返点框架（$\{x\}$，$\{(x, x)\}$），在这两个框架上分别给出一个赋值 V，使得所有命题变元在每个状态上都是真的。那么考虑关系 $Z = \{(n, x): n$ 是自然数$\}$。这个关系是互模拟关系。因为基本模态语言的每个公式的真值在互模拟关系下是不变的，所以，如果 Rxx 是某个公式的标准翻译，那么 Rxx 应该也在自然数模型上真，但这是不可能的。

面给出的集合论标准翻译下，结果是如何的呢？一般来说，如果要证明一个集合论语言的公式是某个模态公式的翻译，要么找到该模态公式，要么假定该集合论语言的公式不等值于任何模态公式的翻译从而得出矛盾。然而要证明某个集合论公式不是某个模态公式的翻译，则必须找到一种性质，证明所有模态公式的翻译都具有这种性质，但所考虑的集合论公式不具有这种性质。

要想回答这里对于翻译提出的问题，我们还需要定义集合之间的一些运算，证明所有模态公式在这些运算下保持或不变，但所给出的集合论公式并非在这些运算下保持或不变，从而证明特定的集合论公式不是任何模态公式的集合论翻译。在4.1.4节将定义一些集合运算，解决这个问题。

4.1.4 集合运算与保持

在经典模型论当中，使用映射对公式分类是一个基本问题。令 A 和 B 是一阶结构，f: $A \to B$ 是从结构 A 到 B 的同态映射，令 α 是一阶公式，如果对 A 上的每个序列 s，$A \models \alpha[s]$ 蕴涵 $B \models \alpha[f(s)]$，那么称 f 保持 α。如果对 A 上的每个序列 s，$A \models \alpha[s]$ 当且仅当 $B \models \alpha[f(s)]$，那么称 α 在 f 下不变。经典模型论的结果是特定的映射保持具有某种句法特征的公式，以下是两个相关的例子。

- 一阶全称句子（即形如 $\forall x\phi$ 并且 ϕ 中不出现量词的句子）在子结构映射下保持，即任给一阶结构 A，对 A 的任意子结构 B，对任意全称句子 $\forall x\phi$，如果 $A \models \forall x\phi$，那么 $B \models \forall x\phi$；
- 一阶存在句子（即形如 $\exists x\phi$ 并且 ϕ 中不出现量词的公式）在嵌入映射下保持，即任给一阶结构 A，对任意存在句子 $\exists x\phi$，如果 A 嵌入 B，并且 $A \models \exists x\phi$，那么 $B \models \exists x\phi$。

关于不变性，所有的一阶句子在模型之间的同构映射下不变，也就是说对任意一阶结构 A，如果 A 与 B 同构，那么 $A \models \phi$ 当且仅当 $B \models \phi$。同样，在模态逻辑中，所有模态公式在不交并、生成子结构、p-态射等映射下都保持或不变等。

在集合论语义下，可以使用集合之间的映射对模态公式进行分类。一个模态逻辑的克里普克模型可以看作一个加标图，而一个加标图对应一个集合，也就是说，这个加标图的装饰的集合，这些装饰一定是含有本元的集合，因为每个加标图上的标签都包含在所加标的状态的装饰当中。如果加标图上有无穷长链，那么所得到的集合一定是非良基集。因此，可以通过定义集合上的一些运算，考虑所有模态公式在这些集合运算下的保持结果。在集合论中，有些标准的集合运算，如并、交、补等。但是，借助集合与加标图之间的联系，可以定义以下集合运算：不交并、生成子集合、集合态射、树展开等，这些运算并不是标准的集合运算。所要证明的主要结果是所有模态公式在这些集合运算下保持或不变。在数学结构的研究中，很自然产生的问题是，结构所具有的哪些性质在给定的运算下是保持的？

前面已经定义了模态等价的概念，对于两个模态等价的不同集合，不能使用模态公式区分这两个集合，即不能表达这两个集合的不同性质。下面定义一些集合上的运算，包括不交并、生成子集合、p－态射、树展开等，并且证明模态公式在这些运算下的保持或不变结果。

1. 集合族的不交并。

任给两个集合 a 和 b，它们的不交并 $a \uplus b$ 定义如下：

$$a \uplus b = (\{\varnothing\} \times a) \cup (\{\{\varnothing\}\} \times b)$$

一般的，对所有集合 a 和 b，$a \uplus \varnothing \subseteq a \uplus b$。对所有集合 a、b 和 c，有如下关于基数的结论：

$$|a \uplus (b \uplus c)| = |(a \uplus b) \uplus c|$$

对于有穷集合这是显然的。一般有如下关于基数 $\boldsymbol{\kappa}$、$\boldsymbol{\mu}$ 和 $\boldsymbol{\lambda}$ 的定理：

$$\boldsymbol{\kappa} + (\boldsymbol{\lambda} + \boldsymbol{\mu}) = \boldsymbol{\kappa} \uplus (\boldsymbol{\lambda} \uplus \boldsymbol{\mu}) = (\boldsymbol{\kappa} \uplus \boldsymbol{\lambda}) \uplus \boldsymbol{\mu} = (\boldsymbol{\kappa} + \boldsymbol{\lambda}) + \boldsymbol{\mu}$$

很显然，不交并不改变原来集合的中元素和元素之间的从属关系。为了说明含模态词的公式在集合运算下是否保持语义，就必须要求所考虑的集合都是集合传递的。为此，我们给出如下定义。

定义 4.8 给定集合 a，定义 $\{a\}$ 的集合传递闭包 STC（$\{a\}$）为满足如下条件的最小集合：（1）$a \in \mathrm{STC}(\{a\})$；（2）如果集合 $b \in c \in a$，那么 $b \in \mathrm{STC}(\{a\})$。

在这里不使用传递闭包的原因如下：考虑集合 $a = \{\{p\}\}$，那么传递闭包 $TC(\{a\}) = \{a, \{p\}, p\}$ 中就有本元 p，但是集合传递闭包 $\mathrm{STC}(\{a\}) = \{a, \{p\}\}$ 不含本元。可以得出结论，如果使用传递闭包，在计算公式的真值时，就不能在 p 上进行，因为 p 本身不是集合。

定义 4.9 给定集合族 $\{a_i\}_{i \in I}$，集合传递闭包 $\mathrm{STC}(\{a_i\})$ 的不交并 $\uplus_i \mathrm{STC}(\{a_i\})$ 定义为 $\bigcup_{i \in I}(\{i\} \times (\mathrm{STC}(\{a_i\})))$。

在这里给出的定义中，为了区分集合而对每个 $\mathrm{STC}(\{a_i\})$ 加下标。另外，为了给出不变结果，必须改变基本模态语言的语义定义。我们在后面给出在集合传递闭包中某个集合满足模态公式的递归定义。

定义 4.10 对基本模态任何公式 ϕ 和集合 a，ϕ 在某个 $\mathrm{STC}(\{a\})$ 中的集合 x 上是真的（记号：$\mathrm{STC}(\{a\}), x \vDash \phi$）递归定义如下：

（1）$\mathrm{STC}(\{a\}), x \vDash p$ 当且仅当 $p \in x$；

（2）$\mathrm{STC}(\{a\}), x \vDash \neg \phi$ 当且仅当 $\mathrm{STC}(\{a\}), x \nvDash \phi$；

（3）$STC(\{a\}), x \models \phi \wedge \psi$ 当且仅当 $STC(\{a\}), x \models \phi$ 且 $STC(\{a\}), x \models \psi$；

（4）$STC(\{a\}), x \models \Diamond\phi$ 当且仅当存在集合 $y \in x$ 使得 $STC(\{a\}), y \models \phi$。

注意：在子句（4）中，要求 y 是集合，这样 y 本身也在集合传递闭包 STC（$\{a\}$）中。由于在这里的集合中引入了本元，因此得出如下结论：

命题 4.6　对任何 $p \in \Phi$，$i \in I$ 和集合 $x \in STC(\{a_i\})$，$\uplus_i STC(\{a_i\}), x \models p$ 当且仅当 $STC(\{a_i\}), x \models p$。

定理 4.4　对任何基本模态公式 ϕ 和集合族 $\{a_i\}_{i \in I}$，使 $a_i \in V_{afa}[\Phi]$，对每个 $i \in I$ 和 $x \in STC(\{a_i\})$，$\uplus_i STC(\{a_i\}), x \models \phi$ 当且仅当 $STC(\{a_i\}), x \models \phi$，即模态公式在集合传递的集合类的不交并下不变。

证明：对 ϕ 的构造归纳证明。对于 $\phi := p$ 的情况，根据命题 4.6，不变性成立。布尔情况显然。对于 $\phi := \Diamond\psi$。假设 $\uplus_i STC(\{a_i\}), x \models \Diamond\psi$。存在 $i \in I$ 使 $x \in STC(\{a_i\})$，并且存在 $y \in x$ 使 $STC(\{a_i\}), y \models \psi$。所以 $\uplus_i STC(\{a_i\}), x \models \Diamond\psi$。另一个方向显然成立。

例 4.3　令 $a = \{\{1, p\}, 2\}$，$b = \{\{3, q\}, p\}$。计算集合传递闭包为：

（1）$STC(\{a\}) = \{a, \{1, p\}, 2, 1, 0\}$，

（2）$STC(\{b\}) = \{b, \{3, q\}, 3, 2, 1, 0\}$。

那么计算不交并 $STC(\{a\}) \uplus STC(\{b\})$ 如下：

$$\{a_0, \{1, p\}_0, 2_0, 1_0, 0_0, b_1, \{3, q\}_1, 3_1, 2_1, 1_1, 0_1\}。$$

2. 生成子集合。

在模态逻辑当中，令 $\mathfrak{M}_1 = (W_1, R_1, V_1)$ 是一个模型 $\mathfrak{M}_2 = (W_2, R_2, V_2)$ 的生成子模型，对 W_1 中的每个状态 w 和每个模态公式 ϕ，$\mathfrak{M}_1, w \models \phi$ 当且仅当 $\mathfrak{M}_2, w \models \phi$。要把这个不变性结果推广到集合论语义上，首先就必须定义生成子集合的概念。

定义 4.11　对所有集合 a，取集合传递闭包 $STC(\{a\})$。任给非空子集 $X \subseteq STC(\{a\})$，由 X 生成的 $STC(\{a\})$ 子集合 Y 定义为满足如下条件的最小集合：

（1）$X \subseteq Y$；

（2）如果集合 $a \in b \in X$，那么 $a \in Y$。

另一种定义生成子集合 Y 的方法是一种构造性定义，它显示了 Y 是如何一步一步构造起来的：

$Y_0 = X$；

$Y_{n+1} = Y_n \cup \{a: a \in V_{afa}[\Phi]$ 并且存在 $b \in Y_n$ 使得 $a \in b\}$。

令 $Y = \cup_{n \in w} Y_n$，则 Y 是生成子集合。根据定义容易验证如下命题成立。

命题 4.7　任给非空子集 $X \subseteq STC(\{a\})$，那么由 X 生成的 $STC(\{a\})$ 的子集合 $Y = \cup_{x \in X} STC(\{x\})$。从集合 $STC(\{a\})$ 中某个集合 b 生成的 $STC(\{a\})$ 的子

集合就是 STC($\{b\}$)。

我们可以证明以下不变结果：所有模态公式在生成子集合运算下是不变的。

定理 4.5 任意集合 a 和非空子集 $X\subseteq$ STC($\{a\}$)，Y 是由 X 生成的 STC($\{a\}$) 的子集合。对每个集合 $y\in Y$ 和公式 ϕ，Y，$y\vDash\phi$ 当且仅当 STC($\{a\}$)，$y\vDash\phi$。

证明：对 ϕ 的构造归纳证明。对于原有的子命题 p，Y，$y\vDash p$ 当且仅当 $p\in y$，当且仅当 STC($\{a\}$)，$y\vDash p$。布尔情况显然是成立的。对于模态情况 ϕ: $=\Diamond\psi$。设 Y，$y\vDash\Diamond\psi$。存在集合 $z\in y$ 使 Y，$z\vDash\psi$，根据 Y 的集合传递闭包性质得到 $z\in Y$，由归纳假设，STC($\{a\}$)，$z\vDash\psi$，所以 STC($\{a\}$)，$y\vDash\Diamond\psi$。反之，假设 STC($\{a\}$)，$y\vDash\Diamond\psi$。那么存在集合 $z\in y$ 使得 STC($\{a\}$)，$z\vDash\psi$，根据 Y 的封闭条件，$z\in Y$，因此由归纳假设，Y，$z\vDash\psi$，所以 Y，$y\vDash\Diamond\psi$。

例 4.4 令 $a=\{0, \{3, p\}, 2, p\}$。取集合传递闭包 STC($\{a\}$) $=\{a, 0, \{3, p\}, 3, 2, 1\}$。那么从 a 的元素 $\{3, p\}$ 生成的子集合是：$\{\{3, p\}, 3, 2, 1, 0\}$。

3. 集合之间的 p－态射。

从赛格伯格（K. Segerberg）1971 年发表的著作《论经典模态逻辑》① 开始，模态逻辑的研究开始大量的使用 p－态射（即满有界态射）这样的运算。首先先回顾一下 p－态射的概念。任给两个模型 $\mathfrak{M}=(W, R, V)$ 和 $\mathfrak{N}=(X, S, U)$，从 $\mathfrak{M}$ 到 $\mathfrak{N}$ 的一个 p－态射是一个函数 f: $W\rightarrow X$ 使得：

（1）f 是满射；

（2）如果 $f(x)=y$，那么对所有命题变元 p，$x\in V(p)$ 当且仅当 $y\in U(p)$；

（3）如果 Rxu，那么 $Sf(x)f(u)$；

（4）如果 $Sf(x)v$，则存在 $u\in W$，使得 $f(u)=v$ 并且 Rxu。

同样，我们可以定义集合上的 p－态射。

定义 4.12 对于集合传递闭包 STC($\{a\}$) 和 STC($\{b\}$)。从 STC($\{a\}$) 到 STC($\{b\}$) 的一个 p－态射是一个函数 f: STC($\{a\}$)(STC($\{b\}$) 使得：

（1）f 是满射；

（2）若 $f(x)=y$，则对所有命题变元 p，$p\in x$ 当且仅当 $p\in y$；

（3）若 $u\in x\in$ STC($\{a\}$)，则 $f(u)\in f(x)$(STC($\{b\}$))；

（4）若 $v\in f(x)\in$ STC($\{b\}$)，则存在 $u\in$ STC($\{a\}$) 使 $f(u)=v$ 且 $u\in x$。

例 4.5 考虑满足如下两个方程组的集合，定义它们之间的一个 p－态射。

（1）$y=\{z, p\}$，$z=\{y, p\}$；

① Segerberg, K. *An Essay in Classical Modal Logic*. Filosofiska Studier 13. University of Uppsala, 1971.

(2) $x=\{x\}$。

将集合 y、z 和 x 展开可以得到如下图：

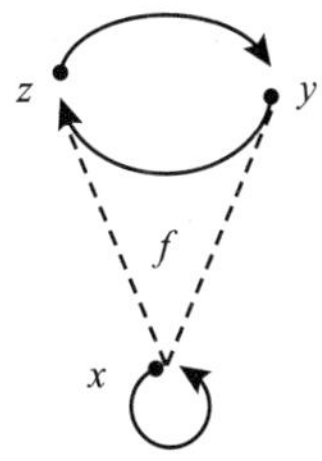

图 4.6

那么 $\mathrm{STC}(\{y, z\})=\{y, z\}$，$\mathrm{STC}(\{x\})=\{x, \{x, \cdots,\}\}=\Omega$，那么上面图之间的映射 f 是从 $\mathrm{STC}(\{y, z\})$ 到 $\mathrm{STC}(\{x\})$ 的 p－态射。

定理 4.6　对任何 $\mathrm{STC}(\{a\})$ 和 $\mathrm{STC}(\{b\})$，令 f 是从 $\mathrm{STC}(\{a\})$ 到 $\mathrm{STC}(\{b\})$ 的一个 p－态射。对任何模态公式 ϕ，对 $\mathrm{STC}(\{a\})$ 中的任意元素 x，$\mathrm{STC}(\{a\})$，$x\models\phi$ 当且仅当 $\mathrm{STC}(\{b\})$，$f(x)\models\phi$。

证明：对 ϕ 的构造归纳证明。只证 $\phi:=\Diamond\psi$ 的情况。假设 $\mathrm{STC}(\{a\})$，$x\models\Diamond\psi$。则存在 $y\in x$ 使 $\mathrm{STC}(\{a\})$，$y\models\psi$。由归纳假设得出 $\mathrm{STC}(\{b\})$，$f(y)\models\psi$。由 p－态射定义，$f(y)\in f(x)$，所以 $\mathrm{STC}(\{b\})$，$f(x)\models\Diamond\psi$。反之假设 $\mathrm{STC}(\{b\})$，$f(x)\models\Diamond\psi$。那么存在 $v\in f(x)$ 使 $\mathrm{STC}(\{b\})$，$v\models\psi$，存在 $u\in x$ 使 $f(u)=v$，由归纳假设得 $\mathrm{STC}(\{a\})$，$u\models\psi$，所以 $\mathrm{STC}(\{a\})$，$x\models\Diamond\psi$。

使用以上定义的各种运算方法，可以证明一些不可定义性的结果。首先给出模态可定义性的概念。

定义 4.13　任给集合传递闭包组成的类 S，若存在模态公式集 Γ，使得 $S=\{\mathrm{STC}(\{a\}):\mathrm{STC}(\{a\})\models\Gamma\}$，则称 S 是模态可定义的。

一般地，给定一个集合类 S，若 S 是模态可定义的，则 S 应该在前面给出的几种运算下封闭：即给定一种运算 f，它作用于 S 中的元素产生的结果仍然在 S 中。如果 S 不在某种运算下封闭，那么 S 就不是模态可定义的。后面的命题给出两个并非模态可定义的集合类。

命题 4.8　禁自返集合传递闭包类 $S=\{\mathrm{STC}(\{a\}):\forall x\in\mathrm{STC}(\{a\})\, x\notin x\}$ 在基本模态语言中是不可定义的。

证明：假设 S 可定义，令 Γ 定义 S。令 $S_1=\{x\}$，使得 $x=\{y\}$ 并且 $y=\{x\}$，$S_2=\{\Omega\}$。注意 $\mathrm{STC}(S_1)=\{x, y\}$，$\mathrm{STC}(\{\Omega\})=\Omega=\{\Omega\}$。那么定义函数 f: $\mathrm{STC}(S_1)\rightarrow\mathrm{STC}(\{\Omega\})$，使得 $f(x)=\Omega=f(y)$。如下图：

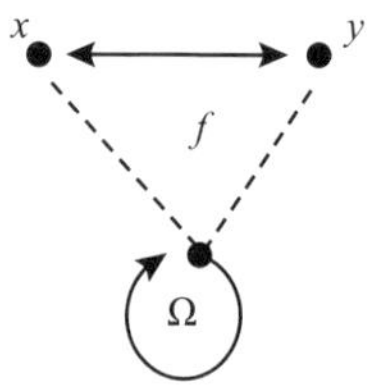

图 4.7

容易验证 f 是 p – 态射。显然，$x \models \Gamma$，根据 p – 态射下的不变性结果，$\Omega \models \Gamma$，但是 $\Omega \not\models \Gamma$，因为 Γ 定义 S，使 Γ 真的每个集合都在 S 中，但是 Ω 不在 S 中。

命题 4.9 禁对称集合传递闭包类在基本模态语言中不可定义。

证明：使用树展开运算下的不变结果。假设禁对称集合传递闭包的类 S 可定义，令 Γ 定义 S。考虑下图：

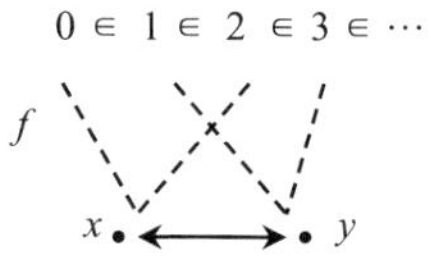

图 4.8

图中 f 把每个奇数映射到 x，把每个偶数映射到 y，它是一个 p – 态射。但是上面的自然数集合是禁对称的，所以它满足 Γ，根据 p – 态射的不变性结果，下面对称的集合传递闭包也应该满足 Γ，但这是不可能的。

4. 树展开。

在前面我们已经定义了集合上按照属于关系的逆关系展开的方法，这里需要考虑的是集合传递的集合上的树展开。这种运算十分特殊，因为树展开所得到的集合不是集合传递闭包，而是由一些有穷序列而组成的结构。但是可以用来刻画模态公式在集合传递闭包中某个集合上真。一个图的展开如下所示：

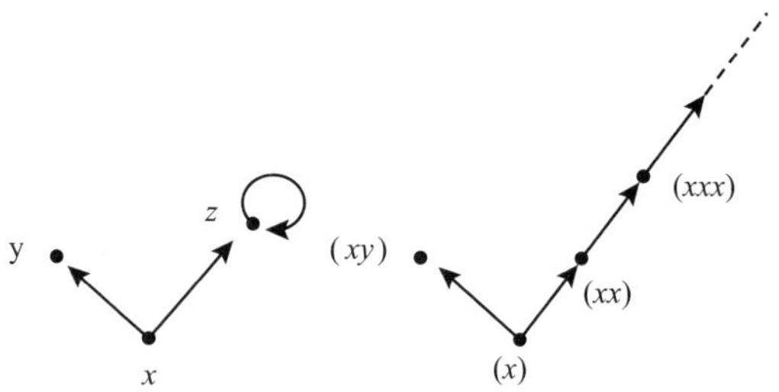

图 4.9

基本思想就是利用原来图中结点的有穷序列作为展开图中的结点。下面类似定义集合传递闭包的树展开结构。

定义 4.14　对集合 a，令 $b \in \mathrm{STC}(\{a\})$。$\mathrm{STC}(\{a\})$ 从 b 树展开的结构是由集合 $\mathrm{unr}(\mathrm{STC}(\{a\}), b)$ 以及该集合上的二元关系 $\leqslant$ 组成的：

（1）$\mathrm{unr}(\mathrm{STC}(\{a\}), b)$ 是由所有从 b 出发的有穷序列组成的集合。

（2）任意树展开 $\mathrm{unr}(\mathrm{STC}(\{a\}), b)$ 中的一个有穷序列 x，令 $t(x)$ 表示该序列的最后一个分量。对任意长度相同的序列 x 和 y，定义 $x \leqslant y$ 当且仅当 $t(y) \in t(x)$。

下面递归定义在树展开关系结构 $M_{\leqslant} = (\mathrm{unr}(\mathrm{STC}(\{a\}), b), \leqslant)$ 中有穷序列 x 上公式的真值：

（1）$M_{\leqslant}, x \vDash p$ 当且仅当 $p \in t(x)$；

（2）$M_{\leqslant}, x \vDash \neg \phi$ 当且仅当 $M_{\leqslant}, x \nvDash \phi$；

（3）$M_{\leqslant}, x \vDash \phi \wedge \psi$ 当且仅当 $M_{\leqslant}, x \vDash \phi$ 并且 $M_{\leqslant}, x \vDash \psi$；

（4）$M_{\leqslant}, x \vDash \Diamond \phi$ 当且仅当存在 x 的后继序列 y，使得 $M_{\leqslant}, y \vDash \psi$。

注意展开集合中的元素是原来集合中的元素序列。

定理 4.7　对于任何集合 a 和 $b \in \mathrm{STC}(\{a\})$，对于任何基本模态公式 ϕ，令 $c \in \mathrm{STC}(\{a\})$，$x$ 是以 $\mathrm{STC}(\{a\})$ 中一个有穷序列，那么如下成立：$\mathrm{unr}(\mathrm{STC}(\{a\}), b), \leqslant, x \vDash \phi$ 当且仅当 $\mathrm{STC}(\{a\}), t(x) \vDash \phi$。

证明：对 ϕ 的构造归纳证明。只证明模态情况 $\phi := \Diamond \psi$。假设 $\mathrm{unr}(\mathrm{STC}(\{a\}), b), \leqslant, x \vDash \Diamond \psi$。那么存在 $d \in \mathrm{STC}(\{a\})$ 使得 $\mathrm{unr}(\mathrm{STC}(\{a\}), b), \leqslant, (xd) \vDash \psi$。由归纳假设，$\mathrm{STC}(\{a\}), d \vDash \psi$，则 $\mathrm{STC}(\{a\}), t(x) \vDash \Diamond \psi$。反之，假设 $\mathrm{STC}(\{a\}), t(x) \vDash \Diamond \psi$。存在 $d \in t(x)$ 使 $\mathrm{STC}(\{a\}), d \vDash \psi$。由归纳假设，$\mathrm{unr}(\mathrm{STC}(\{a\}), b), \leqslant, (xd) \vDash \psi$，则 $\mathrm{unr}(\mathrm{STC}(\{a\}), b), \leqslant, x \vDash \Diamond \psi$。

以上的一些运算是在集合上定义的，所证明的是不变性结果不能处理与模态逻辑中框架类的可定义性问题类似的问题。如果要使用框架上的运算，就需要在纯集合上定义这些运算。但是，也可以使用加标图和图分别处理模型和框架，在下一节，将讨论加标图和图上的互模拟关系与模态等价，以此可以证明更多的框架类不可定义性结果。

4.2　互模拟与模态等价

在前面的第 2 章中定义了集合上的互模拟关系、加标图之间的互模拟关系以及方程组之间的互模拟关系。在这一节中，首先，我们定义一些加标图之间的运算，证明模态公式在这些运算下的保持或不变性结果。其次，考虑加标图上的互模拟关系，研究互模拟和模态等价之间的关系。对于基本模态语言来说，与前一节定义的四种非标准集合运算相似，也可以定义加标图之间的一些运算，然后证明模态公式在这些运算下的保持或不变性结果。以下是四种运算的定义：加标图的不交并、生成子加标图、加标图之间的 p - 态射、加标图的树展开。

定义 4.15 对于不相交的加标图 $\mathfrak{G}_i=(G_i, R_i, l_i)(i\in I)$，它们的不交并是加标图 $\biguplus_i\mathfrak{G}_i=(G, R, l)$，其中 $G=\bigcup_{i\in I}G_i$；$R=\bigcup_{i\in I}R_i$；对每个 $g\in G$，$l(g)=l_i(g)$，其中 $g\in G_i$。

定理 4.8 令 $\mathfrak{G}_i=(G_i, R_i, l_i)(i\in I)$ 是加标图。对基本模态公式 ϕ，对每个 $i\in I$，对 $\mathfrak{G}_i$ 的每个结点 g，$\mathfrak{G}_i, g\models\phi$ 当且仅当 $\biguplus_i\mathfrak{G}_i, g\models\phi$。

证明：对公式 ϕ 的构造归纳证明。只证情况 $\phi:=\Diamond\psi$。假设 $\mathfrak{G}_i, g\models\Diamond\psi$。那么存在 $h\in G_i$ 使 R_igh 且 $\mathfrak{G}_i, h\models\psi$。由归纳假设，$\biguplus_i\mathfrak{G}_i, h\models\psi$。由 R 定义得 Rgh，所以 $\biguplus_i\mathfrak{G}_i, g\models\Diamond\psi$。反之设 $\biguplus_i\mathfrak{G}_i, g\models\Diamond\psi$。存在 $h\in G$ 使 Rgh 且 $\biguplus_i\mathfrak{G}_i, h\models\psi$。因为 $g\in G_i$，$R=\bigcup_{i\in I}R_i$，则 $h\in G_i$。由归纳假设，$\mathfrak{G}_i, h\models\Diamond\psi$。

定义 4.16 令 $\mathfrak{G}=(G, R, l)$ 和 $\mathfrak{G}'=(G', R', l')$ 是基本模态语言的两个加标图。如果 $G'\subseteq G$，$R'=R\cap(G'\times G')$，并且对每个 $g\in G'$ 有 $l'(g)=l(g)$，那么 $\mathfrak{G}'$ 称为 $\mathfrak{G}$ 的子加标图。如果 $\mathfrak{G}'$ 是 $\mathfrak{G}$ 的子加标图，并且对所有结点 g，如下封闭条件成立：

$$\text{如果 } g\in G' \text{ 并且 } Rgh\text{，那么 } h\in G'$$

那么 $\mathfrak{G}'$ 称为 $\mathfrak{G}$ 的生成子加标图（记号：$\mathfrak{G}'\rightarrowtail\mathfrak{G}$）。

定理 4.9 令 $\mathfrak{G}=(G, R, l)$ 和 $\mathfrak{G}'=(G', R', l')$ 是基本模态语言的两个加标图，使得 $\mathfrak{G}'$ 是 $\mathfrak{G}$ 的生成子加标图。对每个公式 ϕ 和 $\mathfrak{G}'$ 的每个结点 g，$\mathfrak{G}, g\models\phi$ 当且仅当 $\mathfrak{G}', g\models\phi$。

证明：对公式 ϕ 的构造归纳证明。只需注意原子情况，显然 $l(g)=l'(g)$。模态情况与关系语义学下生成子模型保持所有基本模态公式的证明相同。

定义 4.17 令 $\mathfrak{G}=(G, R, l)$ 和 $\mathfrak{G}'=(G', R', l')$ 是基本模态语言的两个加标图。如果一个满映射 $f: G\rightarrow G'$ 满足以下条件：

（1）$l(g)=l'(f(g))$；

（2）如果 Rgh，那么 $R'f(g)f(h)$；

（3）如果 $R'f(g)h'$，那么存在 $h\in G$，使得 Rgh 并且 $f(h)=h'$。

那么称 f 是从 $\mathfrak{G}$ 到 $\mathfrak{G}'$ 的 p - 态射（记号：$f: \mathfrak{G}\twoheadrightarrow\mathfrak{G}'$）。如果 $\mathfrak{G}$ 和 $\mathfrak{G}'$ 之间存在 p - 态射，那么称 $\mathfrak{G}'$ 是 $\mathfrak{G}$ 的 p - 态射象。

定理 4.10 令 $\mathfrak{G}=(G, R, l)$ 和 $\mathfrak{G}'=(G', R', l')$ 是基本模态语言的两个加标图使 $f: G\rightarrow G'$ 是 p - 态射。对每个公式 ϕ 和 $\mathfrak{G}$ 的每个结点 g，$\mathfrak{G}, g\models\phi$ 当且

仅当 $\mathfrak{G}'$，$f(g)\models\phi$。

证明：对公式 ϕ 的构造归纳证明。原子情况下根据定义即得。对模态情况 $\phi:=\Diamond\psi$。假设 $\mathfrak{G}$，$g\models\Diamond\psi$。则存在 $h\in G$ 使 Rgh 且 $\mathfrak{G}$，$h\models\psi$。由 p－态射的定义，$Rf(g)f(h)$。由归纳假设，$\mathfrak{G}'$，$f(h)\models\psi$。所以 $\mathfrak{G}'$，$f(g)\models\Diamond\psi$。反之，假设 $\mathfrak{G}'$，$f(g)\models\Diamond\psi$。则存在 h' 使 $Rf(g)h'$ 且 $\mathfrak{G}'$，$h'\models\psi$。由 p－态射定义，存在 $h\in G$ 使 Rgh 且 $f(h)=h'$。由归纳假设，$\mathfrak{G}$，$h\models\psi$。所以 $\mathfrak{G}$，$g\models\Diamond\psi$。

定义 4.18　令 $\mathfrak{G}=(G, R, l)$ 是基本模态语言的加标图，$g\in G$。则 $\mathfrak{G}$ 从结点 g 展开的树加标图 $\mathrm{unr}(\mathfrak{G}, g)=(G', R', l')$ 定义如下：

（1）$G'=\{(g_0, \cdots, g_n): g_i\in G$ 对所有 $i\leqslant n\}$；

（2）$R'=\{((g_0, \cdots, g_n), (g_0, \cdots, g_n, g_{n+1})): Rg_ng_{n+1}\}$；

（3）$l'(g_0, \cdots, g_n)=\{p: p(l(g_n)\}$。

注意，这里 G' 中的结点是 G 中有穷结点序列。

定理 4.11　令 $\mathfrak{G}=(G, R, l)$ 是基本模态语言的加标图，$g\in G$。$\mathrm{unr}(\mathfrak{G}, g)$ 是 $\mathfrak{G}$ 从结点 g 展开的树加标图。对每个公式 ϕ，$\mathfrak{G}$，$h\models\phi$ 当且仅当 $\mathrm{unr}(\mathfrak{G}, g)$，$(sh)\models\phi$，其中 s 是 G 中有穷结点序列（可以是空序列）。

证明：对公式 ϕ 的构造归纳证明。只证模态情况 $\phi:=\Diamond\psi$。设 $\mathfrak{G}$，$h\models\Diamond\psi$，则存在 $m\in G$ 使 Rhm 且 $\mathfrak{G}$，$m\models\psi$。由树展开定义，$R'(sh)(shm)$。由归纳假设，$\mathrm{unr}(\mathfrak{G}, g)$，$(shm)\models\psi$。所以 $\mathrm{unr}(\mathfrak{G}, g)$，$(sh)\models\Diamond\psi$。反之设 $\mathrm{unr}(\mathfrak{G}, g)$，$(sh)\models\Diamond\psi$。则存在 m 使得 $R(sh)(shm)$ 并且 $\mathrm{unr}(\mathfrak{G}, g)$，$(shm)\models\psi$。所以存在 Rhm。由归纳假设，$\mathfrak{G}$，$m\models\psi$。所以，$\mathfrak{G}$，$h\models\Diamond\psi$。

将加标图之间的 p－态射的定义推广，就可以得到加标图之间的互模拟关系的定义。在第2章中已经定义加标图上的互模拟。即令 $\mathfrak{G}_1=(G_1, R_1, l_1)$ 和 $\mathfrak{G}_2=(G_2, R_2, l_2)$ 是两个加标图，如果一个二元关系 $Z\subseteq G_1\times G_2$ 是互模拟关系，那么记为 $Z: \mathfrak{G}_1\leftrightarrows\mathfrak{G}_2$。如果 $Z: \mathfrak{G}_1\leftrightarrows\mathfrak{G}_2$ 是互模拟关系使得 w_1Zw_2，则记为 $Z: \mathfrak{G}_1, w_1\leftrightarrows\mathfrak{G}_2, w_2$。生成子加标图、$p$－态射、不交并等是互模拟的特殊情况。

命题 4.10　令 $\mathfrak{G}_i=(G_i, R_i, l_i)$ 是加标图，$i\in I$。如下成立：

（1）如果 $f: \mathfrak{G}_1\cong\mathfrak{G}_2$（同构），那么 $\mathfrak{G}_1\leftrightarrows\mathfrak{G}_2$。

（2）对每个 $i\in I$ 和 $\mathfrak{G}_i$ 中每个 w，$\mathfrak{G}_i, w\leftrightarrows\biguplus_i\mathfrak{G}_i, w$。

（3）如果 $\mathfrak{G}_1\rightarrowtail\mathfrak{G}_2$，那么对 $\mathfrak{G}_1$ 中所有 w，$\mathfrak{G}_1, w\leftrightarrows\mathfrak{G}_2, w$。

（4）如果 $f: \mathfrak{G}_1\twoheadrightarrow\mathfrak{G}_2$，那么对 $\mathfrak{G}_1$ 中所有 w，$\mathfrak{G}_1, w\leftrightarrows\mathfrak{G}_2, f(w)$。

证明：在每种情况下只需要构造互模拟关系。

（1）令 $Z=\{(x, f(x)): f: \mathfrak{G}_1\cong\mathfrak{G}_2\}$。容易验证这个关系是互模拟关系。$Z$ 还是两个加标图 $\mathfrak{G}_1$ 和 $\mathfrak{G}_2$ 之间的全关系，所以这两个加标图是全互模拟的。

（2）给定 $i \in I$ 和 $\mathfrak{G}_i$ 中的每个 w。令 $Z = \{(x, x): x \in \mathfrak{G}_i\}$。同样根据在加标图上不相交并的定义，容易验证这个定义的 Z 是互模拟关系。

（3）定义 $Z = \{(x, x): x \in \mathfrak{G}_1\}$。这是一个互模拟关系，因为生成子加标图在原来的边关系下是封闭的。

（4）定义 $Z = \{(x, f(x)): x \in \mathfrak{G}_1$ 并且 $f: \mathfrak{G}_1 \rightarrowtail \mathfrak{G}_2\}$。注意这里的 f 是 p－态射。因此给定 $f(w)$ 在 $\mathfrak{G}_2$ 中的后继结点 v，根据满射条件，存在 $\mathfrak{G}_1$ 中结点 u 使得 $f(u) = v$。根据 p－态射的定义可以验证 Z 是互模拟关系。

对于基本模态语言 ML（Φ，◇）和无穷模态语言 ML_∞（Φ，◇）来说，互模拟蕴涵模态等价。但是，在基本模态语言中，模态等价不一定蕴涵互模拟；而在无穷模态语言中，模态等价一定蕴涵互模拟。这与无穷模态语言的表达能力有关，无穷模态语言允许"无穷长"的表达式，因此在加标图上可以表达无穷长的通路，而基本模态语言是无法做到这一点的。

定理 4.12 令 $\mathfrak{G}_1 = (G_1, R_1, l_1)$ 和 $\mathfrak{G}_2 = (G_2, R_2, l_2)$ 是两个加标图。对每个 $w_1 \in G_1$ 和 $w_2 \in G_2$，对 $L \in \{\mathrm{ML}(\Phi, \Diamond), \mathrm{ML}_\infty(\Phi, \Diamond)\}$，$w_1 \leftrightarrows w_2$ 蕴含 w_1 与 w_2 是 L－模态等价的（即 L－模态公式在互模拟下是不变的）。

证明：对 L－模态公式 ϕ 的构造归纳证明。

情况 1. $\phi := p$。$w_1 \models p$ 当且仅当 $p \in l_1(w_1)$（根据互模拟定义），当且仅当 $p \in l_2(w_2)$，当且仅当 $w_2 \models p$。

情况 2. 布尔情况根据归纳假设是显然的。

情况 3. $\phi := \bigwedge\Gamma$。$\mathfrak{G}_1, w_1 \models \bigwedge\Gamma$ 当且仅当对所有 $\phi \in \Gamma$ 有 $\mathfrak{G}_1, w_1 \models \phi$（根据归纳假设），当且仅当对所有 $\phi \in \Gamma$ 有 $\mathfrak{G}_2, w_2 \models \phi$，当且仅当 $\mathfrak{G}_2, w_2 \models \bigwedge\Gamma$。

情况 4. $\phi := \Diamond\psi$。假设 $\mathfrak{G}_1, w_1 \models \Diamond\psi$。存在 $v_1 \in G_1$ 使 $R_1 w_1 v_1$ 且 $\mathfrak{G}_1, v_1 \models \psi$。因为 $w_1 \leftrightarrows w_2$，则存在 $v_2 \in G_2$ 使 $v_1 \leftrightarrows v_2$ 且 $R_2 w_2 v_2$。由归纳假设，$\mathfrak{G}_2, v_2 \models \psi$。所以 $\mathfrak{G}_2, w_2 \models \Diamond\psi$。反之假设 $\mathfrak{G}_2, w_2 \models \Diamond\psi$。存在 v_2 使 $R_2 w_2 v_2$ 且 $\mathfrak{G}_2, v_2 \models \psi$。由互模拟条件得，$\mathfrak{G}_1$ 中存在 v_1 使 $v_1 \leftrightarrows v_2$ 且 $R_1 w_1 v_1$。由归纳假设，$\mathfrak{G}_1, v_1 \models \psi$。所以 $\mathfrak{G}_1, w_1 \models \Diamond\psi$。

命题 4.11 令 $\mathfrak{G}_1 = (G_1, R_1, l_1)$ 和 $\mathfrak{G}_2 = (G_2, R_2, l_2)$ 是两个加标图。对每个 $w_1 \in W_1$ 和 $w_2 \in W_2$，如果对所有 ML_∞（Φ，◇）－公式 ϕ 有 $\mathfrak{G}_1, w_1 \models \phi$，当且仅当 $\mathfrak{G}_2, w_2 \models \phi$，那么 $\mathfrak{G}_1, w_1 \leftrightarrows \mathfrak{G}_2, w_2$。

证明：假设对所有 ML_∞（Φ，◇）－公式 ϕ 有 $\mathfrak{G}_1, w_1 \models \phi$ 当且仅当 $\mathfrak{G}_2, w_2 \models \phi$。定义关系 $Z = \{(u, v): (\mathfrak{G}_1, u) \equiv_\infty (\mathfrak{G}_2, v)\}$。下面我们证明 Z 是 $\mathfrak{G}_1$ 和 $\mathfrak{G}_2$ 之间的互模拟关系，使得 $w_1 Z w_2$。

（1）显然对每个原子命题 p，如果 xZy，则 $x \in l_1(p)$ 当且仅当 $y \in l_2(p)$。

（2）如果 $R_1 w_1 x$，令 $\mathrm{Th}(\mathfrak{G}_1, x) = \{\phi: \phi$ 是 ML_∞（Φ，◇）－公式并且 $\mathfrak{G}_1$，

$x \models \phi\}$。那么 $\mathfrak{G}_1$，$x \models \bigwedge Th(\mathfrak{G}_2, y)$，因此 $\mathfrak{G}_1$，$w_1 \models \Diamond \bigwedge Th(G_1, x)$。根据假设，$\mathfrak{G}_2$，$w_2 \models \Diamond \bigwedge Th(\mathfrak{G}_1, x)$。则存在 y 使得 $R_1 w_2 y$ 并且 $\mathfrak{G}_2$，$y \models \bigwedge Th(\mathfrak{G}_1, x)$，所以，对所有 $ML_\infty(\Phi, \Diamond)$ - 公式 ϕ 有 $\mathfrak{G}_1$，$x \models \phi$ 当且仅当 $\mathfrak{G}_2$，$y \models \phi$，所以 xZy。

（3）对于后退条件证明类似。定理 4.12 和命题 4.11 说明，在基本模态语言 $ML(\Phi, \Diamond)$ 和无穷模态语言 $ML_\infty(\Phi, \Diamond)$ 中，如果两个互模拟的加标图满足相同的模态公式，那么这两个加标图等价，也就是说互模拟蕴涵等价。但是在基本模态语言 $ML(\Phi, \Diamond)$ 中，若两个加标图是模态等价的，则它们必然具有互模拟关系吗？答案是否定的，也就是说，等价的加标图之间不一定有互模拟关系。在第 3 章中我们已经引入了如下 Hennessey - Milner 性质：

对任意加标图的类 S，若对 S 中任何两个点加标图（$\mathfrak{G}_1$，w_1）和（$\mathfrak{G}_2$，w_2），对于基本模态语言，$Th_{ML(\Diamond)}(\mathfrak{G}_1, w_1) = Th_{ML(\Diamond)}(\mathfrak{G}_2, w_2)$（$w_1$ 和 w_2 模态等价）蕴涵 $\mathfrak{G}_1, w_1 \leftrightarrows \mathfrak{G}_2, w_2$，则称 S 有 Hennessy - Milner 性质。
在下面的例子中说明并非任何模型类都具有 Hennessy - Milner 性质。

例 4.6　如下定义两个树加标图 $\mathfrak{G}_1 = (G_1, R_1, l_1)$ 和 $\mathfrak{G}_2 = (G_2, R_2, l_2)$：

（1）$root(\mathfrak{G}_1) = w_1$；$root(\mathfrak{G}_2) = w_2$；

（2）对每个 $n > 0$，$\mathfrak{G}_1$ 和 $\mathfrak{G}_2$ 都含有长度为 n 的有穷分支；

（3）$\mathfrak{G}_2$ 含有一个无穷长分支；

（4）对任何结点 x 的装饰都是空集。

对基本模态语言的所有公式 ϕ，G_1，$w_1 \models \phi$ 当且仅当 G_2，$w_2 \models \phi$。可以对基本模态公式 ϕ 的构造归纳证明这一点，但是需要如下定义和命题：

定义 4.19　令 $\mathfrak{G}_1 = (G_1, R_1, l_1)$ 和 $\mathfrak{G}_2 = (G_2, R_2, l_2)$ 是两个加标图。令 w_1 和 w_2 分别是 G_1 和 G_2 的元素。称 w_1 和 w_2 是 n 互模拟的，如果存在二元关系序列 $Z_n \subseteq \cdots \subseteq Z_0$ 使得如下条件成立（对 $i + 1 \leqslant n$）：

（1）$w_1 Z_n w_2$；

（2）如果 $xZ_0 y$，那么 $l_1(x) = l_2(y)$；

（3）如果 $xZ_{i+1}y$ 并且 $R_1 xu$，那么存在 v 使得 $R_2 yv$ 并且 $uZ_i v$。

（4）如果 $xZ_{i+1}y$ 并且 $R_2 yv$，那么存在 u 使得 $R_1 xu$ 并且 $uZ_i v$。

命题 4.12　令 Φ 是有穷的命题变元集合。令 $\mathfrak{G}_1$ 和 $\mathfrak{G}_2$ 是使用 Φ 构造的基本模态语言的加标图。那么对于 $\mathfrak{G}_1$ 中的 w_1 和 $\mathfrak{G}_2$ 中的 w_2，w_1 和 w_2 是 n 互模拟的当且仅当它们满足相同的模态度至多为 n 的公式 ϕ。

与模型之间的互模拟相似，可以证明例 4.6 中的两个状态不是互模拟的，但它们是等价的。同时，还可以找出一些类，其中模态等价蕴涵互模拟关系。

若加标图 $\mathfrak{G}$ 中的每个状态只有有穷多个后继状态，则称 $\mathfrak{G}$ 是象有穷的。在基本模态语言中，可证明象有穷加标图类具有 Hennessy - Milner 性质。

再比如可数饱和加标图的类也具有 Hennessy－Milner 性质。在加标图上，我们给出两个具有 Hennessy－Milner 性质的加标图类。若对于每个 $w \in G$，w 的子结点集合是有穷的，则称加标图 $\mathfrak{G}$ 是有穷分支的。

推论 4.1 令（$\mathfrak{G}_1$，w_1）和（$\mathfrak{G}_2$，w_2）分别是点加标图。

（1）w_1 和 w_2 是互模拟的当且仅当 w_1 和 w_2 满足相同 ML_∞（Φ，$\diamond$）－公式。

（2）有穷分支的加标图有 Hennessy－Milner 性质。

定理 4.13 在基本模态语言 ML(Φ，$\diamond$）中，令 $\mathfrak{G}_1$ 和 $\mathfrak{G}_2$ 是两个象有穷加标图。那么对于每个 $w_1 \in G_1$ 和 $w_2 \in G_2$，$w_1 \leftrightarrows w_2$ 当且仅当 w_1 与 w_2 是模态等价的。

在基本模态语言的集合论语义下，也可以给出有 Hennessey－Milner 性质的集合类。下面定义遗传有穷集合类，证明这个类有 Hennessy－Milner 的性质。

定义 4.20 令 $A \subseteq U$，称集合 a 在 A 上是遗传有穷的，若每个集合 $b \in TC(\{a\})$ 是有穷的并且 $support(a) \subseteq A$。令 $HF^1[A]$ 是 A 上遗传有穷的所有集合的类。

若 A 是集合，则 $HF^1[A]$ 是集合。$HF^1[A]$ 是最大类 C，使 $C = \wp_{fin}(C \cup A)$，即 $C \cup A$ 的所有有穷子集组成的集合。若把集合限制到 $HF^1[A]$，则不同的集合满足不同的公式集。

定理 4.14 在基本模态语言 ML(Φ，$\diamond$）中，令集合 a 和 b 属于 $HF^1[\Phi]$。令 $\mathfrak{G}_1 = (G_1, R_1, l_1)$ 和 $\mathfrak{G}_2 = (G_2, R_2, l_2)$ 是集合 a 和 b 的加标图，对于每个 $w_1 \in G_1$ 和 $w_2 \in G_2$，如果 a 和 b 满足 ML(Φ，$\diamond$）的相同公式，那么 $w_1 \leftrightarrows w_2$ 当且仅当 w_1 模态等价于 w_2。

证明：令 $a \equiv b$ 当且仅当 a 和 b 满足 ML(Φ，$\diamond$）的相同公式，所以 $\equiv$ 是 $HF^1[\Phi]$ 上的关系，容易验证 $\equiv$ 是互模拟关系。

互模拟是一个十分重要的概念。在第 2 章中给出的从模态语言到一阶语言的标准翻译下，并不是所有一阶公式都等价于某个模态公式的翻译。van Benthem 刻画定理表明，一个一阶公式 $\alpha(x)$ 在互模拟下不变（即，对任何互模拟的模型（$\mathfrak{M}$，x）和（$\mathfrak{N}$，y），$\mathfrak{M} \vDash \alpha[x]$ 当且仅当 $\mathfrak{N} \vDash \alpha[y]$）当且仅当它等价于某个基本模态公式的标准翻译，也就是说，基本模态逻辑（BML）相当于一阶逻辑（FOL）的互模拟不变片段：BML $\cong$ FOL/$\leftrightarrows$。但是，在给出的标准集合论翻译中，很自然就会出现如下问题：

是否每个集合论公式 $\alpha(x)$ 都是某个模态公式的翻译？

这个问题的回答是否定的。

命题 4.13 存在集合论公式 $x \in x$，它不是任何模态公式的标准集合论翻译。

证明：若不然，假设 $x \in x = \mathrm{ST}(\phi, x)$。考虑自然数上的属于关系（$\mathbb{N}$，$\in$）。再考虑满足方程 $x = \{x\}$ 的集合 Ω，令 Z 是这两个集合之间的互模拟关系，那么在自然数集合$\mathbb{N}$ 的每个元素 n 上 ϕ 成立，所以 n 是自返的，矛盾。

但是，在集合上的互模拟关系的定义下，是否一个集合论公式等价于某个基本模态公式的标准集合论翻译当且仅当它在集合互模拟下不变?

猜想 4.1　一个集合论公式 $\alpha(x)$ 等价于某个基本模态公式的标准集合论翻译当且仅当它在集合上的互模拟下不变。

证明这个猜想的难点在于，需要使用到一些更复杂的构造，如我们需要类似于可数饱和模型的集合，而且这样构造起来的可数饱和“集合”具有 Hennessy - Milner 性质，还需要初等饱和扩张定理。这里关于集合互模拟的研究还有待进一步加强。最后，如果考虑加标图上的互模拟关系，使用标准的一阶翻译，显然有 van Benthem 刻画定理。

定理 4.15　一个一阶公式 $\alpha(x)$ 等价于某个基本模态公式的标准翻译当且仅当它在加标图之间的互模拟下不变。

需要注意的是，这里使用的一阶语言就是标准的一阶翻译的语言。这条定理的证明可以直接使用范本特姆的证明①。

4.3　模态可定义性

在这一节中，我们将研究模态可定义性的问题：讨论如何使用模态公式刻画集合和集合的类，并且讨论如何使用集合类对模态公式进行分类。首先说明如何使用一个模态公式刻画单个集合。然后给出巴塔格定理，即确定使用有穷命题变元集构造的模态语言刻画集合的充分必要条件。最后引入在集合论语义下研究模态可定义性的方法，探讨如何使用集合类对模态公式进行分类。在这里的主要工作是把第 4.3.3 节的结果从模态逻辑 T 的特征公式 $p \to \Diamond p$ 推广到其他经典的模态逻辑系统的特征公式。

4.3.1　使用模态公式刻画集合

本小节主要讨论的是如何使用单个模态公式刻画或定义单个集合，首先给出

① 参见 P. Blackburn. et al.，*Modal Logic*. Cambridge University Press，2001. 这本书第 2 章详细证明了基本模态语言的 van Benthem 刻画定理。

关于可定义性的相关概念。

定义 4.21 令 $a \in V_{afa}[\Phi]$，ϕ 是（基本模态语言或无穷模态语言）的模态公式。如果对所有集合 $b \in V_{afa}[\Phi]$，$b \models \phi$ 当且仅当 $b = a$，那么称 ϕ 刻画集合 a。给定一个集合类 S，如果存在模态公式集合 Γ，使得 $S = \{a: a \models \Gamma\}$，那么称集合类 S 是模态可定义的。

若一个集合被一个模态公式刻画，则使用这个公式就可以定义这个集合。但由于基本模态语言 $ML(\Phi, \Diamond)$ 的表达能力是有限制的，有些集合不能使用基本模态语言的公式来定义，所以我们要使用具有更强表达能力的语言来定义这样的集合。以下是不能使用基本模态语言公式来定义的集合的例子。

例 4.7 使用基本模态语言 $ML(\Phi, \Diamond)$ 的公式不能刻画满足方程 $x = \{x\}$ 的集合 Ω。由于 Ω 中不含本元，因此，任何命题变元在 Ω 上是假的。如果某个公式 ϕ 刻画 Ω，所有命题变元的否定都是 ϕ 的合取支。如果命题变元集 Φ 是无穷的，那么就不能在基本模态语言中表达所有命题变元的否定的合取。但是，我们可以使用无穷模态语言 $ML_\infty(\Phi, \Diamond)$ 的公式定义 Ω。

命题 4.14 存在无穷模态语言 $ML_\infty(\Phi, \Diamond)$ 的公式 θ 刻画集合 Ω。

证明：首先定义公式序列 $\phi_n (n \in \omega)$：

$$\phi_0 = \bigwedge_{p \in \Phi} \neg p$$

$$\phi_{n+1} = \phi_0 \wedge \Diamond \phi_n \wedge \Box \phi_n$$

令 $\theta = \bigwedge_{n \in \omega} \phi_n$，那么 θ 刻画集合 Ω。显然，集合 $\Omega \models \theta$。反之，令 $a \in V_{afa}[\Phi]$，$a \models \theta$。因为 $a \models \phi_0$，所以 a 中不含命题变元（本元）。因为 $a \models \phi_1$，a 是非空集，a 的每个元素满足 ϕ_0。一般地，a 的传递闭包中的每个元素都是非空的，不含命题变元。因此，$a = \Omega$。

公式 θ 是根据 Ω 的特征来定义的。首先，公式 ϕ_0 说明 Ω 不含本元；其次，Ω 中只含有唯一的元素 Ω，而且 Ω 的每个元素也只含有唯一的元素 Ω，因此，$\Diamond \phi_n \wedge \Box \phi_n$ 在 Ω 上也是真的。下面定义公式集上的一个运算，这个运算对于找出刻画任意给定的集合的公式来说是十分重要的。

定义 4.22 对任意模态公式集 Γ，令 $\nabla \Gamma := \bigwedge_{\gamma \in \Gamma} \Diamond \gamma \wedge \Box \bigvee_{\gamma \in \Gamma} \gamma$。

$\nabla \Gamma$ 表达了如下对偶性质：（1）对每个 $\gamma \in \Gamma$，存在 $b \in a$ 使得 $b \models \gamma$；（2）对每个 $b \in a$，存在 $\gamma \in \Gamma$ 使得 $b \models \gamma$。显然，集合 $a \models \nabla \Gamma$ 当且仅当 Γ 的每个元素在 a 中某个元素上真并且 a 的每个元素满足 Γ 中某个公式。

推论 4.2 如果 Γ 中每个公式 ϕ 都刻画某个集合 a，那么 $\nabla \Gamma$ 刻画集合 $\{a$：a 是 Γ 中某个公式 ϕ 所刻画的集合$\}$。

对于以命题变元集合 Φ 作为本元产生的集合类 $V_{afa}[\Phi]$，令：

$$\mathrm{WF}[\Phi] = \{a \in V_{afa}[\Phi]: a \text{ 是良基的}\}$$

则如下刻画命题成立。

命题 4.15 对每个 $a \in \mathrm{WF}[\Phi]$，存在 $\mathrm{ML}_\infty(\Phi, \Diamond)$ - 公式 ϕ_a 刻画集合 a。

证明：使用良基集合上的归纳定义给出这个公式。任给良基集合 a，假设对所有 $b \in a$ 已经定义 ϕ_b，那么定义：

$$\phi_a = \bigwedge_{p \in a} p \wedge \bigwedge_{p \notin a} \neg p \wedge \nabla\{\phi_b: b \in a\}$$

很容易证明，对所有 $c \in \mathrm{WF}[\Phi]$，$c \models \phi_a$ 当且仅当 $c = a$。

引理 4.1 令 Γ 和 $\sum$ 是无穷模态语言 $\mathrm{ML}_\infty(\Phi, \Diamond)$ 的公式集合。假设对每个 $\phi \in \Gamma$，存在 $\pi \in \sum$ 使得 $\models \phi \to \psi$，并且对每个 $\psi \in \sum$ 都存在 $\phi \in \Gamma$ 使得 $\models \phi \to \psi$。那么 $\models \nabla\Gamma \to \nabla\sum$。

证明：假设 $a \models \nabla\Gamma$。那么对每个 $\psi \in \sum$，存在 $\phi \in \Gamma$ 使得 $\models \phi \to \psi$，$a \models \Diamond\phi$，所以存在 $b \in a$ 使得 $b \models \phi$，因此 $b \models \psi$，$a \models \Diamond\psi$。任给 $b \in a$，存在 $\phi \in \Gamma$ 使得 $b \models \phi$。所以根据假设，存在 $\psi \in \sum$ 使得 $b \models \psi$。所以 $a \models \Box \bigvee_{\psi \in \sum} \psi$。

本节的目标就是要证明每个集合 $a \in V_{afa}[\Phi]$ 都可以通过某个无穷模态语言的公式来刻画，这也是巴塔格证明的一条引理的结论[①]。以下是通过超限递归定义给出这样的公式。

定义 4.23 对每个 $a \in V_{afa}[\Phi]$，如下超限递归定义无穷模态语言 $\mathrm{ML}_\infty(\Phi, \Diamond)$ 的公式序列 $\phi(a, \alpha)$：

$\phi(a, 0) := \bigwedge_{p \in \Phi \cap a} p \wedge \bigwedge_{p \in \Phi \backslash a} \neg p$；

$\phi(a, \alpha+1) := \phi(a, 0) \wedge \nabla\{\phi(b, \alpha): b \in a\}$；

$\phi(a, \lambda) := \bigwedge_{\alpha < \lambda} \phi(a, \alpha)$，对极限序数 λ。

如下关于 $\phi(a, \alpha)$ 的引理成立。

引理 4.2 令 a、$b \in V_{afa}[\Phi]$，令 α 和 β 是序数。那么如下成立：

(1) $b \models \phi(a, 0)$ 当且仅当 $b \cap \Phi = a \cap \Phi$；

(2) $a \models \phi(a, \alpha)$；

(3) 如果 $\alpha \geqslant \beta$，那么 $\models \phi(a, \alpha) \to \phi(a, \beta)$；

(4) 如果 $\phi(a, \alpha) \wedge \phi(b, \alpha)$ 可满足，那么 $\phi(a, \alpha) = \phi(b, \alpha)$；

(5) 如果 $\phi(a, \alpha) = \phi(b, \alpha)$，则对所有 $\beta < \alpha$，$\phi(a, \beta) = \phi(b, \beta)$。

---

① 参见 J. Barwise and L. Moss, *Vicious Circles: On the Mathematics of Non-well-founded Phenomena*. CSLI Lecture Notes Number 60. Stanford: CSLI Publications, 1996. 在第十一章详细解释并证明了巴塔格的定理。另参考 A. Baltag. *STS: A Structural Theory of Sets*. Ph. D. Dissertation, Indiana University, 1998.

可以把公式 $\phi(a, \alpha)$ 都看作刻画集合 a 的公式。但为了保证刻画集合的公式的唯一性，在这些公式中要确定唯一的公式刻画 a。注意回顾集合论中关于基数的一些概念。

定义 $H_\kappa[\Phi]$ 为最大集合类 C 使得 $\forall c \in C(c \subseteq C \cup \Phi$ 并且 $|c| < \kappa)$，显然 $H_\kappa[\Phi]$ 是传递的。使用这个类，可以找出刻画一个集合 a 的无穷模态语言的公式。巴塔格利用这个类给出了以下重要引理。

引理 4.3 （Baltag）令 κ 是无穷正则基数。定义 $V_{afa}[\Phi]$ 上的二元关系 R 如下：

Rab 当且仅当存在集合 $c \in H_\kappa[\Phi]$ 使得 $\phi(a, \kappa) = \phi(b, \kappa) = \phi(c, \kappa)$。

那么 R 是互模拟关系。因此，如果 Rab，那么 $a = b$ 并且 $a \in H_\kappa[\Phi]$。

推论 4.3 给定集合 $a \in V_{afa}[\Phi]$，则存在刻画 a 的无穷模态语言公式。

证明：给定集合 a，选择正则基数 κ 使得 $a \in H_\kappa[\Phi]$。这样 $\phi(a, \kappa)$ 刻画 a。因为如果假设 $b \models \phi(a, \kappa)$，那么 $\phi(a, \kappa) = \phi(b, \kappa)$。因为 $a \in H_\in[\Phi]$，所以 Rab。R 是互模拟关系，所以 $a = b$。

由于存在刻画集合 a 的模态公式，可以考虑集合 $a \in V_{afa}[\Phi]$ 的度，定义 a 的度 $deg(a)$ = 最小的序数 α 使得 $\phi(a, \alpha)$ 刻画 a。令 $\delta(a) = \phi(a, deg(a))$。那么如下推论说明 $\delta(a)$ 刻画 a，并且这个公式必定是唯一的。

推论 4.4 对于所有集合 a、$b \in V_{afa}[\Phi]$，如下成立：

（1）$a = b$ 当且仅当 $\delta(a) = \delta(b)$，当且仅当 $b \models \delta(a)$；

（2）$a \in b$ 当且仅当 $\models \delta(b) \rightarrow \Diamond\delta(a)$，当且仅当 $b \models \Diamond\delta(a)$。

推论 4.5 对所有 $a \in H_\omega[\Phi]$，$\delta(a) = \bigwedge_{n \in \omega}\phi(a, n)$。假设 κ 是无穷正则基数使得 $\forall b \in TC(a)(|b| < \kappa)$，那么 $\delta(a) = \bigwedge_{\lambda < \kappa}\phi(a, \lambda)$。

下面对公式类 $\{\delta(a): a \in V_{afa}[\Phi]\}$ 给出一种刻画，也就是说，它是最大公式类。定义关系 $\phi \leqslant \psi$ 当且仅当 $\models \phi \rightarrow \psi$。$\leqslant$ 是一个偏序，$<$ 看作严格序，$\equiv$ 看作由 $\leqslant$ 确定的等价关系。如果 $\phi < \perp$ 并且 $\phi < \psi$ 蕴涵 $\psi \equiv \perp$，那么称公式 ϕ 是最大的。最大公式恰恰就是形如 $\delta(a)$ 的公式。

命题 4.16 对某个集合 $a \in V_{afa}[\Phi]$，ϕ 是最大公式当且仅当 $\phi = \delta(a)$。

证明：首先验证每个公式 $\delta(a)$ 是最大的。因为 $a \models \delta(a)$，$a \not\models \perp$，$\delta(a) < \perp$。假设 $\delta(a) < \psi$，那么满足 ψ 的集合的类 C 必然是满足 $\delta(a)$ 的集合类的子类。所以 $C = \varnothing$，那么 $\psi \equiv \perp$。反之，每个最大公式都是 $\delta(a)$ 这种形式。令 ϕ 是最大公式，则满足 ϕ 的集合组成的类 C 必然是单元集。如果 a 和 b 是 C 中不同的元素，那么 $b \models \phi \wedge \neg\ \delta(a)$。因此，$\phi < \phi \wedge \neg\ \delta(a) < \perp$，与 ϕ 最大性质矛盾。

4.3.2　有穷语言与单个集合的刻画

在本节中，使用有穷命题变元集 Φ 构造的基本模态语言 ML(Φ，◇）和无穷模态语言 ML_∞(Φ，◇）中讨论单个集合的模态可定义性的条件。首先要定义模态度。

定义 4.24　对任何模态公式 ϕ，归纳定义它的模态度 $md(\phi)$ 如下：

（1）$md(p)=0$，对所有命题变元 p；

（2）$md(\neg\phi)=md(\phi)$；

（3）$md(\bigwedge\sum)=sup\{md(\phi):\phi\in\sum\}$；

（4）$md(\Diamond\phi)=md(\phi)+1$。

对二元算子∧，$md(\phi\wedge\psi)=\max\{md(\phi),md(\psi)\}$。关于模态度可得如下命题。

命题 4.17　对每个集合 $a\in V_{afa}[\Phi]$，$md(\phi(a,\alpha))=\alpha$。

定理 4.16　（Baltag）假设 Φ 是有穷命题变元集。一个集合 $a\in V_{afa}[\Phi]$ 被基本模态语言 ML(Φ，◇）的某个公式刻画当且仅当 a 是良基的并且 $TC(\{a\})$ 有穷。

证明：假设 a 是良基的并且 $TC(\{a\})$ 有穷。使用良基集合上的归纳定义给出定义集合 a 的公式。假设对所有 $b\in a$ 已经定义 ϕ_b，定义 ϕ_a 如下：

$$\bigwedge_{p\in a}p\wedge\bigwedge_{p\notin a}\neg p\wedge\nabla\ \{\phi_b:\ b\in a\}$$

显然很容易证明，对于所有 $b\in WF[\Phi]$，$b\vDash\phi_a$ 当且仅当 $b=a$。注意上面 ϕ_a 的公式对于有穷的命题变元集来说是有穷长的，因此它等价于某个基本模态语言 ML(Φ，◇）的公式，所以这个公式定义集合 a。

反之，假设基本模态公式 ϕ 定义 a。对每个集合 $b\in V_{afa}[\Phi]$，递归定义 a^n：

$$a^0=\Phi\cap a;\ a^{n+1}=\{b^n:\ b\in a\}\cup(\Phi\cap a)$$

若 $md(\phi)=n$，则 $a\vDash\phi$ 当且仅当 $a^n\vDash\phi$。因此，如果 ϕ 刻画 a，那么对于 $n=md(\phi)$，则 $a=a^n$。对 n 归纳证明只存在有穷多个集合 a^n，因为 Φ 是有穷的。最后对 n 归纳证明 a^n 是良基的。

在使用有穷命题变元集构造的无穷模态语言 ML_∞(Φ，◇）中，对形如 $\phi(a,\alpha)$ 的公式，有如下关于模态度的命题成立。

命题 4.18　对于所有 a、$b\in V_{afa}[\Phi]$，如下等价：

（1）对 ML_∞(Φ，◇）的任何公式 ϕ 使 $md(\phi)\leqslant\alpha$，$a\vDash\phi$ 当且仅当 $b\vDash\phi$。

（2）$\phi(a,\alpha)=\phi(b,\alpha)$。

证明：假设（1）成立。因为 $a\vDash\phi(a,\alpha)$ 并且 $md(\phi(a,\alpha))=\alpha$。所以 md

$(\phi(a,\ \alpha))=md(\phi(b,\ \alpha))$，$a\models\phi(a,\ \alpha)$，因此，$a\models\phi(b,\ \alpha)$，那么 $\phi(a,\ \alpha)=\phi(b,\ \alpha)$。

反之假设 $\phi(a,\ \alpha)=\phi(b,\ \alpha)$ 成立。对 α 和 χ 同时归纳证明：若 $md(\chi)\leqslant\alpha$ 并且 $b\models\phi(a,\ \alpha)$，则 $a\models\chi$ 当且仅当 $b\models\chi$。在模态情况 $\chi:=\Diamond\psi$ 下，假设 $b\models\chi$。那么 $md(\psi)+1=md(\chi)\leqslant\alpha$，所以 $md(\psi)<\alpha$。因此 $b\models\phi(a,\ md(\psi)+1)$。所以，$b\models\Box\bigvee_{c\in a}\phi(c,\ md(\psi))$。那么存在 $d\in b$ 使 $d\models\psi$。存在 $c\in a$ 使 $d\models\phi(c,\ md(\psi))$。由归纳假设，$c\models\psi$。所以，$a\models\Diamond\psi$。另一方向类似。

推论 4.6 假设 Φ 是有穷的。则：

（1）如下等价：（a）对任何基本模态语言 ML(Φ，$\Diamond$）的公式 ϕ，$a\models\phi$ 当且仅当 $b\models\phi$；（b）$\phi(a,\ \omega)=\phi(b,\ \omega)$。

（2）a 被基本模态语言 ML(Φ，$\Diamond$）某个公式集合刻画当且仅当 $\deg(a)\leqslant\omega$。

证明：命题（1）由 5.18 得到。对于（2），假设公式集 T 刻画 a。$b\models\phi(a,\ \omega)$，根据命题 5.2，$b\models T$。所以 $a=b$。另一方向显然，因为 $\phi(a,\ \omega)$ 是有穷长公式的合取。

下面在有穷命题变元集合 Φ 上构造的模态语言中，给出使用模态公式集定义单个集合的条件，这就是巴塔格定理。假定命题变元集 Φ 是有穷的，并且只考虑基本模态语言 ML(Φ，$\Diamond$）。

命题 4.19 对所有 $b\in a\in V_{afa}[\Phi]$，$deg(b)\leqslant deg(a)$。如果 $deg(a)$ 是后继序数，那么 $deg(b)<deg(a)$。

证明：对 $deg(a)=\alpha$ 归纳证明。对于 $\alpha=0$，这是显然的，因为此时 $a\subseteq\Phi$。假设 $\alpha=\beta+1$。证明 $\phi(b,\ \beta)$ 定义 b。令 $c\models\phi(b,\ \beta)$。考虑 $d=(a\backslash\{b\})\cup\{c\}$。显然根据 $\phi(a,\ \alpha+1)$ 的定义，$d\models\phi(a,\ \alpha+1)$。因此 $d=a$。因为 $b\in a$，我们有 $b=c$。极限序数的情况类似。

引理 4.4 假设 Φ 是有穷命题变元集。如果基本模态语言 ML(Φ，$\Diamond$）的公式集 T 刻画集合 $a\in V_{afa}[\Phi]$，那么每个 $b\in a$ 也被某个 ML(Φ，$\Diamond$）-公式集刻画，因此，每个 $b\in TC(a)$ 也被某个 ML(Φ，$\Diamond$）-公式集刻画。

定理 4.17 （Baltag）假设 Φ 是有穷命题变元集。令 $a\in V_{afa}[\Phi]$。基本模态语言 ML(Φ，$\Diamond$）的某个公式集 T 刻画集合 a 当且仅当 $a\in H_\omega[\Phi]$。

证明：假设 $a\in H_\omega[\Phi]$。根据定理 4.16，公式 $\phi(a,\ \omega)$ 刻画 a。这个公式是有穷长公式的合取，因此它相当于一个 ML(Φ，$\Diamond$）-公式集，并且刻画集合 a。

反之，假设一个 ML(Φ，$\Diamond$）-公式集刻画集合 b。则只需证 b 是有穷集合。假设 b 是无穷集合。那么构造集合 c 使得 $d=b\backslash\{c\}$ 并且 $e=b\cup\{c\}$ 使 $d\models\phi(b,\ \omega)$ 且 $e\models\phi(b,\ \omega)$，所以 $b\models Th_{\mathrm{ML}(\Phi,\Diamond)}(b)$。但 $d\neq e$，所以 $\mathrm{Th}_{\mathrm{ML}(\Phi,\Diamond)}(b)$ 不能刻画 b。要构造集合 c，需使用基本模态语言 ML(Φ，$\Diamond$）的紧致性：对任何 ML(Φ，

$\Diamond$）- 公式 T，T 是可满足的当且仅当 T 的每个有穷子集是可满足的。对自然数归纳定义集合 c_n 如下。假设对所有 $i<n$ 定义 c_i。令 $c_n \in b$ 有如下性质：

（ * ） 无穷多个 $c \in b$ 使得对所有 $i \leq n$，$\phi(c, i)=\phi(c_i, i)$

对所有 $i<n$ 给定满足上述性质（ * ）的 c_i，存在一个无穷集合 S 使得对所有 $c \in S$ 和所有 $i<n$ 有 $\phi(c, i)=\phi(c_i, i)$。因为 Φ 有穷，所以只存在有穷多个形如 $\phi(a, n)$ 的公式。因此，存在无穷子集 $S_0 \subseteq S$ 使得对于 c、$d \in S_0$，$\phi(c, n)=\phi(d, n)$。那么 c_n 是 S_0 的任意元素。令 $T=\{\phi(c_0, 0), \phi(c_1, 1), \cdots, \phi(c_m, m), \cdots\}$。因为 T 的每个有穷子集是一致的，根据紧致性，T 也是一致的。令 $c \models T$。则可以断言：对每个 n，$\phi(c, n)=\phi(c_n, n)$。因为 $c \models \phi(c_n, n)$，所以 $\phi(c, n) \wedge \phi(c_n, n)$ 是可满足的。这样就得到所需要的结果。

令 $d=b \setminus \{c\}$ 并且 $e=b \cup \{c\}$。对于所有 n，$d \models \phi(b, n)$ 并且 $e \models \phi(b, n)$。因为 d 和 b 满足相同的有穷长公式，对所有 n，$d \models \phi(b, n)$。对 e 的证明类似。因此 $d \models \phi(b, \omega)$ 并且 $e \models \phi(b, \omega)$。所以 $d=b=e$。因为 $c \in e \setminus d$，矛盾。

本节讨论了如何使用模态公式刻画集合的问题，这相当于在模态逻辑中使用模态公式定义一类特殊的模型。在下一节中，将考虑使用集合类对模态公式集进行分类，主要目的是证明一些特定的模态公式集合刻画特定的集合类。

4.3.3　使用集合类对模态公式分类

在模态逻辑当中，所有框架组成的最大框架类 Θ 刻画极小正规模态逻辑 K，也就是说，$K=Log(\Theta)$。给定公式集 Γ，由 Γ 生成的正规模态逻辑 $K \oplus \Gamma$ 是在 K 上增加 Γ 中的公式作为公理，并且在 MP、Sub 和 Gen 规则下封闭的最小公式集。由于增加了新的公式集 Γ 作为公理，那么所得到逻辑的框架是有条件的，也就是说，要使 Γ 中每个公式都是有效的。若存在 $K \oplus \Gamma$ 的框架类 C 使得这个框架类的逻辑 $LogC=K \oplus \Gamma$，则称这个逻辑是框架类完全的。首先考虑简单的正规模态逻辑。比如 D 的特征公理 $\Diamond\top$，任给模态框架 $F=(W, R)$，可以证明 $F \models \Diamond\top$ 当且仅当 $F \models \forall x \exists y Rxy$（框架 F 中的每个状态都有后继状态）。这样，我们说模态公式 $\Diamond\top$ 在框架上对应于一阶公式 $\forall x \exists y Rxy$。这里要注意的是在框架上说明对应条件，但在集合论语义下，考虑的集合是含有本元的集合，相当于模态逻辑的模型，无法谈论框架上的对应问题。

如果要考虑框架上的对应条件，一种方式就是考虑图（加标图相当于模态逻辑的模型，去掉加标图的标签，就得到图），研究模态公式在图上的对应条件。比如，在图类上，模态公式 $\Box p \to p$ 的一阶对应条件是图的边关系自返（每个结点都是自返的，即 $\forall x Rxx$）；模态公式 $\Diamond\top$ 的一阶对应条件是图的边关系持续

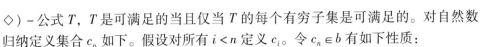

（每个结点都与某个结点有边关系，即 $\forall x \exists y Rxy$）。因此，模态公式 $\Box p \to p$ 在一个图上是有效的当且仅当该图的每个结点都是自返的，$\Diamond\top$ 在一个图上是有效的，当且仅当该图的每个结点都不是死点。

例 4.8 （1）$\Box p \to p$ 在自返加标图上一定是有效的，但存在非自返的加标图使得 $\Box p \to p$ 有效。比如在加标图 $G = (G, R, l)$ 上该公式是有效的，其中 $G = \{x, y\}$，$R = \{(x, y), (y, x)\}$，$l(x) = l(y)$。则可以归纳证明，对所有基本模态公式 ϕ，$x \models \phi$ 当且仅当 $y \models \phi$。因此，如果 $x \models \Box p$，那么 $y \models \Box p$，所以 $x \models p$；同样，如果 $y \models \Box p$，那么 $x \models \Box p$，所以 $y \models p$。因此，$\Box p \to p$ 在这个加标图上是有效的，但这个加标图的每个结点都不是自返的。

（2）$\Diamond\top$ 在任何没有死点的加标图上也是有效的，但如果一个加标图含有死点 x，在 x 上 $\Diamond\top$ 假，因此加标图使 $\Diamond\top$ 有效当且仅当该加标图没有死点。

表 4.1　模态公式和一阶公式的对应

模态公式	一阶公式
$\Diamond\top$	$\forall x \exists y Rxy$
$p \to \Diamond p$	$\forall x Rxx$
$p \to \Box\Diamond p$	$\forall xy(Rxy \to Ryx)$
$\Diamond p \to \Box\Box p$	$\forall xyz(Rxy \land Ryz \to Rxz)$
$\Diamond\Box p \to \Box p$	$\forall xyz(Rxy \land Rxz \to Ryz)$
$\Box p_1 \lor \Box(p_1 \to p_2) \lor \cdots \lor \Box(p_1 \land \cdots \land p_n \to p_{n+1})$	$\forall x \mid \{y : Rxy\} \mid < n+1$
$\Box p \to p$	$\forall x(Rxx \land \forall y(y \neq x \to \sim Rxy)$
$\Box p$	$\forall x \sim \exists y Rxy$
$\Box(\Box p \to p) \to \Box p$	R 传递并且 R^{-1} 良基

定义 4.25 令 T 是无穷模态语言 $\mathrm{ML}_\infty(\Phi, \Diamond)$ 的某个公式集，令 C 是（加标）图类。如果对每个 $G \in C$，$G \models T$，那么称 C 是 T -（加标）图类。如果 $T \models \phi$ 当且仅当 $C \models \phi$，那么称 T 相对于 C 是完全的。如果 T 相对于 C 是完全的，那么称 C 定义 T 的后承集。考虑正规模态逻辑 $\mathrm{K} \oplus \Gamma$，如果 $\mathrm{K} \oplus \Gamma$ 相对于 C 是完全的，那么称 C 定义或刻画 $\mathrm{K} \oplus \Gamma$。

表 4.1 给出了一些正规模态逻辑的特征公理和它们所对应的一阶公式。根据命题 4.20，满足右边一阶公式的图类是左边的正规模态逻辑的图类。在第 5 章中我们还可以看到，这样的图类刻画相应的正规模态逻辑。以下简单地给出这些对应结果的证明。

命题 4.20　给定一个图 $G=(G, R)$。如下对应结果成立。

（1）$\mathfrak{G}\models\Diamond\top\Leftrightarrow\mathfrak{G}\models\forall x\exists yRxy$。

（2）$\mathfrak{G}\models p\to\Diamond p\Leftrightarrow\mathfrak{G}\models\forall xRxx$。

（3）$\mathfrak{G}\models p\to\Box\Diamond p\Leftrightarrow\mathfrak{G}\models\forall xy(Rxy\to Ryx)$。

（4）$\mathfrak{G}\models\Box p\to\Box\Box p\Leftrightarrow\mathfrak{G}\models\forall xyz(Rxy\land Ryz\to Rxz)$。

（5）$\mathfrak{G}\models\Diamond p\to\Box\Diamond p\Leftrightarrow\mathfrak{G}\models\forall xyz(Rxy\land Rxz\to Ryz)$。

（6）$\mathfrak{G}\models\Box p_1\lor\Box(p_1\to p_2)\lor\cdots\lor\Box(p_1\land\cdots\land p_n\to p_{n+1})\Leftrightarrow\forall x\,|\{y: Rxy\}|\leqslant n$。

（7）$\mathfrak{G}\models\Box p\to p\Leftrightarrow\mathfrak{G}\models\forall x(Rxx\land\forall y(y\neq x\to\neg Rxy))$。

（8）$\mathfrak{G}\models\Box p\Leftrightarrow\mathfrak{G}\models\forall x\neg\exists yRxy$。

（9）$\mathfrak{G}\models\Box(\Box p\to p)\to\Box p\Leftrightarrow R$ 传递且不存在无穷长 R - 链。

证明：

（1）假设 $\mathfrak{G}\models\forall x\exists yRxy$。对 $\mathfrak{G}$ 上任意加标函数 l，任意 $x\in G$，令 $y\in G$ 使 Rxy。那么 $\mathfrak{G}, l, y\models\top$，所以 $\mathfrak{G}, l, x\models\Diamond\top$。反之，设 $\mathfrak{G}\models\Diamond\top$。任给 $x\in G$，任给 $\mathfrak{G}$ 上加标函数 l，$\mathfrak{G}, l, x\models\Diamond\top$，所以存在 $y\in G$ 使 Rxy 且 $\mathfrak{G}, l, y\models\top$。

（2）假设 $\mathfrak{G}\models\forall xRxx$。那么对 $\mathfrak{G}$ 上的任意加标函数 l，对任意 $x\in G$，假设 $\mathfrak{G}, l, x\models p$。那么 $\mathfrak{G}, l, x\models\Diamond p$。反之假设 $\mathfrak{G}\models p\to\Diamond p$。任给 $x\in G$。给定加标函数 l 使得 $l(x)=\{p\}$，其他结点的标签集是空集。那么 $\mathfrak{G}, l, x\models p\to\Diamond p$。所以 $\mathfrak{G}, l, x\models\Diamond p$。因为 x 是唯一满足 p 的结点，所以 Rxx。

（3）假设 $\mathfrak{G}\models\forall xy(Rxy\to Ryx)$。对 $\mathfrak{G}$ 上任意加标函数 l，对任意 $x\in G$，假设 $\mathfrak{G}, l, x\models p$。任给 y 使 Rxy，则 Ryx。所以 $\mathfrak{G}, l, y\models\Diamond p$。所以 $\mathfrak{G}, l, x\models\Box\Diamond p$。反之假设 $\mathfrak{G}\models p\to\Box\Diamond p$。任给 x、$y\in G$，假设 Rxy。给定加标函数 l 使 $l(x)=\{p\}$，其他状态的标签集为空集。由 $\mathfrak{G}, l, x\models p\to\Box\Diamond p$ 得 $\mathfrak{G}, l, x\models\Box\Diamond p$。因此 $\mathfrak{G}, l, y\models\Diamond p$。因为 x 是唯一满足 p 的结点，所以 Ryx。

（4）假设 $\mathfrak{G}\models\forall xyz(Rxy\land Ryz\to Rxz)$。对 $\mathfrak{G}$ 上任意加标函数 l，对任意 $x\in G$，设 $\mathfrak{G}, l, x\models\Box p$。任给 y、z 使 Rxy 且 Ryz，那么 Rxz，则 $\mathfrak{G}, l, z\models p$。所以 $\mathfrak{G}, l, x\models\Box\Box p$。反之假设 $\mathfrak{G}\models\Box p\to\Box\Box p$。任给 x、$y\in G$，假设 Rxy 且 Ryz。给定加标函数 l 使得对每个 u，若 Rxu 则 $l(u)=\{p\}$；其他状态的标签集为空集。所以 $\mathfrak{G}, l, x\models\Box p$，$\mathfrak{G}, l, x\models\Box\Box p$，$\mathfrak{G}, l, z\models p$。所以 Rxz。

（5）假设 $\mathfrak{G}\models\forall xyz(Rxy\land Rxz\to Ryz)$。对 $\mathfrak{G}$ 上任意加标函数 l，任意 $x\in G$，设 $\mathfrak{G}, l, x\models\Diamond p$。存在 z 使 Rxz 且 $\mathfrak{G}, l, z\models p$。任给 y 使得 Rxy，那么 Ryz，所以 $\mathfrak{G}, l, y\models\Diamond p$，因此 $\mathfrak{G}, l, x\models\Box\Diamond p$。反之假设 $\mathfrak{G}\models\Diamond p\to\Box\Diamond p$。任给 x、y、$z\in G$，设 Rxy 且 Rxz。给定加标函数 l 使 $l(z)=\{p\}$，其他状态标签集为空集。所以 $\mathfrak{G}, l, x\models\Diamond p$，$\mathfrak{G}, l, x\models\Box\Diamond p$，因此 $\mathfrak{G}, l, y\models\Diamond p$。所以 Ryz。

（6）假设 $\mathfrak{G}\models\Box p_1\lor\Box(p_1\to p_2)\lor\cdots\lor\Box(p_1\land\cdots\land p_n\to p_{n+1})$。对任意结点 x，

假设 x_1，…，x_{n+1}是 x 的不同的后继结点。定义 $\mathfrak{G}$ 上的加标函数 l 使得对所有 $1 \leqslant i \leqslant n+1$，$l(p_i) = W \backslash \{x_i\}$。那么 $x \nvDash \Box p_1 \vee \Box(p_1 \to p_2) \vee \cdots \vee \Box(p_1 \wedge \cdots \wedge p_n \to p_{n+1})$。反之，假设 $\forall x \mid \{y: Rxy\} \mid \leqslant n$，但是 $\mathfrak{G} \nvDash \Box p_1 \vee \Box(p_1 \to p_2) \vee \cdots \vee \Box(p_1 \wedge \cdots \wedge p_n \to p_{n+1})$。令 l 是 $\mathfrak{G}$ 上的加标函数，x 是结点使 $x \nvDash \Box p_1 \vee \Box(p_1 \to p_2) \vee \cdots \vee \Box(p_1 \wedge \cdots \wedge p_n \to p_{n+1})$。那么 x 有 $n+1$ 个后继结点。

（7）假设 $\mathfrak{G} \vDash \Box p \leftrightarrow p$。对任意结点 x，由 $\mathfrak{G} \vDash \Box p \to p$ 得 Rxx。假设 $y \neq x$ 且 Rxy。定义 $\mathfrak{G}$ 上加标函数 l 使 $l(p) = \{x\}$，那么 $x \nvDash p \to \Box p$。反之假设 $\mathfrak{G} \vDash \forall x(Rxx \wedge \forall y(y \neq x \to \neg Rxy)$。任给 $\mathfrak{G}$ 上加标函数 l 和结点 x，如果 $x \vDash \Box p$，由 Rxx 得 $x \vDash p$。如果 $x \vDash p$，由于 x 没有其他后继结点，所以 $x \vDash \Box p$。

（8）假设 $\mathfrak{G} \vDash \Box p$，但是 $\mathfrak{G} \nvDash \forall x \neg \exists y Rxy$。那么存在结点 x 使得它有一个后继结点 y。定义 $\mathfrak{G}$ 上的加标函数 l 使得 $l(p) = \{x\}$，那么 $x \vDash \Box p$。反之假设 $\mathfrak{G} \nvDash \forall x \neg \exists y Rxy$。那么每个结点都是死点，因此 $\mathfrak{G} \vDash \Box p$。

（9）假设 $\mathfrak{G} \vDash \Box(\Box p \to p) \to \Box p$ 不成立，那么存在一个加标函数 l 和一个结点 x 使得 $\mathfrak{G}$，l，$x \nvDash \Box(\Box p \to p) \to \Box p$。所以 $x \vDash \Box(\Box p \to p)$ 但是 $x \nvDash \Box p$。那么 x 存在一个后继结点 y 使得 $y \nvDash p$ 并且$\Box p \to p$ 在 x 的所有后继结点上都成立，所以 $y \nvDash \Box p$。也就是说，存在 y 的后继结点 z，$z \nvDash p$。由 R 的传递性，z 也是 x 的后继结点。那么存在 z 的后继结点 u 使得 $u \nvDash p$ 并且 u 也是 x 的后继结点。依此类推，存在 u 的后继结点 v 使得 $v \nvDash p$ 并且 v 也是 x 的后继结点等。这样就存在一条无穷路径 $xRyRzRu\cdots$，与 R 的逆良基性质矛盾。

对另一方向，假设 R 不是传递关系或者 R 的逆不是良基关系。以下只证明 R 的逆不是良基关系的情况。假设 R 是传递的，R 的逆不是良基的。也就是说，传递加标图包含一个无穷序列 $g_0 R g_1 R g_2 R g_3 R \cdots$。可以定义标签函数 l 使：

$p \in l(x)$ 当且仅当 $x \in G \backslash \{y \in G$：存在从 y 开始的无穷长 R－链$\}$。

显然$\Box p \to p$ 在该模型每个结点上都是真的，因此 $\mathfrak{G}$，l，$g_0 \vDash \Box(\Box p \to p)$。所以 $\mathfrak{G}$，l，$g_0 \nvDash \Box p$。

此外，由于$\Box(\Box p \to p) \to \Box p$ 违反紧致性，所以该公理对应的图类不是初等的。假设存在一阶公式 λ 和$\Box(\Box p \to p) \to \Box p$ 等价。因为 λ 与 L 等价，则使得 λ 真的任意模型都是传递的。令 $\sigma_n(x_0, \cdots, x_n)$ 是一阶公式，那么存在一个长度为 n 的 R－路径，x_0，…，x_n：$\sigma_n(x_0, \cdots, x_n) = \bigwedge_{i<n} Rx_i x_{i+1}$。那么 $\sum = \{\lambda\} \cup \{\forall xyz((Rxy \wedge Ryz) \to Rxz)\} \cup \{\sigma_n : n \in w\}$ 的每个有穷子集在一个有穷线序中是可满足的，因此 $\sum$ 的每个有穷子集都在传递的未加标图的类中，关系的逆是良基的。由紧致性定理，$\sum$ 自己有一个模型。但 $\sum$ 在任意逆良基的未加标图中是不可满足的，因为假设与 L 等价的 λ 定义了传递的未加标图的类，逆良基未

加标图。由矛盾得出 L 与任何一阶公式不能等价。L 与任意一阶公式的无穷集合也不是等价的。

下面将使用集合类对模态公式进行分类，其主要结果是这样一种形式，给定模态公式集 $\sum$ 和集合类 C，$a \in$ C 当且仅当 $a \models \sum$。这样，我们就说集合类 C 区分模态公式集 $\sum$。如下将从模态公式 $p \to \Diamond p$、$\Diamond\top$ 和遗传自返集合类、遗传非空集合类开始讨论。

定义 4.26 （1）对任意集合 a，若 $a \in a$，则称 a 是自返的。定义遗传自返集合类为满足如下条件的最大类 $HRefl$：如果 $a \in HRefl$，那么 $a \in a$ 并且 $\forall b \in a(b \in HRefl)$，其中 b 是集合。

（2）定义遗传非空集合类为满足如下条件的最大集合类 HNe：如果 $a \in HNe$，那么 $\exists b(b \in a)$ 并且 $\forall b \in a(b \in HNe)$，其中 b 是集合。

（3）任给集合 a，如果对于所有集合 $b \in TC(\{a\})$ 有 b 是自返的，那么称集合 a 是遗传自返集合。

例 4.9

（1）Ω 是遗传自返集。

（2）令 $a = \{a, p, b\}$，其中 $b = \{q, b, \Omega\}$。因为 $\Omega \in TC(\{a\})$，即 $\Omega \in b$，$b \in a$，Ω 自返，所以 a 是遗传自返集。

定义 4.26 给出的遗传自返集合类和遗传非空集合类之间有如下关系。

命题 4.21 $HRefl \subset HNe$。

命题 4.22 令 $\mathfrak{G} = (G, R, l)$ 是加标图，令 W 是与 $\mathfrak{G}$ 互模拟的典范加标图。

（1）如果 R 自返，那么 $W \subseteq HRefl$。

（2）$\mathfrak{G} \models \forall x \exists y Rxy$ 当且仅当 $W \subseteq HNe$。

证明：（1）假设 R 自返。那么 W 满足下列条件：如果 $a \in W$，那么 a 自返并且 a 中的每个集合 $b \in W$。因此 $W \subseteq HRefl$。（2）假设 $\mathfrak{G} \models \forall x \exists y Rxy$。那么 W 满足如下条件：如果 $a \in W$，那么存在集合 $b \in a$ 且 a 中的每个集合 $c \in W$。所以 $W \subseteq HNe$。反之设 G 有终结点 g，$d(g)$ 只含本元，所以 $W \nsubseteq HNe$。

要证明如下定义结果：$a \in HRefl$ 当且仅当 $a \models \mathrm{Thm}(\mathrm{K} \oplus p \to \Diamond p)$。这样，遗传自返集合类刻画正规模态逻辑 T。因此，可以把模态逻辑中经典的刻画结果转移到集合论语义下。

令 C 是加标图类。定义遗传 C - 集合类 $H(C) = \cup\{W \in C$：$W \subseteq V_{afa}[\Phi]$ 是集合传递类$\}$。因此：

$$HRefl = H(\{\mathfrak{G} = (W, R): \mathfrak{G} \models \forall x Rxx\})$$

$$HNe = H(\{\mathfrak{G} = (W, R): \mathfrak{G} \models \forall x \exists y Rxy\})$$

下面的命题直接可以从这里的定义得到。

命题 4.23 如果 $C \models \mathrm{Thm}(\mathrm{T})$，那么对所有公式 $\phi \in \mathrm{Thm}(\mathrm{T})$，$H(C) \models \phi$。

任给加标图类 C，如果对于每个 $\mathfrak{G} \in C$，与 $\mathfrak{G}$ 互模拟的典范加标图也属于 C，那么称 C 在装饰下封闭。则如下命题成立。

命题 4.24 满足如下条件的加标图类在装饰下封闭：

（1）$\forall x \exists y Rxy$；

（2）$\forall x Rxx$；

（3）$\forall xyz(Rxy \wedge Ryz \rightarrow Rxz)$；

（4）$\forall xy Rxy$；

（5）R^{-1}是良基关系。

证明：只证明（3），其他类似。令 $\mathfrak{G}=(G, R, l)$ 是传递加标图，令 d 是装饰函数，那么 $d: G \rightarrow W$ 是双射。若要证明 W 上的属于关系是传递的，假设 a、b、$c \in W$ 使得 $a \in b \in c$。应用互模拟条件，对于 $c \in W$，$d(g_c)=c$，对于 g_c 的子结点 g_b 使得 $d(g_b)=b$。同样对于 g_b 的子结点 g_a 使得 $d(g_a)=a$。因为 R 是传递的，因此 g_a 是 g_c 的子结点。则 $d(g_a) \in d(g_c)$。

定理 4.18 假设模态逻辑 T 相对于 C 是完全的，C 在装饰下封闭。那么对于所有基本模态公式 ϕ，$H(C) \models \phi$ 当且仅当 $\models_{\mathrm{T}} \phi$。

证明：假设 $\not\models_{\mathrm{T}} \phi$。由 C 的完全性，存在加标图 $\mathfrak{G}=(G, R, l) \in C$ 和 $g \in G$ 使得 $g \not\models \phi$。令 W 是与 $\mathfrak{G}$ 互模拟的典范加标图。因为 C 在装饰下封闭，$W \in C$，所以结点 g 的装饰集 $d(g)$ 在 $H(C)$ 中。$d(g)$ 使 T 所有定理真，但 ϕ 在 C 中不是真的。

定理 4.18 使用 $H(C)$ 来刻画正规模态逻辑 T，这仅仅考虑了基本模态语言 $\mathrm{ML}(\Phi, \Diamond)$，下面使用无穷模态语言 $\mathrm{ML}_{\infty}(\Phi, \Diamond)$ 将得到更强的刻画结果。在无穷模态语言 $\mathrm{ML}_{\infty}(\Phi, \Diamond)$ 中，遗传自返集合类刻画如下定义的公式集合。令：

$\Theta_0 := \{\Box\psi \rightarrow \psi: \psi$ 是无穷模态语言 $\mathrm{ML}_{\infty}(\Phi, \Diamond)$ 的公式$\}$；

$\Theta_{n+1} := \Theta_n \cup \{\Box\phi: \phi \in \Theta_n\}$。

那么令 $\Theta_T := \bigcup_{n \in \omega} \Theta_n$。

命题 4.25

（1）令 W 是集合传递类。则 $\{\phi: W \models \phi\}$ 在 Gen 规则下封闭。

（2）令无穷模态语言 $\mathrm{ML}_{\infty}(\Phi, \Diamond)$ 的公式集 $\sum$ 在 Gen 规则下封闭，并且 $W = \{a \in V_{afa}[\Phi]: a \models \sum\}$，则 W 是集合传递类。

定理 4.19 对任何集合 $a \in V_{afa}[\Phi]$，$a \in HRefl$ 当且仅当 $a \models \Theta_T$。

证明：假设 $a \in HRefl$。根据命题 4.22（1），只需要证明每个 $a \in HRefl$ 是无

穷模态语言 $ML_\infty(\Phi, \Diamond)$ 中每个特例 $\Box\phi\to\phi$ 的模型。假设 $a\models\Box\phi$。那么对每个集合 $b\in a$，$b\models\phi$。所以 $a\models\phi$。反之，假设 $a\models\Theta_T$。考虑集合 $W=\{a: a\models\Theta_T\}$。只需要证明 $W\in HRefl$。

断言：如果 $a\in W$，那么 $a\in a$ 并且 $\forall b\in a(b\in W)$。

假设 $a\in W$。首先证明 $a\in a$。因为 $a\in W$，所以 $a\models\Box\phi\to\phi$。因此 $a\models\phi(a, deg(a))\to\Diamond\phi(a, deg(a))$。因为 $a\models\phi(a, deg(a))$，所以 $a\models\Diamond\phi(a, deg(a))$。因此，存在 $b\in a$ 使得 $b\models\phi(a, deg(a))$。所以 $a=b$。最后，只需要证明 $\forall b\in a(b\in W)$。这一点由命题4.22（2）得出。

对于基本模态语言 $ML(\Phi, \Diamond)$ 来说，根据定理4.1，在正规模态逻辑T中不可证的公式在某个集合 $a\in HRefl$ 中假，但是这个逻辑也有不是遗传自返集合的模型。令 p_0，p_1，…是本元的无穷序列。存在集合 $a_C(C\in\wp(\omega))$，使 $a_C=\{p_n: n\in C\}\cup\{a_D: D\neq C\}$。令 $A=\{a_C: C\subseteq\omega\}$。首先验证 A 不是自返的，假设 $A\in A$。那么存在 C 使得 $A=a_C$。那么由于 $a_C\in A=a_C$，存在某 $D\neq C$ 使得 $a_C=a_D$。但 C 和 D 在某本元上不同，所以 $a_C\neq a_D$。

断言1：若 E 是 ϕ 中出现的所有命题变元 p_n 的有穷集合，$C\cap E=D\cap E$，则 $a_C\models\phi$ 当且仅当 $a_D\models\phi$。

断言2：对于每个基本模态语言 $ML(\Phi, \Diamond)$ 的公式 ϕ，$A\models\phi$。

这样，$p\to\Diamond p$ 的每个代入特例在 A 中有效，但 A 不是自返的。

上面给出的结果也可以推广到通过有穷命题变元集 Φ 构造的无穷模态语言 $ML_\infty(\Phi, \Diamond)$ 中。以下的定理说明，在这样的无穷模态语言 $ML_\infty(\Phi, \Diamond)$ 中，任意模态公式 $\phi\to\Diamond\phi$ 定义集合类 $HRefl\cap H_\omega[\Phi]$。

定理4.20 对任意集合 $a\in H_\omega[\Phi]$，有穷命题变元集 Φ，$a\in HRefl$ 当且仅当 $a\models\phi\to\Diamond\phi$。

证明：设 $a\models\phi\to\Diamond\phi$，要证 $a\in a$。因为 $\phi(a, deg(a))$ 是无穷合取 $\bigwedge\phi(a, n)$，每个 $\phi(a, n)$ 是有穷的。对每个 n，$a\models\phi(a, n)\to\Diamond\phi(a, n)$。对每个 n，存在 a 的子结点 b 使 $b\models\phi(a, n)$。因为 a 只有有穷多个子结点，对某个 b 和所有 n，$b\models\phi(a, n)$。因此 $b\models\phi(a, deg(a))$。由 $b\in V_{afa}[\Phi]$ 得 $b=a$，因此 $a\in a$。

4.3.4 一些刻画结果

在这一节中，将把4.3.2节所讨论的结果推广到其他正规模态逻辑的特征公理，主要处理以下五个模态公式：

（1）$\Diamond\top$；

（2）$\Box p\to\Box\Box p$；

(3) $p \to \Box \Diamond p$;

(4) $\Diamond p \to \Box \Diamond p$;

(5) $\Box(\Box p \to p) \to \Box p$。

它们分别是正规模态逻辑 KD、K4、KB、K5 和 GL 的特征公式。

1. 持续性公理$\Diamond\top$。

在之前已经定义了集合 HNe，即遗传非空集。考虑使用 HNe 定义某个模态公式集合。如下定义公式集的序列：

$$\sum_0 = \{\Diamond\top\}; \sum_{n+1} = \sum_n \cup \{\Box\phi: \phi \in \sum_n\}$$

令 $\sum = \bigcup_{n\in\omega} \sum_n$。

定理 4.21 对任何集合 $a \in V_{afa}[\Phi]$，$a \in HNe$ 当且仅当 $a \models \sum$。

证明：考虑集合 $W = \{a: a \models \sum\}$。假设 $a \models \sum$。因为 $a \models \Diamond\top$，所以存在 $b \in a$。根据 $\sum$ 的定义，$b \models \sum$。所以 $b \in W$。所以 $W \subseteq HNe$。反之，假设 $a \in HNe$。显然 W 是集合传递类。同样 W 中每个元素都有一个集合作为它的元素。所以 $HNe \subseteq W$。所以 $W = HNe$。

2. 传递性公理$\Box p \to \Box\Box p$。

这种情况只需考虑集合上的某种传递性质。令 Tran 是满足如下条件的最大集合类：

（＊）如果集合 $b \in a \in \text{Tran}$，那么 $b \in \text{Tran}$

显然 Tran 是最大的传递集合类。如下定义公式集序列：

$\Xi_0 = \{\Box\phi \to \Box\Box\phi: \phi$ 是 $ML_\infty(\Phi, \Diamond)$－公式$\}$；$\Xi_{n+1} = \{\Box\psi: \psi \in \Xi_n\}$

令 $\Xi = \bigcup_{n\in\omega} \Xi_n$。

定理 4.22 对任何集合 $a \in V_{afa}[\Phi]$，$a \in \text{Tran}$ 当且仅当 $a \models \Xi$。

证明：考虑集合 $W = \{a: a \models \Xi\}$，只需要证明 $W = \text{Tran}$。首先假设 $a \models \sum$。任给集合 $b \in a$，只需要证明 $b \models \Box\phi \to \Box\Box\phi$。因为 $a \models \Box(\Box\phi \to \Box\Box\phi)$，所以 $b \models \Box\phi \to \Box\Box\phi$。反之，假设 $a \in \text{Tran}$。设 $a \models \Box\phi$。任给 $c \in b \in a$，那么 $c \in a$，所以 $a \models \Box\Box\phi$。由于 Ξ 在 Gen 规则下封闭，所以 $a \models \Xi$。

3. 对称性公理 $p \to \Box\Diamond p$。

此时，需要考虑集合上的某种对称性质。令 Sym 是满足如下条件的最大集合类：

（＊＊）对任何集合 $a \in \text{Sym}$，如果集合 $b \in a$，那么 $a \in b$

如下定义公式集序列：

$\Delta_0 = \{\phi \to \Box\Diamond\phi: \phi$ 是 $ML_\infty(\Phi, \Diamond)$－公式$\}$；$\Delta_{n+1} = \{\Box\psi: \psi \in \Delta_n\}$

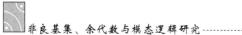

令 $\Delta = \bigcup_{n\in\omega}\Delta_n$。

定理 4.23　对任何集合 $a \in V_{afa}[\Phi]$，$a \in \mathrm{Sym}$ 当且仅当 $a \models \Delta$。

证明：考虑 $W = \{a: a \models \Delta\}$，只需证 $W = \mathrm{Sym}$。首先设 $a \models \Delta$。任给集合 $b \in a$，只需证 $b \models \phi \to \Box\Diamond\phi$。因为 $a \models \Box(\phi \to \Box\Diamond\phi)$，所以 $b \models \phi \to \Box\Diamond\phi$。反之，假设 $a \in \mathrm{Sym}$。设 $a \models \phi$。任给 $b \in a$，那么 $a \in b$，所以 $b \models \Diamond\phi$。因此 $a \models \Box\Diamond\phi$。由于 Ξ 在 Gen 规则下封闭，所以 $a \models \Xi$。

4. 欧性公理 $\Diamond p \to \Box\Diamond p$。

在这种情况下，需要考虑集合上的某种欧性：$\forall xyz(Rxy \wedge Rxz \to Ryz)$。令 Euc 是满足如下条件的最大集合类：

（***）对任何集合 $a \in \mathrm{Euc}$，如果集合 $b \in a$ 并且 $c \in a$，那么 $b \in c$

如下定义公式集序列：

$\prod_0 = \{\Diamond\phi \to \Box\Diamond\phi$：$\phi$ 是 $\mathrm{ML}_\infty(\Phi, \Diamond)$ - 公式$\}$；$\prod_{n+1} = \{\Box\psi : \psi \in \prod_n\}$

令 $\prod = \bigcup_{n\in\omega}\prod_n$。

定理 4.24　对任何集合 $a \in V_{afa}[\Phi]$，$a \in \mathrm{Euc}$ 当且仅当 $a \models \prod$。

证明：考虑 $W = \{a: a \models \prod\}$，只需证明 $W = \mathrm{Euc}$。首先假设 $a \models \prod$。任给集合 $b \in a$ 和 $c \in a$，只需证明 $b \models \Diamond\phi \to \Box\Diamond\phi$ 并且 $c \models \Diamond\phi \to \Box\Diamond\phi$。这一点由 $a \models \Box(\Diamond\phi \to \Box\Diamond\phi)$ 保证。反之，假设 $a \in \mathrm{Euc}$。设 $a \models \Diamond\phi$。那么存在 $c \in a$ 使得 $c \models \phi$。任给 $b \in a$，那么我们有 $c \in b$，所以 $b \models \Diamond\phi$。所以 $a \models \Box\Diamond\phi$。由于 Δ 在 Gen 规则下封闭，所以 $a \models \Delta$。

5. Löb 公理 $\Box(\Box p \to p) \to \Box p$。

这条公理对应于传递性质和属于关系的良基性质：任给图 $\mathfrak{G} = (G, R)$，$\mathfrak{G} \models \Box(\Box p \to p) \to \Box p$ 当且仅当 R 是传递的并且 R 的逆关系是良基的。从装饰函数可以看出，加标图上的可及关系可看作属于关系的逆关系。令 WF 是使用命题变元集合 Φ 构造的所有传递的良基集合的类。如下定义公式集的序列：

$\vartheta_0 = \{\Box(\Box\phi \to \phi) \to \Box\phi$：$\phi$ 是 $\mathrm{ML}_\infty(\Phi, \Diamond)$ - 公式$\}$；$\vartheta_{n+1} = \{\Box\psi$：$\psi \in \vartheta_n\}$

令 $\vartheta = \bigcup_{n\in\omega}\vartheta_n$。

定理 4.25　对任何集合 $a \in V_{afa}[\Phi]$，$a \in \mathrm{WF}$ 当且仅当 $a \models \vartheta$。

证明：考虑 $W = \{a: a \models \vartheta\}$，只需证明 $W = \mathrm{WF}$。首先假设 a 是传递良基集合。设 $a \models \Box(\Box\phi \to \phi)$。则对于所有集合 $b \in a$，$b \models \Box\phi \to \phi$。断言 $b \models \phi$。若不然，$b \models \neg\phi$，所以 $b \models \Diamond\neg\phi$。则存在 $b_1 \in b$ 使得 $b_1 \models \neg\phi$。根据传递性，$b_1 \in a$，所以 $b_1 \models \Box\phi \to \phi$，所以 $b_1 \models \Diamond\neg\phi$。这样就存在一个无穷下降序列 $a \ni b \ni b_1 \ni b_2 \cdots$。与 a 的良基性质矛盾。

反之假设 $a \models \vartheta$，要证 a 中集合上的属于关系传递并且是良基的。首先证明传递性。假设集合 $c \in b \in a$。令 $\phi = \bigvee \{\phi(d, deg(d))$：$d \in a$ 并且 $\forall e \in d(e \in a)\}$。证明 $a \models \Box(\Box\phi \to \phi)$，由此得 $a \models \Box\phi$，所以 $b \models \phi$，所以 $c \in a$。因此假设 $h \in a$，$h \models \Box\phi$。要证 $h \models \varphi$，令 $o \in h$，要证 $o \in a$。这一点由 $h \models \Box\phi$ 得到。

然后证明良基性。假设 a 不是良基的。那么令 $\phi = \bigvee \{\phi(c, deg(c))$：$c$ 是 $a \cup \bigcup a$ 的非良基元$\}$。因此 $\phi(c, deg(c))$ 刻画 c。由公理 $\Box(\Box\phi \to \phi) \to \Box\phi$ 的变形，我们得到 $a \models \Diamond\phi \to \Diamond(\phi \wedge \Box\neg\phi)$。因为 a 是非良基的，那么必然有一个非良基元。因此 $a \models \Diamond\phi$。存在 $b \in a$ 使 $b \models \phi \wedge \Box\neg\phi$。因此，$b$ 是 a 的非良基元。那么每个集合 $c \in b$ 是良基的，矛盾。对每个 $c \in b$，$c \in \bigcup a$，因此，如果 c 是非良基的，则 $\models \phi(c, deg(c)) \to \phi$ 并且 $b \models \Diamond\phi$。因此 $b \models \Box\neg\phi$。

本节中我们给出了使用集合类对模态公式进行分类的方法，并把这种方法应用到一些普通正规模态逻辑的特征公理中。从模型论的角度，模态逻辑的集合论语义是有意义的，既可以使用模态公式刻画集合，单个集合可以使用某个无穷模态语言的公式来刻画，又可以使用集合类对模态公式进行分类。

4.4 集合语义下的逻辑性质

在前面两部分，我们讨论了模态逻辑的集合论语义以及在这种语义下的一些模型论问题，其中最主要的结果是定义几种非标准的集合运算和相应的保持结果，还有一些关于使用模态公式集定义集合以及使用集合类对模态公式进行分类的结果。关于模态逻辑的讨论，除了这些模型论问题以外，还有一些重要的元逻辑性质需要研究，如完全性、有穷模型性质和可判定性质等。由于图与模态逻辑的框架对应，而加标图与模态逻辑的模型对应，因此节基于图和加标图的语义，讨论模态逻辑的完全性问题。在本节中的主要工作有以下几个方面：第一，在图和加标图上证明一些正规模态逻辑的完全性结果；第二，在图和加标图上讨论了更多的元逻辑性质，包括有穷（加标）图性质和可判定性质；第三，在集合论语义下讨论了完全性。

4.4.1 完全性

本节首先定义 L－加标图（L 是任意正规模态逻辑）并且证明 L－加标图的基本定理。L－加标图相当于在模态逻辑完全性证明中定义的典范模型。然后给出正规模态逻辑的完全性和典范逻辑的概念，最后讨论如何变换 L－加标图，从而得到更多的完全性结果。

定义 4.27　任给正规模态逻辑 L，如果存在图类 S 使 Thm(L) = Log(S)，则称 L 是图类完全的（S - 完全的）。如果 Thm(L) ⊆ Log(S)，那么称 L 是 S - 可靠的。

要证明一个逻辑 L 相对于图类 S 是可靠的，则只需要证明 L 的公理都在 S 上有效并且 L 的推理规则在 S 上保持有效性。可靠性证明一般是简单的，而处理完全性则比较复杂。若存在图类 S，使得对任意公式集 $\sum$ 和公式 ϕ，$\sum \vdash_L \phi$ 当且仅当 $\sum \vDash_S \phi$，则称 L 是强完全的。如果一个正规模态逻辑是强完全的，那么它一定是图类完全的。

一般证明强完全性的思路如下：给定正规模态逻辑 L 和 L 的图类 S，任给公式集 $\sum$ 和公式 ϕ，要证明：若 $\sum \vDash_S \phi$，则 $\sum \vdash_L \phi$。假设 $\sum \nvdash_L \phi$，那么要证明 $\sum \nvDash_S \phi$，只需要证明 $\neg\phi$ 在 S 中的某个图上可满足。根据假设，$\sum \cup \{\neg\phi\}$ 是 L - 一致的。因此，只需要证明任何一致公式集都是可满足的。这促使我们使用极大一致公式集作为加标图的结点，定义极大一致公式集之间的关系作为边关系，再定义加标函数，就可以得到所需要的可满足结果。首先回顾极大 L - 一致公式集的性质。给定正规模态逻辑 L，对任意 L - 一致的公式集 $\sum$，若任何真包含 $\sum$ 的公式集都是不一致的，则称 $\sum$ 为极大 L - 一致公式集。

命题 4.26　任何极大 L - 一致公式集 $\sum$ 具有如下性质：

（1）如果 $\phi \in \sum$ 并且 $\phi \to \psi \in \sum$，那么 $\psi \in \sum$；

（2）Thm(L) $\subseteq \sum$；

（3）对所有公式 ϕ，$\phi \in \sum$ 当且仅当 $\neg\phi \notin \sum$；

（4）对所有公式 ϕ，$\phi \vee \psi \in \sum$ 当且仅当 $\phi \in \sum$ 或 $\psi \in \sum$。

引理 4.5　（Lindenbaum 引理）若 $\sum$ 是 L - 一致公式集，则存在极大 L - 一致公式集 $\sum^+$ 使得 $\sum \subseteq \sum^+$。

定义 4.28　任给正规模态逻辑 L，它的 L - 加标图 $\mathfrak{G}_L = (G, R, l)$ 定义如下：

（1）$G = \{x: x$ 是极大 L - 一致公式集$\}$；

（2）Rxy 当且仅当 $\{\Diamond\phi: \phi \in y\} \subseteq x$；

（3）$l(x) = \{p: p \in x\}$。

推论 4.7　任给正规模态逻辑 L，在它的 L - 加标图 $\mathfrak{G}_L = (G, R, l)$ 中，Rxy 当且仅当 $\{\phi: \Box\phi \in x\} \subseteq y$。

下面的引理4.6是证明定理4.27的关键。

引理4.6 对任何正规模态逻辑L和加标图 $\mathfrak{G}_L$ 中的极大一致公式集 x，如果 $\Diamond\phi\in x$，那么存在 y，使得 Rxy 并且 $\phi\in y$。

证明：假设 $\Diamond\phi\in x$。构造一个极大L-一致公式集 y。令 $z=\{\phi\}\cup\{\psi: \Box\psi\in x\}$。下面证明 z 一致。假设 z 不一致。z 中存在 ψ_1，…，ψ_n 使 $\{\Box\psi_1, \cdots, \Box\psi_n\}\subseteq x$ 且 $\vdash\psi_1\wedge\cdots\wedge\psi_n\to\neg\phi$。由算子□单调，$\vdash\Box(\psi_1\wedge\cdots\wedge\psi_n)\to\neg\Diamond\phi$。根据□对∧的分配律，$\vdash\Box\psi_1\wedge\cdots\wedge\Box\psi_n\to\neg\Diamond\phi$。因为 $\{\Box\psi_1, \cdots, \Box\psi_n\}\subseteq x$，所以 $\neg\Diamond\phi\in x$。因此 $\Diamond\phi\notin x$，与假设矛盾。因为 z 一致，所以存在极大L-一致公式集 y，使得 $z\subseteq y$，Rxy，并且 $\phi\in y$。

定理4.26 对任何正规模态逻辑L，加标图 $\mathfrak{G}_L$ 中的极大一致公式集 x，对任何公式 ϕ，$\mathfrak{G}_L$，$x\vDash\phi$ 当且仅当 $\phi\in x$。

证明：对公式 ϕ 的构造归纳证明。原子情况和布尔情况是显然的。只考虑模态情况 $\phi:=\Diamond\psi$。假设 $\mathfrak{G}_L$，$x\vDash\phi$。那么存在 y，使得 Rxy 并且 $\mathfrak{G}_L$，$y\vDash\psi$。根据归纳假设可得 $\psi\in y$。由 R 定义，可得 $\Diamond\psi\in x$。反之，假设 $\Diamond\psi\in x$。因此，存在 y 使 Rxy 且 $\psi\in y$。由归纳假设，$\mathfrak{G}_L$，$y\vDash\psi$，所以 $\mathfrak{G}_L$，$x\vDash\phi$。

定理4.27 对任何正规模态逻辑L，任何L-一致的公式集都是可满足的。

证明：任给L-一致的公式集 $\sum$，根据Lindenbaum引理，存在极大L-一致公式集 x 使得 $\sum\subseteq x$。那么对于L-加标图 $\mathfrak{G}_L$，对每个 $\phi\in\sum$，$\mathfrak{G}_L$，$x\vDash\phi$。

推论4.8 对任何正规模态逻辑L，公式集 $\sum$ 和公式 ϕ，$\sum\vdash_L\phi$ 当且仅当 $\sum\vDash_{\mathfrak{G}L}\phi$。

证明：显然根据可靠性，如果 $\sum\vdash_L\phi$，那么 $\sum\vDash_{\mathfrak{G}L}\phi$。反之，假设 $\sum\nvdash_L\phi$。那么 $\sum\cup\{\neg\phi\}$ 是一致的，所以，存在极大L-一致公式集 x，使得 $\sum\cup\{\neg\phi\}\subseteq x$。因此，对于加标图 $\mathfrak{G}_L$，$\mathfrak{G}_L$，$x\vDash\neg\phi$。

根据上面的定理4.27和推论4.8，任给正规模态逻辑L，若L-加标图 $\mathfrak{G}_L$ 中的图使每个L-定理有效，则L就是图类完全的。

推论4.9 （紧致性）任给ML(Φ，◇)-公式集 $\sum$，$\sum$ 是可满足的当且仅当 $\sum$ 的每个有穷子集可满足。

任给一致的正规模态逻辑L，在L-加标图 $\mathfrak{G}_L=(G, R, l)$ 中，$\mathfrak{F}_L=(G, R)$ 称为L-图。只要证 $\mathfrak{F}_L\vDash\mathrm{Thm}(L)$，那么L是图类完全的。如果模态公式 ϕ 在图上对应于一阶性质 P（即对任意图 $\mathfrak{G}$，$\mathfrak{G}\vDash\phi$ 当且仅当 $\mathfrak{G}$ 有性质 P），要证 $L=K\oplus\phi$ 相对于有性质 P 的图类完全，只需要证明L-图具有性质 P。

定理 4.28 正规模态逻辑 K4 = K⊕$\Box p \to \Box\Box p$ 相对于传递图类是强完全的。

证明：给定 K4 – 一致公式集 $\sum$，只需证它在某个传递图上可满足。只需证明 K4 – 图（G，R）传递。假设 Rxy 且 Ryz，要证 Rxz。任给 $\Box\phi \in x$，因为 $\Box\phi \to \Box\Box\phi \in x$，所以 $\Box\Box\phi \in x$。因为 Rxy，$\Box\phi \in y$。因为 Ryz，$\phi \in z$，因此 Rxz。

定理 4.29 正规模态逻辑 KD = K⊕$\Diamond\top$ 相对于持续图类是强完全的。

证明：只需要证明 KD – 图（G，R）满足持续性条件 $\forall x \exists y Rxy$。任给 $x \in G$，那么 $\Diamond\top \in x$。所以，存在 $y \in G$，使得 Rxy 并且 $\top \in y$。

定理 4.30 正规模态逻辑 KB = K⊕$p \to \Box\Diamond p$ 相对于对称图类是强完全的。

证明：只需要证明 KB – 图（G，R）是对称的。假设 Rxy，只需证明 Ryx。任给 $\phi \in x$，因为 $\phi \to \Box\Diamond\phi \in x$，所以 $\Box\Diamond\phi \in x$。因为 Rxy，所以 $\Diamond\phi \in y$。

定理 4.31 正规模态逻辑 KT = K⊕$\Box p \to p$ 相对于自返图类是强完全的。

证明：只需要证明 KT – 图（G，R）是自返的。任给 $x \in G$，只需证明 Rxx。任给 $\Box\phi \in x$，因为 $\Box\phi \to \phi \in x$，所以 $\phi \in x$。因此 Rxx。

定理 4.32 正规模态逻辑 S5 = KT4B 相对于等价图类是完全的。

证明：只需要证明 S5 – 图（G，R）是等价图，即要证明 R 是 G 上的等价关系。因为 S5 = KT4B，所以 R 是自返的、传递的和对称的。

对任何一致的正规模态逻辑 L，若它的 L – 图使每个 L – 定理有效，也就是说，L 的每个定理在它的 L – 图上有效，则称 L 是典范逻辑。显然，K4、KD、KB、KT、S5 等正规模态逻辑都是典范逻辑。许多完全性结果是不能直接使用图的性质得到的，此时要对 L – 图做一些变换，从而得到所需要的性质。比如，可以证明如下定理：

定理 4.33 如下完全性结果成立。

（1）K 相对于禁自返图类是强完全的；

（2）S4 相对于偏序树的图类是强完全的；

（3）S5 相对于全通图类（即满足一阶条件 $\forall xyRxy$ 的图类）是强完全的。

证明：（1）考虑正规模态逻辑 K – 加标图 $\mathfrak{G}_K = (G, R, l)$。将这个加标图展开得到禁自返的树加标图。根据不变性结果，$\mathfrak{G}_K$，$x \models \phi$ 当且仅当 unr($\mathfrak{G}_K$，x)，(x)$\models \phi$。因此，任何 K – 一致公式集 $\sum$ 都在（unr($\mathfrak{G}_K$，y)，(y)）上可满足，对某个 y 使得 $\mathfrak{G}_K$，$y \models \sum$。

（2）任给 S4 – 一致公式集 $\sum$。将 $\sum$ 扩张为极大 S4 – 一致公式集 $\sum^+$。显然 S4 – 加标图 $\mathfrak{G}_{S4}$ 是自返传递的。首先从 $\sum^+$ 生成 $\mathfrak{G}_{S4}$ 的子加标图 $\mathfrak{G}_{S4}^+$。根据

生成子加标图的不变性结果，$\mathfrak{G}_{S4}^{+}$，$\sum^{+}\vDash\phi$。然后将 $\mathfrak{G}_{S4}^{+}$ 从 $\sum^{+}$ 展开得到树加标图 unr($\mathfrak{G}_{S4}^{+}$，$\sum^{+}$)。最后取 unr($\mathfrak{G}_{S4}^{+}$，$\sum^{+}$) 上可及关系的自返传递闭包。需要注意的是，如下成立：任给点生成加标图 $\mathfrak{G}=(G, R, l)$，令 $\mathfrak{G}$ 是从 g 生成的，令 unr $(\mathfrak{G}, g)=(G_1, R_1, l_1)$，取 R_1 自返传递闭包 R^*，得到新模型 unr$(\mathfrak{G}^*, g)=(G_1, R^*, l_1)$，因为每个图都是它的树展开图的 p－态射像，所以 unr$(\mathfrak{G}, g)$ 是 unr$(\mathfrak{G}^*, g)$ 的 p－态射像。

（3）任给 S5－一致公式集 $\sum$。将 $\sum$ 扩张为极大 S5－一致公式集 $\sum^{+}$。显然 S5－加标图 $\mathfrak{G}_{S5}$ 是等价关系。从 $\sum^{+}$ 生成 $\mathfrak{G}_{S5}$ 的子加标图 $\mathfrak{G}_{S5}^{+}$。那么，所得子加标图的边关系是全通关系。由生成子加标图不变性，$\sum$ 在某个全通图上可满足。

另一个重要的模态公式是 Mckinsey 公理：$M=\Box\Diamond p\to\Diamond\Box p$。第 3 章中证明它在框架上没有一阶对应条件，但是在传递框架上它有一阶对应条件。

命题 4.27 对任何传递图 $\mathfrak{G}=(W, R)$，$\mathfrak{G}\vDash\Box\Diamond p\to\Diamond\Box p$ 当且仅当 $\mathfrak{G}\vDash\forall x\exists y(Rxy\wedge\forall z(Ryz\to y=z))$。

证明：任给传递图 $\mathfrak{G}=(W, R)$，假设 $\mathfrak{G}\vDash\Box\Diamond p\to\Diamond\Box p$，但是 $\mathfrak{G}\nvDash\forall x\exists y(Rxy\wedge\forall z(Ryz\to y=z))$。则存在 $x\in W$，使得对任意 y，如果 Rxy，那么，存在 z，使得 Ryz 并且 $y\neq z$。分两种情况：

情况 1. x 是死点。那么对任意赋值 V，$x\vDash\Box\Diamond p$ 但 $x\vDash\Diamond\Box p$，与假设矛盾。

情况 2. x 不是死点，则存在 y 使 Rxy。所以有 z_0 使 Ryz_0 且 $y\neq z_0$。由传递性得 Rxz_0，由此得无穷长传递 R－链 $xRyRz_0Rz_1\cdots$。定义 $\mathfrak{G}$ 上的加标函数 l，使 $l(z_{2n})=\{p\}$；$l(z_{2n+1})=\varnothing$，则 $x\vDash\Box\Diamond p$，但 $x\nvDash\Diamond p$。与假设矛盾。

反之，假设 $\mathfrak{G}\vDash\forall x\exists y(Rxy\wedge\forall z(Ryz\to y=z))$。要证 $\mathfrak{G}\vDash\Box\Diamond p\to\Diamond\Box p$。任给 $\mathfrak{G}$ 上的加标函数 l 和状态 x，设 $x\vDash\Box\Diamond p$。存在 y，使得 Rxy 且 y 没有真后继状态。所以 $y\vDash\Diamond p$。因此 $y\vDash p$ 且 Ryy。所以 $y\vDash\Box p$。因此 $x\vDash\Diamond\Box p$。

引理 4.7 对任何公式 ϕ_1，…，ϕ_n，$\Diamond\bigwedge_{1\leqslant i\leqslant n}(\Diamond\phi_i\to\Box\phi_i)$ 是 K4M－定理。

证明：首先 $\vdash_K(\Box\Diamond p\to\Diamond\Box p)\leftrightarrow\Diamond(\Diamond p\to\Box p)$。所以，$\Diamond(\Diamond p\to\Box p)$ 是 K4M－定理。假设 $\psi_i=\Diamond\phi_i\to\Box\phi_i$ 对 $1\leqslant i\leqslant n$。那么，$\Diamond\psi_i$ 是 K4M－定理。所以，$\Box\Diamond\psi_1$ 和 $\Box\Diamond\psi_2$ 是 K4M－定理。所以，$\Diamond\Box\psi_2$ 是 K4M－定理。根据 K－定理，$\Box p\wedge\Diamond q\to\Diamond(p\wedge q)$，所以 $\Diamond\Diamond(\psi_1\wedge\psi_2)$ 是 K4M－定理，因此根据 4 公理，$\Diamond(\psi_1\wedge\psi_2)$ 是 K4M－定理。依此类推，可以得到 $\Diamond(\psi_1\wedge\cdots\wedge\psi_n)$。

定理 4.34 正规模态逻辑 K4M 相对于传递的并且满足条件 $\forall x\exists y(Rxy\wedge\forall z(Ryz\to y=z))$ 的图类是强完全的。

证明：只需证明 K4M－图 $\mathfrak{G}=(W, R)$ 满足传递性和条件 $\forall x \exists y(Rxy \wedge \forall z(Ryz \rightarrow y=z))$。传递性根据公理 4 易证。下面只需证明 $\forall x \exists y(Rxy \wedge \forall z(Ryz \rightarrow y=z))$。任给极大 K4M－一致公式集 u，定义公式集如下：

$$\Gamma=\{\phi: \Box\phi \in u\} \cup \{\Diamond\psi \rightarrow \Box\psi: \psi \text{ 是基本模态公式}\}$$

下面证明 Γ 是 K4M－一致的。假设 Γ 不是 K4M－一致的。存在公式 ϕ 和 $\psi_1 \cdots \psi_n$，使：

$$\vdash_{K4M} \phi \rightarrow \neg \bigwedge_{1 \leqslant i \leqslant n}(\Diamond\psi_i \rightarrow \Box\psi_i)$$

则：

$$\vdash_{K4M} \Box\phi \rightarrow \Box\neg \bigwedge_{1 \leqslant i \leqslant n}(\Diamond\psi_i \rightarrow \Box\psi_i)$$

所以：

$$\vdash_{K4M} \Box\phi \rightarrow \neg \Diamond \bigwedge_{1 \leqslant i \leqslant n}(\Diamond\psi_i \rightarrow \Box\psi_i)$$

因为 $\Box\phi \in u$，所以 $\neg \Diamond \bigwedge_{1 \leqslant i \leqslant n}(\Diamond\psi_i \rightarrow \Box\psi_i) \in u$。因为 $\Diamond \bigwedge_{1 \leqslant i \leqslant n}(\Diamond\psi_i \rightarrow \Box\psi_i)$ 是 K4M－定理，所以 $\Diamond \bigwedge_{1 \leqslant i \leqslant n}(\Diamond\psi_i \rightarrow \Box\psi_i) \in u$，矛盾。

那么，存在极大 K4M－一致公式集 $v_1 \supseteq \Gamma$，使得 Ruv_1。只需要证明 v_1 或 v_1 的任何后继状态都没有真后继状态。若不然，令 $v_1Rv_2Rv_3$，v_1、v_2 和 v_3 互不同。则存在 $\psi \in v_2$ 且 $\psi \notin v_3$。由传递性得 v_1Rv_3，所以 $\Diamond\psi \in v_1$ 且 $\Box\psi \notin v_1$，矛盾。

关于模态逻辑的完全性问题，还有许多不使用典范模型的证明方法，如在时态逻辑中，人们使用步步构造的方法，将所需要的语义结构与典范模型中使用的极大一致公式集联系起来，然后证明“真＝属于”这个等式，这些方法不再详细说明。最后，关于完全性的讨论，还有一些有趣的结果，这里仅仅提到以下的两个结果。第一个结果，正规模态逻辑 GL 具有弱完全性，但是没有强完全性，因此，这个逻辑是非典范的。

定理 4.35　正规模态逻辑 GL 相对于任何图类不是强完全的。

证明：令 $\sum=\{\Diamond p_1\} \cup \{\Box(p_i \rightarrow \Diamond p_{i+1}): 1 \leqslant i<n\}$。只需证明 $\sum$ 是 GL－一致的，但它在任何 GL－图上不可满足。

（1）$\sum$ 是一致的。只需要证明 $\sum$ 的每个有穷子集 σ 一致。对任何这样的有穷子集 σ，对某个自然数 n，存在形如 $\{\Diamond p_1\} \cup \{\Box(p_i \rightarrow \Diamond p_{i+1}): 1 \leqslant i<n\}$ 的有穷集合 δ，使得 $\sigma \subseteq \delta \subset \sum$。我们证明 δ 一致。令 $\wedge\delta$ 为 δ 中所有公式的合取。要证明 $\wedge\delta$ 一致，只需证明它在某个 GL－图上可满足。如下给出一个图：

$$0 \in 1 \in 2 \in \cdots \in n$$

自然数集合 $n+1$ 上的属于关系是传递的，并且属于关系的逆关系是良基的，因此，它是 GL－图。定义每个 i 的标签 $l(i)=\{p_i\}$，$1 \leqslant i \leqslant n$。因此，在这个图的结点 0 上 $\wedge\delta$ 是真的。

（2）下面假设 GL 相对于图类 C 是强完全的。注意 GL 是一致的，则 C 非空，$\sum$ 在 C 中可满足。令 $\mathfrak{G}$ 是 C 中的图，$\mathfrak{G}, g \vDash \sum$，这样就可以定义从 g 出发的无穷长通路，矛盾。

第二个结果是一个不完全的模态逻辑。在范本特姆给出的正规模态逻辑中①：$KvB = K \oplus \Diamond\Box\top \vee \Box(\Box(\Box q \to q) \to q)$。KvB 是不完全的，也就是说，存在某个在 KvB 的图上有效的模态公式在 KvB 中不可证明，范本特姆的证明过程采用 $\Diamond\Box\top \vee \Box\bot$ 这个公式作为证据，它在任何 KvB 的图上都是有效的，但是不能从 KvB 中推导出来。为了证明这一点，需要使用一般图的概念。一个一般图是在图 (W, R) 上增加 W 的一个子集族得到的。

定义 4.29 一般图是一个三元组 $\mathfrak{G} = (G, R, A)$，其中 (G, R) 是图并且 $A \subseteq \wp(G)$ 使得 A 满足如下封闭条件：

(1) 如果 X、$Y \in A$，那么 $X \cup Y \in A$；

(2) 如果 $X \in A$，那么 $G \setminus X \in A$；

(3) 如果 $X \in A$，那么 $\{g \in G$：存在 $h \in X$ 使得 $Rgh\} \in A$。

定理 4.36 正规模态逻辑 KvB 不是图类完全的。

证明：给定一个一般图 $\mathcal{J} = (J, R, A)$，其中：

(1) $J = \omega \cup \{\omega, \omega + 1\}$；

(2) Rij 当且仅当 $(i \neq \omega + 1$ 并且 $j < i)$ 或 $(i = \omega + 1$ 并且 $j = \omega)$；

(3) $A = \{X \subseteq J$：$(X$ 有穷并且 $\omega \notin X)$ 或者 $(X$ 余有穷并且 $\omega \in X)\}$。

这样就可以证明如下结论：

(4) $\mathcal{J} \Vdash \Diamond\Box\top \vee \Box(\Box(\Box q \to q) \to q)$；

(5) 如果 $\mathcal{J} \Vdash \Diamond\Box\top \vee \Box(\Box(\Box q \to q) \to q)$，那么 $\mathcal{J} \Vdash \Diamond\Box\top \vee \Box\bot$；

(6) $\mathcal{J} \nVdash \Diamond\Box\top \vee \Box\bot$。

所以，KvB 是不完全的。

这样的不完全性结果可以在图和加标图语义下实现。完全性和不完全性这样的元逻辑性质在模态逻辑的克里普克语义和（加标）图语义下十分相似。

4.4.2 有穷加标图性和可判定性

根据上一节的结果，在图和加标图的语义下，很容易讨论模态逻辑的元逻辑性质。本节在图和加标图语义下进一步探讨有穷加标图性质和可判定性质。首先定义一些基本概念。

定义 4.30 任给正规模态逻辑 L，若存在一个有穷加标图类 S，使得 Thm

---

① 参见 J.，van Benthem. Two Simple Incomplete Logics. *Theoria*，1978 (44)：25 – 37。在休斯和克里斯维尔的著作《模态逻辑指南》（G. Hughes and M. Cresswell，*A Companion to Modal Logic*. Methuen & Co. Ltd，1984.）第 4 章中对此有详细证明。

(L) = Log(S)，则称 L 具有有穷加标图性质。若存在有穷图类 C，使得 Thm(L) = Log(C)，则称 L 具有有穷图性质。

根据经典模态逻辑的结论，对任何正规模态逻辑 L，L 具有有穷图性质当且仅当 L 具有有穷加标图性质。[①] 因此，一个正规模态逻辑 L 具有有穷图性质当且仅当每个不是 L－定理的公式在某个使 Thm(L) 有效的有穷图上不是有效的。对任何正规模态逻辑 L，如果对任意公式 ϕ 可以判定是否 $\vdash_L \phi$，那么称 L 是可判定的。也就是说，L 可判定当且仅当"$\phi \in$ Thm(L)?"这个问题是可计算的。如下定理提供了证明正规模态逻辑的可判定性的方法。[②]

定理 4.37　任给正规模态逻辑 L，若 L 是有穷可公理化的并且 L 具有有穷加标图性质，则 L 是可判定的。

因此，对于许多常见的正规模态逻辑来说，由于它们是有穷可公理化的，只需要证明它们具有有穷加标图性质，则它们就是可判定的。但要注意的是，有穷可公理化和有穷加标图性质只是充分条件。下面讨论如何使用过滤加标图来证明有穷加标图性质，这样可得一些常见的正规模态逻辑的可判定性质。

给定一个加标图 $\mathfrak{G} = (G, R, l)$，令 $\sum$ 是子公式封闭集合，即对每个 $\phi \in \sum$，ϕ 的子公式集合 Sub(ϕ) $\subseteq \sum$。如果对每个 $\phi \in \sum$，$\mathfrak{G}, x \models \phi$，当且仅当 $\mathfrak{G}, y \models \phi$，那么称 G 中的两个结点 x 和 y 是 $\sum$－等价的（记号：$x \sim_{\sum} y$）。显然，$\sim_{\sum}$ 是 G 上的等价关系，定义由 x 生成的等价类 $[x]_{\sum} = \{y \in G : x \sim_{\sum} y\}$。在不引起歧义的情况下，有时也使用记号 $x \sim y$ 和 $[x]$。

定义 4.31　$\mathfrak{G}$ 通过 $\sum$ 的过滤加标图 $\mathfrak{G}_{\sum} = (G_{\sum}, R_{\sum}, l_{\sum})$ 定义如下：

(1) $G_{\sum} = \{[x] : x \in G\}$；

(2) 若 Rxy，则 $R_{\sum}[x][y]$；

(3) 若 $R_{\sum}[x][y]$，则对每个 $\Box\phi \in \sum$，如果 $\mathfrak{G}, x \models \Box\phi$，那么 $\mathfrak{G}, y \models \phi$；

(4) $l_{\sum}([x]) = \{p : p \in x \cap \sum\}$。

这样，对于过滤加标图有如下不变性结果成立。

定理 4.38　令 $\mathfrak{G}_{\sum}$ 是 $\mathfrak{G}$ 通过 $\sum$ 的过滤加标图。对 $\mathfrak{G}$ 中的每个点 x 和每个公式 $\phi \in \sum$，$\mathfrak{G}, x \models \phi$ 当且仅当 $\mathfrak{G}_{\sum}$，$[x] \models \phi$。

---

① 参见 Blackburn, P., Yde Venema, de Rijke, M. *Modal Logic*. Cambridge University Press, 2001。这本书第 3.4 节证明，对任何正规模态逻辑 L，L 具有有穷模型性质当且仅当 L 具有有穷框架性质。

② 关于这个定理的证明和详细讨论参见 Kracht, M., Tools and Techniques in Modal Logic. *Elsevier*, 1999。这本书第 2.6 节详细讨论了可判定性和有穷模型性。

过滤加标图中的可及关系 $R_{\sum}$ 有上界和下界，存在最小过滤关系 R_1 和最大过滤关系 R_2：

$R_1[x][y]$当且仅当 Rxy；

$R_2[x][y]$当且仅当对所有 $\Box\phi \in \sum$，若 $\mathfrak{G}$，$x \models \Box\phi$，则 $\mathfrak{G}$，$y \models \phi$。

可以证明对任何过滤关系 R，$R_1 \subseteq R \subseteq R_2$。要注意的是，即使原来的关系 R 是传递的，过滤之后的关系可能不是传递的。有两种方式定义传递的过滤关系：

（1）取 R_1 的传递闭包 $R_1^* = \{([x],[y])$：存在 $n>0$ 使得 $R_1^n[x][y]\}$；

（2）定义过滤关系 R：$R[x][y]$ 当且仅当对所有公式 $\Box\phi \in \sum$，如果 $\mathfrak{G}$，$x \models \phi \wedge \Box\phi$，那么 $\mathfrak{G}$，$y \models \phi$。

若 $\sum$ 是有穷的子公式封闭集，则 $\mathfrak{G}$ 通过 $\sum$ 过滤的加标图一定是有穷的，它的基数不超过 $2^{|\Sigma|}$。要证明一个逻辑 L 具有有穷加标图性质，只需证明对每个 $\phi \notin \mathrm{Thm(L)}$，存在对 L－图 $\mathfrak{G}_L$ 通过某个子公式封闭集合 $\sum$ 的过滤加标图 $\mathfrak{G}$，使得 $\mathfrak{G} \models \mathrm{Thm(L)}$。使用这种方法可证明许多正规模态逻辑的有穷加标图性质和可判定性。

定理 4.39 正规模态逻辑 K、D、T、S5、KB、K4、S4、K4.2、S4.2、S4.3、K5 具有有穷加标图性质和可判定性质。

过滤方法还可以用来证明一些完全性结果。下面我们使用过滤方法证明如下两个逻辑的完全性结果：

$\mathrm{GL} = \mathrm{K4} \oplus \Box(\Box p \to p) \to \Box p$

$\mathrm{Grz} = \mathrm{K4} \oplus \Box(\Box(p \to \Box p) \to p) \to p$

引理 4.8 任给 GL 的加标图 $\mathfrak{G} = (G, R, l)$，假设 $\mathfrak{G}$，$x \not\models \Box\psi$。则存在一个禁自返点 y，使得 Rxy 且 $y \models \Box\psi$ 且 $y \not\models \psi$。

证明：假设 $\mathfrak{G}$，$x \not\models \Box\psi$。因为 $\mathfrak{G}$ 是 GL－加标图，所以 $x \not\models \Box(\Box\psi \to \psi) \to \Box\psi$。所以 $x \not\models \Box(\Box\psi \to \psi)$。因此存在 y，使得 Rxy 并且 $y \not\models \Box\psi \to \psi$，即 $y \models \Box\psi$ 且 $y \not\models \psi$，所以 y 是禁自返的。

定理 4.40 GL 相对于有穷严格偏序图类是完全的。

证明：首先，GL 相对于有穷严格偏序图类是可靠的，因为 $\Box(\Box p \to p) \to \Box p$ 在传递和没有无穷 R－链的图中是有效的。只需要证明每个并非 GL－定理的公式 ϕ 可以在某个有穷严格偏序图上不是有效的。取 ϕ 的子公式集 $\sum$，令 $\mathfrak{G}_{GL}$ 为 GL－典范图，令 $\mathfrak{G}_{GL}^f$ 为 $\mathfrak{G}_{GL}$ 通过 $\sum$ 过滤得到的加标图。

首先，因为 ϕ 不是 GL－定理，所以 $\{\neg\phi\}$ 是 GL－一致的，则 ϕ 在某个极大一致集上是假的。因此，存在一个禁自返的极大 GL－一致公式集 x_0，使得

$\mathfrak{G}_{GL}$，$x_0 \nvDash \phi$。归纳定义一个有穷严格偏序图 H 如下：

令 $H_0 = \{x_0\}$，$\Theta x_0 = \{\Box\psi \in \sum : x_0 \nvDash \Box\psi\}$。假设 $H_n = \{x_1, \cdots, x_m\}$ 已经构造，若所有 $1 \leqslant i \leqslant m$，$\Theta x_i = \varnothing$，则令 $H = \cup_{j \leqslant n} H_j$，$R_H$ 是 R_{GL} 限制到 H。否则，对每个 $\Theta x_i \neq \varnothing$ 和 $\Box\psi \in x_i$，选择禁自返点 y，使得 Rx_iy 并且 $y \vDash \Box\psi$ 并且 $y \nvDash \psi$。令 H_{n+1} 为这些所选择的状态的集合。

因为 R_{GL} 是传递的，所以 $|\Theta y| < |\Theta x_i|$。因此，必然存在 k，使得 $\Theta x = \varnothing$，对每个 $x \in H_k$。所以根据以上构造，所得到的图必然是有穷的严格偏序图，并且 ϕ 在该图上不是有效的。

在下面证明一条关于 Grz 的图类刻画定理。

引理 4.9　Grz 的典范图 $\mathfrak{G}_{Grz}$ 是自返的和传递的。

证明：假设存在一个极大 Grz - 一致公式集 x，使得并非 $R_{Grz}xx$。那么存在公式 ϕ，使得 $\phi \notin x$ 并且 $\Box\phi \in x$。首先，证明 $x \vDash \Box(\Box(\phi \to \Box\phi) \to \phi)$。任给 y，使得 $R_{Grz}xy$。那么 $y \vDash \phi$，因此 $y \vDash \Box(\phi \to \Box\phi) \to \phi$。所以 $x \vDash \Box(\Box(\phi \to \Box\phi) \to \phi)$。但是 $x \nvDash \phi$，这与 $x \vDash \Box(\Box(\phi \to \Box\phi) \to \phi) \to \phi$ 矛盾。

再证明 $\mathfrak{G}_{Grz}$ 是传递的。只需证明 $\Box p \to \Box\Box p$ 是 Grz - 定理。假设不然。那么存在一个极大 Grz - 一致公式集 x，使得 $x \nvDash \Box p \to \Box\Box p$。所以 $x \vDash \Box p$，但是 $x \nvDash \Box\Box p$。因此 $x \nvDash \phi = (p \wedge \neg \Box p) \vee \Box\Box p$。下面证明 $x \vDash \Box(\Box(\phi \to \Box\phi) \to \phi)$。若不然，存在 y，使 $R_{Grz}xy$ 且 $y \vDash \Box(\phi \to \Box\phi)$ 且 $y \nvDash \phi$。所以 $y \nvDash \Box\Box p$ 且 $y \vDash \Box p$（因为 $y \vDash p$）。所以，存在 u、z 使 $yR_{Grz}uR_{Grz}z$ 且 $z \nvDash p$。那么 $u \vDash p$ 且 $u \nvDash \Box p$。所以 $u \vDash \phi$。因为 $u \vDash \phi \to \Box\phi$，所以 $u \vDash \Box\phi$。故 $z \vDash (p \wedge \neg \Box p) \vee \Box\Box p$。因为 $z \nvDash p$，所以 $z \vDash \Box\Box p$。但由于 z 自返，所以 $z \nvDash \Box\Box p$，矛盾。则 $x \vDash \Box(\Box(\phi \to \Box\phi) \to \phi)$。因此 $x \vDash \phi$，这与 $x \nvDash \phi$ 矛盾，故 $\mathfrak{G}_{Grz}$ 传递。

推论 4.10　$Grz = K \oplus \Box(\Box(p \to \Box p) \to p) \to p = S4 \oplus \Box(\Box(p \to \Box p) \to p) \to p$

我们首先证明 Grz 具有有穷模型性质，然后证明完全性结果。任给不是 Grz - 定理的公式 ϕ，要从 Grz 的典范图 $\mathfrak{G}_{Grz}$ 构造一个能够反驳公式 ϕ 的有穷偏序模型。首先定义簇的概念。令 $\mathfrak{G} = (G, R)$ 是一个图。定义 G 上的一个等价关系 ~ 如下：

$$x \sim y \text{ 当且仅当 } x = y \text{ 或 } (Rxy \ \& \ Ryx)$$

相对于等价关系 ~ 的等价类记为 $C(x)$。对于传递图 $\mathfrak{G}$，它在等价关系 ~ 下的商图为（$G/\sim$，$R/\sim$）定义如下：

（1）$G/\sim = \{C(x) : x \in G\}$；

（2）$C(x) R/\sim C(y)$ 当且仅当 xRy。

有三类簇（使用 · 表示禁自返点，∘ 表示自返点）：

（a）退化簇：只含有一个禁自返点的簇 ·

（b）简单簇：只含有一个自返点的簇。

（c）真簇：含有两个以上点的簇。

引理 4.10 假设 $\sum$ 是子公式封闭集，$\mathfrak{G}_{\mathrm{Grz}}$是 Grz－加标图，$\Box\psi \in \sum$，$\mathfrak{G}_{\mathrm{Grz}}$，$x \vDash \psi$ 并且 $x \nvDash \Box\psi$。那么存在 y 使 $xR_{\mathrm{Grz}}y$，并且 $y \nvDash \psi$ 并且不存在 y 的后继 z，使 $z \sim_{\sum} y$。

证明：假设 $\Box\psi \in \sum$，$\mathfrak{G}_{\mathrm{KGrz}}$，$x \vDash \psi$ 并且 $x \nvDash \Box\psi$。假设对 x 的每个后继 y，使得 $y \nvDash \psi$，存在极大一致集 z，使得 $z \sim_{\sum} y$，则 $z \vDash \psi$ 并且 $z \nvDash \Box\psi$。所以 $x \vDash \Box(\Box(\psi \to \Box\psi) \to \psi)$。因为 $x \nvDash \Box\psi$，所以存在 x 的后继 y，使得 $y \nvDash \psi$。因为 $\mathfrak{G}_{\mathrm{KGrz}}$是传递的，所以 $y \vDash \Box(\Box(\psi \to \Box\psi) \to \psi)$，矛盾。

定理 4.41 Grz 相对于有穷偏序图类是完全的。

证明：令公式 ϕ 不是 Grz－定理，令 $\sum$ 是 ϕ 的子公式集合。从加标图 $\mathfrak{G}_{\mathrm{Grz}}$归纳定义一个有穷偏序图，使得 ϕ 不是有效的。首先从 $\mathfrak{G}_{\mathrm{Grz}}$中取出一个极大 Grz－一致公式集 x 使得 $x \nvDash \phi$。令 $H_0 = (H_0, R_0)$ 使得 $H_0 = \{x\}$，$R_0 = \{(x, x)\}$，$\Theta x = \{\Box\psi \in \sum : x \nvDash \Box\psi \ \& \ x \vDash \psi\}$。假设已经构造偏序图 $H_n = (H_n, R_n)$，其中 $H_n \subseteq G_{\mathrm{Grz}}$，$R_n \subseteq R_{\mathrm{Grz}}$。令 X_n 是 H_n 中没有真后继并且满足 $\Theta x \neq \varnothing$的极大一致公式集 x 的集合。如果 $X_n = \varnothing$，那么令 $H = H_n$。否则，对每个 X_n 和$\Box\psi \in \Theta x$，固定 x 的一个后继点 $y_{(x,\Box\psi)}$，使得 $y_{(x,\Box\psi)} \nvDash \psi$ 并且不存在 $y_{(x,\Box\psi)}$的后继点 z，使得 $z \sim_{\sum} x$。

令 $H_{n+1} = H_n \cup \{y_{(x,\Box\psi)} : x \in X_n \ \& \ \Box\psi \in \Theta x\}$，定义 R_{n+1}是如下关系的自然传递闭包：$R_n \cup \{(x, y_{(x,\Box\psi)}) : x \in X_n \ \& \ \Box\psi \in \Theta x\}$。令 $H_{n+1} = (H_{n+1}, R_{n+1})$。显然 $R_{n+1} \subseteq R_{\mathrm{Grz}}$。它是偏序，否则，在 H_{n+1}中存在一个状态 $x \in X_n$ 使得 H_{n+1} 含有一个簇 $C(x)$ 使 $y_{(x,\Box\psi)} \in C(x)$。则 $y_{(x,\Box\psi)} R_{\mathrm{Grz}} x$，与 $y_{(x,\Box\psi)}$的定义矛盾。

由于 H_{n+1}不存在含有不同的 $\sum$－等价状态的链，$\sum$ 有穷，所以存在 m 使得 $X_m = \varnothing$。所以最终这个构造过程会停止。对每个状态 x，考虑极大一致集 $u_x = \{\psi \in \sum : x \nvDash \Box\psi \ \& \ \mathfrak{G}_{\mathrm{Grz}}, x \vDash \psi\}$。那么 ϕ 在 H 上不是有效的。

推论 4.11

（1）KGrz 相对于没有无穷长 R－链的偏序图类是完全的。

（2）KGrz 相对于有穷偏序树的图类是完全的。

最后我们介绍一个更一般的结果。正规模态逻辑 S4.3 = K4$\oplus$(.3)，其中：

$$.3: = \Diamond p \wedge \Diamond q \to \Diamond(p \wedge \Diamond q) \vee \Diamond(p \wedge q) \vee \Diamond(q \wedge \Diamond p)$$

命题 4.28 任给图 $\mathfrak{G} = (W, R)$，$\mathfrak{G} \vDash .3$ 当且仅当 $\mathfrak{G} \vDash \forall xyz(Rxy \wedge Rxz \to Ryz \vee y = z \vee Rzy)$，也就是说 $\mathfrak{G}$ 是联通图。

证明：假设 $\mathfrak{G} \vDash \forall xyz(Rxy \wedge Rxz \to Ryz \vee y = z \vee Rzy)$。任给 $\mathfrak{G}$ 上加标函数 l 和

状态 x，假设 $x\models\Diamond p\wedge\Diamond q$。那么存在 y、z 使得 Rxy、Rxz 并且 $y\models p$，并且 $z\models q$。所以 Ryz 或 $y=z$ 或 Rzy。如果 Ryz，那么 $y\models p\wedge\Diamond q$，所以 $x\models\Diamond(p\wedge\Diamond q)$。如果 $y=z$，那么 $y\models p\wedge q$，所以 $x\models\Diamond(p\wedge q)$。如果 Rzy，那么 $z\models q\wedge\Diamond p$，所以 $x\models\Diamond(q\wedge\Diamond p)$。所以 $x\models\Diamond(p\wedge\Diamond q)\vee\Diamond(p\wedge q)\vee\Diamond(q\wedge\Diamond p)$。

反之，假设 $\mathfrak{G}\models\Diamond p\wedge\Diamond q\rightarrow\Diamond(p\wedge\Diamond q)\vee\Diamond(p\wedge q)\vee\Diamond(q\wedge\Diamond p)$。任给 x、y，假设 Rxy 并且 Rxz。定义加标函数 $l(y)=\{p\}$，$l(z)=\{q\}$。则 $x\models\Diamond p\wedge\Diamond q$。所以 $x\models\Diamond(p\wedge\Diamond q)\vee\Diamond(p\wedge q)\vee\Diamond(q\wedge\Diamond p)$。如果 $x\models\Diamond(p\wedge\Diamond q)$，那么 Ryz。如果 $x\models\Diamond(p\wedge q)$，所以 $y=z$。如果 $x\models\Diamond(q\wedge\Diamond p)$，所以 Rzy。

下面证明 Bull 定理：S4.3 的所有正规扩充都具有有穷模型性质。因此，对任意正规模态逻辑 L⊇S4.3，若 L 是有穷可公理化的，则 L 是可判定的。

任给 S4.3 的一致正规扩充 L，要证明 L 有有穷模型性质，只需证明任何 L-一致公式 ϕ 都在某个有穷加标图 $\mathfrak{G}=(W, R, l)$ 中可满足并且 $(W, R)\models$L。

对于 L-加标图 $\mathfrak{G}_L=(G_L, R_L, l_L)$，存在极大 L-一致公式集 w，使得 $\phi\in L$。那么由 w 生成的子加标图记为 $\mathfrak{G}_w=(G_w, R_w, l_w)$。下面要把 $\mathfrak{G}_w$ 转换为一个有穷模型，使得它的框架使 L 有效。

令 Γ 是 ϕ 的子公式集合，定义 $\mathfrak{G}_w$ 通过 Γ 过滤得到的模型 $\mathfrak{G}^f=(G^f, R^f, l^f)$，其中关系 R^f 定义为：$|u|R^f|v|$ 当且仅当 $\psi\vee\Diamond\psi\in v$ 蕴涵 $\Diamond\psi\in u$。因为 R_w 是自返、传递和可比较的，则 R^f 是自返、传递和可比较的，故它有有穷长的簇链。因此 S4.3 具有有穷加标图性质，但是对于 S4.3 的任意扩充 L，$\mathfrak{G}^f=(G^f, R^f, l^f)$ 就不一定是 L-模型。只要从 $\mathfrak{G}_w$ 到 $\mathfrak{G}^f$ 的映射使每个状态 u 映射到等价类 $|u|$ 是有界态射。由于映射 $f: u\mapsto|u|$ 满足有界态射定义的原子条件和前进条件，但可能违反后退条件，因此存在两个等价类 α 和 β 使 $\beta R^f\alpha$ 并且 $\exists v\in\beta\forall z(z\in\alpha\rightarrow\neg R_w vz)$。

任给两个等价类 α 和 β，若满足条件 $\exists v\in\beta\forall z(z\in\alpha\rightarrow\neg R_w vz)$，则称 α 从属于 β（记号：$Sub(\alpha, \beta)$）。若存在 β 使得 $Sub(\alpha, \beta)$，则称 α 可排除。

引理 4.11

（1）若 $Sub(\alpha, \beta)$，则 $\exists v\in\beta\forall z(z\in\alpha\rightarrow R_w zv)$。

（2）若 $Sub(\alpha, \beta)$，则 $R^f\alpha\beta$。

（3）关系 Sub 是传递的和反对称的。

（4）假设 α、β、γ 是等价类。若 $Sub(\alpha, \gamma)$ 并且 $\neg Sub(\alpha, \beta)$，则 $Sub(\beta, \gamma)$。

证明：（1）假设 $Sub(\alpha, \beta)$ 且 $\neg\exists v\in\beta\forall z(z\in\alpha\rightarrow\neg R_w zv)$。对任意 $v\in\beta$，存在 $z\in\alpha$，使 $\neg R_w zv$。由 $Sub(\alpha, \beta)$ 定义，令 $v\in\beta$，使 $\forall z(z\in\alpha\rightarrow\neg R_w vz)$。则令 $z\in\alpha$ 使 $\neg R_w vz$。因为 R_w 自返，由 $\neg R_w zv$ 和 $\neg R_w vz$ 得，v 和 z 不可比较，矛盾。

（2）假设 $Sub(\alpha, \beta)$。根据定义，存在 $v\in\beta$，使得 $\forall z(z\in\alpha\rightarrow\neg R_w vz)$。

则 $\forall z(z\in\alpha\to R_w zv)$。因此对任意 $\psi\vee\Diamond\psi\in\beta$，$v\Vdash\psi\vee\Diamond\psi$，所以对任意 $z\in\alpha$，$z\Vdash\Diamond\psi$，则 $\Diamond\psi\in\alpha$，所以 $R^f\alpha\beta$。

（3）Sub 的传递性：假设 $Sub(\alpha,\beta)$ 且 $Sub(\beta,\gamma)$，若要证明 $Sub(\alpha,\gamma)$。由假设得：存在 $v\in\beta$ 使对任意 $z\in\alpha$ 有 $\neg R_w vz$；存在 $u\in\gamma$ 使对任意 $x\in\beta$ 有 $\neg R_w ux$。所以 $\neg R_w uv$。由连通性，$R_w zv$ 并且 $R_w vu$，所以由传递性可得 $R_w zu$，所以在 $u\in\gamma$ 使对任意 $z\in\alpha$ 有 $\neg R_w vu$。所以 $Sub(\alpha,\gamma)$。

Sub 的对称性：假设 $Sub(\alpha,\beta)$ 并且 $Sub(\beta,\alpha)$，要证明 $\alpha=\beta$。根据假设，存在 $v\in\beta$ 使对任意 $z\in\alpha$ 有 $\neg R_w vz$；存在 $u\in\alpha$ 使对任意 $x\in\beta$ 有 $\neg R_w uz$。所以 $\neg R_w vu$，$\neg R_w uv$，所以根据连通性，$u=v$。所以 $\alpha=\beta$。

（4）假设 $Sub(\alpha,\gamma)$ 并且 $\neg Sub(\alpha,\beta)$。若要证明 $Sub(\beta,\gamma)$。根据假设可得：存在 $v\in\gamma$ 使对任意 $z\in\alpha$ 有 $\neg R_w vz$；对所有 $y\in\beta$ 存在 $x\in\alpha$ 使 $R_w yx$。因此 $\neg R_w vx$，由连通性，$R_w xv$，再由传递性得 $R_w yv$，所以 $\neg R_w vy$。所以 $Sub(\beta,\gamma)$。

引理 4.12 假设 $\Diamond\psi\in|u|\cap\Gamma$。存在 $|v|$ 使 $R^f|u||v|$，$\psi\in|v|$ 并且 $|v|$ 不可排除。

证明：构造满足如下性质的等价类序列 α_0，α_1，…：

（1）$\alpha_0=|u|$；

（2）如果 i 是奇数，那么存在 v，使得 $\alpha_i=|v|$，$\psi\in|v|$，$R^f_{\alpha_{i-1}}|v|$ 且 $\neg Sub(|v|,\alpha_{i-1})$；

（3）如果 $i>0$ 是偶数，那么存在 v，使得 $\alpha_i=|v|$，$R^f|v|\alpha_{i-1}$ 且 $Sub(|v|,\alpha_{i-1})$。

那么可以证明：

（a）对每个 $\alpha_i=|v|$，$\Diamond\psi\in v$。如果 $i=0$，那么 $\Diamond\psi\in|u|=|v|$。如果 i 是奇数，根据定义，$\psi\in|v|$。所以 $\psi\in v$。由自返性公理可得，$\Diamond\psi\in|v|$。如果 $i>0$ 是偶数，那么 $\Diamond\psi\in\alpha_{i-1}$。根据 $R^f|v|\alpha_{i-1}$，$\Diamond\psi\in|v|$。

（b）构造过程终止。如果 i 是偶数，$Sub(\alpha_{i+1},\alpha_{i+2})$，$\neg Sub(\alpha_{i+1},\alpha_i)$。所以 $Sub(\alpha_i,\alpha_{i+2})$。由于 Sub 是传递的和反对称的，所以对每个偶数 i，α_i 是不同的。由于只存在有穷多个等价类，所以该构造过程必然终止。

（c）该序列不在偶数 i 终止。假设 i 是偶数。只需要证明存在 α_{i+1}，使 $R^f\alpha_i\alpha_{i+1}$ 并且并非 $Sub(\alpha_{i+1},\alpha_i)$。令 $\{\beta_1,\cdots,\beta_m\}=\{\beta: Sub(\beta,\alpha_i)\}$。对每个 $1\leqslant k\leqslant m$，存在 $v_k\in\alpha_i$ 使得对所有 $z\in\beta_k$，$R_w v_k z$。因为 $\alpha_i=|v|$，所以 $\Diamond\psi\in|v|$。所以存在 x 使得 $\psi\in x$ 并且 $R_w vx$。下面证明并非 $Sub(|x|,|v|)$。假设 $Sub(|x|,|v|)$。则存在 $1\leqslant k\leqslant m$ 使得 $|x|=\beta_k$。因此并非 $R_w v_k x$。但是 $R_w v_k v$ 并且 $R_w vx$，所以 $R_w v_k x$，矛盾。故并非 $Sub(|x|,|v|)$，因此总是可以选择 $\alpha_{i+1}=|x|$。

假设该序列终止于 $\alpha_m=|v|$，那么 $\psi\in|v|$。因为 α_{m+1} 不存在，所以 α_m 不

可排除。由构造过程的$R^f\alpha_i\alpha_{i+1}$。对奇数i，$R^f\alpha_i\alpha_{i+1}$，由传递性的$R^f|u||v|$。

令$\mathfrak{G}=(G,R,l)$是任意加标图，$X\subseteq G$。称X在$\mathfrak{G}$中可定义，若存在公式ϕ_X使得对所有$w\in G$，$\mathfrak{G}$，$w\models\phi$当且仅当$w\in X$。一个加标图$\mathfrak{G}'=(G,R,l')$称为$\mathfrak{G}$的可定义变种，如果对任何命题变元p，$Xp=\{w: p\in l'(w)\}$在$\mathfrak{G}$中可定义。对任意加标图$\mathfrak{G}$，若对任何两个不同的状态$x\neq y$，存在公式ϕ，使得$\mathfrak{G}$，$x\models\phi$但是$\mathfrak{G}$，$y\not\models\phi$，则称$\mathfrak{G}$是可分辨的。

引理4.13　令一个加标图$\mathfrak{G}'=(G,R,l')$称为$\mathfrak{G}=(G,R,l)$的可定义变种。令公式ψ'是从ψ使用ψ_{Xp}替换ψ中命题变元p得到的。对所有正规模态逻辑L：

(1) $\mathfrak{G}'$，$w\models\psi$当且仅当$\mathfrak{G}$，$w\models\psi'$。

(2) 若ψ的每个代入个例在$\mathfrak{G}$中是真的，则在$\mathfrak{G}'$中也是真的。

(3) 若$\mathfrak{G}\models L$，则$\mathfrak{G}'\models L$。

引理4.14　令$\mathfrak{G}=(G,R,l)$是有穷可分辨加标图。那么：

(1) 对$\mathfrak{G}$中每个状态w，存在公式ψ_w使得它仅在w上是真的。

(2) G的任何子集在$\mathfrak{G}$中可定义。所以$\mathfrak{G}$可以定义它的所有变种。

(3) 若$\mathfrak{G}\models L$，则$(G,R)\models L$。

如下定义加标图$\mathfrak{G}_s=(G_s,R_s,l_s)$：$G_s$是所有不可排除的等价类的集合。$\mathfrak{G}_s$是$\mathfrak{G}^f$到$G_s$的限制加标图。由于$\mathfrak{G}_s$是有穷可分辨的，所以$(G_s,R_s)\models$S4.3。

引理4.15　ϕ在$\mathfrak{G}_s$中可满足。

证明：对Γ中公式的构造归纳证明：对所有$\psi\in\Gamma$和$|u|\in G_s$，$\mathfrak{G}_s$，$|u|\models\psi$当且仅当$\psi\in u$。只证模态情况。假设$\Diamond\psi\in u$。则存在$|v|$使得$R^f|u||v|$，并且$\psi\in v$，$|v|$是不可排除的。根据归纳假设，$\mathfrak{G}_s$，$|v|\models\psi$。所以$\mathfrak{G}_s$，$|u|\models\Diamond\psi$。另一个方向类似证明。所以ϕ在$\mathfrak{G}_s$中可满足。因为$\Diamond\phi\in w\cap\Gamma$，所以存在不可排除的等价类$|u|$，使得$R^f|w||u|$并且$\phi\in u$。所以$\mathfrak{G}_s$，$|u|\models\phi$。

只需证明$\mathfrak{G}_s\models$L对S4.3的一致正规扩充L。下面只需证明$\mathfrak{G}_s$是$\mathfrak{G}_w$的某个可定义变种H的有界态射象。这个有界态射的定义就是对所有不可排除的等价类$|w|$，把w映射到$|w|$，而对可以排除的等价类，把它映射到一个最接近的可排除等价类。如下定义有界态射f：$G_w\to G_s$：

$f(w)=|w|$，如果$|w|\in G_s$；

$=\min\{\alpha\in G_s: R_s|w|\alpha\}$，否则。

定义$Xp=\{u\in G_w: p\in l_s(f(u))\}$，$l'_w(x)=\{p: x\in Xp\}$。那么$\mathfrak{G}'_w=(G_w,R_w,l'_w)$是$\mathfrak{G}_w$的变种。

定理4.42　S4.3的每个一致的正规扩充L都具有有穷模型性质。

证明：首先要证明$\mathfrak{G}'_w$是$\mathfrak{G}_w$的可定义变种。对于任何等价类$\beta\subseteq G_w$，Γ中存

在一些公式，它们的要合取定义 β。因此对任何命题变元 p，$\mathfrak{G}_w$ 定义 Xp：因为 Xp 是空集或有穷等价类集合 $\{\beta_1, \cdots, \beta_n\}$。若 Xp 是空集，则 $\bot$ 定义它。如果 $Xp = \{\beta_1, \cdots, \beta_n\}$，令公式 $\phi(\beta_i)$ 定义 β_i。这些公式的析取定义 Xp。下面证明 f 是从 $\mathfrak{G}_s$ 到 $\mathfrak{G}'_w$ 的满有界态射。只证明 f 满足后退条件。假设 $R_s f(u)f(v)$。因为 $f(v) \in G_s$，所以它不可排除，并非 $Sub(f(u), f(v))$。因此存在元素 $x \in f(u)$ 使得对某个元素 $y \in f(v)$ 有 $R_s xy$。假设 L 是 S4.3 的一致正规扩充，ϕ 是 L－一致公式，构造加标图 $\mathfrak{G}_s$。则 ϕ 在 $\mathfrak{G}_s$ 中可满足且 $\mathfrak{G}_s \models L$。由于 $\mathfrak{G}'_w$ 是 $\mathfrak{G}_w$ 的可定义变种，$\mathfrak{G}_w \models L$，所以 $\mathfrak{G}'_w \models L$。因此 $\mathfrak{G}_s$ 是 $\mathfrak{G}'_w$ 的有界态射象，所以 $\mathfrak{G}_s \models L$。

4.4.3 集合论语义与元逻辑性质

在以上两节的讨论中可以看出，如果使用图和加标图来讨论模态逻辑的元逻辑性质，与经典模态逻辑的结果十分类似。在此会产生另一个问题：那就是如何在集合上讨论这些元逻辑性质？在第 3 章给出的集合论语义下，一方面，一个加标图 $\mathfrak{G} = (G, R, l)$ 可以看作一个由它的装饰集组成的集合传递类；另一方面，一个图（G，R）也有装饰集，但是这些装饰集都不含本元。因此，可以尝试把不含本元的纯集合看作图，而把含本元的集合看作模型。在集合传递的纯集合类上，可以对每个元素加标，也就是并上一些命题变元（本元）。

定义 4.32 一个集合传递的纯集合类 $F \subseteq V_{afa}[\varnothing]$ 称为一个骨架。定义骨架上的加标函数 f：$\mathrm{F} \to V_{afa}[\Phi]$，使得对每个 $a \in \mathrm{F}$ 有 $f(a) = a \cup \Delta$，其中 $\Delta \subseteq \Phi$。那么一个由骨架 F 和加标函数 f 组成的二元组 $\mathrm{M} = (\mathrm{F}, f)$ 称为一个加标集。

定义 4.33 对基本模态语言来说，一个公式 ϕ 在加标集 $\mathrm{M} = (\mathrm{F}, f)$ 的元素 $a \in \mathrm{F}$ 上真（记号：M，$a \models \phi$）递归定义如下：

（1）M，$a \models p$ 当且仅当 $p \in f(a)$；

（2）M，$a \models \neg\phi$ 当且仅当 M，$a \not\models \phi$；

（3）M，$a \models \phi \wedge \psi$ 当且仅当 M，$a \models \phi$ 并且 M，$a \models \psi$；

（4）M，$a \models \Diamond\phi$ 当且仅当存在集合 $b \in a$ 使得 M，$b \models \phi$。

这样，M，$a \models \Box\phi$ 当且仅当对每个集合 $b \in a$，M，$b \models \phi$。若对每个 $a \in \mathrm{F}$，M，$a \models \phi$，则称 ϕ 在加标集合 $\mathrm{M} = (\mathrm{F}, f)$ 上有效（记号：M$\models \phi$）；若对 F 上的每个加标函数 f，F，$f \models \phi$，则称 ϕ 在骨架 F 上有效（记号：F$\models \phi$）。

在这种语义下，可以证明一些可靠性结果。

命题 4.29 正规模态逻辑 K 相对于所有骨架组成的类是可靠的。

证明：只需证明 K 公理 $\Box(p \to q) \to (\Box p \to \Box q)$ 是有效的，推理规则 MP、Gen 和 Sub 保持有效。MP 保持有效性是显然的。任给骨架 F，任给 F 上的加标函

数 f，任给 F 中的元素 a，令 M =（F，f）。假设 M，$a\vDash\Box(p\to q)$ 并且 M，$a\vDash\Box p$。假设集合 $b\in a$。则 M，$a\vDash p\to q$，M，$a\vDash p$，所以 M，$a\vDash q$。因此 M，$a\vDash\Box q$。

Sub 保持有效性：假设 F$\vDash\phi$，只需要证明 F$\vDash\phi(p_1/\psi_1, \cdots, p_n/\psi_n)$。假设 $F\nvDash\phi(p_1/\psi_1, \cdots, p_n/\psi_n)$。存在加标函数 f 和集合 $a\in$ F 使得 F，f，$a\vDash\neg\phi(p_1/\psi_1, \cdots, p_n/\psi_n)$。构造加标函数 g，使 $p_i\in g(b)$ 当且仅当 F，g，$b\vDash\psi_i$。则可证 F，f，$a\vDash\phi(p_1/\psi_1, \cdots, p_n/\psi_n)$ 当且仅当 F，g，$b\vDash\phi$。所以 F$\vDash\phi$，矛盾。

Gen 保持有效性：假设 F$\vDash\phi$，只要证明 $F\vDash\Box\phi$。任给 F 上的加标集 M 和 F 中的任意元素 a，假设集合 $b\in a$。根据集合传递性，M，$b\vDash\phi$。

下面在这种语义下初步探讨正规模态逻辑的元逻辑性质，主要考虑正规模态逻辑的完全性问题，其他性质的讨论是类似的。证明完全性最主要的方法是使用极大一致集构造语义结构。

在任给正规模态逻辑 L 中，任何极大 L－一致公式集 x 都是由公式组成的，这些公式不是集合，也不是类，因此它们是本元。所以，在这里我们要把所有公式都看作本元。从集合论上看，任给极大 L－一致公式集 x 和 y，$x\notin y$ 并且 $y\notin x$。那么，不能直接使用所有极大一致公式集组成的类作为骨架，因为这样的极大一致公式集之间没有属于关系。因此，我们给出如下定义。

定义 4.34 令 MCS(L) 为所有极大 L－一致公式集的集合。定义 MCS(L) 上的典范属于关系：$y\in^* x$ 当且仅当对所有公式 ϕ，若 $\Box\phi\in x$ 则 $\phi\in y$。F_L =（MCS(L)，$\in^*$）称为 L－典范骨架。定义 L－典范加标函数 f_L 使对每个 $x\in$ MCS(L) 有 $f_L(x)=x$。$M_L=(F_L, f_L)$ 称为 L－典范加标集。

在定义典范加标集时，任何两个极大 L－一致公式集之间都不存在属于关系，在此之所以能够定义极大一致集之间的典范属于关系 $\in^*$，是因为可以把模态逻辑的典范模型看作一个加标图，使用加标图上的装饰集，可以得到一个由 L－加标图的装饰集组成的传递集合类，也就是得到一个加标集。这里定义的典范属于关系本质上相当于 L－加标图中的可及关系。根据极大一致集的性质，很容易证明：$y\in^* x$ 当且仅当对所有公式 ϕ，如果 $\phi\in y$ 那么 $\Diamond\phi\in x$。

定理 4.43 对任何正规模态逻辑 L 的典范加标集 M_L 中的极大一致公式集 x，若 $\Diamond\phi\in x$，则存在 $y\in^* x$ 并且 $\phi\in y$。

定理 4.44 对任何正规模态逻辑 L 的典范加标集 M_L 中的极大一致公式集 x，对任何公式 ϕ，M_L，$x\vDash\phi$ 当且仅当 $\phi\in x$。

证明：对公式 ϕ 的构造归纳。首先 M_L，$x\vDash p$ 当且仅当 $p\in f_L(x)=x$。布尔情况显然。考虑 ϕ：$=\Diamond\phi$。假设 M_L，$x\vDash\Diamond\phi$。存在 $y\in^* x$ 使 M_L，$y\vDash\phi$。由归纳假设，$\phi\in y$。根据 $\in^*$ 定义，$\Diamond\phi\in x$。反之假设 $\Diamond\phi\in x$。由定理 4.46 即得。

根据定理 4.44，显然有一些完全性结果，如正规模态逻辑 K 相对于所有骨架的类是完全的。同样，其他经典模态系统的完全性也可以建立起来。对于其他的元逻辑性质，如有穷模型性质和可判定性质的讨论是类似的。这里不再详细阐述。由此可见，使用集合论语义可以探讨模态逻辑的元逻辑性质。除了上面所做的工作，还有许多值得进一步研究的问题，在下面分为三个方面加以说明。

第一，进一步研究模态逻辑的元逻辑性质如何在集合论语义下表示。本书给出的集合论语义是用本元构造的非良基集合作为基本语义单位，这样的集合所起的作用相当于模态逻辑中克里普克模型的作用。从框架的角度看，把图看作模态逻辑的框架，而把加标图看作模型。这种做法直接避免了在集合上讨论模态逻辑。但是要发展一种真正的集合论语义，就必须引入纯集合和含有本元的集合之间的联系，这种联系类似于框架和模型之间的联系。第6章第三节已给出一种直接讨论集合论语义的方法，需要进一步研究的问题是如何使用这种方法在集合论语义下讨论其他元逻辑性质。

第二，引入不动点的理论和模态μ-演算。在第4章我们使用模态公式刻画集合，其中一个关键点是模态语言的选择。若选择使用有穷命题变元集构造的模态语言，则一个集合的刻画是有条件的。若一个具有有穷传递闭包的集合是非良基的，则它只能使用无穷模态公式来刻画。卢卡·阿尔布鲁西（Luca Alberucci）和文森祖·萨利潘特（Vincenzo Salipante）在其2004年发表的文章①中研究了如何使用模态μ-演算对这样的集合提供一种有穷刻画：一个非良基集合使用某个模态μ-演算公式刻画当且仅当它的传递闭包是有穷的。因此，可以看出，尝试引入模态μ-演算，就可以研究该模态语言在非良基集合上的表达能力。

第三，基本模态语言的表达能力是有限制的，许多集合上的性质无法在基本模态语言中表达。以下是三个例子：（1）“集合中存在一个元素满足公式ϕ”，该性质不依赖于集合中元素之间的属于关系，它不能在基本模态语言中定义，同样也不能在无穷模态语言中定义。（2）“集合中存在另一个不同的元素满足ϕ”这条性质也不能在基本模态语言和无穷模态语言中表达。（3）“至少有n个元素（$n>1$）”这种性质不能在基本模态语言和无穷模态语言中表达。因此，引入相应的模态算子扩张基本模态语言，就可以刻画更多的集合类。这是一个新的研究方向。

在上面提到的这些问题是模态逻辑研究的一些基础问题，它们表明，在（非良基）集合论语义的背景下研究模态逻辑，反之，来使用模态逻辑研究非良基集合，这样做会产生大量的逻辑基础问题，也会加深对模态逻辑的理解。

① Luca Alberucci and Vincenzo Salipante, On Modal μ - Calculus and Non - Well - Founded Set Theory. *Journal of Philosophical Logic*, 2004 (33): 343 - 360.

4.5 余代数与模态逻辑

近年来，余代数成为国际逻辑学界研究的热点之一。余代数的基本理论建立在范畴论的基础上，而范畴论是关于对象和对象之间的箭头的理论，它是比集合论更抽象、更具有一般性的理论。余代数是抽象的数学模型，它的作用是建立以状态为基础的动态系统的模型，例如，理论计算机科学中的（加标）转换系统、模态逻辑的模型和框架等。4.5.1节介绍了范畴论的基础知识。4.5.2节介绍余代数的基本概念，并明确余代数与模态逻辑的联系。4.5.3节论述余代数在非良基集合论研究中的起源，说明非良基集合与余代数和模态逻辑之间的联系。4.5.4节介绍余代数在理论计算机科学中的应用。

4.5.1 范畴论基础

余代数理论以范畴论为基础，因此我们首先介绍一些范畴论的基本概念。范畴论是从代数拓扑中产生的一种较新的数学理论。但这种理论在许多领域中有重要作用，尤其是在理论计算机科学中，范畴论语言常常用于设计程序语言、为程序语言构造模型。在类型论、多项式理论、构造性数学、自动机理论以及算法理论中，范畴论都可以用来构造合适的模型。同样，对于本书的主题来说，建立在范畴论基础上的余代数理论为模态逻辑的框架和模型、非良基集合提供了一种抽象的数学模型。在本节将介绍范畴论的一些基础概念。

定义4.35　一个范畴C是由一些对象（记为：A、B、C等）和这些对象之间的箭头（记为：f、g、h等）组成的，而且必须满足以下条件：

(1) 对每个箭头f: $A \to B$，$dom(f)=A$称为f的域，而$cod(f)=\mathrm{B}$称为f的反域；

(2) 令f: $\mathrm{A} \to \mathrm{B}$和$g$: $\mathrm{B} \to \mathrm{C}$是范畴C中的箭头，则$g \circ f$: $\mathrm{A} \to \mathrm{C}$称为$f$和$g$的复合箭头。一个范畴的箭头必须在复合下封闭；

(3) 箭头的复合要满足结合律，也就是说$g \circ (f \circ h) = (g \circ f) \circ h$；

(4) 对每个f: $\mathrm{A} \to \mathrm{B}$，存在恒等箭头$id_{\mathrm{A}}$和$id_{\mathrm{B}}$使$f \circ id_{\mathrm{A}} = f$且$id_{\mathrm{B}} \circ f = f$。

对于任何范畴C，令O(C)表示C中对象所组成的类，令Ar(C)表示C中箭头组成的类。令C(A，B)表示C中两个对象A和B之间的箭头的类。对比集合论的概念，范畴定义中的这些概念十分清楚。由全部集合所组成的类SET可以看作一个范畴：

（1）每个对象是集合。

（2）两个对象 A 和 B 之间的箭头 f：A→B 是一个从 A 到 B 的函数。

（3）对于每个函数 f：A→B，A 是该箭头的域，B 是该箭头的反域。

（4）一个全函数 f：A→B 和另一个全函数 g：B→C 的复合函数是 f：A→C 使 $g(f(a))\in C$。全函数复合满足结合律：$g\circ(f\circ h)=(g\circ f)\circ h$。

（5）任给集合 A，存在 A 上的恒等函数 id_A 使得对任何函数 f：A→B，都有 $f\circ id_A=f$ 且 $id_B\circ f=f$。

下面再看几个范畴的例子。

例 4.10 一个集合 P 上的偏序 R_P 是自返、传递和反对称的二元关系，也就是所有元素分别满足条件：

（1）xR_Px；

（2）若 xR_Py 并且 yR_Pz，则 xR_Pz；

（3）若 xR_Py 并且 yR_Px，则 $x=y$。

从偏序集（P，R_P）到（Q，R_Q）的函数 f：P→Q 称为单调全函数，如果 f 是全函数，并且：如果 xR_Py 那么 $f(x)R_Qf(y)$。所有偏序集的类 POSET 是一个范畴：

（1）它的对象是偏序集。

（2）对象之间的箭头是单调全函数。

（3）对于每个单调全函数 f：P→Q，我们有 $dom(f)=P$ 且 $cod(f)=Q$。

（4）两个单调全函数 f：P→Q 和另一个全函数 g：Q→S 的复合是单调全函数 $g\circ f$：P→S。假设 xR_Py，由于 f 是单调全函数得 $f(x)R_Qf(y)$，进而是由于 g：Q→S 是单调全函数，则 $(g\circ f)(x)R_S(g\circ f)(y)$。复合还满足结合律 $g\circ(f\circ h)=(g\circ f)\circ h$。

（5）任给集合偏序集 P，存在 P 上的恒等函数 id_P：P→P 是单调全函数使得对任何单调全函数 f：P→Q，都有 $f\circ id_P=f$ 且 $id_P\circ f=f$。

例 4.11 一个幺半群（M，$\blacksquare_M$，e_M）是由非空集 M、二元运算 $\blacksquare_M$ 和单位元 e_M 组成，并且满足以下两个条件：

（1）$x\blacksquare_M(y\blacksquare_M z)=(x\blacksquare_M y)\blacksquare_M z$；

（2）$e_M\blacksquare_M x=x=x\blacksquare_M e_M$。

一个映射 f：M→N 是从（M，$\blacksquare_M$，e_M）到（N，$\blacksquare_N$，e_N）的幺半群同态，若 $f(e_M)=e_N$ 且 $f(x\blacksquare_M y)=f(x)\blacksquare_N f(y)$。所有幺半群的类 MON 可以看作一个范畴：

（1）对象是幺半群。

（2）对象之间的箭头是幺半群同态。

(3) 任给两个幺半群同态 f: M→N 和 g: N→O，它们的复合 $g \circ f$ 也是一个幺半群同态，并且复合运算满足结合律。

(4) 任给一个幺半群 (M, $\blacksquare_M$, e_M)，存在一个恒等箭头，即恒等映射 id_M: M→M，它是幺半群同态。恒等映射满足 $f \circ id_P = f$ 且 $id_P \circ f = f$。

例 4.12　令 O 为算子符号集合。从 O 到自然数集合 $\mathbb{N}$ 的函数 ar: $O \to \mathbb{N}$ 称为元数函数。对任意算子 $* \in O$，$ar(*)$ 称为 $*$ 的元数。一个 O-代数是一个有序组 $\mathfrak{A} = (A, \{a_* \mid a_*: A^{ar(*)} \to A$ 是 A 上 $ar(*)$-元函数$\})$。

从一个 O-代数 $\mathfrak{A}$ 到 $\mathfrak{B}$ 的 O-同态是一个函数 f: A→B 使得对每个算子 $* \in O$ 和 A 中元素 $x_1, \cdots, x_{ar(*)}$，如下成立：

$$f(a_*(x_1, \cdots, x_{ar(*)})) = b_*(f(x_1), \cdots, f(x_{ar(*)}))$$

则所有 O-代数组成一个范畴，它的对象是 O-代数，箭头是 O-同态。

例 4.13　还有一些简单的范畴。

(1) 范畴 0 没有对象和箭头，结合律和幂等律空洞地成立。

(2) 范畴 1 有一个对象和一个恒等箭头。

(3) 范畴 2 有两个对象，范畴 3 有三个对象。

它们的图示分别表示如下：

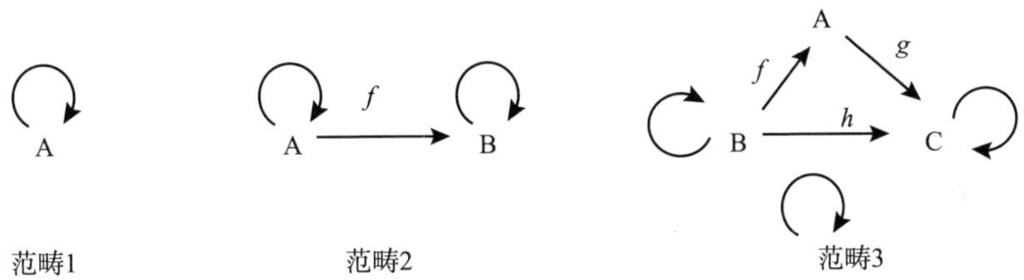

图 4.10

例 4.14　逻辑系统中的公式和证明也可以看作范畴。把每个公式 A 看作对象，公式之间的箭头 f: A→B 看作对蕴涵式 A→B 的证明。显然，恒等箭头 id_A: A→A 是对 A→A 的证明。箭头的复合如下：

$$\frac{f: A \to B \qquad g: B \to C}{g \circ f: A \to C}$$

若 f 是对蕴涵式 A→B 的证明，g 是对蕴涵式 B→C 的证明，则将这两个证明复合起来就得到对蕴涵式 A→C 的证明 $g \circ f$。

一个范畴的对象可以是任意的，对象之间的箭头也可以是任意的，只需要满足定义条件即可。给定一个范畴 C，可以定义它的对偶范畴 C^{op} 如下：

（1）C^{op}与 C 具有相同的对象；

（2）箭头f：A→B 是C^{op}的箭头当且仅当它的逆箭头f^{-1}：B→A 箭头属于范畴 C，也就是说，对偶范畴是把所有箭头逆置而得到的。

可以验证C^{op}也是一个范畴。

命题 4.30 （对偶原理）$(C^{op})^{op}=C$，即一个范畴 C 等于它的双重对偶。

例 4.15 对于任何范畴 C 和 D，乘积范畴 C×D 的对象是由 C 的对象 A 和 D 的对象 B 组成的有序对（A，B），箭头是由 C 的箭头f和 D 的箭头g组成的有序对（f，g）。复合箭头和恒等箭头分别定义如下：

（1）$(f, g)\circ(h, i)=(f\circ h, g\circ i)$；

（2）$id_{(A,B)}=(id_A, id_B)$。

例 4.16 集合的箭头也可以组成一个范畴 SET(→)。

（1）每个对象都是一个函数f：A→B。

（2）任给两个对象f：A→B 和g：C→D，从f到g的箭头定义为有序对（a，b），使a：A→C 和b：B→D 是集合箭头，并且$g\circ a=b\circ f$。

（3）两个箭头（a，b）：(f：A→B)→(g：C→D）和（c，d）：（h：E→F）→（i：G→H）的复合箭头（c，d）∘（a，b）：（$c\circ a$，$d\circ b$）。

定义 4.36 一个范畴 B 是 C 的子范畴，如果：

（1）B 的每个对象都是 C 的对象。

（2）对 B 中所有对象 A 和 B，$B(A, B)\subseteq C(A, B)$。

（3）B 中复合箭头和恒等箭头与 C 中相同。

一个范畴中的对象和箭头可以组成图。在范畴 C 中，使用图论的术语，一个图是由一些顶点（对象）和边（箭头）组成。若每一对顶点 X 和 Y 之间的通路都是相等的，也就是说，所有通路决定同一个箭头，则称范畴 C 的一个图是交换图。如图 4.11 所示。

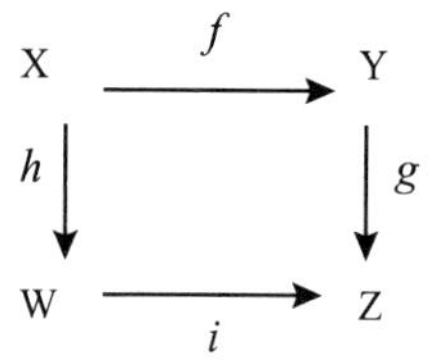

图 4.11

上图是交换图，若$g\circ f=i\circ h$。再注意图 4.12 所示。

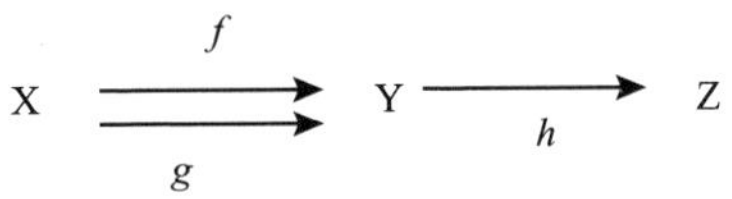

图 4.12

若这个图是交换的，则可以得到 $h\circ f=h\circ g$，而不是 $f=g$。

命题 4.31 若图 4.13 中内部方块是交换的，则外部大方块也是交换的：

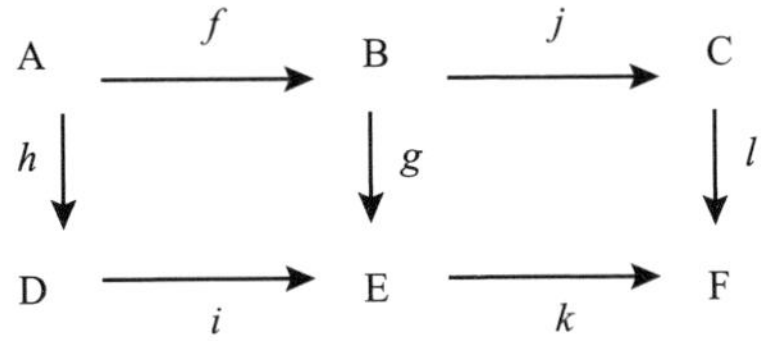

图 4.13

证明：假设 $g\circ f=i\circ h$ 并且 $l\circ j=k\circ g$。那么：

$$(l\circ j)\circ f=(k\circ g)\circ f$$
$$=k\circ(g\circ f)$$
$$=k\circ(i\circ h)$$

定义 4.37 范畴 C 的一个箭头 f：B→C 是单态射，若对任何箭头 g：A→B 和 h：A→B，$f\circ g=f\circ h$ 蕴涵 $g=h$。

命题 4.32 集合范畴 SET 中的一个箭头 f：B→C 是单态射当且仅当 f 是单射。

证明：设 f：B→C 是单态射。则对任何箭头 g：A→B 和 h：A→B，$f\circ g=f\circ h$ 蕴涵 $g=h$。要证 f 是单射，假设 B 中存在 x 和 y，使得 $f(x)=f(y)$ 并且 $x\neq y$。定义函数 g：$\{a\}$→B 和 h：$\{a\}$→B，使得 $g(a)=x$ 并且 $h(a)=y$。那么 $f\circ g(a)=f(y)=f\circ h(a)$，则必然有 $g=h$。但是 $g(a)=x\neq h(a)$。

反之，假设 f：B→C 是单射。要证 f 是单态射，假设箭头 g：A→B 和 h：A→B，使得 $f\circ g=f\circ h$，但是 $g\neq h$。因此存在 $a\in$ A，使得 $g(a)\neq h(a)$。因为 f 是单射，所以 $f\circ g(a)\neq f\circ h(a)$，与假设矛盾。

定义 4.38 范畴 C 的一个箭头 f：A→B 是满态射，若对任何箭头 g：B→C 和 h：B→C，$g\circ f=h\circ f$ 蕴涵 $g=h$。

命题 4.33 在集合范畴 SET 中，箭头 f：A→B 是单态射当且仅当 f 是满射。

证明：设 f：A→B 是满态射。则对任何箭头 g：B→C 和 h：B→C，$g\circ f=h\circ f$ 蕴涵 $g=h$。设 f 不是满射。则 B 中存在 x 使得对任何 A 中的任何元素 a，f

$(a) \neq x$。定义函数 g：B→$\{y, z\}$ 和 h：B→$\{y, z\}$ 使得 $y \neq z$ 并且 $h(u) = z$，若 $u = x$，则 $g(u) = y$；否则，$g(u) = z$。那么 $g \circ f = h \circ f$，但是 $h \neq g$。

反之，假设 f：A→B 是满射。要证 f 是满态射，设箭头 g：B→C 和 h：B→C，使得 $f \circ g = f \circ h$，但是 $g \neq h$。因此存在 $a \in$ B 使得 $g(a) \neq h(a)$。因为 f 是满射，所以 A 中存在元素 x 使得 $f(x) = a$，但是这样 $f \circ g(x) \neq f \circ h(y)$，所以 $g \circ f \neq h \circ f$，与假设矛盾。

定义 4.39 如果对每个对象 A，恰有一个从 0 到 A 的箭头，则对象 0 称为初始对象。如果对每个对象 A，恰有一个从 A 到 1 的箭头。唯一的箭头记为!，则对象 1 称为终止对象。

例 4.17 在集合范畴 SET 中，空集∅是初始对象，因为对任何集合 A，存在从 A 到空集的唯一的函数，即空函数，每个单元集 $\{x\}$ 都是终止对象，因为对任何集合 A，存在从 A 到 $\{x\}$ 的唯一函数，即函数值为 x 的唯一函数。

任给两个集合 A 和 B 的卡氏积定义为 $A \times B = \{(a, b): a \in A \ \& \ b \in B\}$。定义从 A×B 分别到 A 和 B 的投影函数为 π_1：A×B→A 和 π_2：A×B→B。

因此，对每个有序对 $(a, b) \in A \times B$，$\pi_1(a, b) = a$，$\pi_2(a, b) = b$。

定义 4.40 在范畴 C 中，任何两个对象 A 和 B 的乘积对象定义为 A×B，投影函数 π_1：A×B→A 和 π_2：A×B→B，使得对任何对象 C 和箭头 f：C→A 和 g：C→B，存在唯一的箭头 (f, g)：C→A×B，使得 $\pi_1 \circ (f, g) = f$，并且 $\pi_2 \circ (f, g) = g$，即图 4.14 交换：

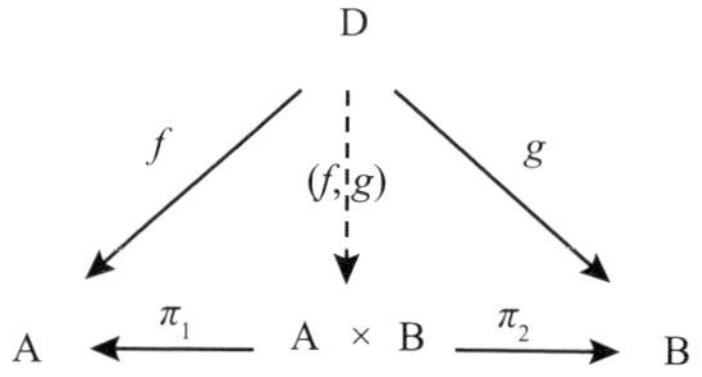

图 4.14

若一个范畴 C 的任何两个对象有乘积对象，则该范畴称为有乘积的范畴。

定义 4.41 若 A×C 和 B×D 是乘积对象，则对箭头 f：A→B 和 g：C→D，乘积映射 $f \times g$：A×C→B×D 就是箭头 $(f \circ \pi_1, g \circ \pi_2)$。

定义 4.42 两个对象 A 和 B 的余积对象是 A+B，投入函数 ι_1：A→A+B 和 ι_2：B→A+B，使得对任何对象 C 和箭头 f：A→C、g：B→C，存在唯一的箭头 $[f, g]$：A+B→C 使得图 4.15 交换：

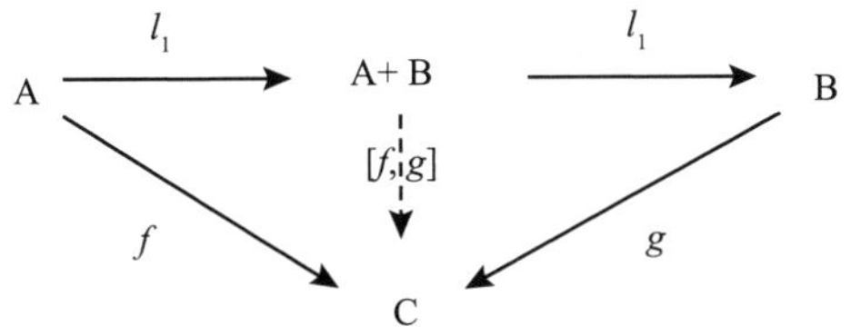

图 4.15

定义 4.43　在给定对象族 $(A_i)_{i \in I}$，它的乘积对象是 $\prod_{i \in I} A_i$ 和箭头族（π_i：$\prod_{i \in I} A_i \to A_i)_{i \in I}$，使对任何对象 C 和箭头族（$f_i$：$C \to A_i)_{i \in I}$，存在唯一的箭头 $(f_i)_{i \in I}$: $C \to \prod_{i \in I} A_i$，使得图 4.16 交换：

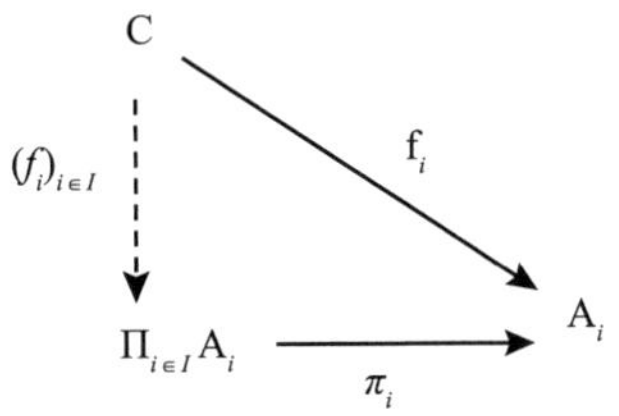

图 4.16

定义 4.44　一个箭头 e：X→A 是一对箭头 f：A→B 和 g：A→B 的平衡箭头，若 $f \circ e = g \circ e$，并且如果箭头 h：Y→A，使得 $f \circ h = g \circ h$，则存在唯一箭头 k：Y→X，使得 $e \circ k = h$，即图 4.17 交换：

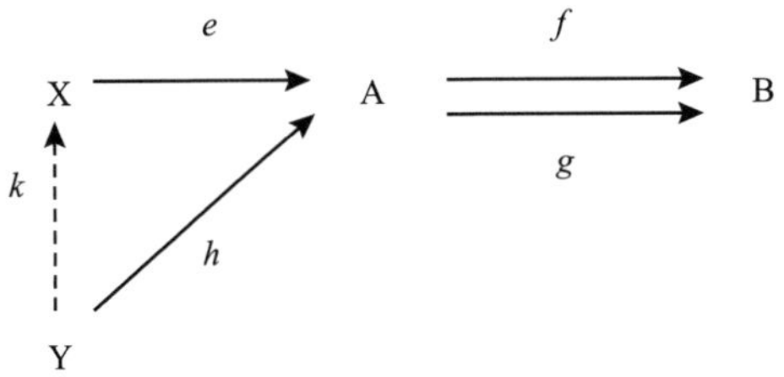

图 4.17

定义 4.45　箭头 f：A→C 和 g：B→C 的拉回是一个对象 P 和箭头 g'：P→A、f'：P→B 使得 $f \circ g' = g \circ f'$，即图 4.18 交换：

并且满足以下条件：若 i：X→A 和 j：X→B，使得 $f \circ i = g \circ j$：

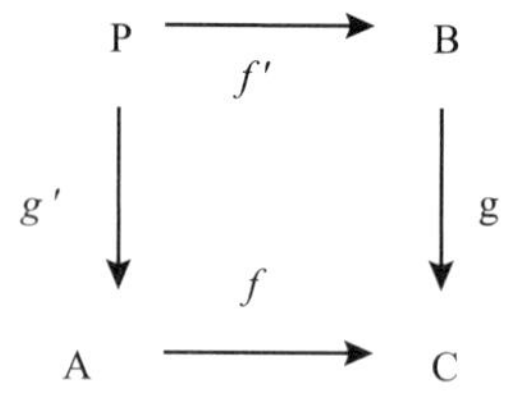

图 4.18

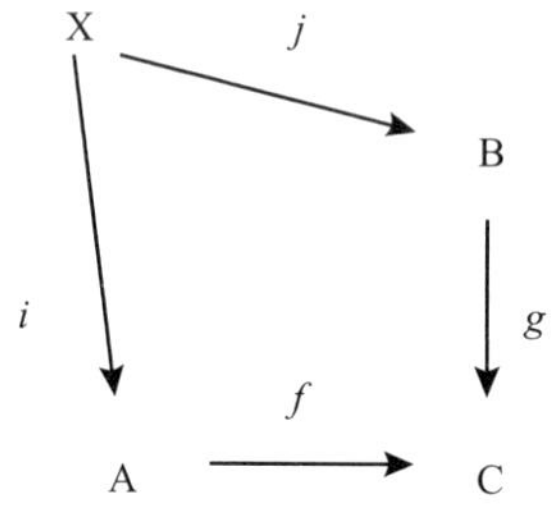

图 4.19

那么存在唯一的箭头 k：X→P，使得 $i=g'\circ k$，并且 $j=f'\circ k$：

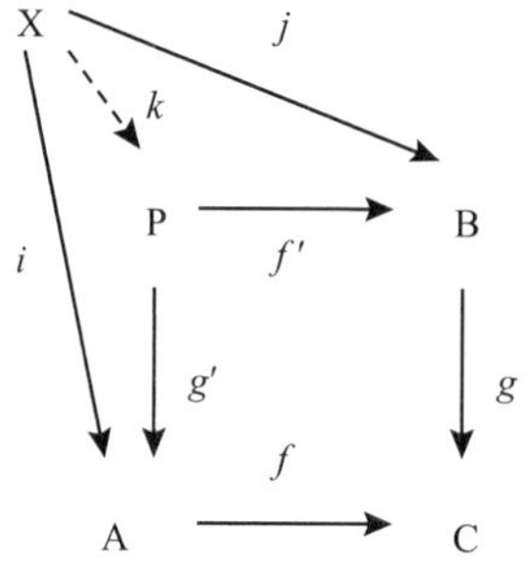

图 4.20

例 4.18 在集合范畴中，若 A 和 B 是 C 的子集，则下图是一个拉回：

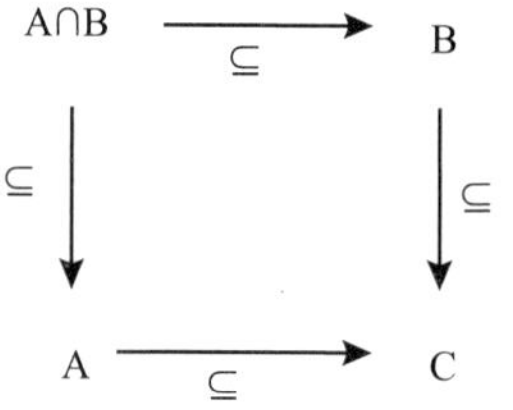

图 4.21

例 4.19 任给范畴 C，若下图是拉回，则 e 是 f 和 g 的平衡箭头：

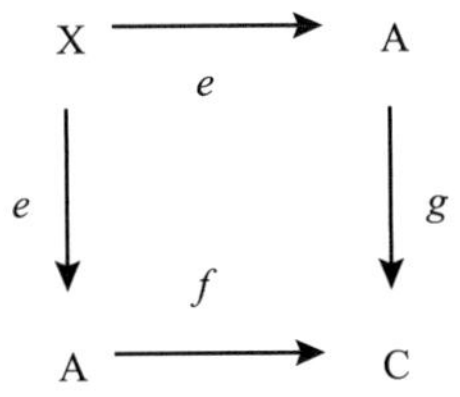

图 4.22

定义 4.46　任给范畴 C，令 D 是 C 中的一个图。则 D 的一个锥是一个 C－对象 X 和箭头 f_i：X→D_i，对 D 中每个对象 D_i，使得对 D 的每个箭头 g，图 4.23 交换：

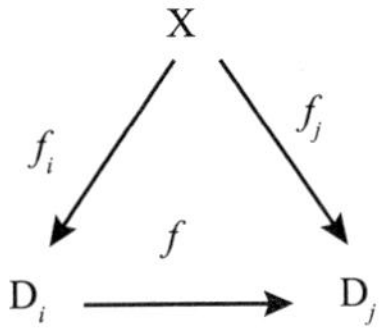

图 4.23

定义 4.47　一个图 D 的极限是一个锥 $\{f_i$：X→$D_i\}$，使得若 $\{g_i$：Y→$D_i\}$ 是 D 的另一个锥，则存在唯一的箭头 k：Y→X 使图 4.24 对 D 中的每个对象 D_i 交换：

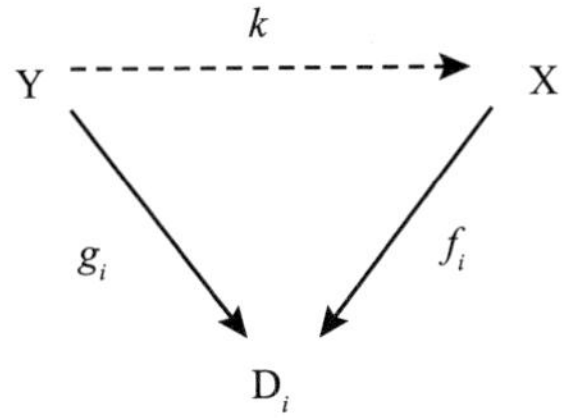

图 4.24

例 4.20　令 D 为如图 4.25 所示：

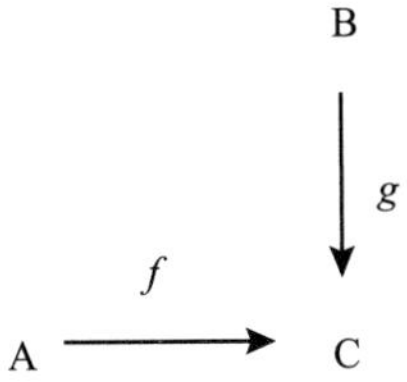

图 4.25

D 的一个锥是对象 P 和三个箭头 f'、g' 和 h，使得图 4.26 交换：

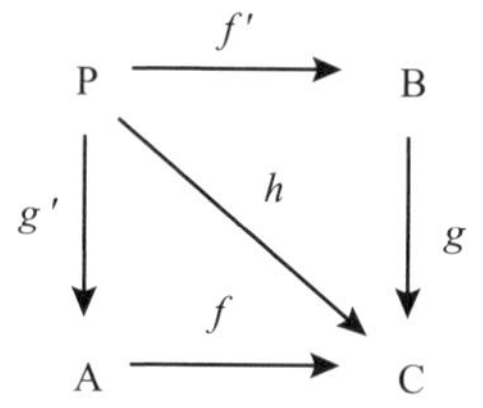

图 4.26

即图 4.27 交换：

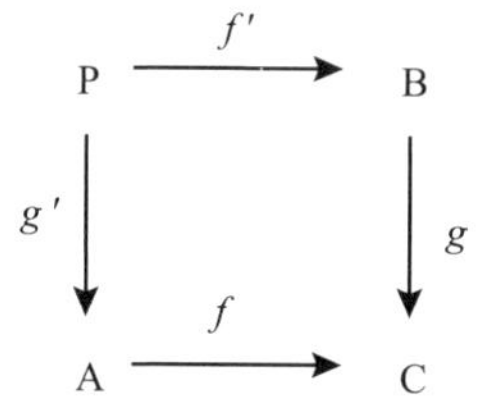

图 4.27

定义 4.48 范畴 C 中的一个图 D 的一个余锥是由一个 C－对象 X 和箭头 $\{f_i: D_i \to X \mid$ 对 D 中每个箭头 g 都有 $f_i \circ g = f_i\}$ 组成。

D 的一个余极限是一个余锥 $\{f_i: D_i \to X\}$，使得对任何其他余锥 $\{g_i: D_i \to Y\}$ 都有唯一箭头 $k: X \to Y$，使得图 4.28 对 D 中每个对象 D_i 是交换的：

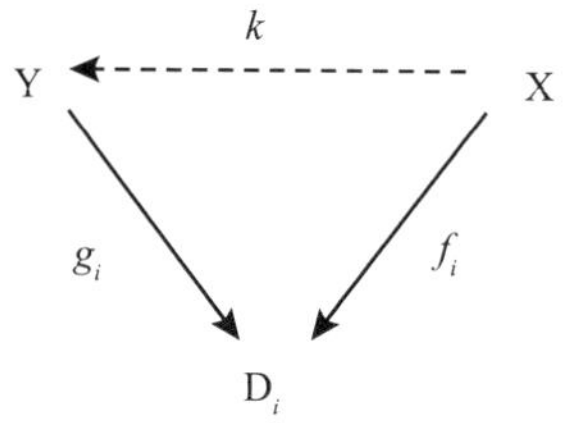

图 4.28

定理 4.45 给定一个范畴 C 中的一个图 D，它的顶点集是 V，边集是 E。若 C 中的每个以 V 中元素为下标、以 E 中元素为下标的对象有乘积，并且每个箭头组都有平衡箭头，则 D 有极限。

对任何两个集合 A 和 B，令 $B^A = \{f \mid f: A \to B\}$ 是所有从 A 到 B 的函数的集

合。对于任何范畴 C 的对象 A 和 B，令 $B^A=\{f\mid f: A\to B\}$ 是所有从 A 到 B 的箭头的集合。

定义函数 *eva*：$B^A\times A\to B$，使得对每个有序对 (f, a)，$eva(f, a)=f(a)$。也就是说，任给函数 f：$A\to B$，任给 A 中元素 a，计算 $f(a)$。

对任何箭头 g：$C\times A\to B$，存在唯一的函数 $curry(g)$：$C\to B^A$ 使得图 4.29 交换：

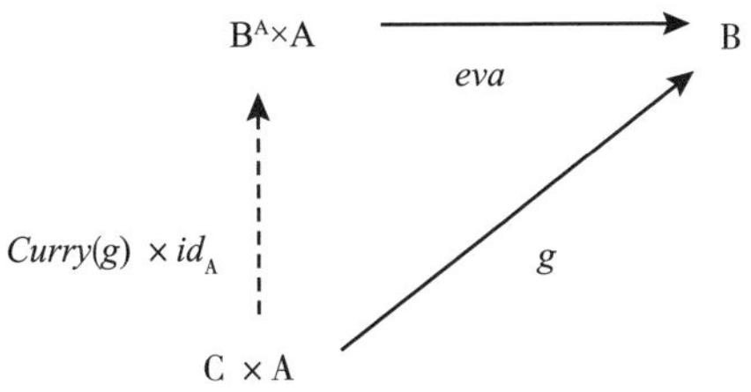

图 4.29

其中 $Curry(g)\times id_A$ 是乘积映射，输入 $(c, a)\in C\times A$，计算 $(curry(g)(c), a)$。

定义 4.49　令 C 是任何有二元乘积的范畴，令 A 和 B 是 C 的对象。一个指数对象 B^A 如下定义：若存在箭头 $eva(A, B)$：$B^A\times A\to B$，使得对任何对象 C 和箭头 g：$C\times A\to B$，存在唯一箭头 $curry(g)$：$C\to B^A$，使得图 4.30 交换：

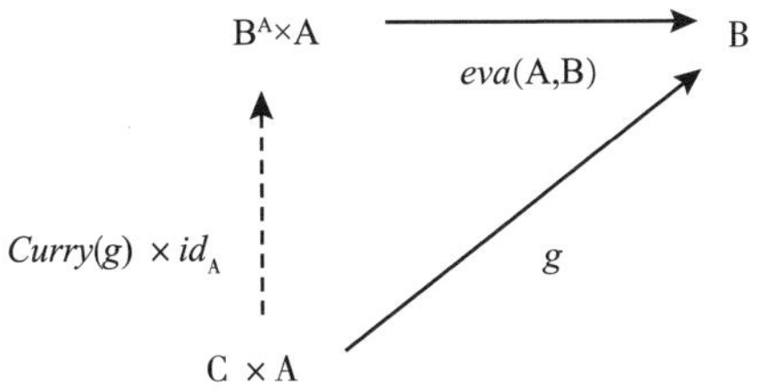

图 4.30

对任何范畴 C，如果对任何对象 A 和 B 存在指数对象 B^A，那么 C 称为指数范畴。一个笛卡尔封闭范畴是具有终止对象、二元乘积和指数的范畴。

例 4.21　集合范畴 SET 是笛卡尔封闭范畴。

范畴论中最重要的概念是范畴之间的转换关系，而不是范畴概念本身。下面我们定义范畴之间的一些转换概念。

定义 4.50　任给两个范畴 C 和 D，一个从 C 到 D 的函子 F：C→D 是一个映射，使得 C 的对象 A 映射到 D 的对象 F(A)，C 的箭头 f：A→B 映射到 D 的箭头

F(f)：F(A)→F(B)，并且满足以下条件：（1）$F(id_A) = id_{F(A)}$；（2）$F(g \circ f) = F(g) \circ F(f)$

例 4.22

（1）每个范畴上的恒等函子把每个对象和箭头映射到自身。

（2）考虑幺半群范畴 Mon 和集合范畴 SET，定义可遗函子 U：Mon→SET 如下：对每个幺半群 $G = (M, \cdot, e)$，$U(G) = M$；对每个幺半群同态 h：$(M, \cdot, e) \to (M', \cdot', e')$，$U(h) = h$：$M \to M'$。

（3）令 C 是一个范畴，对任何两个对象 X 和 Y，都存在乘积对象 X × Y。则对每个 C－对象 A，存在右积函子 $F = (\_ \times A)$：C→C，则对每个 C－对象 B 和箭头 f：B→C，$F(B) = B \times A$，$F(f) = f \times id_A$。

定义在范畴上把对象转换为对象、箭头转换为箭头的函子称为余变种函子，而把对象转换为对象、把箭头转换为逆箭头的函子称为反变种函子。任给一个反变种函子 F：C→C，它也是一个余变种函子 F：$C^{op} \to D$。

有了范畴论的基本概念，下面可以定义什么是余代数（也称为 F－余代数，这里的 F 是指定义在范畴上的函子）。

定义 4.51 任给范畴 C 和一个从 C 到 C 自身的函子 Ω，一个 Ω－余代数是一个有序对 $A = (A, \sigma_A)$，使得 σ 是从 A 到 ΩA 的箭头。

给定的函子使每个对象映射到该范畴的某个对象，而一个对象 A 和从 A 到 (A 的箭头就构成一个余代数。

定义 4.52 任给范畴 C 上的两个余代数 A 和 B，从 A 到 B 的一个 Ω－余代数同态 f 是一个映射 f：A→B 使得 $\sigma_B \circ f = \Omega f \circ \sigma_A$，即图 4.31 交换：

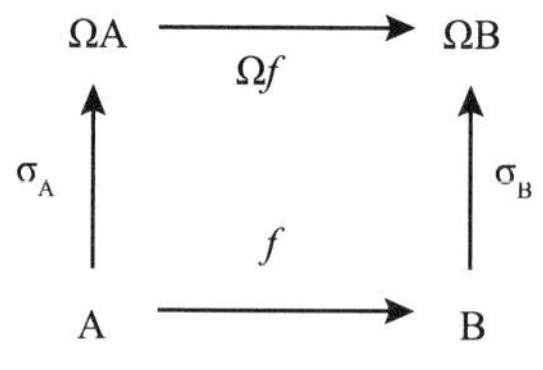

图 4.31

全部 Ω－余代数的类和同态记为 Coalg(Ω)。对于集合范畴 SET，函子 *Id* 把每个集合 x 映射到自身，把每个函数 g（箭头）映射到函数自身。简单的余代数的例子还有涂色集合，也就是说，每一个集合 S 中的元素都被涂成颜色集合 P 中的颜色，所得到的新的对象就是带颜色的集合。

定义 4.53 多项式函子 T 递归定义如下：

$T: = I \mid C \mid T_0 + T_1 \mid T_0 \times T_1 \mid T^D$

其中 I 是恒等函子；C 是常函子，使得对每个对象 X 都转换为 C；T_0+T_1 是余积函子，也就是说，每一个对象 X 转换为 $T_0(X)+T_0(X)$；$T_0\times T_1$ 是乘积函子；T^D 是指数函子，使得每个对象 X 转换为 $T(X)^D$。

定义 4.54 称一个自函子 Ω：C→C 诱导终余代数，如果以 Ω - 余代数为对象、以余代数同态为箭头的范畴 Coalg(Ω) 有终止对象，即一个余代数 $\mathcal{B}$ 使得对每个余代数 $\mathcal{B}\in$ Coalg(Ω) 存在唯一同态 $!_{\mathcal{A}}$：$\mathcal{A}\to\mathcal{B}$。

定义 4.55 令 Ω 是集合函子，κ 是一个基数。若对所有集合 $X\neq\varnothing$，$\Omega(X)=\cup\{\Omega\iota[\Omega A]\mid\iota: A\to X$ 是包含映射并且 $|A|<\kappa\}$，则称 Ω 为 κ - 函子。

命题 4.34 对任何基数 κ，每个 κ - 函子诱导终余代数。

4.5.2 非良基集合的模型

在数学和理论计算机科学中，许多结构都可以看作余代数，使用余代数作为它们的一般抽象模型。这一点最初是由阿克采尔在他的著作《非良基集合》中发现的，他把非良基集合论的每个满模型都看作一个系统，也就是余代数。在巴维斯和莫斯的著作《恶性循环》中，讨论了大量关于循环和自指称的现象，使用非良基集合建立循环现象的模型，而且使用它来处理模态逻辑。在本节中将介绍非良基集合论与余代数的联系：余代数可用作非良基集合的一般模型。

非良基集合的引入有两种方式：一是阿克采尔所采用的方法，通过图与集合之间的联系引入非良基集合，一个非良基图中所有结点的装饰所组成的集合就是非良基集合；二是巴维斯和莫斯从方程组的解将引入非良基集合，如方程 $x=\{x\}$ 的解唯一，也就是说属于自身的非良基集合。这里我们将重点回顾第一种方式。在 ZFC 中，Mostowski 坍塌定理是说，每个良基图都有唯一的装饰。所谓良基图是指没有无穷下降的关系链的图。对于非良基的图来说，如一个单点自返图 $(\{x\},(x,x))$，它的结点 x 的装饰 $d(x)$ 属于自身，因此它是非良基集合。

非良基集合可用于模拟有循环现象的图，它反映了循环现象的本质。对于逻辑学家来说，需要一种逻辑语言来表达这种集合的性质，并且对这些性质进行推理。我们可以利用模态逻辑，在模态逻辑语义中，可以把模态逻辑的框架看作图，把模型看作加标图。巴塔格、巴维斯和莫斯等人采用（无穷）模态语言来谈论非良基集合，他们的基本思想是在集合上解释模态语言。首先要回顾一些基本概念。无穷模态语言 $ML_\infty(\Diamond,\Phi)$ 由命题变元集合 Φ 和一元模态词◇、否定词¬、任意合取∧和析取∨组成，它的公式由如下规则形成：

$$\varphi::=p\mid\neg\varphi\mid\bigwedge\sum\mid\bigvee\sum\mid\Diamond\varphi$$

其中 $p \in \Phi$，$\sum$ 是任意公式集，$\bigvee \varnothing = \bot$（恒假）。

任给一个（可含本元的）集合 a，可以递归定义 a 与模态公式 φ 之间的满足关系（$a \models \varphi$）。最重要的情况是对含有模态词的公式的解释：$a \models \Diamond\varphi$ 当且仅当存在集合 $b \in a$ 使得 $b \models \varphi$。

非良基集合域 $V_{afa}[\Phi]$（即使用命题变元为本元所形成的非良基集合论的论域）上的一个互模拟关系是一个二元关系 R，使得如果 Rab，那么：

（1）$a \cap \Phi = b \cap \Phi$；

（2）若集合 $c \in a$，则存在集合 $d \in b$ 使得 Rcd；

（3）若集合 $d \in b$，则存在集合 $c \in a$ 使得 Rcd。

所有模态公式 φ 在互模拟下不变，即如果 Rab，则 a 和 b 满足相同的模态公式。

任给集合 a，如果对所有 $b \in V_{afa}[\Phi]$，$b \models \varphi \Leftrightarrow b = a$，那么称 φ 刻画集合 a。任给集合类 S，若有模态公式集 Γ 使 $S = \{a: a \models \Gamma\}$，则称 S 模态可定义。

例 4.23　存在无穷模态语言 $ML_\infty(\Phi, \Diamond)$ 的公式 θ 刻画满足条件 $x = \{x\}$ 的唯一集合 x。首先定义公式序列 $\varphi_n (n \in \omega)$：

$$\varphi_0 = \bigwedge_{p \in \Phi} \neg p;\ \varphi_{n+1} = \varphi_0 \wedge \Diamond\varphi_n \wedge \Box\varphi_n$$

令 $\theta = \bigwedge_{n \in \omega} \varphi_n$，那么 θ 刻画集合 x。显然集合 $x \models \theta$。反之，令 $a \models \theta$。因为 $a \models \varphi_0$，所以 a 中不含命题变元。因为 $a \models \varphi_1$，a 是非空集，a 的每个元素满足 φ_0。一般地，a 的传递闭包中每个元素非空，不含命题变元。因此，$a = x$。

这个例子中的公式 θ 是根据集合 x 的特征来定义的。首先，公式 φ_0 说明 Ω 不含本元；其次，x 中只含有唯一的元素 x，而且 x 的每个元素也只含有唯一的元素 x，因此 $\Diamond\varphi_n \wedge \Box\varphi_n$ 在 x 上也是真的。根据这个特点，一般地，定义公式集 Γ 上的运算：$\nabla\Gamma = \bigwedge_{\gamma \in \Gamma} \Diamond\gamma \wedge \Box \bigvee_{\gamma \in \Gamma} \gamma$。$\nabla\Gamma$ 表达了如下对偶性质：

（1）对每个 $\gamma \in \Gamma$，存在 $b \in a$ 使 $b \models \gamma$；

（2）对每个 $b \in a$，存在 $\gamma \in \Gamma$ 使 $b \models \gamma$。

显然，集合 $a \models \nabla\Gamma$ 当且仅当 Γ 的每个元素在 a 中某个元素上真，并且 a 的每个元素满足 Γ 中的某个公式。因此，如果 Γ 中每个公式 φ 都刻画某个集合 a，那么 $\nabla\Gamma$ 刻画集合 $\{a: a$ 是 Γ 中某个公式 φ 所刻画的集合$\}$。

运用这个算子可得，对于任何良基集合 a，存在无穷模态语言的公式刻画集合 a。如下定义公式 φ_a：假设对所有 $b \in a$ 已经定义 φ_b，定义 φ_a 如下：

$$\bigwedge_{p \in a} p \wedge \bigwedge_{p \notin a} \neg p \wedge \nabla\{\varphi_b: b \in a\}$$

容易证明 φ_a 刻画 a。一般地，对每个集合 $a \in V_{afa}[\Phi]$，如下超限递归定义无穷模态语言的公式序列 $\varphi(a, \alpha)$：

$\varphi(a, 0) := \bigwedge_{p \in \Phi \cap a} p \wedge \bigwedge_{p \in \Phi \setminus a} \neg p$；

$\varphi(a, \alpha+1) := \varphi(a, 0) \wedge \nabla\{\varphi(b, \alpha): b \in a\}$；

$\varphi(a, \lambda) := \bigwedge_{\alpha<\lambda}\varphi(a, \alpha)$，对极限序数 λ。

可以把公式 $\varphi(a, \alpha)$ 都看作刻画集合 a 的公式。但是，为了保证刻画集合的公式的唯一性，在这些公式中要确定唯一的公式刻画 a。定义 $H_\kappa[\Phi]$ 为最大集合类 C，使 $\forall c \in C(c \subseteq C \cup \Phi$ 且 $|c| < \kappa)$，显然 $H_\kappa[\Phi]$ 传递。使用这个类，可以找出刻画集合 a 的无穷模态语言的公式。巴塔格利用这个类给出了如下定理。

定理 4.46　令 κ 是无穷正则基数。定义集合上的二元关系 R 如下：Rab 当且仅当存在集合 $c \in H_\kappa[\Phi]$，使得 $\varphi(a, \kappa) = \varphi(b, \kappa) = \varphi(c, \kappa)$。那么 R 是互模拟关系。因此，如果 Rab，那么 $a = b$ 并且 $a \in H_\kappa[\Phi]$。

这条定理的一个推论如下：给定集合 a，存在刻画 a 的无穷模态语言的公式。因此可定义集合 a 的度 $deg(a)$ = 最小序数 α，使 $\varphi(a, \alpha)$ 刻画 a。令 $\delta(a) = \varphi(a, deg(a))$。那么 $\delta(a)$ 刻画 a，这个公式必定唯一。

为什么模态逻辑的集合论语义以及上面对集合的刻画与余代数有密切联系呢？莫斯（Moss，1998）揭示了这种联系。定义模型 $\mathcal{E} = (A, e)$ 为集合 A 和函数 e：$A \to \wp(A) \times \wp(\Phi)$ 组成的有序对，其中 A 是纯集合（不含本元的集合）所组成的集合，$\wp(A)$ 是 A 的幂集，$\wp(\Phi)$ 是命题变元集合 Φ 的幂集。根据余代数的定义，这样的模型就是余代数。注意投影函数 π_1：$\wp(A) \times \wp(\Phi) \to \wp(A)$ 和 π_2：$\wp(A) \times \wp(\Phi) \to \wp(\Phi)$。对每个集合 $a \in A$，$\pi_1 \circ e(a) \subseteq A$ 是集合 a 中的元素的集合。如果 $a \in a$，那么 $\pi_1 \circ e(a) = \pi_2 \circ e(a) \subseteq \Phi$ 为 a 指派一个命题变元集合，即在 a 上真的命题变元集合。递归定义满足关系 $\mathcal{E}, a \vDash \varphi$ 如下：

（1）$\mathcal{E}, a \vDash p$ 当且仅当 $p \in \pi_2 \circ e(a)$；

（2）布尔联结词的解释与经典逻辑相同；

（3）$\mathcal{E}, a \vDash \Diamond\varphi$ 当且仅当存在 $b \in \pi_1 \circ e(a)$ 使得 $\mathcal{E}, b \vDash \varphi$。

任何两个模型 $\mathcal{E} = (A, e)$ 和 $\mathcal{F} = (B, f)$ 之间的互模拟关系 $Z \subseteq A \times B$ 是满足以下条件的二元关系：如果 xZy，那么：

（1）$\pi_2 \circ e(x) = \pi_2 \circ f(y)$；

（2）若 $u \in \pi_1 \circ e(x)$，则存在 $v \in \pi_1 \circ f(y)$ 使得 uZv；

（3）若 $v \in \pi_1 \circ f(y)$，则存在 $u \in \pi_1 \circ e(x)$ 使得 uZv。

根据上面如何使用模态公式刻画集合，莫斯在论文“余代数逻辑”当中证明了使用模态公式刻画一个模型（余代数）中的集合。给定一个模型 $\mathcal{E} = (A, e)$ 和 $a \in A$，若对所有模型 $\mathcal{F} = (B, f)$ 和 $b \in B$，$\mathcal{F}, b \vDash \varphi$ 当且仅当存在（$\mathcal{E}, a$）和（$\mathcal{F}, b$）之间的互模拟关系，那么称公式 φ 刻画（$\mathcal{E}, a$）。令 $\sum$ 是公式集且 $\Gamma \subseteq \Phi$，定义算子：

$$\Delta(\sum, \Gamma) = \Box \vee \sum \wedge \wedge \Diamond \sum \wedge \wedge_{p \in \Gamma} p \wedge \wedge_{p \notin \Gamma} \neg p\text{。}$$

对每个模型（$\mathcal{E}$, a），如下定义公式$\chi(a, \beta)$：

$\chi(a, 0) = \neg \perp$

$\chi(a, \beta+1) = \Delta(\{\chi(b, \beta): b \in \pi_1 \circ e(a)\}, \pi_2 \circ e(a))$

$\chi(a, \lambda) = \bigwedge \{\chi(a, \beta): \beta < \lambda\}$，对极限序数 λ

莫斯还证明：任给（$\mathcal{E}$, a）和（$\mathcal{F}$, b），若 $\mathcal{F}, b \models \chi(a, \beta)$，则 $\mathcal{E}$ 和 $\mathcal{F}$ 之间存在互模拟关系 Z，使得 aZb。这里使用的互模拟关系实际上是余代数之间的互模拟关系。从语义上说，余代数取代了含有本元的集合作为模型，这也说明了模态逻辑的模型和框架与余代数的联系，下一节详细讨论这种联系。

4.5.3 余代数模态逻辑

4.5 节关于 Moss 的余代数逻辑的讨论已经揭示了模态逻辑与余代数的密切联系，克里普克框架和模型都可以看作余代数结构。任给一个框架 $\mathcal{F} = (W, R)$，可以定义映射 $R[\cdot]: W \to \wp(W)$ 使得 Rxy 当且仅当 $y \in R[x]$。也就是说，对每个状态 x 指派一个后继状态集合。那么 $\mathcal{F} = (W, R[\cdot])$ 是一个余代数，它是以集合范畴 SET 上的幂集映射为函子，$R[\cdot]$ 是集合 W 和幂集 $\wp(W)$ 之间的箭头。与框架对应的余代数称为 $\wp$ - 余代数。

每个克里普克模型 $\mathcal{M} = (W, R, V)$ 也可以看作如下定义的余代数 $\mathcal{A}_{\mathcal{M}} = (W, \sigma)$：$W$ 是状态集合；函数 $\sigma: W \to \wp(W) \times \wp(\Phi)$ 使得 $\pi_1 \circ \sigma = R[\cdot]$，并且 $\pi_2 \circ \sigma = V^{-1}$，也就是说对于每一个状态 x，$\pi_2 \circ \sigma(x) = \{p: x \in V(p)\}$。与模型对应的余代数称为 $\wp_M$ - 余代数。

从余代数的角度看模态逻辑的框架和模型：第一，框架（模型）上的运算或构造在余代数中都有相应的运算或构造；第二，等式逻辑是代数的逻辑，模态逻辑则成为余代数的逻辑，与代数的变种一样，也可以得到余代数的余变种。这些结果表明，余代数与模态逻辑的联系十分密切，而且也适合作为研究模态逻辑的工具。下面首先定义一些余代数构造。

定义 4.56 任给两个 Ω - 余代数 $\mathcal{A} = (\mathrm{A}, \alpha)$ 和 $\mathcal{B} = (\mathrm{B}, \beta)$，从 A 到 B 的一个余代数同态是映射 f: A→B 使得 $\beta \circ f = \Omega f \circ \alpha$，即图 4.32 交换：

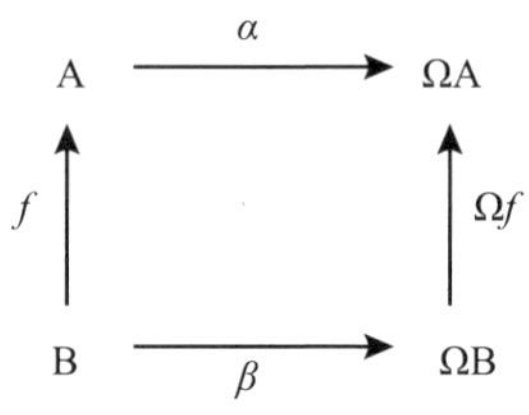

图 4.32

对于$\wp$－余代数来说，余代数同态的概念相当于框架间有界态射的概念[①]。考虑两个$\wp$－余代数 $\mathcal{F}=(W, R[\cdot])$ 和 $\mathcal{G}=(U, S[\cdot])$，一个同态$f$：$W \to U$需要满足如下两个条件：对每个状态 $x \in W$，

（1）$S[\cdot] \circ f(x) \subseteq \wp f \circ R[\cdot](x)$；

（2）$\wp f \circ R[\cdot](x) \subseteq S[\cdot] \circ f(x)$。

条件（1）表示：对 $\mathcal{G}$ 中 $f(x)$ 的每个 S－后继状态 z，存在 $\mathcal{F}$ 中 x 的 R－后继状态使得 $f(x)=z$，这就是有界态射定义中的后退条件。条件（2）表示：对 $\mathcal{F}$ 中 x 的每个 R－后继状态 y，$f(y)$ 都是 $f(x)$ 在 $\mathcal{G}$ 中的 S－后继状态；这是有界态射定义中的前进条件。

定义 4.57 给定一个 Ω－余代数族 $\{\mathcal{A}_i=(A_i, \alpha_i): i \in I\}$，它的和是一个 Ω－余代数 $\mathcal{A}=(A, \alpha)$ 使 $\mathrm{A}=\uplus_I \mathrm{A}_i$ 并且每个包含映射（嵌入）α_i：$\mathrm{A}_i \to \cup_I \mathrm{A}_i$ 是同态。

这个概念相当于模态逻辑中框架的不相交并。下面定义子余代数的概念，它相当于克里普克框架的生成子结构。

定义 4.58 任给两个 Ω－余代数 $\mathcal{A}=(\mathrm{A}, \alpha)$ 和 $\mathcal{B}=(\mathrm{B}, \beta)$，$\mathrm{B} \subseteq \mathrm{A}$，如果包含映射 ι：$\mathrm{B} \to \mathrm{A}$ 是同态，那么称 $\mathcal{B}=(B, \alpha|_B)$ 是 $\mathcal{A}$ 的子余代数。其中 $\alpha|_B=\beta$。

可以证明任何子余代数都是唯一存在的。令 f：$\mathcal{A} \to \mathcal{B}$ 是同态，那么存在 $\mathcal{B}$ 的唯一子余代数 $\mathcal{C}$ 使得 f 是从 $\mathcal{A}$ 到 $\mathcal{C}$ 的满射同态。

有了这些概念就可以定义另一个重要概念：余代数变种。这个概念与代数中的变种概念相对应。一个代数变种是一个在取代数同态象、子代数和代数乘积下封闭的代数类。给定一个代数类 C，包含 C 的最小代数类称为由 C 生成的变种。在泛代数中有这样一个结果：由 C 生成的代数变种等于对 C 依次取乘积、子代数、同态象得到的代数类。对于余代数来说有同样的结果。

一个 Ω－余代数类 T 称为一个余代数变种，若它在取余代数同态象、子余代数及余代数和下封闭。令 Covar(T) 表示包含 Ω－余代数类 T 的最小余代数变种。则可以证明任何 Covar(T) 等于对 T 依次取余代数和、子余代数和余代数同态象而得到的余代数类。在泛代数中，一个重要的可定义性定理就是如下 Birkoff 定理。

定理 4.47 一个代数类是等式可定义的当且仅当它是代数变种。

对于余代数来说，如何定义余等式逻辑从而刻画余代数变种，这还是一个没有完全解决的问题。下面将定义余代数的互模拟概念。这个概念对于研究基于状

---

① 任给两个框架 $\mathcal{F}=(W, R)$ 和 $\mathcal{G}=(U, S)$，一个映射 f：$W \to U$ 称为有界态射，如果满足如下条件：（1）（前进条件）如果 Rxy 那么 $Sf(x)f(y)$；（2）（后退条件）如果 $Sf(x)z$，那么存在 $y \in W$ 使得 $f(y)=z$ 并且 Rxy。关于模态逻辑的框架和模型，参见［11］。

态的动态来说是十分重要的，在理论计算机科学中，若两个计算模型或加标转换系统之间存在互模拟关系，则它们是计算等价的或者行为等价的。因此，互模拟对于研究系统来说十分重要。

定义 4.59 任给两个 Ω－余代数 $\mathcal{A}=(A, \alpha)$ 和 $\mathcal{A}=(B, \beta)$，一个关系 $R\subseteq A\times B$ 称为 Ω－互模拟关系，如果存在一个余代数映射 τ：$R\to\Omega R$ 使得 ρ：$R\to A$ 是从 (R, τ) 到 $\mathcal{A}$ 的同态并且 σ：$R\to B$ 是从 (R, τ) 到 $\mathcal{B}$ 的同态。若存在 Ω－互模拟关系 R 使得 xRy，则称 x 和 y 是 Ω－互模拟的。若 A＝B，则称 R 是 A 上的 Ω－互模拟关系。

很容易得出，$\wp$－余代数（框架）上的互模拟关系如下定义。任给两个 $\wp$－余代数 $\mathcal{F}=(W, R[\cdot])$ 和 $\mathcal{G}=(U, S[\cdot])$，一个二元关系 $Z\subseteq W\times U$ 称为互模拟关系，如果它满足如下条件：

（1）对所有 $y\in Z[x]$，若 $s\in R[x]$，则存在 $t\in S[y]$ 使得 $t\in Z[s]$；

（2）对所有 $y\in Z[x]$，若 $t\in S[y]$，则存在 $s\in R[x]$ 使得 $t\in Z[s]$。

这个定义与模态逻辑中框架之间的互模拟关系等价。任给两个 Ω－余代数 $\mathcal{A}=(A, \alpha)$ 和 $\mathcal{B}=(B, \beta)$，令 f 是从 A 到 B 的函数，集合 $graph(f)=\{(x, f(x)): x\in A\}$ 称为 f 的图，那么 f 是 Ω－余代数同态当且仅当 $graph(f)$ 是 Ω－互模拟。

余代数与模态逻辑之间的联系从上述这些概念可以体现出来，模态语言是谈论余代数结构的语言，而克里普克关系结构可以被看作特殊的余代数类型。不仅如此，在余代数的理论框架下，还可以发展新的模态逻辑，如利用自然转换可以抽象出模态算子。

定义 4.60 令 C 和 D 是范畴，F 和 G 是从 C 到 D 的函子。从 F 到 G 的一个自然转换 η（记号：η：$F\to G$）是一个函数，使得对每个 C－对象 A，η_A 是一个 D－箭头 $F(A)\to G(A)$，使得对任何 C－箭头 f：A→B 都有 $G(f)\circ\eta_A=\eta_B\circ F(f)$，即图 4.33 交换：

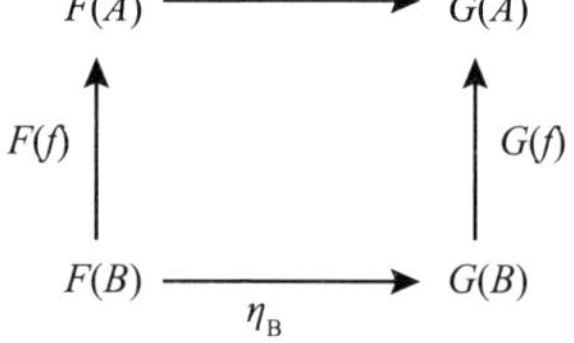

图 4.33

任给从余代数函子 Ω 到幂集函子 $\wp$ 的自然转换 η，对每个集合 X，存在箭头

η_X: $\Omega X \to \wp X$，使得对每个函数 g: $X \to Y$，$\wp g \circ \eta_X = \eta_Y \circ \Omega g$。对于 Ω－余代数 $\mathcal{A} = (A, \alpha)$，定义 $R_\eta \subseteq A \times A$ 使得 $xR_\eta y$ 当且仅当 $y \in \eta_A(\alpha(x))$。因此可以定义模态算子 $\Diamond_\eta$，它使用关系 R_η 来解释。在这个方向上还有许多的问题值得研究。

4.5.4　余代数的应用

对模态逻辑的余代数研究是近年来新兴的方法。余代数是基于状态的动态系统的抽象数学模型，由于模态逻辑的广泛应用，余代数也有广泛的应用领域。余代数理论为研究动态系统上的不变性提供了一种新的一般性工具，它对于处理比如（加标）转换系统的计算等价性质起到了十分重要的作用。关于模态逻辑研究，上面模态逻辑与余代数的论述表明，余代数理论是研究模态模型论的一般方法，模态逻辑的框架和模型的构造在余代数中均有定义，这为研究模态逻辑提供了更有力的工具。最后，简单介绍余代数理论在自动机理论和转换系统中的应用，由此可见，这种方法应用的广泛性。

一个确定的自动机是一个五元组 $\mathcal{A} = (A, a_I, C, \delta, F)$，其中 A 是状态集，a_I 是初始状态，C 是字母表，δ: $A \times C \to A$ 是转换函数，$F \subseteq A$ 是接受状态集。使用 F 的特征函数 χ_F: $A \to \{0, 1\}$ 来表示 F，即如果 $a \in F$，则 $\chi_F(a) = 1$；否则 $\chi_F(a) = 0$。δ 可以看作从 A 到 A^C 的函数，其中 A^C 是所有从 C 到 A 的函数组成的集合。因此，一个字母表 C 上的确定自动机可以被看作一个带初始状态的系统（余代数），使得对象 A 被转换为对象 $\{0, 1\} \times A^C$。实际上，这样的转换过程原则上都能够使用余代数作为抽象的数学模型。

在转换系统中，对于不确定的转换系统，它们不同于确定的自动机，这种不确定性也可以通过幂集函子来表示。任给一个 $\wp$－余代数 (X, ξ)，对每个 $x \in X$，$\xi(x) \subseteq X$。把 $\xi(x)$ 解释为 x 的后继状态集合，则 (X, ξ) 就是一个转换系统。之前所展示的余代数的同态、互模拟等概念可以用来说明转换系统的态射、行为等价等概念。另外，对于一个转换系统，如果要输出特定的信息，可以采用下面的函数：

$$(\xi, v): X \to \wp X \times C$$

其中 ξ: $X \to \wp X$ 是一个转换系统，v: $X \to C$，对每个状态 x 指派信息 $c \in C$。这个函数 v 实际上是为每个状态增加标签。我们还可以为每个转换行为加标签，正如在命题动态逻辑中，每个程序实际就是一个标签。对于转换行为的标签集合 A，我们使用 ξ: $X \to \wp(X \times A)$ 表示，X 中的状态 x 经过带标签的转换后达到另一状态。由此可见，余代数处理这种转换系统的能力。

更一般的概念就是系统的概念。一个系统就是一个余代数 ξ: $X \to \sum X$，其中 X 是状态集合，而 $\sum X$ 是在 X 的状态上经过转换之后得到的输出结果。一个系统是典型的动态互动的过程，系统与外部环境之间相互交流。但从外部环境来看，只能看到系统的行为结果。

例 4.24

（1）考虑一个系统，对于每个状态 $x \in X$，它的作用是输出 A 中的一个元素 $\xi(x)$，此时 $\sum X = A$。

（2）可以不断输出集合 A 中元素的系统可以表示为余代数 ξ：$X \to A \times X$。对状态 x_0，输出结果是 $\xi(x_0) = (a, x_1)$，然后在状态 x_1 上输出新的结果，因此这样一个过程产生一个无穷序列：$(x_0, (a_0, x_1), (a_1, x_2), \cdots)$。

任给系统 ξ：$X \to A \times X$，令 $\xi(x) = (a, x')$，那么定义：

$$h(x) = a, \ t(x) = x'$$

其中 $h(x)$ 是输出结果 $\xi(x)$ 的起始项，而 $t(x)$ 是除了起始项以外剩下的部分。

定义 4.61 令 ξ：$X \to A \times X$ 是一个系统，任给状态 x_0，它的系统行为 $Beh(x_0)$ 定义为 $(h(t^n(x_0)))$ 对所有自然数 n。这里 $t^n(x)$ 可递归定义如下：$t^0(x) = x$，$t^{n+1}(x) = t(t^n(x))$。定义整个系统的行为 $Beh(X) = \{Beh(x): x \in X\}$。

定义 4.62 令 ξ：$X \to A \times X$ 和 ξ'：$X' \to A \times X'$ 是两个系统。那么一个态射 f：$X \to X'$ 是满足如下条件的函数：$h(f(x)) = h(x)$；$t(f(x)) = f(t(x))$。

一个系统 ξ：$X \to A \times X$ 称为终系统（终余代数），如果对所有系统 ξ'：$X' \to A \times X'$，存在从 (X', ξ') 到 (X, ξ) 的唯一态射。可以证明任何两个终系统都是同构的，即从一个终系统到另一个终系统都存在态射。

定义 4.63 令 ξ：$X \to A \times X$ 和 ξ'：$X' \to A \times X'$ 是两个系统。令 (X, ξ, x) 和 (X', ξ', x') 是两个带固定状态的系统。那么它们是行为等价的当且仅当分别存在从 (X, ξ, x) 和 (X', ξ', x') 到终系统的态射 f 和 f' 使得 $f(x) = f(x')$。两个系统 (X, ξ) 和 (X', ξ') 是行为等价的，如果分别存在从 (X, ξ) 和 (X', ξ') 到终系统的满态射 f 和 f'。

定义 4.64 令 ξ：$X \to A \times X$ 和 ξ'：$X' \to A \times X'$ 是两个系统。那么两个系统 (X, ξ) 和 (X', ξ') 之间的互模拟关系是一个二元关系 $R \subseteq X \times X'$ 使得：如果 xRy，那么 $h(x) = h(y)$ 且 $t(x) R t(y)$。两个带固定状态的系统 (X, ξ, x) 和 (X', ξ', x') 是互模拟的，如果存在互模拟关系 R 使得 xRx'。

定理 4.48 两个系统是行为等价的当且仅当它们是互模拟的。

“行为等价”和“互模拟”这样的概念对于理解系统的实质来说是十分重要的，从系统的外部环境看，行为等价是两个系统在相互等价的状态输出相同的结果，而这个概念却与描述两个系统内部过程的互模拟概念联系起来。

第 5 章

余代数逻辑及其应用

5.1 余代数的例子

余代数语义能够自然地统一处理一大类结构上不同的模态逻辑。简而言之，余代数模型是一个二元组（C，γ），这里 γ：$C \to TC$ 是一个函数，并且 T 是在集合上的一个构造。在后面可以看到，这种构造具有不同的特征，例如，具有无结构的或者带标的后继状态，概率分布或者邻域。余代数逻辑的特征在于，不需要明确地给出构造到底是什么。因此其结果可以统一地应用到一大类不同的逻辑和相应的语义上。在本章中，将会看到一个一般性的例子，余代数逻辑的 Hennessy-Miler 性质。

在正式定义余代数以前，先通过一些例子来证实，余代数的观点可以用一种非常自然的方式来概括一大类众所周知的逻辑的标准语义。

5.1.1 余代数的例子

1. 克里普克框架。

克里普克首先提出了模态逻辑的克里普克框架语义学，或者被称为关系语义学。显然，克里普克框架是模态逻辑中研究最多的语义学。下面通过改造克里普克框架的经典定义，来揭示它的余代数本质。

定义 5.1 一个克里普克框架是一个二元组（W，γ），其中 W 是一个集合，γ：$W \to \mathcal{P}(W)$ 是一个函数。

上面的 $\mathcal{P}(W)$ 表示的幂集。$\mathcal{P}$ 可被看作集合上的一个构造。与标准的克里普克框架的定义作比较，会发现这个定义与克里普克框架的经典定义等价。克里普克框架的经典定义是（W，R），其中 W 是一个集合，$R \subseteq W \times W$ 是一个关系。

对于关系 R，可以赋予它一个函数 γR：$W \to \mathcal{P}(W)$，其中 $\gamma(w) = \{w' \in W \mid (w, w) \in R\}$ 把每一个点映射到它的后继点构成的集合上去。反之，通过定义 $(w, w') \in R_\gamma$ 当且仅当 $w' \in \gamma(w)$，使得每个函数 γR：$W \to \mathcal{P}(W)$ 可诱导出一个关系 R_γ：$W \times W$。显然，这两个构造彼此之间是相互可逆的，因此，这个定义与经典的克里普克框架的定义之间是完全一致的。

特别要注意的是，克里普克框架式是余代数的例子：对于余代数结构 (W, γ)，其中 γ：$W \to TW$ 是一个函数，令 $T = \mathcal{P}$ 作为集合上的构造，便可得到克里普克框架。

2. 带标变换系统。

可把带标变换系统看作克里普克框架的近亲。根据前面的想法，很容易得到带标系统的余代数版本：

定义 5.2 假设 A 是一个（原子动作的）集合。令 $\mathcal{P}^A(W) = \{f$：$\mathrm{A} \to \mathcal{P}(W) \mid f$ 是一个函数$\}$。一个带标变换系统是 (W, γ)，其中 γ：$W \to \mathcal{P}^A(W)$ 是一个函数。

带标变换系统的标准定义是把它定义为二元组 (W, R)，其中 W 是状态的集合，而 $R \in W \times A \times W$ 是一个带标变换关系。使用和前面类似的方法，可以得到带标变换系统的标准定义与上面给出的定义等价。

3. 邻域框架。

斯科特和蒙泰格（Scott and Montague）在 1970 年提出了邻域框架，给模态逻辑提供了一个更一般的语义学。邻域框架语义学的标准定义已经是余代数形式的。

定义 5.3 对于集合 X，令 $NX = \mathcal{P}\mathcal{P}(X)$。一个邻域框架是一个二元组 (W, γ)，其中，γ：$W \to NW$。

在邻域框架中 (W, γ)，把 γ 解释为一个邻域函数，该函数赋予 W 中的每个元素一个邻域集。这里邻域的概念是非常自由的，对有效的邻域集没有任何的约束，甚至没有要求一个点存在于它本身的所有邻域内。

一个重要的领域框架的子类只承认下面的邻域框架，即它的邻域系统是向上封闭的：如果 $A \in \gamma(w)$ 是 w 的邻域，并且 $B \supseteq A$ 比 A 大，那么 B 也是 A 的一个邻域。更加正式地的定义是：

定义 5.4 一个集合 X 的子集构成的系统 $S \subseteq \mathcal{P}(X)$ 是上封闭的，如果 $B \in S$ 并且 $A \supseteq B$，有 $A \in S$。令 $M(X) = \{S \in NX \mid S$ 是上封闭的$\}$。一个单调邻域框架是一个二元组 (W, γ)，其中 W 是一个集合，γ：$W \to MW$。

也许值得注意的是，尽管这里给出的单调邻域框架的定义与标准的定义等价，但它有稍微不同的侧重点：克勒斯（Chellas）把单调性视为一个性质，一个邻域函数可能有这个性质，也可能没有这个性质。相比之下，我们的定义把单调性视为结构的一部分，并且承认类型 $W \to MW$ 的所有的函数。

我们注意到，在余代数的观点下，邻域框架和单调邻域框架匹配得非常好：两者都具有形式 $W \to TW$，如果令 $T = N$ 和 $T = M$，那么可以分别得到领域框架和单调邻域框架。

4. 概率模型。

克里普克框架和邻域框架可以看作给每个点提供了以个体的形式，或者以邻域形式的，或多或少的一些没有结构的后继点。概率模型则可以给框架中添加不确定性，为了避开测度论上的复杂性，仅考虑带有穷支持的测度。

定义 5.5 令 f: $X \to \mathbb{R}$ 为一个函数，令 $\mathrm{supp}(f) = \{x \in X \mid f(x) \neq 0\}$ 为 X 的支持度。令 $\mathrm{D}(X) = \{\mu: X \to [0, 1] \mid \mathrm{supp}(\mu)$ 是有穷的，并且 $\sum_{x \in X\mu}(x) = 1\}$ 是集合 X 上的有穷支持度的概率分布集。

一个概率框架是一个二元组（W, γ），其中 W 是一个集合，γ: $W \to \mathrm{D}(W)$。在文献中，没有以上面的精确的形式来定义的概率框架。然而，很容易看出，它们是 Harsanyi 的一般类型空间的类似物，从本质上看，一个概率框架和一个后继点被分配了概率的有穷分叉的克里普克结构是一样的。重点是，它们的形式都是 $(W, \gamma: W \to \mathrm{D}(W))$。

5. 多重图框架。

多重图框架是模态逻辑的余代数语义的一个非常有趣的例子。由于分层的模态逻辑在克里普克框架上的解释不是余代数的，也许可以期待在将来我们可以使用多重图模型（而不是克里普克框架）来解释 Fine 的分层的模态逻辑。后面我们会回到这一点，并证明这两种语义会产生同样的可满足性的问题。换句话说，分层模态逻辑的语义本身不是余代数的，但是能够被等价地改造成余代数的。下面是正式的定义。

定义 5.6 对于任意集合 X，令 $\mathrm{B}(X) = \{f: X \to \mathbb{N} \mid \mathrm{supp}(f)$ 是有穷的$\}$。一个多重图框架是一个二元组（W, γ），其中是一个集合，γ: $W \to \mathrm{B}(W)$ 是一个函数。

也就是说，多重图框架中的承载集中的每一个世界有 $w \in W$（有穷多个）后继点，每个后继点都有一个权重或者重数。显然，多重图框架（W, γ: $W \to \mathrm{B}(W)$）是余代数结构。

6. 游戏框架。

游戏框架是关于选择的语义，用来解释 Pauly 的联盟逻辑。我们把参与者的集合记为 N，一个游戏框架由世界集 W（可以把它看作一个策略博弈的棋盘布局）和一个函数组成，该函数用来分配博弈策略给每一个状态。

定义 5.7 设 X 是一个集合，令：

$$\mathrm{G}(X)=\{((S_n)_{n\in N},\ f)\mid \forall n\in N(S_n\neq\varnothing),\ f\colon \prod_{n\in N}S_n\to W\}。$$

一个游戏框架是一个二元组（W, γ），其中 W 是一个集合，$\gamma W\to G(W)$ 是一个函数。

就像上面所规定的那样，可把 W 看作棋盘上布局的集合。集合 S_n 是参与者 n 可以使用的策略的集合。$f\colon \prod_{n\in N}S_n\to W$ 是一个结果函数。根据每个参与者选择的策略，产生棋盘上新的布局。严格地说，$\mathrm{G}(X)$ 不是一个集合，而是一个类，然而，每个个别的游戏框架是一个集合。

7. 条件框架。

条件框架给条件句逻辑提供了一个标准的语义，条件句逻辑用一个二元的非单调条件算子扩张命题逻辑。一个条件框架是一个二元组（W, f），其中 W 是世界的集合，$f\colon W\times\mathcal{P}(W)\to\mathcal{P}(W)$ 是一个选择函数。对于每一个世界 w 和条件 $A\in\mathcal{P}(X)$ 来说，选择函数都决定了一个命题 $f(w, A)\subseteq W$。很容易看出，克勒斯（Chellas）的定义和他的余代数等价。

定义 5.8 令 X 是一个集合，记 $CX=\{f\colon \mathcal{P}(X)\to\mathcal{P}(X)\mid f$ 是一个函数$\}$。

一个条件框架是一个二元组（W, γ），其中 W 是一个集合，$\gamma\colon W\to CW$ 是一个函数。

在下一节将会看到，条件框架提供了一个含有二元模态算子（或者条件算子）的模态逻辑的例子，这种模态逻辑也可用余代数表达。

概括来说，可把余代数看作一个函数，该函数把状态或者世界映射到它的后继点的一个结构化的集合上，对后继点上的结构作种种变化，便能够描述一大类的数学结构。我们可以用这些数学结构来解释模态逻辑。

口号 1. 余代数是一个函数，该函数把状态映射到一个后继状态的结构化的集合上。

5.1.2 模态算子，余代数化

前面的章节已展示了一大类数学结构，这些数学结构可用来解释各种各样的模态逻辑，并且它们都是余代数的实例。我们的讨论完全是基于语义的，现在增加一些模态算子。先提供一些丰富的例子，为了强调句形和语义之间的结构化的联系，将严格的定义放到后面。

通过观察可知，在模态逻辑中，一个模态化的公式断言了后继状态上的一个性质，这是模态逻辑的余代数语义学的起点。从余代数的观点来看，那些后继状态聚集在集合 TX 中，就像前面看到的例子一样，T 是集合上的一个构造。现在的问题是：如果后继状态聚集在 TX 中，并且一个模态化的公式描述了后继状态上的性质，那么这个模态化的公式一定会有一个作为 TX 性质的语义上的对应物吗？余代数方法精确地利用了这种直觉。从余代数的角度来说，一个（一元）模态算子把状态上的一个性质 $A\subseteq W$ 映射到一个性质 $\lambda(A)\subseteq TW$ 上。给定一个 T－余代数（W，γ：$W\to TW$），可以使用 λ 来这样解释模态算子 M，假设：

$$w\vDash M\phi\Leftrightarrow\gamma(w)\in\lambda(\llbracket\phi\rrbracket)$$

其中 ϕ 是一个任意的模态公式，其真集为 $\llbracket\phi\rrbracket\in W$。

换句话说，为了在 T－余代数类上解释模态逻辑，对所有的承载集 W，需要对语言中的每个模态算子赋予一个所谓的谓词上举：

$$\lambda W:\mathcal{P}(W)\to\mathcal{P}(TW)。$$

也就是说，对于模态逻辑的余代数语义，首先要选择一个合适的后继观念，用集合上的一个构造 T 来体现。然后，赋予这个语言中的每一个模态算子一个谓词上举 λw：$\mathcal{P}(W)\to\mathcal{P}(TW)$。下面讨论一些例子，把技术上的一些定义放到后面给出。在所有的例子中，使用 ϕ，ψ 表示任意的公式，$\llbracket\psi\rrbracket$，$\llbracket\psi\rrbracket\subseteq W$ 分别是它们的真集。

1. 克里普克框架。

所有的模态逻辑之母，即模态逻辑 K，使用两个（可相互定义的）模态算子□和◇来扩张经典命题逻辑。并且克里普克框架本身可以作为 $\mathcal{P}$－余代数，即（W，γ），其中 γ：$W\to\mathcal{P}(W)$。如果把一个状态的“后继状态”看作 $\mathcal{P}(W)$ 中的一个元素，那么克里普克框架的余代数处理很容易被理解。令 $w\in W$，可得：

$$\begin{aligned}w\vDash\Box\phi&\Leftrightarrow w\text{ 的“后继点”}\gamma(w)\text{ 上的所有元素满足 }\phi\\&\Leftrightarrow w\text{ 的“后继点”}\gamma(w)\text{ 是 }\llbracket\phi\rrbracket\text{ 的一个子集}\\&\Leftrightarrow\gamma(w)\in\{B\subseteq W\mid B\subseteq\llbracket\psi\rrbracket\}\end{aligned}$$

这意味着，可以用一个谓词上举表达 $\Box\phi$ 的语义，即：

$$w\vDash\Diamond\phi\Leftrightarrow\gamma W\in\llbracket\Box\rrbracket_W(\llbracket\phi\rrbracket),$$

其中 $\llbracket\Box\rrbracket$ 是模态算子□的谓词上举，即：

$$\llbracket\Box\rrbracket_W:\mathcal{P}(W)\to\mathcal{P}\mathcal{P}(W),\ A\mapsto\{B\subseteq W\mid A\subseteq B\}。$$

特别地，余代数语义与 $\Box\phi$ 在传统的教科书上的语义一致。同样，对模态算子◇也可以作如此处理。如果令：

$$\llbracket\Diamond\rrbracket_W:\mathcal{P}(W)\to\mathcal{P}\mathcal{P}(W),\ A\mapsto\{B\in\mathcal{P}(W)\mid A\cap B\neq\varnothing\}$$

并且定义：

$$w\vDash\Diamond\phi\Leftrightarrow\gamma(W)\in\llbracket\Diamond\rrbracket_W\llbracket\phi\rrbracket$$

如果 w 有一个后继点（在关系结构的意义上）在 ϕ 的真集 $\llbracket\phi\rrbracket$ 中，那么 $w\vDash\Diamond\phi$。

换句话说，在必然和可能上同样的语义构造能同时适用，这一定是出现了错误，但这种错误较容易解决。前面，关系结构只是余代数范式中的一个例子，而在其他大部分例子中的模态均不是正规的，因此这些模态不能够被划分成两类模态，即模态□和模态◇。在邻域框架中，这是种极端的情况，其中模态算子一般根本没有任何的保守的性质。

2. 带标变换系统。

如果把动作集（或标签集）A 上的带标变换系统看作克里普克多重框架，即，由承载集和由 A - 索引的后继关系族组成的克里普克框架，那么对克里普克框架的讨论可以直接推广到带标变换系统上。Hennessy-Milner 逻辑，即带标变换系统的逻辑，对于每一个 $a \in A$，都有一个一元模态 $\Box_a$。对于一个带标变换系统 $(W, \gamma: W \to \mathcal{P}^A(C))$ 和 $w \in W$，可得：

$$
\begin{aligned}
w \vDash \Box_a \phi &\Leftrightarrow \text{所有 } a \text{ - 后继点满足 } \phi \\
&\Leftrightarrow a \text{ - “后继点” } \gamma(w)(a) \text{ 是 } [\![\phi]\!] \text{ 的一个子集} \\
&\Leftrightarrow \gamma(w) \in \{f: A \to \mathcal{P}(W) \mid f(a) \subseteq [\![\phi]\!]\}
\end{aligned}
$$

通过上面的等价可知，正像克里普克模型的情况一样，可把相应的上举 $[\![\Box_a]\!]$ 定义为：

$$[\![\Box_a]\!]_W: \mathcal{P}(W) \to \mathcal{P}(\mathcal{P}^A(W)), \ B \mapsto \{f: A \mapsto \mathcal{P}(W) \mid f(a) \subseteq B\}$$

满足：

$$w \vDash \Box_a \phi \Leftrightarrow \gamma(w) \in [\![\Box_a]\!]_W([\![\phi]\!])。$$

换句话说，如果 w 的所有 a - 后继点满足 ϕ，那么 $w \vDash \Box_a \phi$。这便是 Hennessy-Milner 逻辑的标准语义。

3. 邻域框架。

之前讲过邻域框架是类型为的余代数，即二元组 (W, γ)，其中 $\gamma: W \to N(W)$。邻域框架的逻辑，被称为经典的，用一个单一的模态扩张命题逻辑。一个世界 $w \in W$ 满足 $\Box\phi$，如果 ϕ 的真集是 w 的一个邻域。用公式表示为：

$$
\begin{aligned}
w \vDash \Box \phi &\Leftrightarrow [\![\phi]\!] \in \gamma(w) \\
&\Leftrightarrow \gamma(w) \in \{N \in N(W) \mid [\![\phi]\!] \in N\}
\end{aligned}
$$

可理解为如果 w 的邻域族 N 包含 $[\![\phi]\!]$，那么 $w \vDash \Box\phi$。通过赋予模态算子□一个谓词上举，即：

$$[\![\Box]\!]_W: \mathcal{P}(W) \to \mathcal{P}(NW), \ A \mapsto \{N \in N(W) \mid A \in N\}$$

能够再次地提取出邻域语义学中模态算子□的本质，并且把 $\Box\phi$ 的真值条件改写为：

$$w \vDash \Box\phi \Leftrightarrow \gamma(w) \in [\![\Box]\!]_W([\![\phi]\!])。$$

假定对□的重载使用不会引起混论。在单调邻域框架中，也可采用同样的定义，只有一点微小的差异：要改变谓词上举的类型，使其包含模态。如果令：

$$\llbracket \Box \rrbracket_W: \mathcal{P}(W)) \to \mathcal{P}(\mathcal{M}(W),\ A \mapsto \{N \in \mathcal{M}(W) \mid A \in W\}$$

那么同样地定义：

$$c \models \Box\phi \Leftrightarrow \gamma(c) \in \llbracket \Box \rrbracket_W(\llbracket \phi \rrbracket)$$

对单调邻域框架（W，γ：$W \to M(W)$）也成立。

4. 概率框架。

按照 Heifetz 和 Mongin 的方法对概率框架的模态逻辑进行处理。对于每一个有理数 $u \in [0,\ 1]$，定义一个模态算子 L_u，简单地读作“至少概率…”。给定一个概率框架（W，γ：$W \to \mathrm{D}(W)$），一个世界 $w \in W$ 的“后继”是一个有穷支持度的函数 μ：$W \to [0,\ 1]$，用同样的名字把它扩张到一个概率分布，即对 $A \subseteq W$，令 $\mu(A) = \sum_{w \in A\mu}(w)$。

根据谓词上举，很容易定义真值条件：

$$\begin{aligned} c \models L_u\phi &\Leftrightarrow \gamma(c)(\llbracket \phi \rrbracket) \geqslant \mu \\ &\Leftrightarrow \gamma(c) \in \{\mu \in D(W) \mid \mu(\llbracket \phi \rrbracket) \geqslant \mu\} \end{aligned}$$

换句话说，一个世界 w 满足 $L_u\phi$，如果 w 的概率分布（w 的“后继点分布”）满足事件 $\llbracket \phi \rrbracket$ 的出现概率至少为 μ。现在，根据上举：

$$\llbracket L_\mu \rrbracket_W: \mathcal{P}(W) \to \mathcal{P}(\mathrm{D}W),\ A \mapsto \{\mu \in \mathrm{D}(W) \mid \mu(A) \geqslant \mu\},$$

可以定义 $c \models \Box\phi$ 当且仅当 $\gamma(c) \in \llbracket L_\mu \rrbracket_W(\llbracket \phi \rrbracket)$。

5. 重图框架和分层的模态逻辑。

多重图框架中的情形和概率框架类似，唯一的差别在于，多重图模型的后继点上带的是权重，而不是概率。前面介绍过，一个多重图框架是一个元组（W，γ：$W \to BW$），其中 $BW = \{f: W \to \mathbb{N} \mid \mathrm{supp}\ (f)$ 是有穷的$\}$。对 $A \subseteq W$，令 $f(A) = \sum_{a \in A} f(a)$。这样，使用同样的名字把函数 $f \in \mathrm{BW}$ 扩张为一个全局权重函数。

在多重图框架上解释的模态算子是分层模态逻辑的模态算子 $\Diamond_k (k \in \mathbb{N})$，其中 $\Diamond_k\phi$ 可以非正式地读作：“至少存在 k 个后继状态满足 ϕ，包括重复出现的次数”。这就引导我们去定义：

$$\begin{aligned} w \models \Diamond_k\phi &\Leftrightarrow \gamma(w)\llbracket \phi \rrbracket > A \\ &\Leftrightarrow \gamma(w) \in \{f \in BW \mid f(\llbracket \phi \rrbracket) > A\} \end{aligned}$$

相应地，诱导出一个谓词上举：

$$\llbracket \Diamond_k \rrbracket_W: \mathcal{P}(W) \to \mathcal{P}(BW),\ A \mapsto \{f \in BW \mid f(A) > k\}$$

可以通过谓词上举定义模态 $\Diamond_k$，即 $c \models \Diamond_k\phi \Leftrightarrow \gamma(w) \in \llbracket \Diamond_k \rrbracket_W(\llbracket \phi \rrbracket)$。与在克里普克框架的情形一样，可以使用谓词上举定义 $\Diamond_k$ 的对偶算子 $\Diamond_k$。

6. 游戏框架和联盟逻辑。

保利（Pauly）在主体集上的联盟逻辑以［C］作为模态算子，其中 C 是 N

的子集。把 $C\subseteq N$ 看作一个联盟，并且模态公式（C）ϕ 表达联盟 C 可以实现 ϕ。联盟逻辑是在多重邻域框架中解释，赋予每一个联盟一个邻域函数，用来表示有效的可游戏性的观念。为了讨论的方便，可给出联盟逻辑在游戏框架上的直接解释。前面说过，一个游戏框架是一个二元组（W，γ：$W\to GW$），其中：

$$GW=\{(f,\ (S_n)_{n\in N})\mid \text{对所有的}\ n\in N,\ S_n\neq\varnothing,\ \text{并且}\ f:\prod_{n\in N}S_n\to W\}$$

给定一个游戏框架（W，γ：$W\to GW$），那么一个联盟 $C\in N$ 相应的模态算子 $[C]$ 的语义解释为：

$$w\models[C]\phi\Leftrightarrow\exists\sigma\in(S_c)_{c\in C}\forall\bar{\sigma}\in(S_c)_{c\notin C}(f(\sigma,\ \bar{\sigma})\in[\![\phi]\!])$$

其中，（σ，$\bar{\sigma}$）代表 $(S_n)_{n\in N}$ 中明显的元素：联盟 C 有一个联合策略 σ，使得不在联盟 C 中的主体无论选择什么样的策略 $\bar{\sigma}$，游戏的下一个状态 $f(\sigma,\ \bar{\sigma})$ 有性质 ϕ。显然，这个定义可以用余代数的来刻画。定义谓词列举 $[\![[C]]\!]_W$：$\mathcal{P}(W)\to\mathcal{P}(CW)$ 如下：

$$A\mapsto\{(f,\ (S_n)_{n\in N})\in GW\mid\exists\sigma\in(S_c)_{c\in C}\quad s.t.\ \forall\bar{\sigma}\in(S_c)_{c\notin C}(f(\sigma,\ \bar{\sigma})\in A)\}$$

并且令：

$$c\models[C]\phi\Leftrightarrow\gamma(c)\in[\![[C]]\!]_W([\![\phi]\!])$$

这样，就可以获得一个等价的余代数版本的定义。

7. 条件逻辑和条件框架。

条件句逻辑包含了一个二元模态算子$\Rightarrow$，它在条件框架上的解释有一些新奇的地方。简单来说，公式 $\phi\Rightarrow\psi$ 表示在条件 ϕ 下 ψ 成立。它是非单调的，因此一般地，$(\phi\Rightarrow\psi)\to((\phi\wedge\phi')\Rightarrow\psi)$ 并不是条件句逻辑的一个定理。

前面提到，一个条件框架是一个 C－余代数（W，γ：$W\to CW$），其中 $CW=\{f:\mathcal{P}(W)\to(P)W\mid f\text{是一个函数}\}$。公式 $\phi\Rightarrow\psi$ 在 w 真，可被定义为：

$$\begin{aligned}w\models\phi\Rightarrow\psi&\Leftrightarrow\gamma(w)([\![\phi]\!])\subseteq[\![\psi]\!]\\&\Leftrightarrow\gamma(w)\in\{f\in CW\mid f(A)\subseteq B\}\end{aligned}$$

为了把这个定义改造成余代数形式，我们要承认 c 的二元谓词上举，即类型为 $P(W)\times\mathcal{P}(W)\to\mathcal{P}(CW)$ 的映射。

定义：

$$[\![\Rightarrow]\!]_W:\mathcal{P}(W)\times\mathcal{P}(W)\to\mathcal{P}(CW),\ (A,\ B)\mapsto\{f\in CW\mid f(A)\subseteq B\}$$

可以在余代数框架下把 $c\models\phi\Rightarrow\psi$ 定义为 $\gamma(c)\in[\![\Rightarrow]\!]_W([\![\phi]\!],\ [\![\psi]\!])$。

以上是对例子的讨论，总结为：在一个 T－余代数类上解释一个模态逻辑，需要对该语言中的每一个 n 元模态 M 赋予一个 n 元的谓词上举：

$[\![M]\!]_W$：$\mathcal{P}(W)^n\to\mathcal{P}(TW)$，其中承载集 W 是参数。

口号 2：谓词上举是模态算子的余代数本质。

5.1.3　余代数和行为等价

在前面介绍的例子中，关于余代数的定义是模糊的。事实上，也没有给出余代数的定义。当引入 T - 余代数（W，γ：$W\to TW$）时，只是使用了有点模糊的词语“集合上的构造”。现在是澄清那些概念的时候了。研究互模拟，或者行为等价，它们是 T - 余代数状态之间的等价的主要观念。目的在于证明关于余代数逻辑的一个 Hennessy-Milner 结果。

令 T 是集合上的一个构造。显然，如果想建立关于互模拟和逻辑等价的 Hennessy-Milner 定理的余代数，需要弄清楚什么时候 T - 余代数的两个状态是互模拟的。但是如果我们对 T 几乎一无所知时，怎样才能做到呢？很显然，目标是给出一个一般性的定义，而不是根据 T 的构造，来分情况定义互模拟。

考虑余代数之间的态射的观念非常重要，就像代数学家考虑群、环等之间的态射一样。幸运的是，在克里普克框架的情况下，这样的观念已经存在：有界态射。把有界态射的标准定义翻译到余代数的框架之下，可以得到如下结论：

克里普克框架（C，γ）和（D，δ）之间的一个有界态射是一个函数 f：$C\to D$，对所有的 $c\in C$ 和 $d\in D$，满足下面的向后 - 向前条件：

- 如果 $c'\in\gamma(c)$，那么 $f(c')\in\delta\circ f(c)$；
- 如果 $d\in\delta\circ f(c)$，那么存在一个 $c'\in C$，满足 $c'\in\gamma(c)$ 和 $f(c)=d$。

换句话说，对所有的 $c\in C$，有 $\delta\circ f(c)=\{f(c')\mid c'\in\gamma(c)\}$。如果把这个条件用图像的方式表示出来，那么有界态射的余代数本质就变得清楚了。克里普克框架（C，γ）和（D，δ）之间的一个有界态射是一个函数 f：$C\to D$，使得图 5.1 交换：

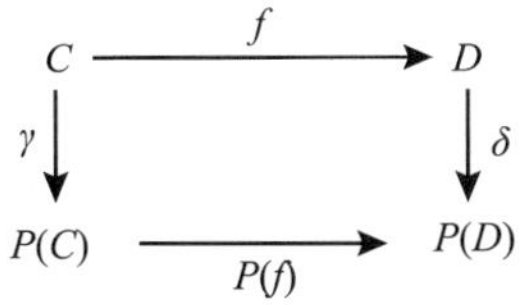

图 5.1

其中，$\mathcal{P}(f)$ 表示图中所示函数，即 $\mathcal{P}(f)$：$\mathcal{P}(C)\to\mathcal{P}(D)$，$A\mapsto\{f(a)\mid a\in A\}$。可以把上面的图理解为 f 是一个保持结构映射，像群的一个同态 f：$M\to N$ 一样，使得图 5.2 是交换的：

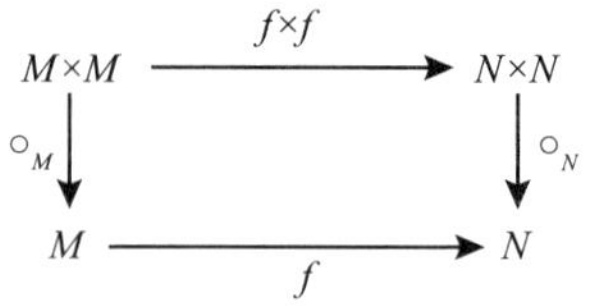

图 5.2

在上面有界态射的讨论中，已引入了一个重要的概念，记号上有一个技巧："集合上的一个构造"（在这里就是 $\mathcal{P}$）应用到函数 f：$C\to D$ 上。$\mathcal{P}(f)$ 表示应用之后的结果函数。注意，这种把 $\mathcal{P}$ 应用到函数上，像已经定义的那样，满足两个基本的和非常便利的公理：

- 对所有的集合 X，有 $\mathcal{P}(\mathrm{id}_X)=\mathrm{id}_{\mathcal{P}X}$，其 id_X 中是集合 X 上的单位函数，

并且：

- $\mathcal{P}(g\circ f)=\mathcal{P}(g)\circ\mathcal{P}(f)$，其中，$g$ 和 f 是两个可复合的函数。

从有界态射的图像表示可以看出，上面两个性质直接表明，单位函数是一个有界态射，并且两个有界态射的复合也是一个有界态射。当处理结构之间的同态时，上面的两个特征是必不可少的。

如果可以把"集合上的构造"不仅应用到集合上，同样应用到函数上时，确实会得到一个很好的余代数同态的概念。在范畴论中，那些能够应用到集合上，也能够应用到函数上的构造称为函子。

定义 5.9 集合上的一个函子是一个运算 T，并且：

- 映射每一个集合 X 到一个集合 TX 上；
- 映射每一个函数 f：$X\to Y$ 到一个函数 Tf：$TX\to TY$。

满足 $T(\mathrm{id}_X)=\mathrm{id}_TX$，其中，$\mathrm{id}_X$ 是集合 X 上的单位函数，并且当 g 和 f 是两个可复合的函数时，有 $T(g\circ f)=Tg\circ Tf$。如果 T 是集合上的一个函子时，记为 T：Set→Set。

实际，函子的观念非常普遍，定义只是一个特殊的实例。有兴趣的读者可以参考经典的教材或者更多地面向计算机科学的材料［4］，但是这个定义对我们的目的已足够。

定义 5.10 设 T：Set→Set 是一个在集合上的函子。一个 T - 余代数是一个二元组（C，γ），其中，C 是一个集合，并且 γ：$C\to TC$ 是一个函数。

两个 T - 余代数（C，γ）和（D，δ）之间的一个态射是一个函数 f：$C\to D$，满足 $f\circ\delta=Tf\circ\gamma$。用 Coalg（$T$）表示 T - 余代数和它们之间态射组成的类。

实际甚至可以证明关于余代数态射的第一个引理。

引理 5.1 对任意的 T - 余代数（C，γ），集合 C 上的单位函数 id_C 是一个余

代数态射 id_C：$(C,\gamma)\to(C,\gamma)$。

如果 g：$(D,\delta)\to(E,\epsilon)$ 和 f：$(C,\gamma)\to(D,\delta)$ 是余代数态射，那么 $g\circ f$：$(C,\gamma)\to(E,\epsilon)$ 也是余代数态射。

回到我们的主要目标，即定义两个 T – 余代数状态之间的互模拟关系。首先考虑有界态射的理由在于，它们是函数互模拟的。这引导我们思考，是否可以使用余代数态射，而不是有界态射去获得一个互模拟的一般观念。

答案是肯定的，只有一个小问题：获得的等价的观念，在余代数领域内不是称为互模拟的，而是称为行为等价的。下面是一般定义：

定义 5.11　假设 (C,γ) 和 $(D,\delta)\in\mathrm{Coalg}(T)$。两点 $(c,d)\in C\times D$ 是行为等价的，如果存在 $(E,\epsilon)\in\mathrm{Coalg}(T)$ 和一对余代数态射 f：$(C,\gamma)\to(E,\epsilon)$ 和 g：$(D,\delta)\to(E,\epsilon)$，满足 $f(c)=g(d)$。用 $c\simeq d$ 表示 c 和 d 是行为等价的，用 $\simeq c$ 表示在 T – 余代数 (C,γ) 上的行为等价关系。

换句话说，在带有内函子的余代数上，如果是它们能够被一对余代数态射联系起来，那么两个状态是行为等价的。容易看出来，这实际上推广了克里普克框架之间的互模拟：两个克里普克框架 (C,γ) 和 (C,δ) 的一个互模拟是关系 $R\in C\times D$，满足：

- $(c,d)\in R$ 并且 $c'\in\gamma(c)$ 蕴含存在一个 $d'\in\delta(d)$，$(c',d')\in R$，
- $(c,d)\in R$ 并且 $d'\in\delta(d)$ 蕴含存在一个 $c'\in\gamma(c)$，$(c',d')\in R$，

有下面的结论。

命题 5.1　设 (C,γ) 和 (D,δ) 是克里普克框架。那么 $(c,d)\in C\times D$ 是互模拟的当且仅当它们是行为等价的。

证明：如果 (c,d) 是互模拟的，可以给互模拟关系 R 配上一个余代数结构 ρ：$R\to\mathcal{P}(R)$，其中，R 是使得 c 和 d 的互模拟的一个互模拟关系，c 和 d 在余代数 (R,ρ) 上。反方向的证明可以从下面的事实得出，即有界态射是函数互模拟的，并且互模拟关系在复合运算和关系逆运算下是封闭的。

5.1.4　余代数和范畴化

本节建立一些关于行为等价的命题。

定义 5.12　一个范畴$\mathbb{C}$ 由下面的因素构成：

- 一个由对象组成的类 $\mathrm{Ob}(\mathbb{C})$。
- 对任意的对象 A，$B\in\mathrm{Ob}(\mathbb{C})$，存在一个态射类 $\mathrm{Hom}(A,B)$，通常用 f：$A\to B$ 表示 $f\in\mathrm{Hom}(A,B)$。
- 一个在态射类上的二元复合运算 $\circ$，满足如果 f：$A\to B$ 和 g：$B\to C$，那么

存在复合态射 $g\circ f$：$A\to C$。并且 $\circ$ 满足交换律，即对所有的 f：$C\to D$，g：$B\to C$ 和 h：$A\to B$，可得：

$$f\circ(g\circ h)=(f\circ g)\circ h$$

对所有的 $A\in \mathrm{Ob}(\mathbb{C})$，存在一个单位箭头 $\mathrm{id}_A\in \mathrm{Hom}(A,A)$。并且对所有的 f：$A\to B$ 和 g：$B\to A$，可得：

$$f\circ \mathrm{id}_A=f \text{ 和 } \mathrm{id}_A\circ g=g$$

我们已经有了两个范畴的例子：范畴 Set，即所有集合和它们之间的函数构成的范畴，范畴 Coalg(T)，即 T－余代数范畴。还有很多其他的范畴：拓扑空间上的层范畴、群、环、度量空间、平滑流形等范畴。

现在引入一些范畴观念，这些观念可以增加对行为等价观念的理解。之前提过，一个 T－余代数（C，γ）的两个状态 c，$d\in C$ 是行为等价的，如果存在一个余代数 T－(E，ϵ）和两个余代数态射 f，g：（C，γ)→(E，ϵ)，使得 c 和 d 映射过去是一样的。现在通过纯粹的一般的方法来证明。实际上，令 $f=g$。就涉及范畴论中余等值子的观念。

定义 5.13 假设$\mathbb{C}$ 是一个范畴，并且 f，g：$A\to B\in\mathbb{C}$。那么一个映射 c：$B\to E$ 是 f 和 g 的一个余等值子，如果：

- $e\circ f=e\circ g$（e 使得 f 和 g “相等”）。
- 对任意的态射 h：$B\to C$，其中，$h\circ f=h\circ e$ 的，存在唯一的一个态射，m：$E\to C$ 满足 $u\circ m=h$。

所以，e 是一个泛态射，即 $e\circ f=e\circ g$。

用图 5.3 来表示这种情形：

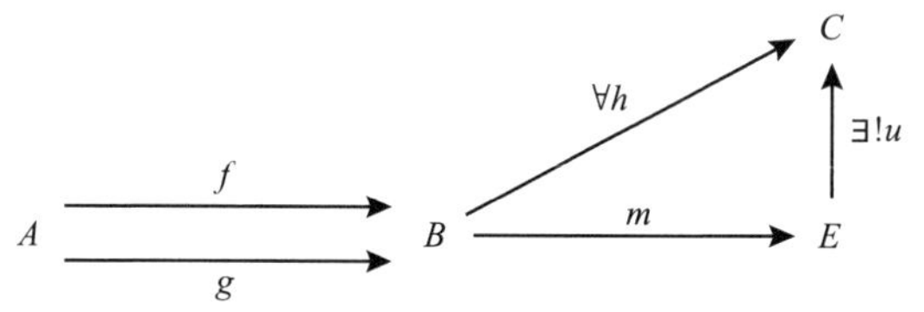

图 5.3

其中∃！表示唯一性存在。

如果能证明 Coalg(T) 有余等值子的话，那么就可以证明，通过与余等值子的复合，一个余代数上的两个行为等价的状态可以使用一个单一的态射等同起来。首先看在集合范畴中的情况。

引理 5.2 范畴 Set 有余等值子。

证明：假设 f，g：$A\to B$ 是函数。令 $E=B/\sim$，其中 ~ 是通过下面方式生成的等价关系，即所有的 $a \in A$，$f(a) \sim g(a)$。容易看出，投影态射 E：$B \to B/\sim$ 是 f 和 g 的一个余等值子。

现在把这种构造推广到 T－余代数范畴上。

引理 5.3　范畴 Coalg(T) 有余等值子。

证明：考虑余代数态射 f，g：$(C,\ \gamma) \to (C,\ \delta)$，并且令 e：$D \to E$ 是集合范畴 Set 上的态射 f 和 g 的余等值子。必须要有上 E 的一个余代数结构 ϵ：$E \to TE$。这很容易。考虑图 5.4：

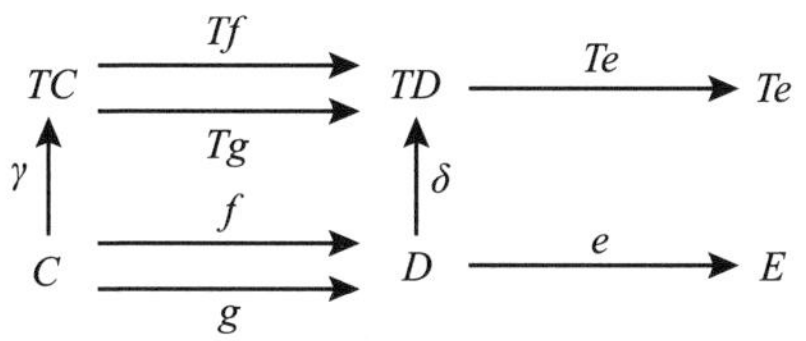

图 5.4

已知 e 是 f 和 g 的余等值子，所以一旦证明 $Te \circ \delta$：$D \to TE$ 也可以使得 f 和 g 余等值，即证明 $Te \circ \delta \circ f = Te \circ \delta \circ g$。那么就会得到一个唯一的函数 ϵ：$E \to TE$。从 f 和 g 是余代数的态射可直接得出：$Te \circ \delta \circ f = Te \circ Tf \circ \gamma = ET(e \circ f) \circ \gamma = T(g \circ f) \circ \gamma = Te \circ Tg \circ \gamma = Te \circ \delta \circ g$，$T$ 是保持函数的复合的。

下面是关于行为等价的第一个结果。

命题 5.2　假设 $(C,\ \gamma) \in$ Coalg(T)，并且 c，$d \in C$。那么 $c \simeq d$ 当且仅当存在一个余代数同态 f：$(C,\ \gamma) \to (E,\ \epsilon)$，满足。$f(c) = f(d)$。

证明：从右到左的方向很明显。现证明从左到右的方向，假设有两个余代数态射 g，h：$(C,\ \gamma) \to (D,\ \delta)$，满足 $g(c) = h(d)$。在 Coalg(T) 中，考虑 f 和 g 的余等值子 e：$(D,\ \delta) \to (E,\ \epsilon)$，且令 $f = e \circ g$。由于 e 是 g 和 h 的余等值子，且 $g(c) = h(d)$，所以可得 f：$(C,\ \gamma) \to (E,\ \epsilon)$ 是一个余代数态射，且 $f(c) = e \circ g(c) = e \circ h(c) = e \circ h(d) = f(d)$。

下面考虑的构造是不相交并，或者用范畴的术语来说是余积。可以在一般性的层面上定义余代数的不相交并。

定义 5.14　假设 $\mathbb{C}$ 是一个范畴，并且 A，$B \in \mathbb{C}$。那么 A 和 B 在范畴 $\mathbb{C}$ 中的余积是一对映射 in_A：$A \to C$ 和 in_B：$B \to C$，满足对任意的映射 f：$A \to D$ 和 g：$B \to D$，存在一个唯一的态射 u：$C \to D$，使得 $u \circ \mathrm{in}_A = f$ 和 $u \circ \mathrm{in}_B = g$。在这种情况下，通常称 C 是 A 和 B 的余积，记为 $C = A + B$，当然，in_A 和 in_B 是隐含其中的。

这种情况可用图 5.5 表示：

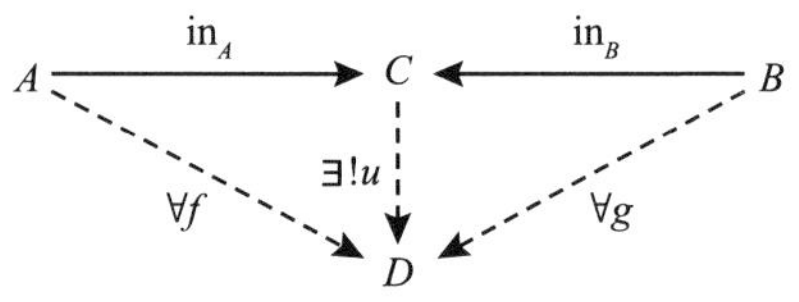

图 5.5

引理 5.4 范畴 Set 有余积。

证明：假设 A，$B \in \mathrm{Set}$，令 $C = A \times \{0\} \cup B \times \{1\}$，$\mathrm{in}_A = (a, 0)$ 和 $\mathrm{in}_B = (b, 1)$。显然，它满足余积的定义。

与同余值子的情况类似，范畴 Coalg(T) 有余积。

引理 5.5 范畴 Coalg(T) 有余积。

证明：假设 (C, γ)，$(D, \delta) \in \mathrm{Coalg}(T)$。令 $E = C + D$ 是 C 和 D 在范畴 Set 上的一个余积。需要构造出 E 上的一个余代数结构 ϵ：$E \to TE$，满足 in_A：$A \to E$ 和 in_B：$B \to E$ 是余代数态射。考虑图 5.6：

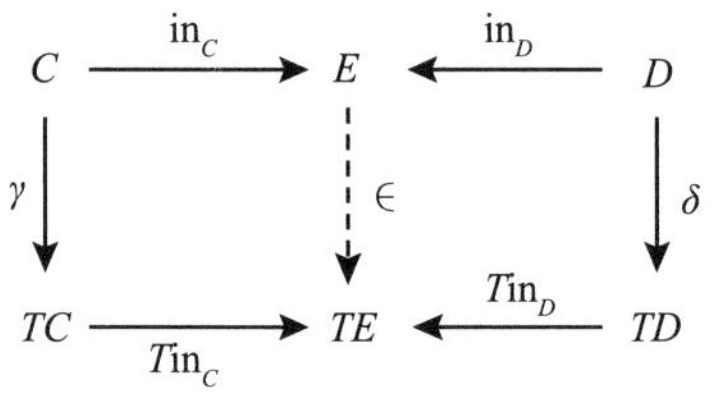

图 5.6

可以看出，TE 是 C 和 D 的余积的竞争者，因此存在唯一的一个函数 ϵ：$E \to TE$，使得上面的图是交换的。很明显，ϵ 使得 in_C 和 in_D 是余代数同态。

下一个目标是证明行为等价具有传递性。特别地，希望从不同的余代数中选出行为等价的状态，例如，$c \in C$，$d \in D$ 和 $e \in E$，并且证明如果 $c \simeq d$ 和 $d \simeq e$，那么 $c \simeq e$。

这里对我们有帮助的范畴观念是推出。

定义 5.15 假设$\mathbb{C}$ 是一个范畴，并且 f：$A \to B$ 和 g：$A \to C$ 是范畴$\mathbb{C}$ 的态射。那么 f 和 g 的一个推出是一个三元组 (D, h, i)，其中，$D \in \mathbb{C}$ 并且 h：$B \to D$，i：$C \to D$，满足 $h \circ f = i \circ g$ 和对于每一个竞争者，即每一个 (D', h', i')，其中 h'：$B \to D'$ 和 i'：$C \to D'$，使得 $i' \circ g = h' \circ f$，存在唯一的一个中间态射 u：$D \to D'$，满足 $h' = u \circ h$ 和 $i' = u \circ i$。

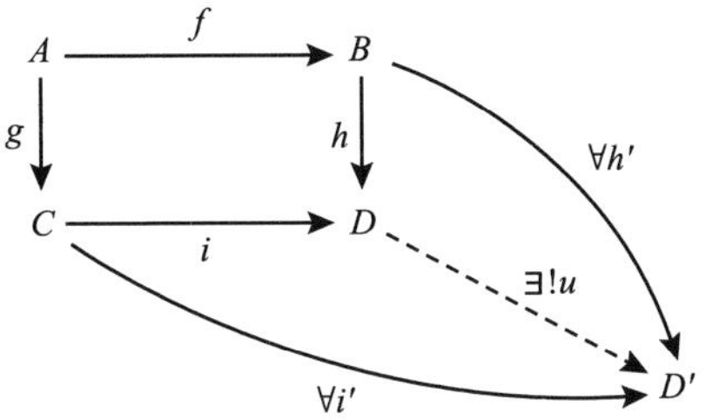

图 5.7

考虑图 5.7，其中∃！表示唯一存在。一个推出的想法在于，推出的上域（在上图中就是 D）是 A 和 B 的不相交并，其中共同部分，也就是说同一个元素 a 在 f 和 g 下的像，是相同的。

引理 5.6　假设一个范畴$\mathbb{C}$ 有余积和余等值子。那么$\mathbb{C}$ 存在推出。

证明：这是一个更一般构造的一个实例。一个初等的证明如下：考虑 f：$A\to B$ 和 g：$A\to C$，用 $B+C$ 表示 B 和 C 的余积，加上态射 in_B：$B\to B+C$ 和 in_C：$C\to B+C$。令 δ：$A+B\to D$ 是态射 $\mathrm{in}_B\circ f$ 和 $\mathrm{in}_C\circ g$ 的余等值子，令 $h=\delta\circ\mathrm{in}_B$，$i=\delta\circ\mathrm{in}_C$。则这种情形用如图 5.8 所示：

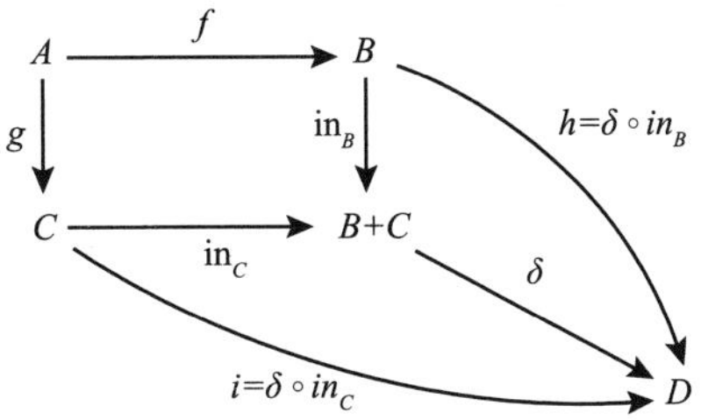

图 5.8

上面的图不像这里其他的图，整体上并不是交换的：由于 δ 是一个余等子，所以右边的两个三角形是交换的，左边的矩形只有在 $A=\varnothing$时才是交换的。使用下面的事实，即 $B+C$ 是一个上积，并且 δ 是一个余等子，可以证明（D，h，i）是 f 和 g 的一个推出。

已经证明了范畴 Set 和 Coalg(T) 都存在推出。现在来证明行为等价是传递的。

命题 5.3　行为等价是传递的。即如果（C，γ），（D，δ）和（E，ϵ）$\in$ Coalg(T)，且（c，d，e）$\in C\times D\times E$，那么 $c\simeq d$ 和 $d\simeq e$ 蕴涵 $c\simeq e$。

证明：考虑图 5.9：

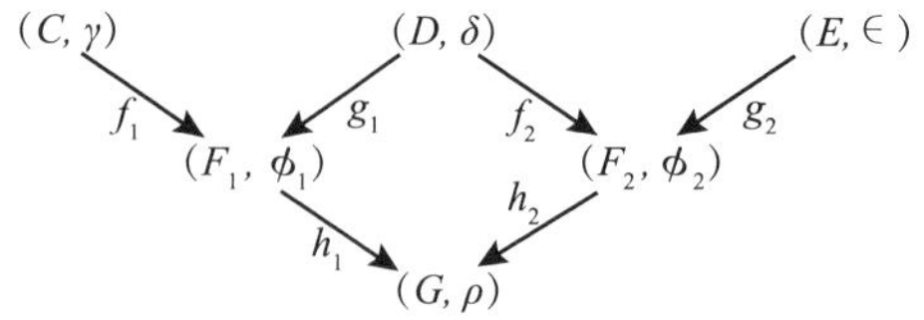

图 5.9

其中，箭头表示余代数态射，且 $f_1(c)=f_2(d)$ 和 $g_1(d)=g_2(e)$。设 $((G, p), h_1, h_2)$ 是 g_1 和 f_2 在 Coalg(T) 中的推出，那么可以得到想要的结果 $h_1\circ f_1(c)=h_2\circ g_2(e)$。

推论 5.1 假设 $(C, \gamma)\in$ Coalg(T)。那么 C 上的行为等价关系 $\simeq c=\{(c, d)\in C\times C \mid c\simeq d\}$ 是一个等价关系。

证明：显然，$\simeq c$ 是对称的和自返的。传递性已被上面的命题所证明。

现在，知道行为等价实际上是一个等价关系，下面要讨论的概念是商。幸运的是，它们可以在更一般的层面上来构造。首先，需要一个初步的引理。

引理 5.7 假设 f：$(C, \gamma)\rightarrow(D, \delta)$ 是余代数之间的一个态射。那么余代数 (D, δ) 存在唯一的子余代数 (D_0, δ_0)，满足 f：$(C, \gamma)\rightarrow(D_0, \delta_0)$ 是一个满余代数同态。

证明：令 $D_0=\{f(c)\mid c\in C\}$ 是 C 在 f 下的像，且令 h：$D_0\rightarrow C$ 是 f 的右逆，即对所有 $d_0\in D_0$ 的，有 $f\circ h(d_0)$。令 $\delta_0=Tf\circ\delta\circ h$。

现在可以证明，每个余代数，根据它的行为等价关系，都有一个商余代数。

引理 5.8 假设 $(C, \gamma)\in$ Coalg(T)。那么存在唯一的余代数结构 $\hat{\gamma}$：$(C/\simeq c)\rightarrow T(C/\simeq c)$，满足投影映射 $C\rightarrow C/\simeq c$ 是一个余代数态射。

证明：假设 p 表示 C 到 $C/\simeq$ 的投影映射，$[c]$ 表示 $c\in C$ 在 $\simeq$ 下的等价类。显然，只需要证明映射 $\hat{\gamma}([c])Tp\circ\gamma(c)$ 是良好定义的就够了。即要证明 $p(c)=p(c')$ 蕴涵 $Tp\circ\gamma(c)=Tp\circ\gamma(c')$。

假设 $c\simeq c'$。根据命题 5.2，存在余代数 (E, ϵ) 和一个余代数态射 e：$(C, \gamma)\rightarrow(E, \epsilon)$，满足 $f(c)=f(c')$。根据引理 5.27，假设 e 是一个满态射。使得 $\pi(f(c))=[c]$ 和 $\pi(g(c))=[c]$ 的函数 π：$E\rightarrow C/\simeq$ 是良好定义的。得到交换图 5.10：

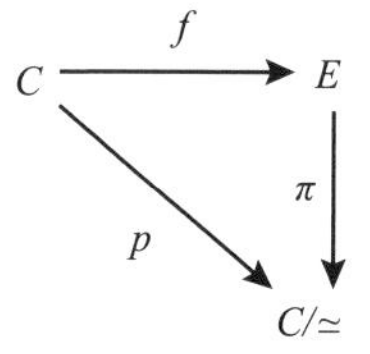

图 5.10

由于 T 保持函数的复合，所以可以把 T 应用到上图中的所有集合和函数上，并且使得应用 T 之后的图依然是交换的。考虑到 f 是一个余代数同态，可以得到图 5.11：

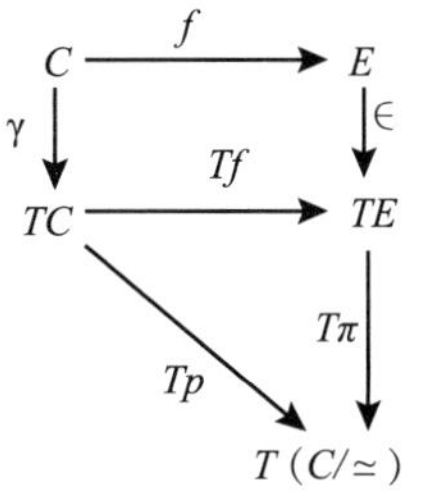

图 5.11

上图是交换的，并且 $f(c)=f(c')$，可以立即得到 $Tp\circ\gamma(c)=Tp\circ r(c')$。

我们知道一个有界态射的图是一个互模拟关系，类似的，可以证明余代数的态射保持行为等价。

命题 5.4　设 f：$(C,\ \gamma)\to(D,\ \delta)$ 是余代数的一个态射，并且 $c,\ d\in C$。那么 c，d 是行为等价的当且仅当 $f(c)$ 和 $f(d)$ 是行为等价的。

证明：从右到左是显然的。证从左到右。假设 c，$d\in C$ 是行为等价的。根据命题 5.2，能够找到一个余代数态射 g：$(C,\ \gamma)\to(E,\ \epsilon)$，满足 $f(c)=f(d)$。令 $((F,\ \sigma),\ h,\ i)$ 是 f 和 g 的推出，那么可得交换图 5.12：

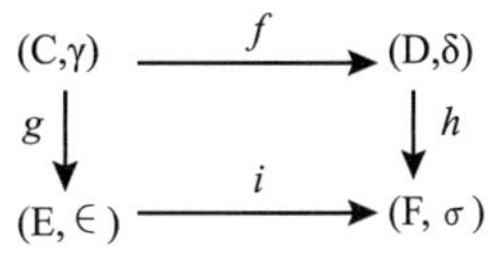

图 5.12

由于 $h\circ f(c)=i\circ g(c)=i\circ g(d)=h\circ f(d)$，所以 $f(c)$ 和 $f(d)$ 是行为等价的。

5.2　余代数逻辑

5.2.1　谓词上举

现在有了互模拟的余代数观念（或者称为行为等价），可以对模态公式的语义进行深入的研究。在前面的例子中，把谓词上举定义为在参数集合上的运算。现在，我们与克里普克框架的世界中的情形作比较，在克里普克框架下，互模拟总是保证逻辑等价的。

定义 5.16 假设 T：Set→Set。T 的一个 n 元谓词上举是类型 λ_X：$\mathcal{P}(X)^n \to \mathcal{P}(TX)^n$ 的由集合索引函数族（$(\lambda_X)_{X \in \text{Set}}$），满足对所有函数$f$：$X \to Y$，图5.13 是交换：

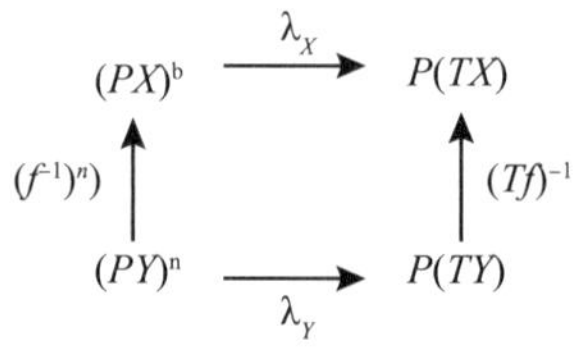

图 5.13

可以用范畴论的术语来简洁地叙述一下：一个谓词上举是在反变幂集函子上的 n－重积与反变幂集函子和 T 的复合之间的一个自然变换。

现在有足够的结构来证明，模态语义在余代数态射下保持不变。现在还不能给出证明，因为没有正式引入要在余代数上进行解释的逻辑语言。但下面是一个要用到的主要引理。

引理 5.9 假设f:（C，γ）→（D，δ）是一个余代数态射，并且 λ 是一个 n 元谓词上举。那么对所有的 $A \in \mathcal{P}(D)^n$，有：

$$f^{-1} \circ \delta^{-1} \circ \lambda_D(A) = \gamma^{-1} \circ \lambda_C((f^n)^{-1}(A))。$$

证明：当 $n=1$ 时，可以把上面的引理理解为：如果 $[\![\phi]\!]_C D$ 是公式 ϕ 在 D 上解释的真集，并且可以通过递归假定 $f^{-1}([\![\phi]\!]_D) = [\![\phi]\!]_C$ 是公式 ϕ 在 C 上解释的真集，那么如果 λ 解释模态 M，则有 $f^{-1}([\![M\phi]\!]_D) = [\![M\phi]\!]_C$。

5.2.2 句法和语义

为了把各种不同的逻辑，如条件句逻辑、联盟逻辑、概率模态逻辑纳入一个统一的句法框架，当我们需要在结构上解释逻辑语言，同样数量的参数不可少。在一个模态签名上的句法参数可使我们做到这一点，在后面可以用各种不同的逻辑算子来实例化模态签名。在后面，令 $V = \{p, q, \cdots\}$ 表示原子命题的可数集合。

定义 5.17 一个模态签名是一个模态算子的集合 Λ，其中的每个模态算子都有相应的元数。Λ－公式集是由下面的语法递归生成的：

$$\mathcal{F}(\Lambda) \ni :: \ p \mid \bot \mid \neg\phi \mid \phi \vee \psi \mid \heartsuit(\phi_1, \cdots, \phi_n)$$

其中，$p \in V$ 是一个命题变量，并且 $\heartsuit \in \Lambda$ 是一个 n 元模态算子。一个公式

$\phi \in \mathcal{F}(\Lambda)$ 是一个句子，如果它不包含任何命题变量，用 $\mathcal{S}(\Lambda)$ 表示 Λ 上的所有句子组成的集合。

如果 L 是一个公式集，那么我们用：

$\Lambda(L) = \{\heartsuit(\phi_1, \cdots, \phi_n) \mid \heartsuit \in \Lambda$ 是 n - 元模态算子，并且 $\phi_1, \cdots, \phi_n \in L\}$

表示在 L 上模态化的公式集。一个 Λ - 原子或者是一个模态化的公式或者是一个原子，用 $At(\Lambda) = \Lambda(\mathcal{F}(\Lambda)) \cup V$ 表示 Λ - 原子的集合。用 $Sf(\phi)$ 表示 $\phi \in \mathcal{F}(\Lambda)$ 的子公式集。

通常采用的方法来定义其他的联结词。现在，通过给每一个模态算子 $M \in \Lambda$ 指派一个相应的 n - 元谓词上举，可以定义 $\mathcal{F}(\Lambda)$ 在 T - 余代数上的语义。这种形式的指派称为一个结构。

定义 5.18　设 Λ 是一个模态签名，并且 T: Set→Set 是集合上的一个函子。在函子 T 上的一个 Λ - 结构是一个指派，即对每一个 n - 元模态算子 $M \in \Lambda$ 指派一个 n - 元谓词上举 $[\![M]\!]$。

给定 T 上的一个 Λ - 结构，在一个赋值 $\sigma: V \to \mathcal{P}(C)$ 下，一个公式 $\phi \in \mathcal{F}(A)$ 在一个 T - 余代数 (C, γ) 的点 $c \in C$ 上的有效性，通过下面，递归定义为：

$$C, c, \sigma \models p \text{ 当且仅当 } c \in \sigma(p)$$

$$C, c, \sigma \models \heartsuit(\phi_1, \cdots, \phi_n) \text{ 当且仅当 } \gamma(c) \in [\![\heartsuit]\!]_C([\![\phi_1]\!]_{C,\sigma}, \cdots, [\![\phi_n]\!]_{C,\sigma})$$

其中 $[\![\phi]\!]_{C,\sigma} = \{c \in C \mid C, c, \sigma \models \phi\}$ 表示公式 ϕ 相对于 C 和 σ 的真集。如果对所有的 $c \in C$，可得 $C, c, \sigma \models \phi$，那么记为 $C, \sigma \models \phi$。如果对所有的赋值 $\sigma: V \to \mathcal{P}(C)$，有 $C, \sigma \models \phi$，那么记为 $C \models \phi$。最后，如果对所有的 $(C, \gamma) \in \text{Coalg}(T)$，有 $C \models \phi$，那么记为 $\text{Coalg}(T) \models \phi$。在 $\phi \in \mathcal{S}(\Lambda)$ 情形下，省略掉赋值，分别地简单记作 $C, c \models \phi$ 和 $[\![\phi]\!]_C$。

例 5.1　(1) 领域框架是 N - 余代数的，其中的集合函子 $NX = \mathcal{PP}(X)$；

对于邻域框架，赋予其一个模态签名 $\Lambda = \{\Box\}$ 和一个结构，定义如下：

$$[\![\Box]\!]_X(A) = \{N \in \mathrm{N}(X) \mid A \in N\}$$

其中 $X \in \text{Set}$ 并且 $A \subseteq X$。

(2) 单调邻域框架是 M - 余代数，其中 $\mathrm{M}(X) = \{N \in \mathrm{N}(X) \mid N$ 是上封闭的$\}$。领域框架上的逻辑是通过模态签名 $\Lambda = \{\Box\}$ 和一个在 M 上的 Λ - 结构定义的，正如上面的邻域框架定义的一样。

(3) 克里普克框架是 $\mathcal{P}$ - 余代数，其中 $\mathcal{P}(X)$ 是 X 子集的集合。与克里普克框架相应的模态签名 Λ 由单一的一个一元模态算子组成，相应的结构定义如下：

$$[\![\Box]\!]_X(A) = \{B \subseteq X \mid B \subseteq A\}$$

其中 $A\subseteq X$。

(4) 原子动作集合为 A 的一个带标变换系统是 $\mathcal{P}^{\mathrm{A}}$ - 余代数，其中 $\mathcal{P}^{\mathrm{A}}(X)=\{f\colon \mathrm{A}\to\mathcal{P}(X)\mid f$ 是一个函数$\}$。Hennessy-milner 逻辑，在带标系统上进行解释的，它的模态签名为 $\Lambda=\{\Box_a\mid a\in\mathrm{A}\}$，其中每一个 $\Box_a$ 是一元的。相应的结构定义如下：

$$[\![\Box_a]\!]_X(B)=\{f\in\mathcal{P}^{\mathrm{A}}(X)\mid f(a)\subseteq B\}$$

其中 $X\in\mathrm{Set}$ 并且 $b\subseteq X$。

(5) 概率框架是 D - 余代数的，其中 $\mathrm{D}(X)=\{u\colon X\to[0,1]$ $\mathrm{supp}(u)$ 是有穷的，并且 $\sum_{x\in X^u}(X)=1\}$。与概率框架相应的模态签名有一元模态算子 L_u，其中 $u\in[0,1]\cap\mathbb{Q}$，相应的结构定义如下：

$$[\![L_u]\!]_X(A)=\{u\in D(X)\mid \textstyle\sum_{x\in A^u}(x)\geqslant u\}$$

其中 L_u 表示“至少概率为 u”。

(6) 多重图框架是 B - 余代数，其中 $B(X)=\{f\colon X\to\mathbb{N}\mid \mathrm{supp}\ (f)$ 是有穷的$\}$，并且相应的模态签名由 $\Diamond_k$，其中 $k\in\mathbb{N}$ 组成。模态签名的解释为：

$$[\![\Diamond_k]\!]_X(A)=\{f\in D(X)\mid \sum_{x\in X}f(x)>k\}$$

其中，$\Diamond_k$ 表示“存在 k 个后继点，重复出现也计算在内”。

(7) 如果 N 是主体的集合，那么在 N 上的游戏框架是 G - 余代数的，其中 $G(x)=\{((S_n)_n\in N,\ f)\mid f\colon \prod_{n\in N}S_n\to X$ 并且对所有的 $n\in N$，$S_n\neq\varnothing\}$。

相应的模态签名为 $\Lambda=\{[C]\mid C\subseteq N\}$，即对每个主体的联盟 $C\subseteq N$，都有一个相应的一元模态算子 $[C]$，这些模态算子在结构上的解释为：

$$[\![[C]_X]\!](A)=\{((S_n)_n\in N,\ f)\in G(X)\mid \exists(\sigma_c)_{c\in C}\in(S_c)_{c\in C}$$
$$\forall(\sigma_d)_{d\in N/C}.f((\sigma)n)_{n\in N}\in A\}$$

其中 $X\in\mathrm{Set}$ 并且 $A\subseteq X$。

(8) 条件句逻辑是对 C - 余代数进行解释，其中 $\mathrm{C}(X)=\{f\colon\mathcal{P}(X)\to\mathcal{P}\mid f$ 是一个函数$\}$。相应的模态签名为 $\Lambda=\{\Rightarrow\}$，其中 $\Rightarrow$ 是一个二元模态。解释为：

$$[\![\Rightarrow]\!]_X(A,\ B)=\{f\in C(X)\mid f(A)\subseteq B\}$$

其中 A，$B\subseteq X$。

从引理 5.9，有一个直接的推论。

命题 5.5 真在余代数态射下保持不变。即如果 $f\colon(C,\ \gamma)\to(D,\ \delta)$ 是一个余代数态射，那么对所有的 $\phi\in\mathcal{F}(\Lambda)$，所有的赋值 $\sigma\colon V\to\mathcal{P}(D)$，有：

$$[\![\phi]\!]_{D,\sigma}=[\![\phi]\!]_{C,f^{-1}\circ\sigma}$$

证明：对公式 ϕ 的结构进行归纳。根据引理 5.9，容易得证。

5.2.3　Hennessy-Milner 性质

我们的第一个目标是证明 Hennessy-Milner 定理的余代数版本。采用的方法是为了在余代数背景下研究模态逻辑提供更一般的主题：不仅是研究一些具体的例子，如上面讨论的那些例子。还要去寻找容易验证的一些相关的条件，在这些条件下，一个特定的逻辑，在余代数语义下，具有 Hennessy-Milner 性质。关于 Hennessy-Milner 性质，可获得下面的条件，在后面的章节中再来精确化这些条件。

- 在 T 上的一个条件，用来限制模型的分支度；
- 在模态算子集上的一个完备的条件，可以确保不会因为不小心，而错过一些可观察到的行为。

特别地，上面的两个条件对一大类例子都成立。

从第二个条件开始。对于 Hennessy-Miler 性质来说，相关条件本质是，要有“足够多”的模态算子来区分个体状态。换句话说，把谓词上举应用到集合 X 的任意子集上，要能够区分后继状态 s，$t \in TX$。

定义 5.19　假设 Λ 是一个模态签名，并且 T: Set→Set 有一个相应的 Λ - 结构。

（1）如果函数 $x \mapsto \{A \in S \mid x \in A\}$ 是一个单射，一个系统 $\mathcal{S} \subseteq \mathcal{P}(Y)$ 称为 Y 的子集的分离系统。

（2）如果对所有的集合 X 来说，一个内涵子 T 的一个 Λ - 结构有一步的 Hennessy-Milner 性质，则：

$$\{[\![\heartsuit]\!]_X(A_1, \cdots, A_n) \mid \heartsuit \in \Lambda, A_1, \cdots, A_n \subseteq X\}$$

是 TX 的子集的一个分离系统。

例 5.2　考虑 Hennessy-Miler 逻辑在原子动作集 A 上，2.2.3 中所引入的。为了说明相应的 Λ - 结构是分离的，考虑一个任意的集合 X 和 f，$g \in \mathcal{P}(X)^L$。设 $f \neq g$，要证明存在一个子集 $B \subseteq X$ 和一个模态 $\Box_a$ 满足 $f \in [\![\Box_l]\!](B)$，但是 $g \notin [\![\Box_a]\!]_X(B)$。因为 $f \neq g$，所以存在 $a \in A$，使得 $f(a) \neq g(a)$。不失一般性，设存在 $x \in f(a) \setminus g(a)$，并且令 $B = g(a)$。显然，$g \in [\![\Box_a]\!]_X(B)$。如果 f 是 $[\![\Box_l]\!](B)$ 的一个元素，则 $f(a) \subseteq g(a)$，这与 $x \in f(a) \setminus g(a)$ 矛盾。

所以，Hennessy-Miler 逻辑，或者说用来解释它的结构，有一步 Hennessy-Miler 性质，容易验证，一步 Hennessy-Miler 性质在其他的许多例子中也成立。更进一步，沿着多个转换步骤，把 OSHMP 推向前，对与任意一个逻辑，最后获得它相应的性质。

第一个目标是证明，对于所有的有穷 T - 余代数，逻辑等价与行为等价一致。需要更加详细地研究行为等价，设 $1=\{0\}$（别的任何一个元素的集合也可以），并且考虑序列：

$$1 \xleftarrow{m_0} T1 \xleftarrow{m_1} T^2 1 \xleftarrow{m_2} T^3 1 \cdots$$

在所有自然数上迭代。这里，$T^n 1$ 表示函子 T 在集合 1 上的 n 次应用。m_0：$T_1 \to 1$ 是唯一这样的函数，并且对所有的 $n \geqslant 0$，则 $m_{n+1}=Tm_n$。上面的序列被称为内函子 T 的最终序列，或者更精确地说，作为函子 T 的最终序列的有穷部分，它可以在所有序数上进行迭代。然而这里只对有穷逻辑感兴趣，因此上面考虑的有穷部分对我们的目的已足够。

余代数（C，γ）诱导出在最终序列的一个所谓的锥形：令 p_0：$C \to 1$ 是唯一这样的函数，令 $p_{n+1}=Tp_n \circ \gamma$。为了记号上的方便，将抑制 p_n 对（C，γ）的依赖性。可以建立以下引理。

引理 5.10　对所有的 $n \geqslant 0$，有 $m_n \circ p_{n+1}=p_n$。

对于有穷余代数，上面的引理给出了对行为等价的刻画。

命题 5.6　假设（C，γ）$\in \mathrm{Coalg}(T)$，并且 C 是有穷的。对任意的 $n \geqslant 0$，如果 $p_n(c)=p_n(d)$，记为 $c \sim_n d$。那么存在 $n \geqslant 0$，满足 $\simeq c = \sim_n$。

证明：引理 5.1 表明 C 上的关系序列（$\sim_n$）$_{n \in \mathbb{N}}$ 是一个增序列。由于 C 是有穷的，所以可以找到一个 $n \geqslant 0$，满足 $\sim_n = \sim_{n=1}$。用 $E+k\{p_k(c) \mid c \in C\}$ 表示 p_k 的直接像。

令 $E_n=\mathrm{lm}(p_n)$，类似地，$E_{n+1}=Im(p_{n+1})$。考虑映射 r：$E_{n+1} \to E_n$ 和函数 s：$E_n \to E_{n+1}$，其中 r 和 s 分别定义为：

$$r(x)=m_n(x) \text{和} s(p_n(C))=p_{n+1}(c)$$

显然，两者的定义是良好的。而且 $r \circ s=\mathrm{id}_{E_n}$ 和 r 是单射。为了证明 $c \sim_n d$ 蕴涵 c，d 是行为等价的，挑选出一个函数 δ：$T^n 1 \to T^{n+1} 1$，满足对所有的 $x \in E_n$，$\delta(x)=s(x)$（注意，有 $E_n \subseteq T^n 1$ 并且 $E_{n+1} \subseteq T^{n+1} 1$）。需要证明 p_n：$C \to T^n 1$ 是一个余代数态射，即在图 5.14 中的外部矩形是交换的：

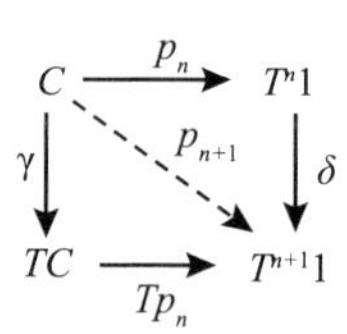

图 5.14

如果能够证明右边的三角形是交换的，那么根据 p_n 的定义，可以得到想要证明的命题。令 $c \in C$。注意到，$\delta \circ p_n$ 和 p_{n+1} 都是在 E_{n+1} 中取值的，所以根据 r 的单射性，只需要证明 $r \circ \delta \circ p_n(c) r \circ P_{n+1}(c)$ 就足够。容易证明 $r \circ p_{n+1}(c) = p_n(c) = r \circ s \circ p_n(c) = r \circ \delta \circ p_n(c)$。

在 T 有一个分离的 Λ - 结构时，可以证明在有穷 T - 余代数的情况下，行为等价和逻辑等价是一致的。

下面，要给逻辑等价下一个精确定义。

定义 5.20　假设 T 有一个 Λ - 结构，并且 $(C, \gamma) \in \mathrm{Coalg}(T)$。那么 c，$d \in C$ 是逻辑等价的，如果对所有的句子 $\phi \in S(\Lambda)$，有：

$$c, C \models \phi \Leftrightarrow d, C \models \phi$$

命题 5.7　假设 T 有一个分离的 Λ - 结构，并且 $(C, \gamma) \in \mathrm{Coalg}(C)$，其中 C 是有穷的。如果 $(c, d) \in C^2$ 是逻辑等价的，那么 (c, d) 同样也是行为等价的。

证明：使用一个辅助的语言，沿着 T 的最终序列去推导分离性质。递归定义序列：

$$\mathrm{S}_0 = \mathcal{P}(1)，并且\ S_{n+1} = \mathcal{P}\mathcal{P}(\Lambda(S_n)) \cup \neg\ \Lambda((S_n))$$

其中，对于任意的公式集 L，定义 $\neg L = \{\neg\ \phi \mid \phi \in L\}$。则有一个解释函数：

$$d_n : S_n \to \mathcal{P}(T^n 1)$$

递归定义为 $d_0 = \mathrm{id}_{\mathcal{P}}(1)$，$d_{n+1}(\Phi) = \cup_{\psi \in \Phi} \cap_{\psi \in \psi} d_n^*(\psi)$

$$d_n^*(\heartsuit(\phi_1, \cdots, \phi_n)) = [\![\heartsuit]\!]_{T^n 1}(d_n\ (phi_1), \cdots, d_n(phi_k))$$

其中 $d_n^*(\neg\ \psi) = T^{n+1} 1 \backslash d_n^*(\phi)$。可以把 $\mathcal{S}_{n+1}$ 中的一个元素看作一个无穷析取正规范式，该范式是从原子 $\heartsuit(\phi_1, \cdots, \phi_k)$ 构造出来的，其中 $\phi_1, \cdots, \phi_k \in \mathcal{S}_n$。

声明对所有的 $b \in \mathbb{N}$ 和所有的 $A \subseteq T^n 1$，存在 $\phi \in \mathcal{S}_n$ 满足 $d_n(\phi) = A$。$n = 0$ 时显然成立。设 $n \geqslant 0$。根据分离性，对于每一个 $t \in T^{n+1} 1$，能找到一个公式集 $\psi_t \subset \Lambda(\mathcal{S}_n) \cap \neg\ \Lambda(\mathcal{S}_n)$ 满足：

$$\{t\} = \bigcap_{\psi \in \psi_t} d_n^*(\psi)$$

使用归纳假设，即每一个谓词 $B \subseteq T^n 1$ 表现为某一个 $d_n(\phi)$，其中 $\phi \in \mathcal{S}_n$。显然，$\Phi = \{\psi_t \mid t \in A\}$ 具有所要求的性质。

现在回到 $\mathcal{S}(\Lambda)$ 上，需要证明对于每一个 $\phi \in \mathcal{S}_n$，存在 $\phi \in \mathcal{S}(\Lambda)$ 满足 $[\![\phi]\!]_c = p_n^{-1}(d_n(\phi))$。对于 $n = 0$ 时，显然成立。假设 $n \geqslant 0$，首先考虑 $\heartsuit(\psi_1, \cdots, \psi_k) \in \Lambda(\mathcal{S}_n)$，其中递归地假设 $[\![\hat{\psi}_i]\!]_C = p_n^{-1} \circ d_n(\psi_i)$，其中 $i = 1, \cdots, k$。考虑图 5.15：

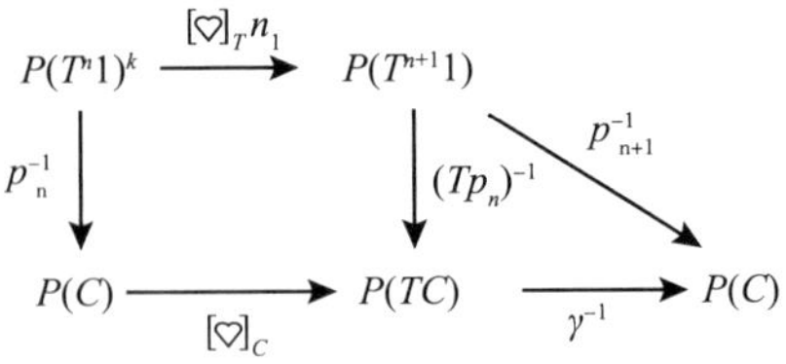

图 5.15

根据谓词上举的本性和 p_i 的定义，上图是交换的。通过展开余代数语义的定义，得到 $p_{n+1}^{-1}\circ d_n^*(\heartsuit(\phi_1, \cdots, \phi_k)) = [\![\heartsuit(\hat{\phi}_1, \cdots, \hat{\psi}_k)]\!]_C$。由于 C 是有穷的，所以对于任意的 $\Phi\subseteq\Lambda(\mathcal{S}_n)\cup\neg\Lambda(\mathcal{S}_n)$，能找到一个（合取）公式 $\phi_\Phi\in\mathcal{S}(\Lambda)$，满足 $p_{n+1}^{-1}(\cap_{\phi\in\Phi}) = [\![\phi_\Phi]\!]_C$。对于每一个 $\psi\in\mathcal{S}_{n+1}$，同样地可以找到一个有穷（析取）公式 ϕ_ψ 满足 $[\![\phi_\psi]\!]_C = p_{n+1}^{-1}\circ d_{n+1}(\psi)$。

现在可以证明命题：根据命题 5.6，能够找到一个 $n\geqslant 0$，满足 $\sim_n = \simeq_C$。假设 c，$d\in C$ 是逻辑等价的，需要证明 $p_n(c) = p_n(d)$。令 ϕ_c 满足 $[\![\phi_c]\!]_C = p_n^{-1}(p_n(c))$，并且相应地定义 ϕ_d。由于 c，d 是逻辑等价的，则 $d\models\phi_c$。即 $d\in[\![\phi_c]\!]_C = p_n^{-1}\{p_n(c)\}$，所以 $p_n(d) = p_n(c)$。

现在离想要的结果只有一步。为了证明对于所有的 T－余代数类，行为等价和逻辑等价是一致的，需要一个额外的假设，如果不是一致的，能够证明 Hennessy-Milner 逻辑能够区分不必然是有穷分支系统上的状态。也就是说，要限制系统的分支度。范畴论给我们提供了充分的概念。

定义 5.21 一个集合函子 T 有有穷性，如果对于所有的集合 X 和 $t\in TX$，存在一个有穷的集合 $Y\subseteq X$ 和 $y\in Y$，满足 $T_i(y) = x$，其中 i：$Y\to X$ 是包含映射。

对这个观念作些解释。直觉上来讲，它断言 T 作用在无穷集合上可以从它作用在有穷集合上得到。如果 T 保持包含（即，如果 $Y\subseteq X$，那么 $TY\subseteq TX$），能够等价地把上面的性质重新叙述为 $TX = \cup\{TY \mid Y\subseteq X\}$ 是由穷的。需要注意，关于有穷性的定义只是为了方便，但不是通常的标准定义。

例 5.3 （1）有穷幂集函子 $\mathcal{P}_f(X) = \{Y\subseteq X \mid Y$ 是有穷的$\}$ 是有穷的，但对于 $\mathcal{P}$，这个性质显然不成立。类似的，函子 $\mathcal{P}^{\mathrm{A}}$ 也不具有有穷性，但可以定义：

$$\mathcal{P}_f^{\mathrm{A}} = \{f\text{：}\mathrm{A}\to\mathcal{P}_f(X) \mid f\text{ 是一个函数}\}$$

具有有穷性。

（2）函子 D 和 B 具有有穷性。

（3）函子 N 和 M，分别用来定义邻域框架和单调邻域框架，不具备有穷性。

现在离余代数 Hennessy-Milner 结果只有一步：已经有了对任意函子的有穷余代数的结果，现在可以把它推广到有穷函子的所有余代数上。在一般的范畴构造的帮助下，这个推论可以实现。

定理5.1　假设 T 具有有穷性，$(C,\gamma)\in \mathrm{Coalg}(T)$ 并且 $F\subseteq C$ 是有穷的。则存在一个 (C,γ) 的有穷子余代数 (C_0,γ_0)，满足 $F\subseteq C_0$。

上面的性质称为有界性。这是一个著名的结构上的性质，该性质可被看作"有有穷多个状态生成的子模型也是有穷的"。现在，可以证明想要的结果。

定理5.2　假设 T 具有有穷性，并且带有一个分离的 Λ 结构。则逻辑等价和行为等价是一致的。

证明：令 $(C,\gamma)\in \mathrm{Caolg}(T)$ 和 c，$d\in C$，并且满足 c 和 d 是逻辑等价的。根据定理5.1，存在有穷集 $C_0\subseteq C$，并且 c，$d\in C_0$ 和 γ_0：$C_0\rightarrow TC_0$，满足包含映射 i：$C_0\rightarrow C$ 是一个余代数同态。由于余代数态射保持公式的语义（命题2.2.4），所以作为 C_0 的元素，c，d 是逻辑等价的，因此是行为等价的（作为 C_0 的元素）。这个结果可以从命题5.4得出。

5.3　余代数逻辑中的推理

从前面的章节看到有一个类结构，出现在模态逻辑的语义中，自然地作为余代数。已经讨论了余代数逻辑的句法和语义，现在讨论余代数模型中的推理。

在余代数模型下，我们的证明和公理系统具有一些特别的形式：可以使用规则 ϕ/ψ，其中 ϕ 是一个纯命题公式，ψ 是在原子上的条款，这些原子都具有形式 $\heartsuit(p_1,\cdots,p_n)$。可以证明，每一个余代数类可以用这种形式公理化。直觉上的理由非常简单：余代数是具有 $C\rightarrow TC$ 形式的映射，本质上体现了一个（动态）系统的1步行为。可以把变换映射看作包含下一步变换信息的映射。从逻辑的观点来看，即对于完全性来说，需要断言的所有东西是后继状态的性质。

稍微深入的研究模态逻辑在余代数上的语义，可以观察到，模态算子解释为谓词上举，映射状态的性质到后继状态的性质上，用一个命题公式来表达，表达后继状态的性质，用在模态化原子上的一个条款的形式来表示。

5.3.1　余代数逻辑的证明系统

在开始正式定义之前，先规定一些术语。

在一个公式集合 L 上的一个条款是一个析取式 $V_{i=1,\cdots,n}\epsilon_i\phi$，其中 $\phi_i\in L$ 并且 ϵ_i 表示要么什么也没有，要么是否定符号。用 $\mathrm{CI}(L)$ 表示在 L 上的所有条款的集合。在集合 L 上的命题公式的集合用 $\mathrm{Prop}(L)$ 表示。

定义 5.22 在一个模态签名 Λ 是一个 1 步规则是一个二元组（ϕ，ψ），记为 ϕ/ψ，其中 $\phi\in \mathrm{Prop}(V)$ 并且 $\psi\in \mathrm{CI}(\Lambda(V))$。

一个 1 步规则允许从状态的一个性质推断后继状态的一个性质。有时候为了方便，用更容易理解的公式 $\bigwedge_i\phi_i\to\bigvee_i\psi_j$ 表示一个条款 $\bigvee_i\neg\phi_i\bigvee_j\psi_i$。注意，允许命题在模态下进行组合，并不会产生一般性。例如，可以一个规则 $\phi/\psi\vee\heartsuit(\psi_1,\cdots\psi_n)$，其中 ψ_1，…，$\phi_n\in\mathrm{Prop}(V)$，用一个等价的规则 $\phi\vee\bigvee_{i=1,\cdots,n}z_i\leftrightarrow\phi_i/\psi\vee\heartsuit(z_1,\cdots,z_n)$，其中 z_i 是新的命题变量。

每个 1 步规则集合 R 诱导出余代数逻辑的一个证明系统，如下：

定义 5.23 假设 R 是在模态签名 Λ 上的 1 步规则的集合。R－可推导的公式的集合是满足下面条件的最小集合：

- 包含 $\phi\sigma$，如果 ϕ 是一个命题重言式并且 σ：$V\to\mathcal{F}(\Lambda)$ 是一个替换。
- 在分离规则下封闭，即如果包含 $\phi\to\psi$ 和 ϕ，那么包含 ψ。
- 包含 $\psi\sigma$，如果包含 $\phi\sigma$ 和 σ：$V\to\mathcal{F}(\Lambda)$ 是一个替换。

如果 ϕ 是一个 R－可推导的公式，那么记为 $\mathrm{R}\vdash\phi$。

为了参考方便以及说明 1 步规则的概念，对于前面引入的例子，给出 1 步规则的集合。为了方便，使用 $\sum_i a_i\leqslant\sum_j b_j$ 表示命题公式，即模型中的每一个点至少满足 b_j 比 a_i。更一般地讲，令：

$$\sum_{i\in I}r_i\phi_i\leqslant k\equiv\bigwedge_{\substack{J\subseteq I\\ r(J)<k}}\left(\bigvee_{j\in J}\phi_j\to\bigwedge_{j\notin J}\phi_j\right)$$

其中，$r(J)=\sum_{j\in J}r_j$，$r_j\in\mathbb{Z}$ 并且 ϕ_i 是公式。下面的引理证明，这确实捕捉到了特征函数的算术。

引理 5.11 一个元素 $x\in X$ 属于公式 $\sum_{i\in I}r_ia_i\geqslant k$，在赋值 σ：$V\to\mathcal{P}(X)$ 之下，布尔代数 $\mathcal{P}(X)$ 上的解释，当且仅当：

$$\sum_{i\in I}r_i1_\sigma(a_i)(x)\geqslant k$$

其中，1_A：$X\to\{0,1\}$ 是集合 $A\subseteq X$ 的特征函数。

例 5.4 （1）有几种不同的方法来定义 K 的 1 步规则。在这里 R_K 由下面的两个规则组成：

$$\frac{p}{\Box p}\qquad\frac{p\wedge q\to r}{\Box p\wedge q\to\Box r}$$

必然规则和一个□在 $\wedge$ 上分配的规则组成。或者可以用必然规则和分配公理 $\Box(p\to q)\to\Box p\to\Box q$ 的 1 步规则的版本形成了 1 步规则的集合。为了达到这个目的，将引入一个新的命题变量 r，规则为：

$$\frac{p}{\Box p} \quad \frac{r \leftrightarrow (p \to q)}{\Box r \land \Box p \to \Box q}$$

（2）邻域框架的逻辑可以被下面的同余规则公理化，规则集合 R_N 由下面的规则组成：

$$\frac{p \leftrightarrow q}{\Box p \to \Box q}$$

对于单调邻域框架，规则集 R_M 由一个单调性规则组成：

$$\frac{p \to q}{\Box p \to \Box q}$$

显然，这个规则包含了同余规则。

（3）对于概率逻辑，规则集 R_P 由下面规则组成：

$$\frac{}{L_0 p} \quad \frac{P}{L_u p} \quad \frac{\neg p \lor \neg q}{\neg L_u \land \neg L_v b}(u+v>1) \qquad \frac{p \land q}{l_u p \land L_v q}\ (u+v=1)$$

$$\frac{\sum_{i=1}^{r} p_i = \sum_{j=1}^{s} \bar{q}_j}{\bigwedge_{i=1}^{r} L_{ui} p_i \land \bigwedge_{j=2}^{s} L_{(1-v_j)} \to L_{v_1} q_1}\left(\sum_{j=1}^{s} v_j = \sum_{i=1}^{r} u_i\right)$$

其中，$\bar{d}_1 = d_1$ 并且$\bar{d}_j = \neg\ d_j$，其中 $j \geqslant 2$。

（4）对于条件句逻辑，列举下面的一步规则集：

$$\frac{\bigvee_{i=1,\cdots,n} \neg\ p_i}{\bigvee_{i=1,\cdots,n} \neg\ [C_i] p_i} \quad \frac{p}{[C] p} \quad \frac{p \lor q}{[\varnothing]\ p \lor\ [N]\ q} \quad \frac{\bigwedge_{i=1,\cdots,n} p_i \to q}{\bigwedge_{i=1,\cdots,n}\ [C_i]\ p_i \to\ [\cup C_i]\ q}$$

其中，$n \geqslant 0$，其中第一个和最后一个规则 C_i 在是两两不相交的条件下才成立。

（5）通常情况下，分层模态逻辑的公理化是由公理，而不是 1 步规则给出的，然而那些公理都没有要求使用嵌套的模态。重新陈述分层的模态逻辑的公理化，可以得到下面的 1 步规则集合：

$$\frac{p \to q}{\Diamond_{n+1} p \to \Diamond_n q} \quad \frac{r \to p \lor q}{\Diamond_{n+k} r \to \Diamond_n p \lor \Diamond_k q} \quad \frac{p \leftrightarrow q}{\Diamond_k p \to \Diamond_k q}$$

$$\frac{(p \lor q \to r) \land (p \land q \to s)}{\Diamond_n p \land \Diamond_k q \to \Diamond_{n+k} r \lor \Diamond_0 s} \quad \frac{\neg\ p}{\neg\ \Diamond_0 p}$$

（6）条件句逻辑有下面的一步规则集：

$$\frac{q}{p \Rightarrow q} \quad \frac{p_1 \land p_2 \to p_0}{(p_1 \Rightarrow q) \land (p_2 \Rightarrow q)} \quad \frac{q_1 \leftrightarrow q_2}{(p \Rightarrow q_1) \to (p \Rightarrow q_2)}$$

5.3.2　可靠性

在这里研究可靠性和完全性，两者都可以从它们的 1 步规则的对应物产生。

定义 5.24 假设 X 是一个集合，并且 $\sigma: V \to \mathcal{P}(X)$ 是一个赋值。如果 $\phi \in \mathrm{Prop}(V)$ 是一个命题公式，用标准方式定义 ϕ 关于 X 和 σ 的真集，即：

$[\![p]\!]_{X,\sigma} = \sigma(p)$ $[\![\phi \wedge \psi]\!]_{X,\sigma} = [\![\phi]\!]_{X,\sigma} \cap [\![\psi]\!]_{X,\sigma}$ $[\![\neg \phi]\!]_{X,\sigma} = X/[\![\phi]\!]_{X,\sigma}$ $[\![\bot]\!]_{X,\sigma} = \varnothing$

并且记为 $X \models \phi$，如果 $[\![\phi]\!]_{X,\sigma} = X$。

类似地，如果 $\chi \in \mathrm{CI}(\Lambda(\mathrm{Prop}(V)))$ 是一个条款，定义真集 $[\![\chi]\!]_{TX,\sigma} \subseteq TX$，其中模态的情况为：

$$[\![\heartsuit(\phi_1, \cdots, \phi_n)]\!] = [\![TX, \sigma\heartsuit]\!]_X([\![\phi_1]\!]_{X,\sigma,\cdots}, [\![\phi_n]\!]_{X,\sigma})$$

对于否定和析取的条款容易得到。如果 $[\![\chi]\!]_{TX,\sigma} = TX$，那么记为 $TX, \sigma \models \chi$。

定义 5.25 一个规则集 R 是一步可靠的，如果对任意规则 $\phi/\psi \in \mathrm{R}$ 任意集合 X 和赋值 $\sigma: V \to \mathcal{P}(X)$，如果 $X, \sigma \models \phi$，那么 $TX, \sigma \models \psi$。

这里的记号 $[\![\phi]\!]_{X,\sigma}$ 和定义 2.9 中用来代表一个公式 ϕ 关于一个 T－余代数的真集一样，如果 ϕ 是纯命题公式，这两个定义一样。我们的目标是把余代数逻辑中的推理规约到 1 步规则的层面上。在 1 步规则上，只需要考虑在上 $\Lambda(V)$ 的一个条款和在 V 上的一个命题公式之间的关系。这使得可以在个体集合上验证可靠性和完全性，而不是在模型上：可以 V 上的命题公式作为 X 的子集，并且把条款解释为 TX 的子集，研究它们之间的关系。

这是简单的部分：由规则集给定的一个逻辑，只需要去验证每个规则保持有效性。然而，可以使得事情变得更简单，不在模型的层面上验证有效性的保持，而在个体集的层面上验证。这体现在我们的 1 步可靠性的观念上，下面将要引入。

命题 5.8 假设 R 是一步可靠的。如果对所有的 $\phi \in \mathcal{F}(\Lambda)$，$\mathrm{R} \vdash \phi$，那么 $\mathrm{Coalg}(T) \models \phi$。

证明：假设 $(C, \gamma) \in \mathrm{Coalg}(T)$，并且一个赋值 $\sigma: V \to \mathcal{P}(C)$。要证明 $C, \sigma \models \phi$。对 R－可推导的定义进行归纳即可得证。其中，对规则的应用这种情况感兴趣。所以对一个替换 $\tau: V \to \mathcal{F}(\Lambda)$ 和 $\phi/\psi \in \mathrm{R}$，假设 $\mathrm{R} \vdash \phi\tau$。可以递归地假设 $C, \sigma \models \phi\tau$，要证明 $C, \sigma \models \psi\tau$。

考虑赋值 $\hat{\sigma}: V \to \mathcal{P}(C)$，定义为 $p \mapsto [\![\tau(p)]\!]_{C,\sigma}$。我们有 $C, \hat{\sigma} \models \phi$，根据 1 步规则的可靠性，有 $TC, \sigma \models \psi$。展开可满足性的定义，可直接得到 $C, \sigma \models \phi$。

例 5.5 容易看出，规则集 R_K 是 1 步可靠的。对于必然化规则的可靠性，要证明 $[\![\Box]\!]_X(X) = X$，这可以直接从 $[\![\Box]\!]$ 的定义得出。关于第二个规则的 1 步可靠性，考虑 $A, B, C \subseteq X$，其中 $A \cap B \subseteq C$。要证明 $[\![\Box]\!]_X(A) \cap [\![\Box]\!]_X(B) \subseteq [\![\Box]\!]_X(C)$，而这也可以直接从定义得出。

5.3.3 完全性和有穷模型性

可靠性是比较容易的，检查一个规则是 1 步可靠的并不比检查规则的可靠性容易。不过，当涉及完全性时，情况就不一样了。另外，有一个 1 步条件，可以确保完全性。实际上，可以进一步证明：完全性取决于有穷模型性。

定义 5.26 如果 $\Phi \subseteq \mathcal{F}(\Lambda)$ 是一个公式集，并且 $\phi \in \mathcal{F}(\Lambda)$，称 ϕ 是 Φ 的一个命题后承，记为 $\Phi \vdash \psi$，如果存在 ϕ_1，$\cdots \phi_n \in \Phi$，满足 $\phi_1 \wedge \cdots \wedge \phi_n \rightarrow \phi$ 是一个命题重言式的替换实例。

一个规则集 R 是一步完全的，如果对任意的 X 和赋值 σ：$V \rightarrow \mathcal{P}(X)$ 和条款 $\chi \in \mathrm{CI}(\Lambda(V))$，如果 TX，$\sigma \models \chi$，那么：

$$\{\psi\tau \mid X,\ \sigma \models \phi\tau,\ \tau: V \rightarrow \mathrm{Prop}(V),\ \phi/\psi \in \mathrm{R}\} \vdash_{PL} \chi$$

像在 1 步可靠性的定义中一样，1 步完全性的定义把事情的核心规约为考虑个体集，而不是所有可能的模型类。简单地说，一个规则集是 1 步完全的，如果一个条款在 TX 上是有效的，能够被命题化地推导出来，从规则的结论中，它的前提在上是有效的。然而，有些微妙的东西隐藏在 1 步完全性的定义中。为了证明一个规则集是 1 步完全的，要证明一个语义有效的条款，从规则结论的替换实现，但是替换允许用命题公式替换命题变量。容易看出，这实际上是必须的。为了证明$\Box p_1 \wedge \Box p_2 \wedge \Box p_3 \rightarrow \Box q$，假设 $p_1 \wedge p_2 \wedge p_3 \rightarrow q$，要使用 K－规则两次，推导出$\Box(p_1) \wedge \Box(p_2 \wedge p_3) \rightarrow \Box q$ 和$\Box p_2 \wedge p_3 \rightarrow \Box(p_2 \wedge p_3)$，然后使用命题推理，本质上是序列演算的切割规则。当讨论余代数逻辑的复杂性和可判定性时，将会返回到这一点上来。

下面给出本节的主要定理，有穷模型性。沿着标准的路线，Lindenbaum 引理，存在引理和 truth 引理，但是限制到公式的有穷集合上，首先需要定义一些适当的术语。

定义 5.27 假设 $\sum \subseteq \mathcal{F}(\Lambda)$。称是封闭的，如果：

- $\psi \in \sum$ 蕴涵 $Sf(\phi) \subseteq \sum$
- 如果 $\phi \in \sum$ 不是$\neg \psi$ 这种形式的公式，那么$\neg \phi \in \sum$

如果存在 ϕ_1，$\cdots$，$\phi_n \in \sum$，满足 $\mathrm{R} \vdash \phi_1 \wedge \cdots \wedge \phi_n \rightarrow \bot$，则集合 $\sum$ 是不一致的，否则就是一致的。一个子集 $S \subseteq \sum$ 是 $\sum$ －极大一致的，如果在 $\sum$ 的一致子集中是极大的（在子集的包含关系下）。用 $\sum_{\phi}$表示包含 ϕ 的 $\sum$ －极大一致子集。闭集是在子公式和否定下封闭的。

下面是 Lindenbaum 引理的标准形式。

引理 5.12 假设 $\sum \subseteq \mathcal{F}(\Lambda)$，并且 $S \subseteq \sum$ 是一致的。那么存在一个 $\sum$ -极大一致集 M，并且 $S \subseteq M$。

证明：略

引理 5.13 假设 $\sum \subseteq \mathcal{F}(\Lambda)$ 是封闭并且有穷的，设 $S = \{M \subseteq \sum \mid M$ 是极大 $\sum$ -一致的$\}$。那么对所有的 $M \in S$，存在一个 $t \in TS$，满足对所有的 $\heartsuit(\phi_1, \cdots, \phi_n) \in \sum$，有：

$$t \in [\![\heartsuit]\!]_S(\sum{}_{\phi_1}, \cdots, \sum \phi_n) \Leftrightarrow \heartsuit(\phi_1, \cdots, \phi_n) \in M$$

证明：使用反证法。假设满足要求的 t 不存在。那么存在 $M \in S$，使得引理中陈述的等价不成立。

对于所有公式 $\phi \in \sum$，分别挑选出彼此不同的命题的 p_ϕ，考虑下面的情况：

$$\chi = \bigvee_{\heartsuit(\phi_1,\cdots,\phi_n) \in M} \neg \heartsuit(p_{\phi_1}, \cdots, p_{\phi_n}) \vee \bigvee_{\heartsuit(\phi_1,\cdots,\phi_n) \in \sum / M} \neg \heartsuit(p_{\phi_1}, \cdots, p_{\phi_n})$$

加上一个赋值 σ：$V \to \mathcal{P}(S)$，满足 $\sigma(p_\phi) = \sum_\phi = \{M \in S \mid \phi \in M\}$。根据对 M 的规定，有 $TS, \sigma \models \chi$：令 $t \in TS$。那么存在 $\heartsuit(\phi_1, \cdots, \phi_n) \heartsuit \sum$，满足：

- $t \in [\![\heartsuit]\!]_S(\sum_{\phi 1}, \cdots, \sum_{\phi n})$，但是 $\heartsuit(\phi_1, \cdots, \phi_n) \notin M$，
- $t \notin [\![\heartsuit]\!]_S(\sum_{\phi 1}, \cdots, \sum_{\phi n})$，但是 $\heartsuit(\phi_1, \cdots, \phi_n) \in M$。

无论上面哪种情况，都有 $t \in [\![\chi]\!]_{TS,\sigma}$，所以 $TS, \sigma \models \chi$。根据 1 步规则的完全性的定义，可得：

$$\{\psi\tau \mid \phi/\psi \in \mathrm{R},\ \tau: V \to \mathrm{Porp}(V),\ S, \sigma \models \phi\tau\} \vdash_{PL} \chi,$$

如果 $\rho(p\phi) = \phi$，则：

$$\{\psi\tau\rho \mid \phi/\psi \in \mathrm{R},\ \tau: V \to \mathrm{Porp}(V),\ S, \sigma \models \phi\tau\} \vdash_{PL} \chi\rho,$$

这意味着 $\chi\rho$ 是可推导的，与 M 的一致性相矛盾。所以，一旦能够证明在条件 $S, \sigma \models \phi\tau$ 下，$\phi\tau\rho$ 是 R-可推导的，就完成了证明。这正是下面要讲的引理。

引理 5.14 假设 $\sum \subseteq F(A)$ 是封闭的和有穷的，设 $S = \{M \subseteq \sum \mid M$ 是极大 $\sum$ -一致的$\}$，并且：

$$\sigma: V \to \mathcal{P}(S) \text{ 和 } \rho: V \to \sum$$

满足 $\sigma(p) = \{M \in S \mid \rho(p) \in M\}$。那么对于所有的 $\phi \in \mathrm{Prop}(V)$，可得：

$$\mathrm{R} \vdash \phi\rho \Leftrightarrow (S, \sigma) \models \phi$$

有一个直接的推论，是上面存在引理的另一个形式。

推论5.2　（存在引理）假设 $\sum$ 是封闭的和有穷的，设 S 表示 $\sum$ －极大一致集的集合。那么在 S 上存在一个 T－余代数结构 γ，满足对于所有的 $\heartsuit(\phi_1, \cdots, \phi_n) \in \sum$，可得：

$$\gamma(M) \in [\![\heartsuit]\!]_S(\sum \phi_1, \cdots, \sum{}_{\phi n}) \Leftrightarrow \heartsuit(\phi_1, \cdots, \phi_n) \in M$$

证明：令 $\gamma(M) = t$，显然满足引理5.13。

Truth 引理是存在引理的一个直接推论。

引理5.15　（Truth 引理）假设 $\sum \subseteq \mathcal{F}(\Lambda)$ 是封闭的和有穷的，令 S 代表 $\sum$ 的极大一致子集的集合。

一个赋值 σ：$V \to \mathcal{P}(S)$，定义为 $\sigma(p) = \{M \in S \mid p \in M\}$。那么对于推论5.2中的 T－余代数结构 γ，以及所有的 $\phi \in \sum$，可得：

$$S, M, \sigma \vDash \phi \Leftrightarrow \phi \in M$$

证明：对于公式 ϕ 的结构进行归纳，其中对模态算子的情况可以用存在引理证明。

定理5.3　设 $\phi \in \mathcal{F}(\Lambda)$ 是R一致的。那么 ϕ 在一个 T－余代数（C，γ）上是可满足的，其中 $|C| \leqslant 2^{|Sf(\phi)|}$。

推论5.3　如果R是1步完全的，那么 $\mathrm{Coalg}(T) \vDash \phi$ 蕴涵 $\mathrm{R} \vdash \phi$。

例如，为了证明模态逻辑 K 的完全性，需要验证 R_K 是否是1步完全的。

例5.6　为了验证规则集 R_K 是1步完全，假设 X 是一个集合。考虑一个条款 $\chi = \bigwedge_{i \in I} \Box p_i \to \bigvee_{j \in J} \Box q_j$，和一个赋值 σ：$V \to P(X)$。为了记号上的方便，假定 $\sigma(p_i) = A_i$ 和 $\sigma(q_j) = B_j$。假设 TX，$\sigma \vDash \chi$；要证明：

$$\{\Box \phi\tau \mid X, \sigma \vDash \phi\tau\} \cup \{\Box \phi\tau \wedge \Box \psi\tau \to \Box \rho\tau \mid X, \sigma \vDash (\phi \wedge \psi \to \rho)\tau\} \vdash_{PL} \chi$$

其中 ϕ，ψ，ρ 是命题公式，并且 τ：$V \to \mathrm{Prop}(V)$ 是一个替换。根据谓词上举的定义，$A = \cap\{A_i \mid i \in I\} \in \cap_{i \in I} [\![\Box]\!]_X(A_i)$，所以能够找到一个 $j \in J$，满足 $A \in [\![\Box]\!]_X(B_j)$。因此 $\cap_{i \in I} A_i \subseteq B_j$，或者等价地，$X$，$\sigma \vDash \bigwedge_{i \in I} p_i \to q_j$。现在对 I 的大小进行归纳。在 $I = \varnothing$ 时，X，$\sigma \vDash q_j$，应用必然化规则，可得公式 $\Box q_j$，在 $|I| > 0$ 的情况下，可以通过递归地重复应用规则 $p \wedge q \to / \Box p \wedge \Box q \to \Box r$。

5.4　可判定性和复杂性

已知余代数逻辑具有有穷模型性，然而这并不足以保证可判定性。假设知道

一个公式 ϕ 是可满足的当且仅当它在一个 T - 余代数（C，γ）上是可满足的，其中 $|C| \leqslant 2^{|Sf(\phi)|}$。

问题在于，不能有效地构造出所有的余代数结构 γ：$C \to TC$，即使 γ 是有穷的，由于函子 T 可以映射有穷集到无穷集上。概率分布函子 D 就是一个例子。即使假定 T 映射有穷集到有穷集上，随后的判定程序依然很麻烦。这里采用不同的方法，这种方法本质上是序列演算中的证明搜索。

5.4.1 严格的完全性

关键在于清除掉 1 步完全性定义中的命题推理（在后面会看到，这意味着切割消去）。现在，假定 T 有一个 1 步可靠的 Λ - 结构，其中 A 是一个模态签名。

定义 5.28 一个 1 步规则集是严格地 1 步完全的，如果对任意的集合 X，赋值 σ：$V \to \mathcal{P}(X)$ 和条款 $\chi \in \mathrm{CI}(\Lambda(V))$，存在 $\phi/\psi \in \mathrm{R}$ 和一个替换 τ：$V \to V$，满足如果 TX，$\sigma \models \chi$，那么：

$$X, \sigma \models \phi\tau \text{ 和 } \psi\tau \vdash_{PL} \chi$$

使得一个 1 步完全的规则集变成一个严格 1 步完全的关键性质在于，每一个有效条款（TX，$\sigma \models \chi$）能够被一个单规则的结论命题化的推导出来，它的前提在集合 X 上是有效的。显然，严格 1 步完全规则集是 1 步完全的。

第二个差异并不重要：严格完全规则集只允许变量重命名（τ：$V \to V$），而不是命题替换（τ：$V \to \mathrm{Prop}(V)$），但是像要证明的条款是在 $\Lambda(V)$ 上一样，命题替换不会增加额外的一般性。

严格完全规则集的关键性质是每一个可推导的公式都能够从一个单规则结论，通过命题逻辑的手段推导出来。这意味着下面的目标是建立下面的结果。

命题 5.9 设 R 是严格一步完全的，并且对于一个条款 $\chi \in \mathrm{CI}(\mathrm{At}(\lambda))$，有 $R \vdash \chi$。那么存在 $\phi/\psi \in R$ 和 τ：$\Lambda \to V$，满足 $\mathrm{R} \vdash \phi\tau$ 和 $\psi\tau \vdash_{PL} \chi$。

这意味着每一个可证条款能够被推导出来，只使用一个单规则，这可以使得把可满足性问题规约为一个证明搜索程序，其中把一个公式分裂成它的合取正规范式，并且尝试着向后应用 1 步规则。换句话说，严格完全性蕴涵着能够建立一个无切割序列风格的证明演算。

上面结果的证明可以分裂成一些更初等的引理。第一个是关于证明结构的一个标准结果。

引理 5.16 设 R 是一个 1 步规则集，并且 $\phi \in \mathcal{F}(\Lambda)$。那么 ϕ 是 R - 可推导的当且仅当对所有的 $\phi \in \mathcal{F}(\Lambda)$，可得：

- 存在 ϕ_1/ψ_1，…，$\phi_n/\psi_n \in \mathrm{R}$，并且 ρ_1，…，ρ_n：$V \to \mathcal{F}(\Lambda)$，

- 满足 $R \vdash \phi_i \rho_i$，其中 $i=1$，…，n，并且 $\{\psi_1\rho_1, \cdots, \psi_n\rho_n\} \vdash_{PL} \phi$。

证明：对于 R－可导出的定义进行归纳。

下面的引理可以使得把一个混合的条款 χ，同时包含模态化的公式和命题变量的公式，分裂成两个条款 χ_1 和 χ_2，第一个是纯命题的，第二个是纯模态化的，所以，初始条款 χ 的有效性蕴涵着 χ_1 或者 χ_2 是有效的。初一看，显得有点奇怪。仔细思考之后，发觉有下面两个理由：

- 首先，没有证明规则允许推导出一个混合的条款，所以增加命题变量的唯一方法就是弱化规则。
- 其次，从语义的观点看，一个公式的解释是纯粹根据后继状态来表达的，即模态化的公式，就这一点来看，命题变量并不起作用。

上面事实的正式的陈述和证明，比起非正式的讨论，将会是非常有启发性的。

引理 5.17 假设 χ 是一个在 $At(\Lambda)$ 上的条款。如果 $\chi=\chi_1 \vee \chi_2$，其中 $\chi_1 \in CI(V)$ 和 $\chi_2 \in CI(\Lambda(\mathcal{F}(\Lambda)))$，那么：

$$\mathrm{Coalg}(T) \models \chi_1 \vee \chi_2 \Leftrightarrow \mathrm{Coalg}(T) \models \chi_1 \text{ 或者 } \mathrm{Coalg}(T) \models \chi_2$$

证明：假设 $\chi=\chi_1 \vee \chi_2$ 满足引理中的陈述。假设 χ_1 不是一个命题重言式，要证明 $\mathrm{Coalg}(T) \models \chi_2$。考虑布尔代数 $A=\mathcal{P}(\mathcal{P}(V))$，和一个赋值 α：$V \to A$，满足 $\alpha(p)=\{\theta \subseteq V \mid p \in \theta\}$。由于 χ_1 不是一个命题重言式，所以存在 $\theta \in A$，满足 $\theta \notin [\![\chi_1]\!]_{A,\alpha}$，其中 $[\![\chi_1]\!]_{A,\alpha}$ 表示在赋值 α 下，χ_1 在 A 中的解释。

令 $(C, \gamma) \in \mathrm{Coalg}(T)$ 并且 σ：$V \to \mathcal{P}(C)$。要证明 (C, γ)，$\sigma \models \chi_2$。为了得出矛盾，假设能够找到 $c \in C$ 满足 $c \notin [\![\chi_2]\!]_{C,\sigma}$。考虑下面的余代数同态图 5.16：

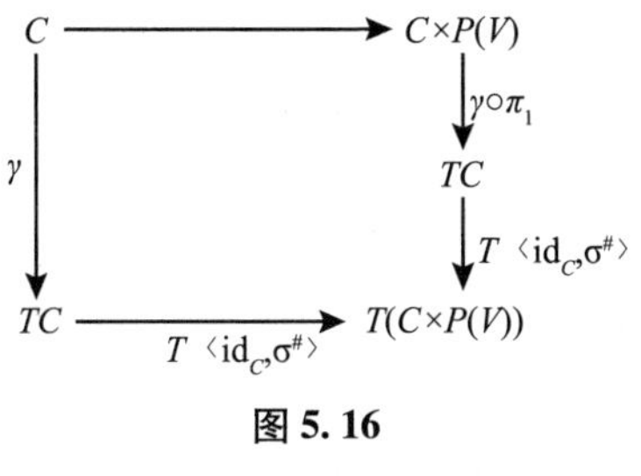

图 5.16

其中 $\sigma^{\#}$：$C \to \mathcal{P}(V)$ 是 σ 的转置，定义为 $\sigma^{\#}(c)=\{p \in V \mid c \in \sigma(p)\}$。如果定义赋值 τ：$V \to \mathcal{P}(C \times \mathcal{P}(V))$ 为 $\tau(p)=\{c, \theta \in C \times \mathcal{P}(V) \mid c \in \sigma(c), p \in \theta\}$，则 $(c, \theta) \notin [\![\chi_1]\!]_{C \times \mathcal{P}(V),\tau}$。而且 $\sigma=\langle id_C, \sigma^{\#}\rangle^{-1} \circ \tau$，因此根据命题 5.5 可得，$[\![\chi_1]\!]_{C,\sigma}=\langle id_C, \sigma^{\#}\rangle^{-1}([\![\chi_1]\!]_{(C \times \mathcal{P}(V)),\tau})$，所以 $(c, \theta) \notin [\![\chi_2]\!]_{(C \times \mathcal{P}(V)),\tau}$。因而，$(C \times \mathcal{P}(V))$，$\tau$，$(c, \theta) \vee = \chi_1 \vee \chi_2$，这与 $\mathrm{Coalg}(T) \models \chi_1 \vee \chi_2$ 相矛盾。

已经可以证明命题5.10

命题5.10：假设$\chi=\chi_1\vee\chi_2$是可推导的，其中$\chi_1\in \mathrm{CI}(V)$并且$\chi_2\in \mathrm{CI}(\Lambda(\mathcal{F}(\Lambda)))$。根据可靠性（命题5.8），可得$\mathrm{Coalg}(T)\models\chi$，根据引理5.17，或者$\mathrm{Coalg}(T)\models\chi_1$，或者$\mathrm{Coalg}(T)\models\chi_2$。如果前者成立，那么已经证完了；如果后者成立，即$\mathrm{Coalg}(T)\models\chi_2$，根据完全性可得有$\mathrm{R}\vdash\chi_2$。因此，只要对于$\chi\in \mathrm{CI}(\Lambda(\mathcal{F}(\Lambda)))$时，能够证明命题就足够了。

假设：

$$\chi=\psi_o\rho_p,\ \rho_0=\bigvee_{i\in I}\epsilon_i\heartsuit_i\vec{p}_i$$

其中，如果$\heartsuit_i$是n-元的，那么$\vec{p}_i$是变量组成的n-元组。并且I是一个有穷索引集。根据引理5.16，规则ϕ_i/ψ_i和替换ρ_i：$V\to\mathcal{F}(\Lambda)$，满足$\mathrm{R}\vdash\phi_i\rho_i$，其中$i=1,\cdots,n$并且$\{\psi_1\rho_1,\cdots,\psi_n\rho_n\}\vdash_{PL}\chi$。

由于目前所有的内容都是有穷的，所以挑选一个有穷子集V_0，满足$\psi_0,\cdots,\psi_n\in \mathrm{CL}(\Lambda(V_0))$，且$\phi_1,\cdots,\phi_n\in \mathrm{Prop}(V_0)$。

对于每一个$\phi\in\{p_i(p)\mid i=1,\cdots,n$并且$p\in V_0\}$，挑选一个命题变量$p_\phi$。

令$\sum$是一个封闭的有穷集，满足$\psi_i\rho_i\in\sum$，其中$i=0,\cdots,n$。并且令$S=\{M\subseteq\sum\mid M$是$\sum$-极大一致的$\}$。

定义赋值σ：$V\to\mathcal{P}(S)$为$\sigma(p_\phi)=\{M\in S\mid\phi\in M\}$，定义替换$\rho$：$V\to\mathcal{F}(\Lambda)$为$\rho(p_\phi)=\phi$。

由于$\mathrm{R}\vdash\phi_i\rho_i$，根据引理5.14可得，$S,\sigma\models\phi_i$。因此根据1步规则的可靠性可得，$TS,\sigma\models\psi_i$。由于$\{\psi_ip_i\mid i=1,\cdots,n\}\vdash_{PL}\psi_0\rho_0$所以$TS,\sigma\models\chi$。应用严格完全性得到一个单规则$\phi/\psi\in R$和$\tau$：$V\to V$，满足：

$$S,\ \sigma\models\phi\tau\text{ 和 }\psi\tau\vdash_{PL}\psi_0$$

但是，这意味着$\psi\tau\rho_0\vdash_{\mathrm{PL}}\psi_0\rho_0$。注意到，$S,\sigma\models\phi\tau$，因此，根据引理5.14，$\vdash\phi\tau\rho$，再加上事实$\psi\tau\rho\vdash_{\mathrm{PL}}\psi_0\rho$，可以得到$\chi$是用一个单规则可推导的。

为了检查可推导性，唯一需把一个公式ϕ分裂成它的合取正规范式，然后再去检查，对于这个合取正规范式的每一个成分χ，是否能使用一个单规则可推导的，需要递归地建立前提是可证的。

但是，需要严格完全的规则集。现在证明严格完全性确实意味着，在1步规则的层面上切割的可消除性。特别的，这会提供构造严格完全规则集的一个程序。

定义5.29 假设$\phi=\bigvee_{i\in I}\phi_i$，$\psi=\bigvee_{j\in J}\psi_j\in \mathrm{CI}(\mathrm{At}(\Lambda))$是条款。一个条款$\rho$是$\phi$，$\psi$在一个字母$\lambda\in\mathrm{At}(\Lambda)$上的一个消解，如果$\rho=\bigvee_{i\neq i_0}\phi_i^{\vee}\bigvee_{j\neq j_0}\psi_j$，并且：

- $\phi_{i_0}=\lambda$并且$\psi_{j_0}=\neg\lambda$，或者

- $\phi_{i_0}=\neg\lambda$ 并且 $\psi_{j_0}=\lambda$。

一个规则集 R 称为吸收切割，如果对于所有的规则 ϕ_1/ψ_1，ϕ_2/ψ_2 和重命名函数 τ_1，τ_2：$V\to V$，承认 $\psi_1\tau_1$ 和 $\psi_2\tau_2$ 的一个分解 ρ，存在一个规则 $\phi/\psi\in$ R 和一个重命名 τ：$V\to V$，满足：

- $\psi\tau\vdash_{PL}\psi_1'\vee\psi_2'$，
- $\phi_1\tau_1\wedge\phi_2\tau_2\vdash_{PL}\phi\tau$。

换句话说，在一个推导规则的结论中，切割可被一个单规则的应用所替换。由于严格完全性与无切割完全性密切相关，可得下面的结论。

命题 5.11　一个 1 步完全规则集 R 是严格的 1 步完全的当且仅当它吸收切割。

证明：如果对任意的 χ_1，$\chi_2\in S$ 和 χ_1 和 χ_2 的任意的消解 χ，有 $\chi\in S$，我们称一个条款集 S 是消解封闭的。可以进行如下论证。

从右到左的方向：令 X 是一个集合，σ 是一个 $\mathcal{P}(X)$ －赋值，并且令 $\chi\in$ CI（λ(V)）满足 TX，$\sigma\models\chi$。假设 χ 不是一个命题重言式的一个替换实例。考虑条款集

$$\psi=\{\chi\in \mathrm{CI}(V)\mid\exists\phi/\psi\in \mathrm{R},\ \sigma:V\to \mathrm{Prog}(V),\ X,\ \tau\models\phi\sigma,\ \psi\sigma\vdash_{PL}\chi\}$$

证明上面的集合是消解封闭的。可得 χ 是可以用一个单规则可推导的。

假设 χ_1，$\chi_2\in\psi$ 并且 $\psi_1\tau_1\vdash_{\mathrm{PL}}\chi_1$，$\psi_2\tau_2\vdash_{\mathrm{PL}}\chi_2$，满足 $\phi_i/\psi_i\in$ R 并且 X，$\sigma\models\phi_i$，其中 $i=1$，2。只要证明 $\psi_1\tau_1$ 和 $\psi_2\tau_2$ 的任意一个消解 ψ 都在 ψ 中。令 ψ 是任意的一个消解。

对 τ_1，τ_2 像中每个相关的命题公式，挑选一个命题变量 p_ϕ，对 $\tau(p_\phi)=\phi$，可以记为 $\psi_i\tau_i=\chi_i\tau$。由于 ψ 是 $\psi_1\tau_1$ 和 $\psi_2\tau_2$ 的一个归结，可以找到 χ_1，χ_2 的一个归结 $\hat{\psi}$ 满足 $\hat{\psi}\tau=\psi$。这使得可以找到一个规则 $\phi'/\psi'\in$ R 和一个重命名 τ'：$V\to V$，满足 $\psi'\tau'\vdash_{PL}\hat{\psi}$ 和 $\{\phi_1\tau,\ \phi_2\tau\}\vdash_{PL}\hat{\psi}$。使用重命名 $p_\phi\mapsto\phi$，可得 $\phi\in\psi$。

从左到右的方向不难证明。

特别的，最后一个命题打开了生成严格完全规则集的大门：通过增加切割规则的实例，去饱和一个给定的规则集，直到切割被吸收。

例 5.7　对在例 5.6 中讨论的逻辑，给出严格 1 步完全的规则集。

（1）模态逻辑 E：规则集由同余规则 $p\leftrightarrow q/\Box p\to\Box q$ 构成，对于邻域框架语义学，它是 1 步完全的和吸收切割的。

（2）模态逻辑 M：规则集只包含 $p\to q/\Box p\to\Box q$，它是 1 步完全的和吸收切割的，因此是严格 1 步完全的。

（3）模态逻辑 K：集合 R_K 包含规则：

$$\frac{\bigwedge_{i=1,\cdots,n}p_i \rightarrow q}{\bigwedge_{i=1,\cdots,n}\Box p_i \rightarrow \Box q}$$

它是1步完全的和吸收切割的。

定义 5.30 一个规则集 R－收缩封闭的，如果对所有的 $\phi/\psi \in \mathrm{R}$ 和重命名 ρ: $V \rightarrow V$，存在一个单射的重命名 ρ_i 和一个规则 $\phi_i/\psi_i \in \mathrm{R}$，满足：

- $\psi_i p_i \vdash_{PL} \psi\rho$，并且
- $\phi\rho \vdash_{PL} \phi_i\rho_i$。

换句话说，如果一个条款 χ 能够使用一个规则 $\phi/\psi \in R$，在替换 ρ 下推导出来，其中 ρ 把 ψ 中的两个字母替换成一个，这种推导步骤可以用一个规则 ϕ_i/ψ_i 和一个不把两个字母替换成同一个的 ρ_i 所替代。很显然，下面的规则集是收缩封闭的。

$$\frac{\bigwedge_{i=1,\cdots,n}p_i \rightarrow q}{\bigwedge_{i=1,\cdots,n}\Box p_i \rightarrow \Box q}$$

因此，假设收缩封闭的规则集，只需查看单射替换 ρ: $V \rightarrow \mathcal{F}(V)$ 满足 $\phi\rho \vdash_{\mathrm{PL}} \chi$，其中 χ 是检查可推导性的条款。问题：如何能够判断 $\phi\rho \vdash_{PL} \chi$，其中 χ 是一个条款。

引理 5.18 如果 $\chi = \bigvee_{i \in I}\phi_i \in \mathrm{CI}(\mathrm{At}(\wedge))$ 是一个在 Λ－原子上的条款，令：$\mathrm{Lit}(\chi) = \{\phi_i \mid i \in I\}$ 表示出现在 χ 中字母的集合。

如果 χ_1，$\chi_2 \in \mathrm{CI}(\mathrm{At}(\Lambda))$ 是在 Λ－原子上的条款。那么，$\chi_1 \vdash_{PL} \chi_2$ 当且仅当 $\mathrm{Lit}(\chi_1) \subseteq Lit(\chi_2)$。

5.4.2 余代数逻辑的序列演算系统

为了证明一个严格完全的，收缩封闭的规则集会产生一个无切割的序列演算，首先要把1步规则引入到序列演算中。这可以做到，通过把前提 ϕ 分裂成合取正规范式，记为 $\mathrm{cnf}(\phi)$，获得一个多前提规则，其中每一个前提是一个条款，用大写字母 A，B，C，…代表任意的公式。就像在经典逻辑的扩张一样，使用只有一个方向的序列演算，其中序列是公式的多重集，可被理解为一个析取式。严格定义如下：

定义 5.31 一个 Λ 序列演算是一个有穷的 Λ－公式的多重集。序列 Γ 和 Δ 的多重集的并表示为 Γ，Δ，如果 Γ 是一个序列，并且 $A \in \mathcal{F}(\Lambda)$ 是一个公式，那么用 Γ，A 表示 Γ，$\{A\}$。如果 σ: $V \rightarrow \mathcal{F}(\Lambda)$ 是一个替换，并且 $F \subseteq \mathcal{F}(\Lambda)$，用 $F\sigma = \{A\sigma \mid A \in F\}$ 表示 σ 应用到 F 中的每一个元素产生的结果。一个序列规则用下面的形式表示：

$$\frac{\Gamma_1 \cdots \Gamma_n}{\Gamma_0}$$

其中，Γ_0，…，Γ_n 是序列。对于每一个规则集 R，赋予一个下面的序列规则集 GR：

$$\frac{\mathrm{Lit}(\phi_i)\sigma \cdots \mathrm{Lit}(\phi_n)\sigma}{\mathrm{Lit}(\psi)\sigma,\ \Delta}$$

其中，$\phi/\psi \in \mathrm{R}$ 满足 $\mathrm{cnf}(\phi) = \phi_1 \wedge \cdots \wedge \phi_k$，并且 Δ 是任意一个序列，σ：$V \to \mathcal{F}(\Lambda)$ 是任意的一个替换。

下面是序列演算中，由 1 步规则集诱导出来的可证性的概念。

定义 5.32　GR－可推导序列的集合是满足下面条件的最小序列集，首先包含序列：

$$\Gamma,\ A,\ \neg A \quad \Gamma,\ \neg\ \bot$$

其中，Γ 为任意序列，公式 $A \in \mathcal{F}(\Lambda)$，并且在规则 PR 下封闭，PR 由下面的规则组成：

$$\frac{\Gamma,\ A}{\Gamma,\ \neg\neg A} \quad \frac{\Gamma,\ A \quad \Gamma,\ B}{\Gamma,\ A \wedge B} \quad \frac{\Gamma,\ \neg A,\ \neg B}{\Gamma,\ \neg(A \wedge B)}$$

其中，Γ 为任意序列，并且 A，$B \in \mathcal{F}(\Lambda)$ 为公式，记为 GR $\vdash \Gamma$，如果 Γ 是一个 R－可推导的序列。

要想证明如果 R 是严格完全的和收缩封闭的，那么序列系统 GR 是完全的。有两种主要的方法可以做到：可以证明无切割的完全性或者把序列的可推导性和希尔伯特系统中的可推导性做比较。这里采取第二个办法。

关于 GR 中的可证性，有两个直接的结果。

引理 5.19　（倒置引理）（1）GR $\vdash \Gamma$，A，如果 GR $\vdash \Gamma$，$\neg\neg A$，

（2）如果 GR $\vdash \Gamma$，$\neg(A \wedge B)$，GR $\vdash \Gamma$，$\neg A$，$\neg B$，

（3）如果 GR $\vdash \Gamma$，$\neg A_1 \wedge A_2$，GR $\vdash \Gamma$，$\neg A_i$，其中 $i = 1$，2。

证明：通过对序列可推导的定义进行归纳。注意模态规则的应用，即 GR 的序列规则在副公式上只引入命题联接词。

下一个结果是关于弱规则和收缩规则的可承认性，即下面的两个规则：

$$(W)\ \frac{\Gamma}{\Gamma,\ A} \quad (C)\ \frac{\Gamma,\ A,\ A}{\Gamma,\ A}$$

其中 Γ 是一个序列，并且 $A \in \mathcal{F}(\Lambda)$ 是一个 Λ－公式。如果它们的使用不会改变可推导序列的集合，则称它们是可承认的，

引理 5.20　弱规则（W）在 GR 中是可承认的。如果 R 是收缩下封闭的，收缩规则（C）也是可承认的。

证明：对可推导性谓词 GR $\vdash$ 进行归纳。

有了命题5.10，关于两个可推导性观念等价，可以给出一个语法上的证明。

定理5.4 假设Γ是一个序列，并且R是收缩封闭的，并且关于一个Λ-结构是严格1步完全的和1步可靠的。那么对于所有A-序列Γ，有：

$$GR\vdash\Gamma \text{ 当且仅当 } R\vdash\bigvee\Gamma$$

证明：从左到右是显然的。从右到左方向可以用命题5.10和倒置引理以及弱规则和收缩规则的可承认性来证明。

推论5.4 假设R是一个1步可靠的，严格的1步完全的和收缩封闭的。那么对所有的Λ-序列Γ，有：

$$Coalg(T)\models\bigvee\Gamma \text{ 当且仅当 } GR\vdash\Gamma$$

证明：从定理5.4以及前面的完全性定理和推论5.3可证。

特别的，这允许我们可以解决可满足性问题的一个证明搜索的办法。这在一个多项式空间中可以完成，如果：

- 证明树的高度是多项式有界的；
- 对于每个序列Γ，能够在多项式时间内计算C，其中C是结论为Γ的序列规则的集合。
- 对于每一个序列规则，前提集能够在多项式时间内进行计算。

任给一个序列Γ，在多项式时间之内，也许不可能计算以Γ为结论的所有规则的集合。因为规则的表示，即一个由前提和结论构成的列表，与Γ的大小比较起来，也许不是多项式的大小。然而，可以计算规则的一个编码，只要能够在多项式时间内抽取出前提集。

更精确的，首先，说明在多项式时间内计算一个对象的集是什么意思。

定义5.33 假设$\sum$是一个有穷字母表。字母表$\sum$上的一个非确定的多项式时间多值函数是一个函数f: $\sum\to\mathcal{P}(\sum)$，满足：

- 对所有的$y\in f(x)$，存在一个多项式p满足$|y|\leqslant p(|x|)$，其中$|\cdot|$表示大小，并且：
- 函数f的图$\{(x, y)\mid y\in f(x)\}$是NP。

用NPMV（$\sum$）来表示在$\sum$上的非确定性多项式时间多值函数类。

定义5.34 一个1步规则集R是NPMV，如果存在一个有穷字母表，满足所有序列都能够在$\sum^*$上表示，一对在NPMV（$\sum$）中的函数f: $\sum^*\to\mathcal{P}(\sum^*)$　g: $\sum^*\to\mathcal{P}(\sum^*)$，满足对于所有的∧-序列Γ，有：

$$\left\{\{\Gamma_1, \cdots, \Gamma_n\}\;\middle|\;\frac{\Gamma_1, \cdots, \Gamma_n}{\Gamma}\in GR\right\}=\{g(x)\mid x\in f(\Gamma)\}$$

定理 5.5 （空间复杂性）假设 R 是 NPMV，那么 GR－可推导性是在多项式空间上可判定的。

证明：通过在一个交替的多项式时间图灵机上执行证明搜索，来证明 GR－可推导性在 APTIME = PSPACE 中是可判定的。前面讲过，PR 表示命题规则集。则：

$$\mathrm{GR} \vdash \Gamma \text{ 当且仅当 } \exists \frac{\Gamma_1, \cdots, \Gamma_n}{\Gamma} \in \mathrm{PR} \cup \mathrm{GR}. \ \forall_i = 1, \cdots, n.\ \mathrm{GR} \vdash \Gamma_i$$

所以，要证明：

- 能在多项式时间内构造所有结论为 Γ 的规则，即使用合适的非确定多项式时间函数，并且：
- 对每一个结论为 Γ 的规则，能够在多项式时间内计算它的所有前提集。

根据假设，对 GR 中的模态规则已经可以做到，并且很容易扩张到命题规则上。由于在 Γ 中，结论 Γ 的证明树的高度是多项式有界的（事实上，被 Γ 的大小约束），证明搜索是在 APTIME = PSPACE 中。

推论 5.5 假设 R 是严格的 1 步完全的和收缩封闭的，1 步可靠的和 NPMV。那么 Coalg(T)－可满足性问题，即是否一个公式 $\phi \in \mathcal{F}(\Lambda)$ 在某个 T－余代数上可满足，是在多项式空间上可判定的。

5.5 复 合 性

通过前面的介绍可知，余代数框架是非常丰富的。特别的，它可以表示一大类特征，如概率和非确定性。在语义方面，把那些特征结合起来非常容易：一个非确定性的系统，或者一个概率变换系统很容易用一个余代数来模拟，即：

$$\gamma: C \to \mathcal{P}^A(C) + D(C)$$

其中使用到了余积。类似的，如果我们推广游戏框架，使得这些结果是概率的，可以考虑在后继状态上产生概率分布的游戏框架。例如，可以考虑下面类型的模型：

$$C \to D \circ G(C)$$

其中，$\circ$ 是函子的复合。这里可以证明这些特征的复合可以在算法上反映出来，并且对于混合模态逻辑发展处模块化的判决程序。对于模块化，可以把基于状态的系统形式化为多类的余代数，同时把一个逻辑的和算法的描述赋予一类基本的构建块。主要的结果是，逻辑作为那些构建块的组合，能够在多项式空间可判定，如果这些成分也是在多项式空间上可判定的。通过实例化一般框架到一些具体的情况，获得一大类结构上不同的逻辑的 PSPACE 判决程序。

5.5.1 例子

Segala 系统和交替系统，两者同时都把概率变换和非确定性结合在一起。在 Segala 系统中，每一个系统状态都能够非确定性地执行一些动作，可以导致状态上的概率分布。交替系统有两种状态，分别用来进行纯概率变换的和非确定性动作，如图 5.17 所示。

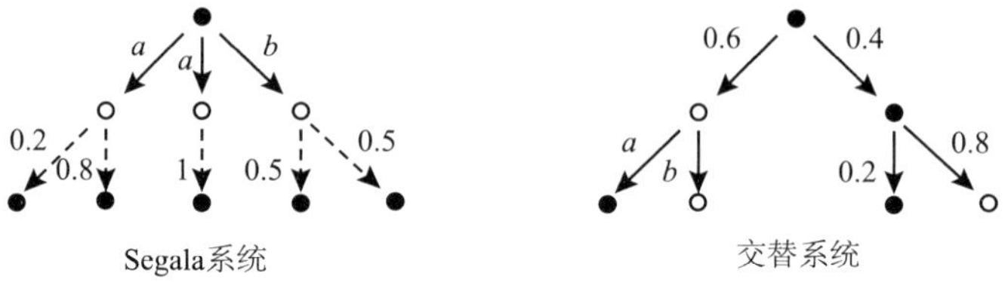

图 5.17

我们知道，动作集 A 上的概率模态逻辑可以刻画像有穷的 Segala 系统。这个逻辑有两类公式，非确定性公式 n 和概率公式 u，和两个模态算子类：

$$\Box_a: u \to n(a \in A) \text{ 和 } L_p: n \to u(p \in [0,1] \cap \mathbb{Q}),$$

其中，L_p 可以读为“概率至少为 p”。非确定公式集合 $\mathcal{F}_n$ 和概率公式集 $\mathcal{F}_u$ 分别用下面的语法定义：

$$\mathcal{F}_n \ni \phi ::= \mathrm{T} \mid \phi_1 \wedge \phi_2 \mid \neg\ \phi \mid \Box_a \psi(\psi \in \mathcal{F}_u,\ a \in A)$$

$$\mathcal{F}_u \ni \psi ::= \mathrm{T} \mid \psi_1 \wedge \psi_2 \mid \neg\ \psi \mid L_v \phi(\phi \in \mathcal{F}_n,\ v \in [0,1] \cap \mathbb{Q})$$

另外，交替系统，能够用一个包含三类公式的逻辑来刻画，即非确定性公式 n，概率公式 u，和交替公式 n。模态算子：

$$+: u, n \to \circ \quad L_p: \to u \quad \Box_a: \circ \to n$$

诱导出三类语法。模态算子用来执行在概率和非确定性变换之间的选择，本质上是一个分情况陈述的语句：$\phi + \psi$ 表示，如果当前状态是概率的，那么 ϕ 成立，如果当期的状态是非确定性的，那么 ψ 成立。

上面描述的两类逻辑与它们的成分逻辑之间的沟通，是采用一种限制方式，即各自实行分层和选择。逻辑 $\mathcal{F}_a$ 和 $\mathcal{F}_b$，分别采用模态算子□和♡，不受限制的组合，可以用一个逻辑，带有三类 a，b，f 公式，和四个模态算子，每一个模态算子都有相应的源类和目标类：

$$[\pi_1]: a \to f \quad [\pi_2]: b \to f \quad \Box: f \to a \quad \heartsuit: f \to b$$

模态算子 $[\pi_i]$ 是与所有的布尔联结词是交换的。融合 $\mathcal{F}_a \oplus \mathcal{F}_b$ 可以自由地结合 $\mathcal{F}_a$ 和 $\mathcal{F}_b$ 中的公理和模态。可以在融合和类 f 的公式之间来回地翻译，例如，把融合的算子□翻译成复合算子 $[\pi_1]\Box$。实际上，融合是模态逻辑的多类组合的一个实例。

由于融合并没有对公式的类型有任何约束，所以它可被看作组合两个模态逻辑最通用的方式。然而，就像前面的例子一样，融合的公式在特定类型的系统上，一般没有一个解释。所以，一般更喜欢用一种受限制的、有良好类型的组合。

5.5.2 句法和复合性

用下面的方式给出多类模态逻辑的语义，即明确地给出它到它的构建块上的分解。构建块被称为特征，是模态算子和相应的证明规则的集合，这些证明规则能够刻画一个逻辑的一些特别的性质，例如，能够描述选择，非确定性，或者不确定性。

定义 5.35 一个 n - 元特征是一个二元组 $F=(\Lambda, R)$，其中 Λ 是模态算子集合 L，其中 L：i_1，…，i_k，$1\leqslant i_1$，…，$i_k\leqslant n$ 是形式参数种类，并且 R 是 1 步规则的集合，具有形式 $(\phi_1, \cdots, \phi_n)/\psi$，其中 $i=1, \cdots, n$，ϕ_i 是在命题变量集合 V_i 上的一个命题公式，ψ 是在具有形式$\heartsuit(p_1, \cdots, p_k)$ 的原子上的一个析取范式的条款，其中$\heartsuit$：i_i，…，i_k 在 Λ 中，并且 $p_j\in V_{ij}$，$j=1, \cdots, k$。

注意，形成规则不允许嵌套的模态，所以那些规则描述了一个系统的 1 步行为。就像在单类的情况中一样，这种形成规则足够去公理化感兴趣的特征，只要在模型上没有全局性的约束条件。本质上，前面讨论的所有逻辑都可以转换为特征。

非决定论：给定一个动作集 A，一元特征 N_A 有模态算子$\Box_a$：1，其中 $a\in A$。如果 A 是一个单元集，用 K 表示 N_A。

不确定性：一元特征有模态算子 L_u：1，其中 $u\in[0, 1]\cap\mathbb{Q}$。

选择：二元特征 S 有一个模态算子 + ：1，2。

融合：二元特征 P 有两个模态算子 $[\pi_1]$：1 和 $[\pi_2]$：2。

条件性：二元特征 C 有一个二元模态算子$\Rightarrow$：1，2。

定义 5.36 设 Φ 是特征的集合，设 S 是种类的集合。特征表达式 t 是在变量集 S 上的项，其中特征作为函数符号出现，即：

$$t::=a\mid F(t_1, \cdots, t_n)\quad a\in S,\ F\in\Phi \text{ 是 } n\text{ - 元的。}$$

Φ 在 S 上的一个胶合是一族特征表达式 $G=(t_1)a\in S$，如果 $S=\{\alpha_1, \cdots, a_n\}$，那么胶合表示为 $(a_1\to t_{a_1}, \cdots, a_n\to t_{a_n})$；在这种情况下，也记为 $a_i\to t_{a_i}\in G$。

一个胶合 $G=(t_a)_{a\in S}$诱导出一个如下的多类模态逻辑。G - 类型的集合 Types (G) 由 t_a 的真子项组成，其中类 $a\in$ S 称为基本类型，并且表达式 $t\in$ Types(G) \S 是复合类型。称一个胶合是平坦的，如果 S = Types(G)，即不存在复合类型，也

就是说每个项 t_a 都具有形式 $F(a_1, \cdots, a_n)$。类型的 G－公式 ϕ: s，其中 $s \in \mathrm{Types}(G)$，是递归生成的，即通过布尔算子⊥，¬，∧和每个类型 $s \in \mathrm{Types}(G)$ 上的命题变量的集合 V_s，以及下面的复合类型（左）和基本类型（右）的规则生成：

$$\frac{\phi_1: s_1, \cdots, \phi_n: s_n}{\heartsuit(\phi_{i1}, \cdots, \phi_{in}): F(S_1, \cdots, S_n)} \quad \frac{\phi_1: s_1, \cdots, \phi_n: s_n}{\heartsuit(\phi_{in}, \cdots, \phi_{in}): a}$$

其中，左边的规则有限制条件 $F(s_1, \cdots, s_n) \in \mathrm{Types}(G)$，右边的规则有限制条件 $a \to F(s_1, \cdots, s_n) \in G$，在两种情况下，都要求♡：$i_1, \cdots, i_n$ 在 F 中。用 $\mathcal{F}_s(G)$ 表示类型 s 的 G－公式集，用 $Form(G)$ 表示 $(Form_s(G))_{s \in \mathrm{Types}(G)}$。

类似的，由 G 诱导出来的证明系统根据可推导谓词 $\vdash_s \subseteq Form_s(G)$ 的 Types（G）－索引族来描述，可以递归定义为，在每个类型和复合类型（左）及基本类型（右）的演绎规则下的命题推理的闭包，只能被类型的规定所区分：

$$\frac{\vdash_{s_1}\phi_1\sigma, \cdots, \vdash_{s_n}\phi_n\sigma}{\vdash F(s_1, \cdots, s_n)\psi\sigma} \quad \frac{\vdash_{s_1}\phi_1\sigma, \cdots, \vdash_{s_n}\phi_n\sigma}{\vdash_a\psi\sigma}$$

其中，在左边的规则中，要求 $(s_1, \cdots, s_n) \in \mathrm{Types}(G)$，在右边的规则中，要求 $a \to F(s_1, \cdots, s_n) \in G$，在两种情况下，都要求 $(\phi_1; \cdots, \phi_n)/\psi$ 是 F 的一个规则，并且 σ 是一个替换，映射变量 $a \in V_i$ 到公式 $\sigma(a)$：s_i。

5.5.3 单类和多类余代数语义学

把模态逻辑的余代数解释推广到多类的情况下。关键是，在多类余代数上解释多类逻辑。此外，对余代数的签名函子的参数化处理是我们框架的关键特征，这使得得到的结果可以被实例化到一大类结构不同的系统和逻辑上去。

定义 5.37 用 Set 表示集合和它们之间的函数组成的范畴。设 Set^S 表示 S－类集合和 S－类函数组成的范畴，范畴的对象是集合 X_a 组成的集合族 $X = (X_a)_{a \in S}$，箭头 f: $(X_a) \to (Y_a)$ 是映射 f_a: $X_a \to Y_a$ 组成的映射族 $f = (f_a)_{a \in S}$。用 Set^n 表示 $\mathrm{Set}^{\{1, \cdots, n\}}$。一个函子 T: $\mathrm{Set}^S \to \mathrm{Set}^S$ 可被看作函子 T_a: $\mathrm{Set}^S \to \mathrm{Set}$ 组成的簇 $T = (T_a)_{a \in S}$。一个 T－余代数 $A = (X, \xi)$，其中 X 是一个 S－类集合，并且 $\xi = (\xi_a)$: $X \to TX$ 是一个 S－类函数（即，ξ_a: $X_a \to T_a X$），称为变换函数。一个 T－余代数 (X, ξ) 和 (Y, ζ) 之间的态射是一个 S－类函数 f: $X \to Y$，在 Set^S 满足 $(Tf)\xi = \zeta f$。

定义 5.38 一个函子 T: $\mathrm{Set}^n \to \mathrm{Set}$ 的一个谓词上举 λ，其中 λ: $i_1, \cdots, i_k$ 并且 $i_1, \cdots, i_k \leqslant n$，是一个自然变换，即 Set^n－索引的映射族：

$$\lambda_{(X_n)}: \mathcal{P}(X_{i1}) \times \cdots \times \mathcal{P}(X_{ik}) \to \mathcal{P}(T(X_n))$$

使得下面的图交换：

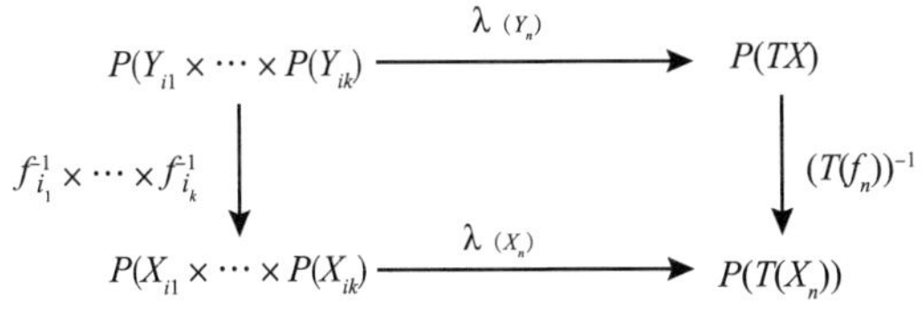

图 5.18

定义 5.39　设 F =（Λ，R）是一个 n – 元特征。一个 F 的结构由一个内函子〚F〛：$\mathrm{Set}^n \to \mathrm{Set}$ 和一个指派组成，其中指派对 Λ 中的每一个模态算子♡：i_1，…，i_k 赋予一个 T 中的谓词上举〚♡〛：i_1，…，i_k，满足条件：R 中在 V 上的每一个规则 $R=\phi_1$；…；ϕ_n/ψ 是 1 步可靠的：对每个 n – 类集合 X 和每个指派 σ，对变量 $p \in V_i$ 指派一个子集 $\sigma(p) \subseteq X_i$，如果对所有的 i，$[\![\phi_i]\!]_{X_i,\tau} = X_i$，那么 $[\![\psi]\!]_{TX,\tau} = TX$，其中 $[\![\phi_i]\!]_{X,\tau} \subseteq X_i$ 并且 $[\![\psi]\!]_{TX,\tau} \subseteq TX$ 是根据布尔算子通常的条款和 $[\![\heartsuit(p_i, \cdots, p_k)]\!]_{TX,\tau} = [\![\heartsuit]\!]_{X_n}(\tau(p_1), \cdots, \tau(p_k))$ 来定义的。

当特征加上结构时，每一个在类集 S 上的特征表达式 t 定义了一个函子 $[\![t]\!]$：$\mathrm{Set}^S \to \mathrm{Set}$，

$[\![a]\!] = P_a$：$\mathrm{Set}^S \to \mathrm{Set}(a \in S)$，$[\![\mathrm{F}(t_1, \cdots, t_n)]\!] = [\![\mathrm{F}]\!] \circ \langle [\![t_1]\!], \cdots, [\![t_n]\!] \rangle$，

其中 P_a 是到第 a 个成分的投影，并且〈·〉表示元组。这样，一个胶合 G = $(t_a)_{a \in S}$ 诱导出一个函子〚G〛：$\mathrm{Set}^S \to \mathrm{Set}^S$。

命题 5.12　设 f：$C \to D$ 是〚G〛– 余代数的一个态射。那么对每个 G – 公式 ϕ：s 和 C 中的每个 s – 状态，C，x，f^{-1}。$\sigma \models^s \phi$ 当且仅当（$([\![s]\!]f)(x)$，D，$\sigma \models^s \phi$。

定义 5.40　一个 G – 公式 ϕ：s 在一个 G – 模型上是可满足的，如果存在一个〚G〛– 余代数 C，一个赋值 $\sigma = (\sigma_s: V_s \to \mathcal{P}([\![s]\!]))_{s \in \mathrm{Types(G)}}$ 并且 C 中的一个 s – 状态 x 满足 x，C，$\sigma \models^s \phi$。公式 ϕ：s 称为普遍有效的，如果对所有的（C，ξ）∈ Coalg(〚G〛) 和 C 中的所有的 s – 状态 x，所有的赋值 $\sigma = (\sigma_s)$：$V_i \to \mathcal{P}([\![s]\!]\ X)$，有 x，C，$\sigma \models^2 \phi$。

定义 5.41　设 G 是类集 S 上的胶合。G 的展平是 $G^b = (u_s)_{s \in \mathrm{Types(G)}}$ 一个在类集 $S^b = \mathrm{Types(G)}$ 上的平坦的胶合，定义为 $u_s = t_a$，其中 $s = a \in S$（t_a 的直接子表达是 S^b 中的类），$u_s = s$，否则 s 是 S^b 中的类。

定理 5.6　一个 G – 公式在一个 G – 模型上是可满足的，当且仅当它在一个 G^b – 模型上是可满足的（作为 G^b 公式）。

证明：从左到右方向：扩张一个〚G〛– 余代数 C 到一个〚G^b〛– 余代数 C^b，

通过插入单位函数作为结构映射的成分，结构映射对应于复合类型。对语义的定义进行归纳，可以证明语义关于 C 和 C^b 是一致的。

从右到左的方向：把一个余代数 $[\![G^b]\!]$ - 余代数 $D=(X_b, \xi_b)_{b\in S^b}$ 转变成 $[\![G]\!]$ - 余代数 $D^{\#}=(X_a, \gamma_a)_{a\in S}$，其中：

$$\gamma_a=[\![F]\!](\zeta_{s_1}, \cdots, \zeta_{s_n})\circ\zeta_a$$

对 G 中的 $a\to F(s_1, \cdots, s_n)$，并且映射 ζ_s：$X_s\to[\![s]\!](X_a)_{a\in S}$，其中 $s\in \mathrm{Types}(G)$，递归定义为：

$$\zeta_a=\mathrm{id}_{X_a}(a\in S)\ 并且\ \zeta_{F(s_1,\cdots,s_n)}=[\![F]\!](\zeta_{s_1}\cdots, \zeta_{s_n})\circ\zeta_{F(s_1,\cdots,s_n)}。$$

可以构造一个余代数态射 $D\to(D^{\#})^b$，然后利用命题 5.12 可以得证。

5.5.4 完全性和复杂性

定义 5.42 一个 n - 元特征 F 是一个严格的 1 步完全的，对一个结构 $T=[\![F]\!]$：$\mathrm{Set}^n\to\mathrm{Set}$，如果对变量的一个类集（$V_1$，…，$V_n$），$[\![\chi]\!]_{\chi,\tau}=T(X_1, \cdots, X_n)$，一个赋值 τ，对变量 $p\in V_i$ 赋予子集 $\tau(p)\subseteq X_i$，并且一个条款 χ 具有形式 $\heartsuit(p_{i_1}, \cdots, p_{i_k})$，其中 $\heartsuit$：i_1，…，i_k 在 F 中，并且 $p_{i_j}\in V_{i_j}$，那么 χ 是一个条款 $\psi\tau$ 的命题后承，其中（ϕ_i）/ψ 是 F 中的一个规则并且 σ 是一个（V_1，…，V_n）- 替换（即，$\sigma(a)\in V_i$，其中 $a\in V_i$）满足对所有的 i，$[\![\phi_i\sigma]\!]_{X_{i,\tau}}=X_i$。

定理 5.7 设 G 中每一个特征是严格 1 步完全的。那么对于每一个公式 $\phi\in\mathcal{F}_s(G)$，$\mathrm{Coalg}(T)\models_s\phi$ 当且仅当 $\phi\in\mathcal{F}_s(G)$。

证明：根据定理 5.6，假设胶合 G 是平坦的，并且这个结果是证明推论 5.5 时技巧的一个直接的递归推广。

定理 5.8 如果每个特征在 G 中是严格 1 步完全的，那么一个公式 ϕ：s 是可证的当且仅当存在一个规则（ϕ_1；…，ϕ_n）/ψ 和一个替换 $\sigma=(\sigma_i: V_i\to\mathcal{F}_i(G))_{i\in\mathrm{Types}(G)}$，满足 $\psi\sigma_s\vdash\chi$ 和 $\vdash_i\phi_i\sigma_i$，对于所有的 $i=1$，…，n。

定理 5.9（空间复杂性）如果每一个特征在 G 中是严格 1 步完全的，规约封闭的，和 *NPMV*，那么 *Form*(G) - 公式在 $[\![G]\!]$ - 余代数上的可满足性问题是 *PSPACE*。

最后要强调的是，余代数理论是一种处理以状态为基础的动态系统的一般性工具。因此，原则上，任何这样的系统都是可以使用余代数作为抽象的数学模型，从余代数理论能够直接得出这些系统的一些性质，如由互模拟得到行为等价。余代数理论尚有待于进一步发展，模态逻辑与余代数的联系还未得到彻底研究。如果模态逻辑是描述余代数的性质和使用余代数推理的逻辑，那么怎样的模态逻辑适用全体余代数的类，这一点还不清楚。

参 考 文 献

［1］张锦文．公理集合论导引［M］．北京：科学出版社，1999．

［2］张清宇．所有非 Z－类的类的悖论［J］．哲学研究，1993（10）：43－44．

［3］张清宇．循环并不可恶－〈恶性循环：非良基现象的数学〉评介［J］．哲学动态，2005（4）：59－62．

［4］李娜．论超穷数理论的发展．南开哲学．第二辑［J］．2006，85－86．

［5］张继华．科学探究推理研究［D］．西南大学博士论文，2012（4）．

［6］林琳．说话人识别算法研究及 DSP 实现［D］．吉林大学硕士论文，2004（5）．

［7］姚从军．非良基公理和非良基集合论的域［J］．湖南科技大学学报（社会科学版），2014（1）．

［8］姚从军．基于互模拟的模态逻辑与非良基集合论之间的关系［J］．毕节学院学报，2012（1）．

［9］杜文静．反基础公理的模型研究［D］．南开大学博士论文，2010（5）．

［10］P. Aczel. Non-Well-Founded Sets［M］. Stanford CSLI Publications，1988.

［11］L. Alberucci and V. Salipante. On Modal μ-Calculus and Non-Well-Founded Set Theory［J］. Journal of Philosophical Logic，2004（33）：343－360.

［12］G. Antonelli. Non-well-founded sets via revision rules［J］. Journal of Philosophical Logic，1994（23）：633－679.

［13］S. Awodey. Category theory［M］. Clarendon Press，2006.

［14］A. Baltag. STS：A Structural Theory of Sets［J］. Logic Journal of IGPL. 1999（7）：481－515.

［15］A. Baltag STS：A Structural Theory of Sets［D］. Ph. D. dissertation，Indiana University，1998.

［16］J. Barwiseand L. Moss. Vicious Circles：On the Mathematics of Non-Wellfounded Phenomena［M］. CSLI Lecture Notes，60. CSLI Publications，1996.

［17］J. Barwise and Etchemendy. The Lair：An Essay in Truth and Circularity［M］. Oxford University Press，1987.

[18] J. Barwise and J. Perry. Situations and Attitudes [M]. Cambridge, MA and London: MIT Press, 1983.

[19] P. Bernays. A System of Axiomatic Set Theory II [J]. Symbolic Logic, 1941 (6): 1 – 17.

[20] P. Bernays. A System of Axiomatic Set Theory VII [J]. Symbolic Logic, 1954 (19): 81 – 96.

[21] P. Blackburn, M. de Rijke and Yde Venema. Modal Logic [M]. Cambridge University Press, 2001.

[22] M. Boffa. Modèles de la théorie des Ensembles, associés auxpermutations de l'univers [J]. Conies Rendus Acad. Sciences, Paris, Serie A, 1967a (264): 221 – 222.

[23] R. Frère. Remarques concernant les modèles associés aux permutations de l'univers [J]. Conies Rendus Acad. Sciences, Paris, Serie A, 1967b (265): 205 – 206.

[24] Boffa, M. Graphes extensionelles et axiome d'universitalité [J]. Zeitschrift für math. Logik und Grundlagen der Math, 1968a (14): 329 – 334.

[25] Hervé Marchal, JeanMarc Stébé. Les ensembles extraordinaire [J]. Bull. Soc. Math. Belg, 1968b (20): 3 – 15.

[26] M. Boffa. Axiome et schema de fondement dans le systeme de Zermelo [J]. Bull. Acad. Polon. Scie, 1969a (17): 113 – 115.

[27] Boffa, Maurice. Sur la théorie des ensembles sans axiome de Fondement [J]. Bull. Soc. Math. Belg, 1969b (31): 16 – 56.

[28] Bennett. Forcing et reflection [J]. Bull. Acad. Polon. Sci., Ser. Sci. Math, 1971 (19): 181 – 183.

[29] Franz Grégoire. Forcing et negation de l'axiome de Fondement [J]. Memoire Acad. Sci. Belg. tome XL, fasc. 7, 1972a.

[30] Boffa, Maurice. Formules E_1 en theorie des ensembles sans axiome defondement [J]. Zeitschrift für math. Logik und Grundlagen der Math, 1972b (18): 93 – 96.

[31] Boffa, M. Structures extensionelles Generiques [J]. Bull. Soc. Math. Belg. 1973 (25): 1 – 10.

[32] M. Boffa and J. Beni. Elimination de cycles d'appertenance par permutation de l'univers [J]. Contes Rendus Acad. Sciences, Paris, Serie A, 1968 (266): 545 – 546.

[33] M. Boffa. and G. Sabbagh. Sur l'axiome U de Feigner [J]. Contes Rendus Acad. Sciences, Paris, Serie A 1970 (270): 993 – 994.

[34] D. Cantone and E. Omodeo and Policriti. Set theory for computing: from decision procedures to declarative programming with sets [M]. Springer, 2001.

[35] H. Clark. and C. Marshall. Definite reference and mutual knowledge [M]. In: Elements of Discourse Understanding, ed. by Joshi, A., Cambrdge MA: Cambridge University Press, 1981.

[36] G. D'Agostino, A. Montanari and Policriti. A set-theoretic translation method for polymodal logics [J]. Journal of Automated Reasoning, 1995 (15): 317 -337.

[37] F. De Marchi. Non-well-founded trees in categories [J]. Annals of Pure and Applied Logic. 2006 (146): 40 -59.

[38] U. Feigner. Die Inklusionsrelation zwischen Universa und einabgeschwachtes Fundierungsaxiom [J]. Archiv der Math Logik, 1969 (20): 561 -566.

[39] P. Finsler. über die Grundlagen der Mengenlehre [J]. Math Zeitschrift. 1926 (25): 683 -713.

[40] T. Forster. Set theory with a universal set: exploring an untyped universe [M]. Oxford, Clarendon Press, New York: Oxford University Press, 1992.

[41] M. Forti and F. Honsell. Set Theory with Free Construction Principles [J]. Annali Scuola Normale Superiore-Pisa Classe di Scienza, 1983 (10): 493 -522.

[42] A. Fraenkel. Zu den Grundlagen der Cantor-Zermeloschen Mengenlehre [J]. Mathematische Annalen, 1922 (86): 230 -237.

[43] L. Gordeev. Constructive Models for Set Theory with Extensionality [J]. In A. S. Troelstra and D. van Dalen (eds.), The L. E. J. Brouwer Centenary Symposium, 1982 (North Holland): 123 -147.

[44] H. Gumm. Birkhoffs variety theorem for coalgebras [J]. Contributions to General Algebra, 2000, 13: 159 -173.

[45] L. Hallnas. Approximations and Descriptions of Non-well-founded Sets [J]. Preprint, Department of Philosophy, University of Stockholm, 1985.

[46] P. Hάjek. Modelle der Mengenlehre in den Mengen gegebener Gestalt existieren [J]. Zeitschrift für math. Logik und Grundlagen der Math, 1965 (11): 103 -115.

[47] K. Hrbacek and T. Jech. Introduction to Set Theory [M]. 3rd ed., Marcel Dekker Inc., 1999.

[48] G. Hughes and M. Cresswell. A Companion to Modal Logic [M]. Methuen &Co. Ltd, 1984.

[49] B. Jacobs and J. Rutten. A tutorial on (co) algebras and (co) induction [J]. Bulletin of the European Association for Theoretical Computer Science, 62: 222 -259, 1997.

[50] T. Jech. Set Theory [M]. Springer, 2003.

[51] B. Jónsson and A. Tarski. Boolean algebras with operators [J]. Part I. American Journal of Mathematics, 1952 (73): 891-939.

[52] Bjarni Jonnson, Alfred Tarski. Boolean algebras with operators [J]. Part II. American Journal of Mathematics, 1952 (74): 127-162.

[53] S. Kanger. Provability in Logic [M]. University of Stockholm: Almqvist and Wiksell. Stockholm Studies in Philosophy 1, 1957.

[54] M. Kracht. Modal Consequence Relations. In: Handbook of Modal Logic [M]. ed. by P. Blackburn, J. van Benthem and F. Wolter. Elsevier, 2007: 491-548.

[55] Bezhanishvili Guram. Tools and Techniques in Modal Logic [M]. Elsevier, 1999.

[56] S. Kripke. Semantical considerations on modal logic [J]. Acta Philosophica Fennica, 1963 (16): 83-94.

[57] A. Kurz. Coalgebras and modal logic [J]. 1999. Lecture Notes for ESSLLI'01; available from http://www.folli.uva.nl/CD/2001/courses/readers.

[58] R. Lazic. and A. Roscoe. On transition systems and non-well-founded sets [J]. Annals of the New York Academy of Sciences, 1996 (806): 238-264.

[59] M. Lenisa. From set-theoretic coinduction to coalgebraic coinduction: Some results, some problems [J]. Electronic Notes in Theoretical Computer Science, 1999 (19).

[60] C. I. Lewis. Survey of Symbolic Logic [M]. University of Canifornia Press, 1918.

[61] C. I. Lewisand C. Langford [J]. Symbolic Logic. Dover, 1932.

[62] D. Lewis. Convention: a philosophical study [J]. Cambridge, MA: Harvard University Press, 1969.

[63] I. Lindstr? m. A Construction of Non-well-founded Sets Within Martin-Lof's Type Theory [J]. Report No. 15, Department of Mathematics, Uppsala University, 1986.

[64] L. Lismont. Common Knowledge: Relating anti-founded situation semantics to modal logic neighborhood semantics [J]. Journal of Logic, Language, and Information, 1995 (3): 285-302.

[65] J. Lurie. Anti-Admissible Sets [J]. The Journal of Symbolic Logic, 1999 (64): 407-435.

[66] D. Makinson. Some embedding theorems for modal logic [J]. Notre Dame

Journal of Formal Logic, 1971: 252 -254.

[67] R. Milner. A Calculus of Communicating Systems [M]. Berlin: Springer-Verlag. Lecture Notes in Computer Science, 1980.

[68] Robin Milner. Calculi for Synchrony and Asynchrony [J]. Theoretical Computer Science, 1983 (25): 267 -310.

[69] D. Mirimanoff. Les antinomies de Russell et de Burali-Forti etle probleme fondamental de la theorie des ensembles [J]. L'enseignment mathematique, 1917a (19): 37 -52.

[70] A. Fraenkel. Remarques sur la theorie des ensembles [J]. L'enseignment mathematique, 1917b (19): 209 -217.

[71] L. Moss. Coalgebraic logic [J]. Annals of Pure and Applied Logic, Vol. 96, pp. 277 -317, 1999.

[72] T. Nitta and Tomoko Okada. Classification of non-well-founded sets and an application [J]. Mathematical Logic Quarterly, 2003 (49): 187 -200.

[73] D. Park. Concurrency and Automata on Infinite Sequences. In: Proceedings of the 5th GI conference [M]. Springer Lecture Notes in Computersciences, 1981 (104): 167 -183.

[74] D. Pattinson. Coalgebraic modallogic: Soundness, completeness and decidability of local consequence [J]. Theoretical Computer Science, 309: 177 - 193, 2003.

[75] C. Piazza and A. Policriti. Towards tableau-based decision procedures for non-well-founded fragments of set theory [M]. Lecture Notes in Computer Science, 2000 (1847): 368 -382.

[76] B. Pierce. Basic category theory for computer scientist [M]. Cambridge MA: the MIT press, 1991.

[77] M. Radu. The Hyperset Theory-to a new Ontology of Mathematics [D]. (dissertation resume), Bucharest University, 2001.

[78] H. Sahlqvist. Completeness and correspondence in the first and second order semantics for modal logic [M]. In: Proceedings of the third Scandinavian Logic Symposium, Stig Kanger, ed. , North-Holland publishing company, 1975.

[79] K. Segerberg. An Essay in Classical Modal Logic [J]. Filosofiska Studier 13. University of Uppsala, 1971.

[80] D. Scott. A Different Kind of Model for Set Theory. Unpublished paper given at the 1960, Stanford Congress of Logic, Methodology and Philosophy of Science,

1960.

[81] E. Specker. Zur Axiomatic der Mengenlehre (Fundierungsaxiom und Auswahlaxiom) [J]. Zeitschrift fur math. Logik und Grundlagen der Math, 1957 (3): 173 -210.

[82] J. van Benthem, G. D'Agostino, A. Montanari and Policriti. Modal deduction in second order logic and set theory-I [J]. Journal of Logic and Computation, 1997 (2): 251 -265.

[83] Johan van Benthem. Modal deduction in second order logic and set theory-II [M]. Studia Logica, 1998, 60 (3): 387 -420.

[84] J. van Benthem. Two simple incomplete logics [J]. Theoria, 1978 (44): 25 -37.

[85] B. van den Berg. Non-well-founded trees in categories [J]. Annals of Pure and Applied Logic, 2007 (146): 40 -59.

[86] Benno van den Berg. Predicative topos theory and models for constructive set theory [D]. (dissertation resume), 2002.

[87] Yde Venema. Algebras and coalgebras. In J. van Benthem et. Al., ed., Handbook of modal logic [M], Elsevier, 2007.

[88] M. von Rimscha. Universality and Strong Extensionality. Archiv für math [J]. Logik und Grundlagenforschung, 1981b (21): 179 -193.

[89] Michael v. Rimscha. Weak Foundation and Axioms of Universality [J]. Archiv für math. Logik und Grundlagenforschung, 1981c (21): 195 -205.

[90] Thomas Mariotti Hierarchies for Non-well-founded Models of Set Theory [J]. Zeitschrift fur math. Logik und Grundlagen der Math, 1983b (29): 253 -288.

[91] J. von Neumann. Eine Axiomatisierung der Mengenlehre [J]. Journal für die reine und angewandte Mathematik, 1925 (154): 219 -240.

[92] Paul Bernays, über eine Widerspruchfreiheitsfrage in der axiomatischen Mengenlehre [J]. Journal für die reine und angewandte Mathematik, 1929 (160): 227 -241.

[93] E. Zermelo. Untersuchungen über die Grundlagen der MengenlehreI [M]. Mathematische Annalen, 1908 (65): 261 -281.

[94] Zermelo, E. über Grenzzahlen und Mengenbereiche [J]. Fundamenta mathematicae, 1930 (16): 29 -47.

[95] B. Chellas. Modal Logic [M]. Cambridge, 1980. (8)

[96] L. Moss and I. Viglizzo. Final coalgebras for functors on measurablespaces

[J]. Inf. Comput., 2006, 204 (4): 610-636.

[97] A. Heifetz and P. Mongin. Probabilistic logic for type spaces [J]. Gamesand Economic Behavior, 2001, 35: 31-53.

[98] G. D'Agostino and A. Visser. Finality regained: A coalgebraic studyof Scott-sets and multisets [J]. Arch. Math. Logic, 2002, 41: 267-298.

[99] K. Fine. In so many possible worlds. Notre Dame J [J]. Formal Logic, 1972, 13: 516-520.

[100] M. Pauly. A modal logic for coalitional power in games. J [J]. Logic Comput., 2002, 12 (1): 149-166.

[101] P. Blackburn, M. de Rijke, and Y. Venema. Modal Logic [M]. CambridgeUniversity Press, 2001.

[102] Saunders MacLane. Categories for the Working Mathematician [M]. Springer, 1971.

[103] Michael Barr and Charles Wells. Category Theory for Computing Science [M]. Prentice Hall, 1989.